建筑材料标准汇编

墙体屋面及道路用材料

（上）

全国墙体屋面及道路用建筑材料标准化技术委员会
建筑材料工业技术监督研究中心 编
中国标准出版社

中国标准出版社
北京

图书在版编目(CIP)数据

墙体屋面及道路用材料:全2册/全国墙体屋面及道路用建筑材料标准化技术委员会,建筑材料工业技术监督研究中心,中国质检出版社编.—北京:中国标准出版社,2012
ISBN 978-7-5066-6403-5

Ⅰ.①墙… Ⅱ.①全…②建…③中… Ⅲ.①墙体材料-标准-中国②屋面材料-标准-中国③道路工程-建筑材料-标准-中国 Ⅳ.①TU5-65②U414-65

中国版本图书馆CIP数据核字(2012)第033384号

中国质检出版社
中国标准出版社 出版发行
北京市朝阳区和平里西街甲2号(100013)
北京市西城区三里河北街16号(100045)
网址:www.spc.net.cn
总编室:(010)64275323 发行中心:(010)51780235
读者服务部:(010)68523946
中国标准出版社秦皇岛印刷厂印刷
各地新华书店经销
*
开本 880×1230 1/16 印张 29.75 字数 879 千字
2012年6月第一版 2012年6月第一次印刷
*
定价(上、下) 380.00 元

序 言

墙体屋面及道路用材料是主要的建筑材料，生产量大，品种繁多，应用广泛，仅墙体材料在房建材料中就占70%的比重。墙体屋面及道路用建筑材料不但具有结构、维护功能，而且赋环境予美化。

近年来，在改革开放的形势下，随着我国墙材革新与建筑节能工作的不断深入，墙体屋面及道路用建筑材料得到了飞速发展，生产工艺技术有了较大地改进，产品品种花色增多，产品质量也普遍提高。虽然同国外先进水平相比，还有一定差距，但呈现出推陈出新、百花竞放的局面。

标准在墙体屋面及道路用建筑材料的发展和应用中担当了重要的角色。它为产品质量的提高提供了首要保证，为实现产业现代化奠定了重要基础。它既是调整产业结构、淘汰落后工艺和产品的重要手段，又是规范市场行为的有力武器。墙体屋面及道路用建筑材料标准的贯彻实施，不但为产品本身保驾护航，而且对保证建筑工程质量起着极其重要的作用。

《建筑材料标准汇编 墙体屋面及道路用材料》分为上、下册，收集了截至2012年4月底墙体屋面及道路用建筑材料产品标准、试验方法、技术规范等方面的国家标准和建材行业标准。其中上册收录砌墙砖和建筑砌块方面的国家标准19项和建材行业标准20项；下册收录建筑墙板、屋面瓦及道路砖和窑炉及热工标准方面的国家标准15项，建材、建工和农业行业标准36项。

本汇编收集的国家标准的属性已在目录上标明(GB或GB/T)，年号用四位数字表示。鉴于部分国家标准是在国家标准清理整顿前出版的，现尚未修订，故正文部分仍保留原样；读者在使用这些国家标准时，其属性以目录上标明的为准(标准正文“引用标准”中标准的属性请读者注意查对)。

目录中部分行业标准年代号后加“(1996)”,表示该标准在1996年进行了确认,但未重新出版。

本汇编为一部很实用的技术手册,为科研院所、墙材生产企业、设计部门、使用单位、机械生产厂家,以及刚刚涉足本行业的企业带来极大的便利,相信该书的出版一定会推动我国墙体屋面及道路用建筑材料工业的标准化进程,促进墙体屋面及道路用建筑材料更快、更好地发展。

编　者

2012年5月

目　录

（上 册）

一、砌 墙 砖

二、建 筑 砌 块

（下 册）

三、建 筑 墙 板

四、屋面瓦及道路砖

五、窑炉及热工标准

一、砌墙砖

ICS 91.100.15
Q 15

中华人民共和国国家标准

GB/T 2542—2003
代替 GB/T 2542—1992

砌墙砖试验方法

Test methods for wall bricks

2003-02-11 发布　　2003-10-01 实施

中华人民共和国
国家质量监督检验检疫总局　发布

前　言

本标准分析总结近几年来砌墙砖检验中出现的问题，参考国外近年来砌墙砖试验方法标准进行修订。

本标准代替 GB/T 2542—1992《砌墙砖试验方法》。

本标准与 GB/T 2542—1992 相比主要变化如下：

——增加了色差的检验方法；

——抗压强度一项增加了模具制样；

——修订了泛霜试验的环境条件；

——修订了孔洞率及孔洞结构测定方法；

——增加了传热系数的检测；

——增加了放射性物质检测。

本标准由国家建筑材料工业局(原)提出。

本标准由西安墙体材料研究设计院归口。

本标准负责起草单位：西安墙体材料研究设计院。

本标准参加起草单位：中国新型建筑材料公司常州建材研究设计所、河南建筑材料研究设计院、广州市建材产品质量监督检验站、浙江省建筑材料科学研究所。

本标准主要起草人：林玲、杨世叶、刘永川、陈少青、白智潜、蔡小兵、周炫。

本标准所代替标准的历次版本发布情况为：

——GB 2542—1981

——GB/T 2542—1992

砌 墙 砖 试 验 方 法

1 范围

本标准规定了砌墙砖尺寸、外观质量、抗折强度、抗压强度、冻融、体积密度、石灰爆裂、泛霜、吸水率和饱和系数、孔洞及其结构、干燥收缩、碳化、放射性、传热系数等的试验方法。

本标准适用于烧结砖和非烧结砖。烧结砖包括烧结普通砖、烧结多孔砖以及烧结空心砖和空心砌块(以下简称空心砖);非烧结砖包括蒸压灰砂砖、粉煤灰砖、炉渣砖和碳化砖等。

2 规范性引用文件

下列文件中的条款通过本标准的引用而成为本标准的条款。凡是注日期的引用文件,其随后所有的修改单(不包括勘误的内容)或修订版均不适用于本标准,然而,鼓励根据本标准达成协议的各方研究是否可使用这些文件的最新版本。凡是不注日期的引用文件,其最新版本适用于本标准。

GB 6566 建筑材料放射性核素限量

GB/T 13475 建筑构件稳态热传递性质的测定 标定和防护热箱法

GB/T 18968—2003 墙体材料术语

3 术语和定义

GB/T18968—2003 确立的术语和定义适用于本标准。

4 尺寸测量

4.1 量具

砖用卡尺(如图1),分度值为0.5 mm。

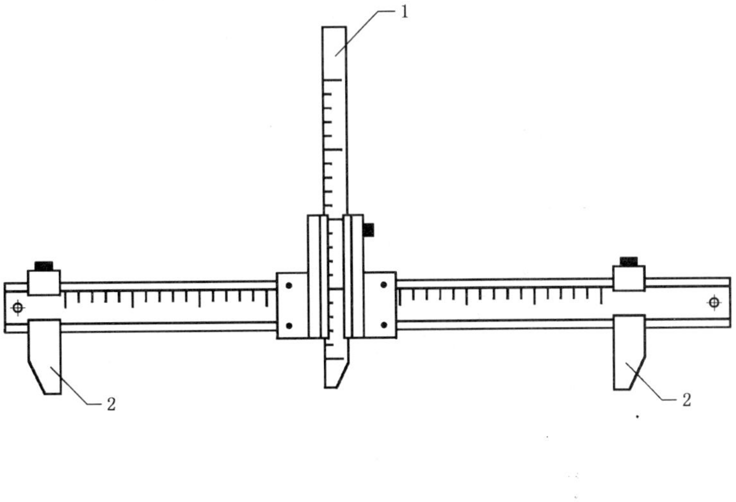

1——垂直尺;

2——支脚。

图1 砖用卡尺

4.2 测量方法

长度应在砖的两个大面的中间处分别测量两个尺寸;宽度应在砖的两个大面的中间处分别测量两个尺寸;高度应在两个条面的中间处分别测量两个尺寸,如图2所示。当被测处有缺损或凸出时,可在其旁边测量，但应选择不利的一侧。精确至 0.5 mm。

单位为毫米

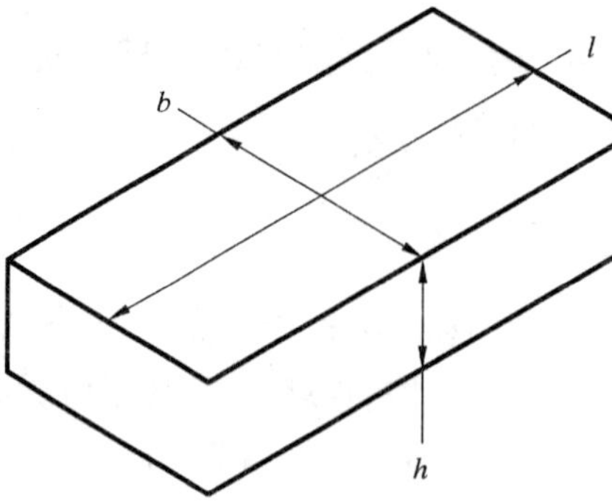

l——长度；

b——宽度；

h——高度。

图 2　尺寸量法

4.3　**结果表示**

每一方向尺寸以两个测量值的算术平均值表示，精确至 1 mm。

5　外观质量检查

5.1　**量具**

5.1.1　砖用卡尺(如图 1)，分度值为 0.5 mm。

5.1.2　钢直尺，分度值为 1mm。

5.2　**测量方法**

5.2.1　**缺损**

5.2.1.1　缺棱掉角在砖上造成的破损程度，以破损部分对长、宽、高三个棱边的投影尺寸来度量，称为破坏尺寸。如图 3 所示。

单位为毫米

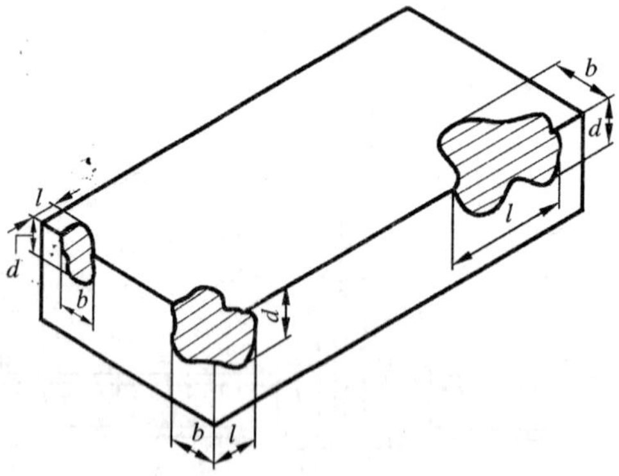

l——长度方向的投影尺寸；

b——宽度方向的投影尺寸；

d——高度方向的投影尺寸。

图 3　缺棱掉角破坏尺寸量法

5.2.1.2　缺损造成的破坏面，系指缺损部分对条、顶面(空心砖为条、大面)的投影面积，如图 4 所示。空心砖内壁残缺及肋残缺尺寸，以长度方向的投影尺寸来度量。

单位为毫米

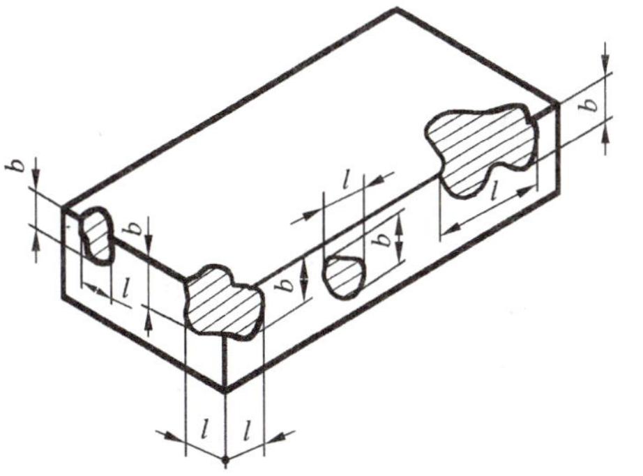

l——长度方向的投影尺寸；

b——宽度方向的投影尺寸。

图 4　缺损在条、顶面上造成破坏面量法

5.2.2　**裂纹**

5.2.2.1　裂纹分为长度方向、宽度方向和水平方向三种，以被测方向的投影长度表示。如果裂纹从一个面延伸至其它面上时，则累计其延伸的投影长度，如图 5 所示。

单位为毫米

a）　宽度方向裂纹长度量法　　b）　长度方向裂纹长度量法　　c）　水平方向裂纹长度量法

图 5　裂纹长度量法

5.2.2.2　多孔砖的孔洞与裂纹相通时，则将孔洞包括在裂纹内一并测量。如图 6 所示。

单位为毫米

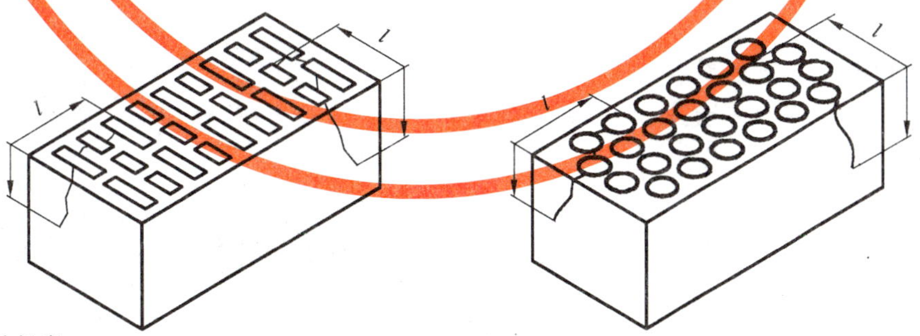

l——裂纹总长度。

图 6　多孔砖裂纹通过孔洞时长度量法

5.2.2.3　裂纹长度以在三个方向上分别测得的最长裂纹作为测量结果。

5.2.3　**弯曲**

5.2.3.1　弯曲分别在大面和条面上测量，测量时将砖用卡尺的两支脚沿棱边两端放置，择其弯曲最大处将垂直尺推至砖面，如图 7 所示。但不应将因杂质或碰伤造成的凹处计算在内。

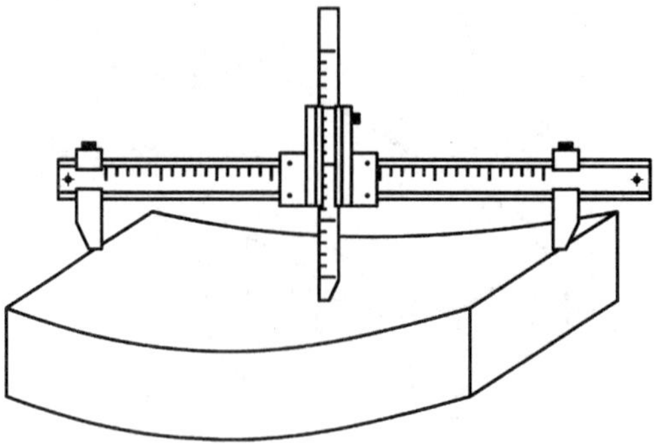

图 7　弯曲量法

5.2.3.2　以弯曲中测得的较大者作为测量结果。

5.2.4　**杂质凸出高度**

杂质在砖面上造成的凸出高度，以杂质距砖面的最大距离表示。测量将砖用卡尺的两支脚置于凸出两边的砖平面上，以垂直尺测量，如图 8 所示。

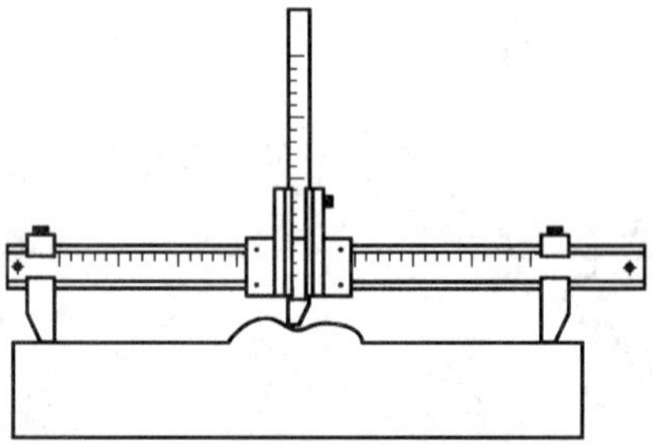

图 8　杂质凸出量法

5.2.5　**色差**

装饰面朝上随机分两排并列，在自然光下距离砖样 2 m 处目测。

5.3　**结果处理**

外观测量以毫米为单位，不足 1 mm 者，按 1 mm 计。

6　抗折强度试验

6.1　**仪器设备**

6.1.1　**材料试验机**

试验机的示值相对误差不大于±1%，其下加压板应为球绞支座，预期最大破坏荷载应在量程的 20%～80%之间。

6.1.2　**抗折夹具**

抗折试验的加荷形式为三点加荷，其上压辊和下支辊的曲率半径为 15 mm，下支辊应有一个为绞接固定。

6.1.3　**钢直尺**

分度值为 1 mm。

6.2　**试样**

6.2.1　**试样数量**

按产品标准的要求确定。

6.2.2　**试样处理**

非烧结砖应放在温度为(20±5)℃的水中浸泡 24 h 后取出，用湿布拭去其表面水分进行抗折强度试验。

6.3 试验步骤

6.3.1 按4.2条的规定测量试样的宽度和高度尺寸各2个，分别取算术平均值，精确至1 mm。

6.3.2 调整抗折夹具下支辊的跨距为砖规格长度减去40 mm。但规格长度为190 mm的砖，其跨距为160 mm。

6.3.3 将试样大面平放在下支辊上，试样两端面与下支辊的距离应相同，当试样有裂缝或凹陷时，应使有裂缝或凹陷的大面朝下，以(50～150) N/s的速度均匀加荷，直至试样断裂，记录最大破坏荷载P。

6.3.4 结果计算与评定

6.3.4.1 每块试样的抗折强度(R_c)按式(1)计算，精确至0.01 MPa。

$$R_c = \frac{3PL}{2BH^2} \qquad (1)$$

式中：

R_c——抗折强度，单位为兆帕(MPa)；

P——最大破坏荷载，单位为牛顿(N)；

L——跨距，单位为毫米(mm)；

B——试样宽度，单位为毫米(mm)；

H——试样高度，单位为毫米(mm)。

6.3.4.2 试验结果以试样抗折强度的算术平均值和单块最小值表示，精确至0.01 MPa。

7 抗压强度试验

7.1 仪器设备

7.1.1 材料试验机

试验机的示值相对误差不大于±1%，其下加压板应为球绞支座，预期最大破坏荷载应在量程的20%～80%之间。

7.1.2 试件制备平台

试件制备平台必须平整水平，可用金属或其他材料制作。

7.1.3 水平尺

规格为250 mm～300 mm。

7.1.4 钢直尺

分度值为1 mm。

7.1.5 振动台

振幅0.3 mm～0.6 mm，振动频率2600次/分～3000次/分。

7.1.6 制样模具

7.1.7 砂浆搅拌机

7.1.8 切割设备

7.2 试样

试样数量按产品标准的要求确定。

7.3 试样制备

7.3.1 普通制样

7.3.1.1 烧结普通砖

a. 将试样切断或锯成两个半截砖，断开的半截砖长不得小于100 mm，如图9所示。如果不足100 mm，应另取备用试样补足。

b. 在试样制备平台上，将已断开的两个半截砖放入室温的净水中浸10 min～20 min后取出，并以断口相反方向叠放，两者中间抹以厚度不超过5 mm的用强度等级32.5的普通硅酸盐水泥调制成稠度适宜的水泥净浆粘结,上下两面用厚度不超过 3 mm 的同种水泥浆抹平。制成的试件上下两面须相互平行,并垂直于侧面,如图 10 所示。

单位为毫米

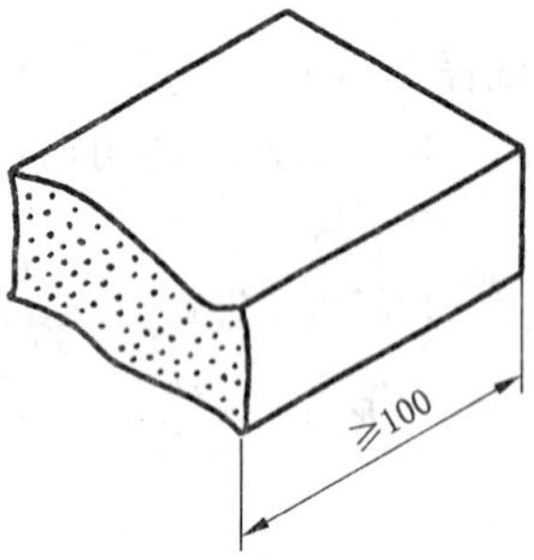

图 9　半截砖长度示意图

单位为毫米

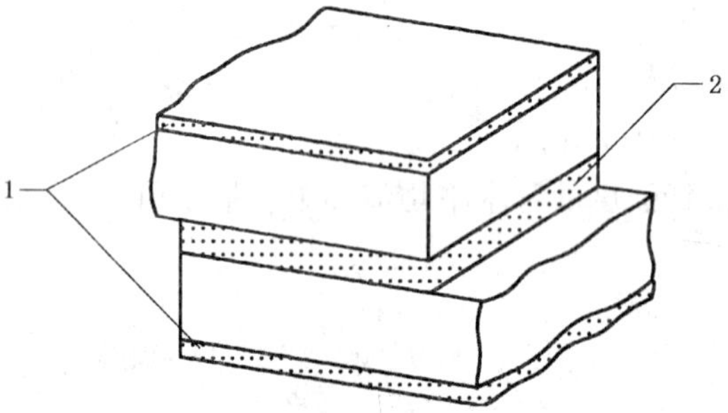

1——净浆层厚 3 mm;
2——净浆层厚 5 mm。

图 10　水泥净浆层厚度示意图

7.3.1.2　多孔砖、空心砖

试件制作采用坐浆法操作。即将玻璃板置于试件制备平台上,其上铺一张湿的垫纸,纸上铺一层厚度不超过 5mm 的用强度等级 32.5 的普通硅酸盐水泥调制成稠度适宜的水泥净浆,再将试件在水中浸泡 10min～20min,在钢丝网架上滴水 3min～5min 后,将试样受压面平稳地坐放在水泥浆上,在另一受压面上稍加压力,使整个水泥层与砖受压面相互粘结,砖的侧面应垂直于玻璃板。待水泥浆适当凝固后,连同玻璃板翻放在另一铺纸放浆的玻璃板上,再进行坐浆,用水平尺校正好玻璃板的水平。

7.3.1.3　非烧结砖

同一块试样的两半截砖切断口相反叠放,叠合部分不得小于 100 mm,如图 11 所示。即为抗压强度试件。如果不足 100 mm 时,则应剔除,另取备用试样补足。

单位为毫米

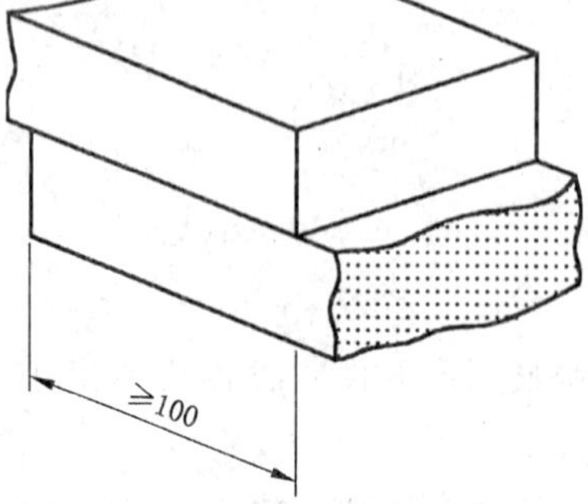

图 11　半砖叠合示意图

7.3.2 **模具制样**

7.3.2.1 将试样(烧结普通砖)切断成两个半截砖,截断面应平整,断开的半截砖长度不得小于100 mm,如图9所示。如果不足100 mm,应另取备用试样补足。

7.3.2.2 将已断开的半截砖放入室温的净水中浸20 min～30 min后取出,在铁丝网架上滴水20 min～30 min,以断口相反方向装入制样模具中。用插板控制两个半砖间距为5 mm,砖大面与模具间距3 mm,砖断面、顶面与模具间垫以橡胶垫或其他密封材料,模具内表面涂油或脱膜剂。制样模具及插板如图12所示。

7.3.2.3 将经过1 mm筛的干净细砂2%～5%与强度等级为32.5或42.5的普通硅酸盐水泥,用砂浆搅拌机调制砂浆,水灰比0.50～0.55左右。

7.3.2.4 将装好砖样的模具置于振动台上,在砖样上加少量水泥砂浆,接通振动台电源,边振动边向砖缝及砖模缝间加入水泥砂浆,加浆及振动过程为0.5 min～1 min。关闭电源,停止振动,稍事静置,将模具上表面刮平整。

7.3.2.5 两种制样方法并行使用,仲裁检验采用模具制样。

图12 制样模具及插板

7.4 **试件养护**

7.4.1 普通制样法制成的抹面试件应置于不低于10℃的不通风室内养护3 d;机械制样的试件连同模具在不低于10℃的不通风室内养护24 h后脱模,再在相同条件下养护48 h,进行试验。

7.4.2 非烧结砖试件不需养护,直接进行试验。

7.5 **试验步骤**

7.5.1 测量每个试件连接面或受压面的长、宽尺寸各两个,分别取其平均值,精确至1 mm。

7.5.2 将试件平放在加压板的中央,垂直于受压面加荷,应均匀平稳,不得发生冲击或振动。加荷速度以4 kN/s为宜,直至试件破坏为止,记录最大破坏荷载P。

7.6 **结果计算与评定**

7.6.1 每块试样的抗压强度(R_P)按式(2)计算,精确至0.01 MPa。

$$R_P = \frac{P}{LB} \qquad (2)$$

式中:

R_P——抗压强度,单位为兆帕(MPa);

P——最大破坏荷载,单位为牛顿(N);

L——受压面(连接面)的长度,单位为毫米(mm);

B——受压面(连接面)的宽度,单位为毫米(mm)。

7.6.2 试验结果以试样抗压强度的算术平均值和标准值或单块最小值表示，精确至 0.1 MPa。

8 冻融试验

8.1 仪器设备

8.1.1 低温箱或冷冻室：放入试样后箱(室)内温度可调至−20℃或−20℃以下。

8.1.2 水槽，保持槽中水温 10℃～20℃为宜。

8.1.3 台秤，分度值 5 g。

8.1.4 电热鼓风干燥箱：最高温度 200℃。

8.2 试样数量

试样数量按产品标准要求确定。

8.3 试验步骤

8.3.1 用毛刷清理试样表面，将试样放入鼓风干燥箱中在 105℃±5℃下干燥至恒量(在干燥过程中，前后两次称量相差不超过 0.2%，前后两次称量时间间隔为 2 h)，称其质量 G_0，并检查外观，将缺棱掉角和裂纹作标记。

8.3.2 将试样浸在 10℃～20℃的水中，24 h 后取出，用湿布拭去表面水分，以大于 20 mm 的间距大面侧向立放于预先降温至−15℃以下的冷冻箱中。

8.3.3 当箱内温度再降至−15℃时开始计时，在−15℃～−20℃下冰冻：烧结砖冻 3 h；非烧结砖冻 5 h。然后取出放入 10℃～20℃的水中融化：烧结砖不少于 2 h；非烧结砖不少于 3 h。如此为一次冻融循环。

8.3.4 每 5 次冻融循环，检查一次冻融过程中出现的破坏情况，如冻裂、缺棱、掉角、剥落等。

8.3.5 冻融过程中，发现试样的冻坏超过外观规定时，应继续试验至 15 次冻融循环结束为止。

8.3.6 15 次冻融循环后，检查并记录试样在冻融过程中的冻裂长度，缺棱掉角和剥落等破坏情况。

8.3.7 经 15 次冻融循环后的试样，放入鼓风干燥箱中，按 8.3.1 的规定干燥至恒量，称其质量 G_1。烧结砖若未发现冻坏现象，则可不进行干燥称量。

8.3.8 将干燥后的试样(非烧结砖再在 10℃～20℃的水中浸泡 24 h)按 7.5 条的规定进行抗压强度试验。

8.3.9 各砌墙砖可根据其产品标准要求进行其中部分试验。

8.4 结果计算与评定

8.4.1 外观结果：15 次冻融循环后，检查并记录试样在冻融过程中的冻裂长度、缺棱掉角和剥落等破坏情况。

8.4.2 强度损失率(P_m)按式(3)计算，精确至 0.1%。

$$P_m = \frac{P_0 - P_1}{P_0} \times 100 \qquad (3)$$

式中：

P_m——强度损失率，%；

P_0——试样冻融前强度，单位为兆帕(MPa)；

P_1——试样冻融后强度，单位为兆帕(MPa)。

8.4.3 质量损失率(G_m)按式(4)计算，精确至 0.1%。

$$G_m = \frac{G_0 - G_1}{G_0} \times 100 \qquad (4)$$

式中：

G_m——质量损失率，%；

G_0——试样冻融前干质量，单位为克(g)；

G_1——试样冻融后干质量，单位为克(g)。

8.4.4　试验结果以试样抗压强度、抗压强度损失率、外观质量或质量损失率表示与评定。

9　体积密度试验

9.1　仪器设备

9.1.1　鼓风干燥箱。

9.1.2　台秤，分度值为 5 g。

9.1.3　钢直尺，分度为 1 mm；砖用卡尺，分度值为 0.5 mm。

9.2　试样

试样数量按产品标准要求确定，所取试样应外观完整。

9.3　试验步骤

9.3.1　清理试样表面，然后将试样置于 105℃±5℃鼓风干燥箱中干燥至恒量，称其质量 G_0，并检查外观情况，不得有缺棱、掉角等破损。如有破损者，须重新换取备用试样。

9.3.2　将干燥后的试样按 4.2 条的规定，测量其长、宽、高尺寸各两个，分别取其平均值。

9.4　结果计算与评定

9.4.1　每块试样的体积密度(ρ)按式(5)计算，精确至 0.1 kg/m³：

$$\rho = \frac{G_0}{L \cdot B \cdot H} \times 10^9 \qquad \cdots\cdots(5)$$

式中：

ρ——体积密度，单位为千克每立方米(kg/m³)；

G_0——试样干质量，单位为千克(kg)；

L——试样长度，单位为毫米(mm)；

B——试样宽度，单位为毫米(mm)；

H——试样高度，单位为毫米(mm)。

9.4.2　试验结果以试样体积密度的算术平均值表示，精确至 1 kg/m³。

10　石灰爆裂试验

10.1　仪器设备

10.1.1　蒸煮箱。

10.1.2　钢直尺，分度值为 1 mm。

10.2　试样

10.2.1　试样为未经雨淋或浸水，且近期生产的砖样，数量按产品标准要求确定。

10.2.2　烧结普通砖用整砖，烧结多孔砖可用 1/2 块，烧结空心砖用 1/4 块试验。烧结多孔砖、空心砖试样可以用孔洞率测定或体积密度试验后的试样锯取。

10.2.3　试验前检查每块试样，将不属于石灰爆裂的外观缺陷作标记。

10.3　试验步骤

10.3.1　将试样平行侧立于蒸煮箱内的篦子板上，试样间隔不得小于 50 mm，箱内水面应低于篦上板 40 mm。

10.3.2　加盖蒸 6 h 后取出。

10.3.3　检查每块试样上因石灰爆裂(含试验前已出现的爆裂)而造成的外观缺陷，记录其尺寸。

10.4　结果评定

以试样石灰爆裂区域的尺寸最大者表示，精确至 1 mm。

11 泛霜试验

11.1 仪器设备

11.1.1 鼓风干燥箱

11.1.2 耐磨蚀的浅盘5个,容水深度25 mm～35 mm。

11.1.3 能盖住浅盘的透明材料,在其中间部位开有大于试样宽度、高度或长度尺寸5 mm～10 mm的矩形孔。

11.1.4 干、湿球温度计或其他温、湿度计。

11.2 试样

11.2.1 试样数量按产品标准要求确定。

11.2.2 烧结普通砖、烧结多孔砖用整砖,烧结空心砖用1/2或1/4块,可以用体积密度试验后的试样从长度方向的中间处锯取。

11.3 试验步骤

11.3.1 清理试样表面,然后放入105℃±5℃鼓风干燥箱中干燥24 h,取出冷却至常温。

11.3.2 将试样顶面或有孔洞的面朝上分别置于浅盘中,往浅盘中注入蒸馏水,水面高度不低于20 mm。用透明材料覆盖在浅盘上,并将试样暴露在外面,记录时间。

11.3.3 试样浸在盘中的时间为7 d,开始2 d内经常加水以保持盘内水面高度,以后则保持浸在水中即可。试验过程中要求环境温度为16℃～32℃,相对湿度35%～60%。

11.3.4 7 d后取出试样,在同样的环境条件下放置4 d。然后在105℃±5℃鼓风干燥箱中干燥至恒量。取出冷却至常温。记录干燥后的泛霜程度。

11.3.5 7 d后开始记录泛霜情况,每天一次。

11.4 结果评定

11.4.1 泛霜程度根据记录以最严重者表示。

11.4.2 泛霜程度划分如下:

无 泛 霜:试样表面的盐析几乎看不到。

轻微泛霜:试样表面出现一层细小明显的霜膜,但试样表面仍清晰。

中等泛霜:试样部分表面或棱角出现明显霜层。

严重泛霜:试样表面出现起砖粉、掉屑及脱皮现象。

12 吸水率和饱和系数试验

12.1 仪器设备

12.1.1 鼓风干燥箱

12.1.2 台秤,分度值为5 g。

12.1.3 蒸煮箱

12.2 试样

12.2.1 试样数量按产品标准的要求确定。

12.2.2 烧结普通砖用整砖,烧结多孔砖可用1/2块,烧结空心砖可用1/4块试验,可从体积密度试验后的试样上锯取。

12.3 试验步骤

12.3.1 清理试样表面,然后置于105℃±5℃鼓风干燥箱中干燥至恒量除去粉尘后,称其干质量G_0。

12.3.2 将干燥试样浸水24h,水温10℃～30℃。

12.3.3 取出试样,用湿毛巾拭去表面水分,立即称量。称量时试样表面毛细孔渗出于秤盘中水的质量亦应计入吸水质量中,所得质量为浸泡24 h的湿质量G_{24}。

12.3.4　将浸泡 24 h 后的湿试样侧立放入蒸煮箱的篦子板上，试样间距不得小于 10 mm，注入清水，箱内水面应高于试样表面 50 mm，加热至沸腾，沸煮 3 h，饱和系数试验沸煮 5 h，停止加热冷却至常温。

12.3.5　按 12.3.3 规定称量沸煮 3h 的湿质量 G_3，饱和系数试验称量沸煮 5 h 的湿质量 G_5。

12.4　**结果计算与评定**

12.4.1　常温水浸泡 24h 试样吸水率（W_{24}）按式（6）计算，精确至 0.1%。

$$W_{24}=\frac{G_{24}-G_0}{G_0}\times 100 \quad \cdots\cdots (6)$$

式中：

W_{24}——常温水浸泡 24 h 试样吸水率，%；

G_0——试样干质量，单位为克（g）；

G_{24}——试样浸水 24 h 的湿质量，单位为克（g）。

12.4.2　试样沸煮 3 h 吸水率（W_3）按式（7）计算，精确至 0.1%。

$$W_3=\frac{G_3-G_0}{G_0}\times 100 \quad \cdots\cdots (7)$$

式中：

W_3——试样沸煮 3 h 吸水率，%；

G_3——试样沸煮 3 h 的湿质量，单位为克（g）；

G_0——试样干质量，单位为克（g）。

12.4.3　每块试样的饱和系数（K）按式（8）计算，精确至 0.001。

$$K=\frac{G_{24}-G_0}{G_5-G_0}\times 100 \quad \cdots\cdots (8)$$

式中：

K——试样饱和系数；

G_{24}——常温水浸泡 24 h 试样湿质量，单位为克（g）；

G_0——试样干质量，单位为克（g）；

G_5——试样沸煮 5 h 的湿质量，单位为克（g）。

12.4.4　吸水率以试样的算术平均值表示，精确至 1%；饱和系数以试样的算术平均值表示，精确至 0.01。

13　孔洞率及孔洞结构测定

13.1　**设备**

13.1.1　台秤，分度值为 5 g。

13.1.2　水池或水箱。

13.1.3　水桶，大小应能悬浸一个被测砖样。

13.1.4　吊架，见图 13。

13.1.5　砖用卡尺，分度值为 0.5 mm。

13.2　**试样数量**

试样数量按产品标准的要求确定。

13.3　**试验步骤**

13.3.1　按 4.2 条的规定测量试样的宽度和高度尺寸各 2 个，分别取其算术平均值，精确至 1 mm。计算每个试件的体积 V，精确至 0.001 mm^3。

13.3.2　将试件浸入室温的水中，水面应高出试件 20 mm 以上，24 h 后将其分别移到水桶中，称出试件的悬浸质量 m_1，精确至 5 g。

单位为毫米

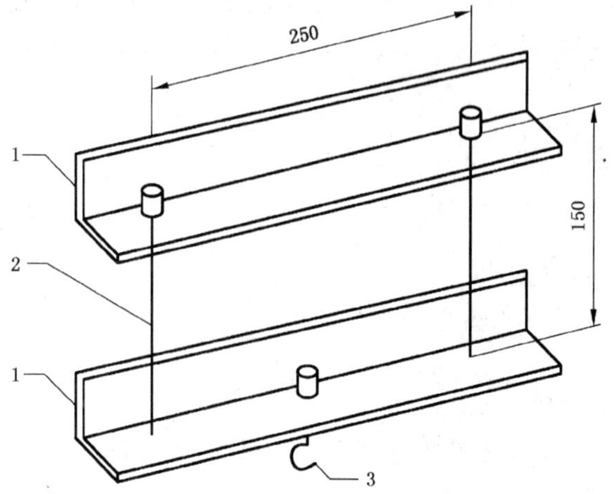

1——角钢(30×30 mm);

2——拉筋;

3——钩子(与两端拉筋等距离)。

图 13　吊架

13.3.3　称取悬浸质量的方法如下:将秤置于平稳的支座上,在支座的下方与磅秤中线重合处放置水桶。在秤底盘上放置吊架,用铁丝把试件悬挂在吊架上,此时试件应离开水桶的底面且全部浸泡在水中,将秤读数减去吊架和铁丝的质量,即为悬浸质量。

13.3.4　盲孔砖称取悬浸质量时,有孔洞的面朝上,称重前晃动砖体排出孔中的空气,待静置后称量。通孔砖任意放置。

13.3.5　将试件从水中取出,放在铁丝网架上滴水 1 min,再用拧干的湿布拭去内、外表面的水,立即称其面干潮湿状态的质量 m_2,精确至 5 g。

13.3.6　测量试件最薄处的壁厚、肋厚尺寸,精确至 1 mm。

13.4　结果计算与评定

13.4.1　每个试件的孔洞率(Q)按式(9)计算,精确至 0.1%。

$$Q = \left[1 - \frac{\dfrac{m_2 - m_1}{d}}{V}\right] \times 100 \quad \cdots\cdots (9)$$

式中:

Q——试件的孔洞率,%;

m_1——试件的悬浸质量,单位为千克(kg);

m_2——试件面干潮湿状态的质量,单位为千克(kg);

V——试件的体积,单位为立方米(m^3);

d——水的密度,为 1 000 千克每立方米(1 000 kg/m^3)。

试样的孔洞率以试件孔洞率的算术平均值表示,精确至 1%。

13.4.2　孔结构以孔洞排数及壁、肋厚最小尺寸表示。

14　干燥收缩试验

14.1　仪器设备

14.1.1　立式收缩仪:精度为 0.01 mm,上下测点采用 90°锥形凹座,如图 14 所示。

14.1.2　收缩头:采用黄铜或不锈钢制成,如图 15 所示。

14.1.3　鼓风干燥箱或调温调湿箱:鼓风干燥箱或调温调湿箱的箱体容积不小于 0.05 m^3 或大于试件

总体积的 5 倍。

14.1.4　搪瓷样盘。

14.1.5　冷却箱:冷却箱可用金属板加工,且备有温度观测装置及具有良好的密封性。

14.1.6　恒温水槽:水温(20±1)℃。

14.2　**试件**

14.2.1　试件数量应符合相应产品标准规定要求。

14.2.2　**试件处理**

14.2.2.1　在试件两个顶面的中心,各钻一个直径 6 mm～10 mm,深度 13 mm 孔洞。

14.2.2.2　将试件浸水 4 h～6 h 后取出在孔内灌入水玻璃水泥浆或其他粘结剂,然后埋置收缩头,收缩头中心线应与试件中心线重合,试件顶面必须平整。2 h 后检查收缩头安装是否牢固,否则重装。

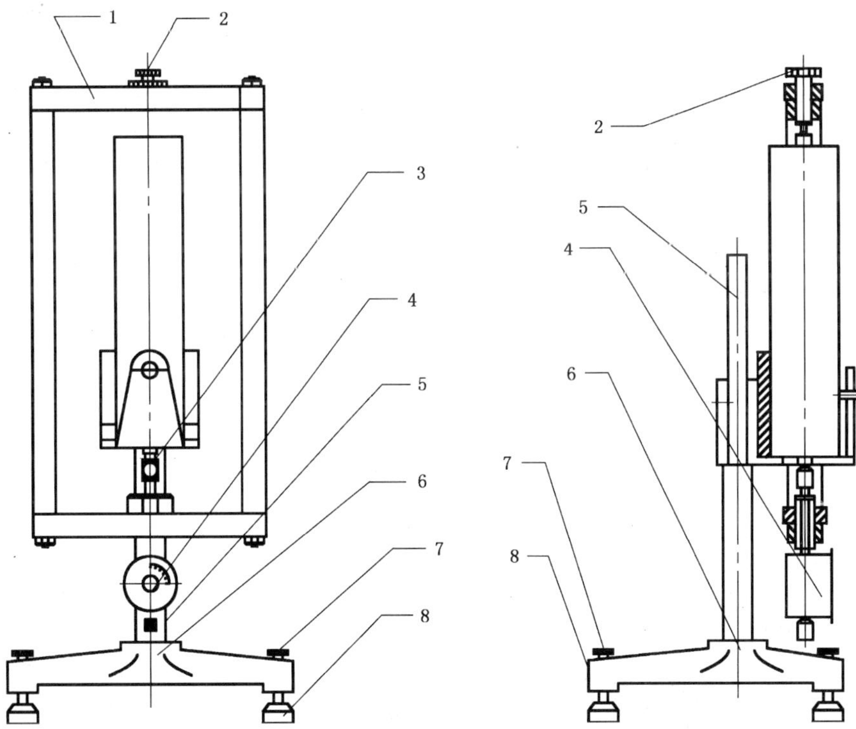

1——测量框架;
2——上支点螺栓;
3——下支点;
4——百分表;
5——立柱;
6——底座;
7——调平螺栓;
8——调平座。

图 14　收缩测定仪示意图

单位为毫米

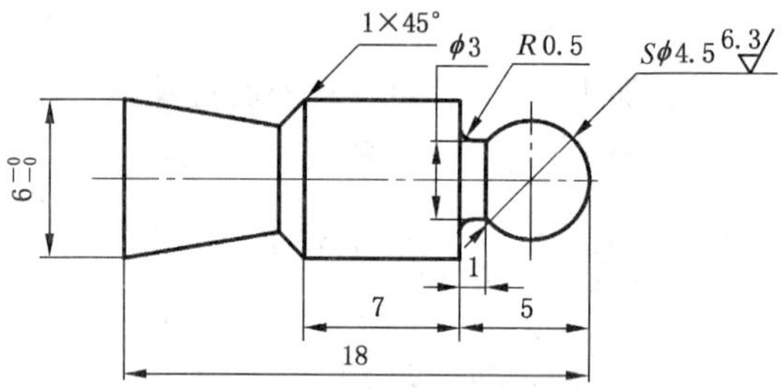

图 15　收缩头

14.3　试验步骤

14.3.1　将试件放置 1 d 后，浸入水温为(20±1)℃恒温水槽中，水面应高出试件 20 mm，保持 4 d。

14.3.2　将试件从水中取出，用湿布拭去表面水分并将收缩头擦干净。

14.3.3　用标准杆调整仪表原点(一般取 5.00 mm)，然后按标明的测试方向立即测定试件初始长度，记下初始百分表读数。

14.3.4　将试件放入温度为(50±1)℃，湿度以饱和氯化钙控制(每立方米箱体应给予不低于 0.3 m^3 暴露面积且含有充分固体的氯化钙饱和溶液)的鼓风干燥箱或调温调湿箱中进行干燥。

14.3.5　每隔 1 d 从箱内取出试件测长度一次。当试件取出后应立即放入冷却箱中，在(20±1)℃的房间内冷却 4h 后进行测试。测前应校准百分表原点，要求每组试件在 10 min 内测完。

14.3.6　按 14.3.4、14.3.5 条所述反复进行干燥、冷却和测试，直至两次测长读数差在 0.01 mm 范围内时为止，以最后两次的平均值作为干燥后读数。

14.4　结果计算与评定

14.4.1　干燥收缩值(S)按式(10)计算。

$$S = \frac{L_1 - L_2}{L_0 - (M_0 - L_1) - 2L} \times 1\,000 \qquad (10)$$

式中：

S——干燥收缩值，单位为毫米/米(mm/m)；

L_0——标准杆长度，单位为毫米(mm)；

L_1——试件初始长度(百分表读数)，单位为毫米(mm)；

L_2——试件干燥后长度(百分表读数)，单位为毫米(mm)；

L——收缩头长度，单位为毫米(mm)；

M_0——百分表原点，单位为毫米(mm)；

1 000——系数，单位为毫米/米(mm/m)。

14.4.2　试验结果以试件干燥收缩值的算术平均值表示，精确至 0.01 mm/m。

15　碳化试验

15.1　仪器设备和试剂

15.1.1　碳化箱：下部设有进气孔，上部设有排气孔，且有湿度观察装置，盖(门)必须严密。

15.1.2　二氧化碳钢瓶

15.1.3　转子流量计

15.1.4　气体分析仪

15.1.5　台秤：分度值 5 g。

15.1.6　干、湿球温度计或其他温、湿度计：最高温度 100℃。

15.1.7　二氧化碳气体：浓度大于 80%(m/m)。

15.1.8　1%(*m*/*m*)酚酞溶液：用浓度为70%(*m*/*m*)的乙醇配制。

15.2　**试件**

取经尺寸偏差和外观检查合格的砖样25块，其中10块为对比试样(也可采用抗压强度试验结果。若采用抗压强度试验结果作对比，则试样可取15块)；10块用于测定碳化后强度，5块用于碳化深度检查。

15.3　**试验条件**

15.3.1　湿度：碳化过程的相对湿度控制在90%以下。

15.3.2　二氧化碳浓度

15.3.2.1　二氧化碳浓度的测定

二氧化碳浓度采用气体分析仪测定，第一、二天每隔2h测定一次，以后每隔4 h测定一次，精确至1%。并根据测得的二氧化碳浓度，随时调节其流量。

15.3.2.2　二氧化碳浓度的调节和控制

如图16所示，装配人工碳化装置，调节二氧化碳钢瓶的针形阀，控制流量使二氧化碳浓度达60%以上。

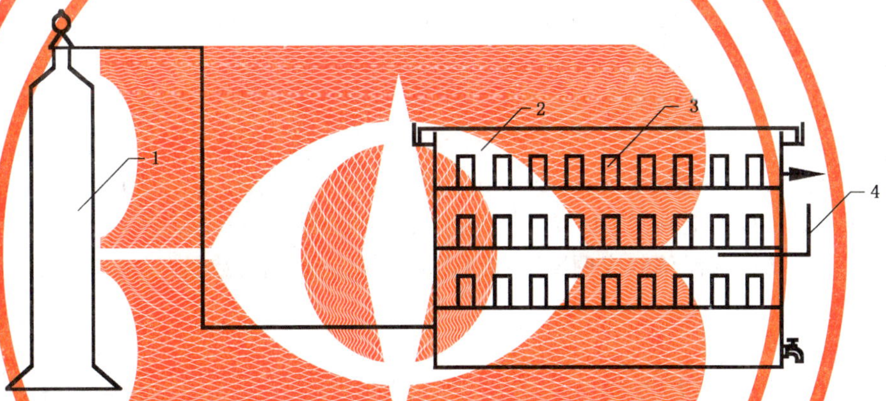

1——二氧化碳钢瓶；

2——碳化箱；

3——砖样；

4——干、湿温度计。

图16　人工碳化装置示意图

15.4　**试验步骤**

15.4.1　取10块对比试件按7.5条进行抗压强度试验。

15.4.2　其余15块试件在室内放置7 d，然后放入碳化箱内进行碳化，试件间隔不得小于20 mm。

15.4.3　从第十天开始，每5 d取一块试件劈开，用10%酚酞乙醇溶液检查碳化程度，当试件中心不呈显红色时，则认为试件已全部碳化。

15.4.4　将已全部碳化的10块试件于室内放置24 h～36 h后按7.5条进行抗压强度试验。

15.5　**结果计算与评定**

15.5.1　碳化系数(K_c)按式(11)计算，精确至0.01。

$$K_c = \frac{R_c}{R_0} \quad \cdots\cdots (11)$$

式中：

K_c——碳化系数；

R_c——人工碳化抗压强度，单位为兆帕(MPa)；

R_0——砖的抗压强度，单位为兆帕(MPa)。

15.5.2 以试件人工碳化抗压强度的算术平均值表示，精确至 0.1MPa。

16 放射性物质检测

16.1 放射性核素镭$_{-226}$、钍$_{-232}$、钾$_{-40}$放射性比活度的检测

放射性核素镭$_{-226}$、钍$_{-232}$、钾$_{-40}$比活度的检测按 GB 6566 的检测方法进行。

16.2 结果计算与评定

放射性以放射性物质镭$_{-226}$、钍$_{-232}$、钾$_{-40}$比活度的值表示。

17 传热系数测定

17.1 仪器设备

17.1.1 标定热箱：符合 GB/T 13475 的要求。

17.1.2 试件制备平台：试件制备平台必须平整，并配有垂直标杆。

17.1.3 量具：钢卷尺，分度值为 1 mm。

17.1.4 干湿球温度计

17.2 试件制备

17.2.1 试件尺寸：试件厚度为试样实际使用厚度，试件边长为其厚度的 4 倍。

17.2.2 试样数量

根据试样的规格尺寸，计算所需试样的数量。

17.2.3 试件制备

将试样放入室温的净水中浸 10 min～20 min 后取出；试样可切断，截断面应平整。在试件制备平台上(或在标定热箱试件框架上)砌筑如 17.2.1 要求尺寸的试件，试样间抹以不超过 10 mm 的用强度等级为 32.5 的普通硅酸盐水泥调制成稠度适宜的水泥净浆粘结，错缝砌筑，试件与水平面应垂直，表面平整。

17.3 检测步骤

17.3.1 将制备好的试件在环境温度(20±3)℃，相对湿度(60±20)%的不通风室内静置 7 d。

17.3.2 按 GB/T 13475 规定，将试件在标定热箱或防护热箱内安装好，并进行测定。

17.4 结果计算与评定

17.4.1 传热系数 U 按 GB/T 13475 的规定进行计算。

17.4.2 试验结果以试件传热系数表示。

18 试验报告

试验报告内容应包括：

a) 受检单位；

b) 试样名称、编号、数量、规格尺寸及状态；

c) 送(抽)样日期；

d) 检验项目；

e) 依据标准；

f) 检验类别；

g) 试验结果与评定；

h) 报告编号及报告日期；

i) 检验单位与编写、审核人员和单位负责人签章。

ICS 91.100.25
Q 31

中华人民共和国国家标准

GB/T 4100—2006
代替 GB/T 4100.1～4100.5—1999

陶　瓷　砖

Ceramic tiles

(ISO 13006:1998 Ceramic tiles—
Definitions,classification,characteristics and marking,MOD)

2006-02-07 发布　　2006-09-01 实施

中华人民共和国国家质量监督检验检疫总局
中国国家标准化管理委员会　发布

前　言

本标准修改采用 ISO 13006:1998《陶瓷砖——定义、分类、性能和标记》(英文版)。

为了更适合我国国情，本标准在采用 ISO 13006:1998 时进行了修改，本标准与 ISO 13006:1998 的主要差异如下：

——标准名称“陶瓷砖——定义、分类、性能和标记”修改为“陶瓷砖”；

——删除了国际标准的前言；

——将 1 中“…性能和标记”修改为“…性能、抽样和接收条件、技术要求和试验方法、标志和说明、订货”；

——将国际标准中的“参照标准”修改为“规范性引用文件”，并将所引用的国际标准用采用该国际标准的国家标准代替；

——增加了“瓷质砖、炻瓷砖、细炻砖、炻质砖、陶质砖”的定义；

——在附录 G(规范性附录)中增加了对大规格产品尺寸偏差的规定；

——在附录 G(规范性附录)中增加了对抛光砖的规定。

本标准代替 GB/T 4100.1—1999《干压陶瓷砖　第 1 部分：瓷质砖(吸水率 $E \leqslant 0.5\%$)》、GB/T 4100.2—1999《干压陶瓷砖　第 2 部分：炻瓷砖(吸水率 $0.5\% < E \leqslant 3\%$)》、GB/T 4100.3—1999《干压陶瓷砖　第 3 部分：细炻砖(吸水率 $3\% < E \leqslant 6\%$)》、GB/T 4100.4—1999《干压陶瓷砖　第 4 部分：炻质砖(吸水率 $6\% < E \leqslant 10\%$)》、GB/T 4100.5—1999《干压陶瓷砖　第 5 部分：陶质砖(吸水率 $E > 10\%$)》。

本标准与 GB/T 4100.1—1999、GB/T 4100.2—1999、GB/T 4100.3—1999、GB/T 4100.4—1999、GB/T 4100.5—1999 相比主要变化如下：

——增加了对挤压陶瓷砖的要求；

——删除了干压炻瓷砖大规格产品尺寸允许偏差的要求；

——修改了第 3 章“定义”；

——取消了产品等级；

——增加了第 4 章分类和第 5 章性能；

——将“6　检验规则”修改为“6　抽样和接收条件”；

——将“4　技术要求”和“5　试验方法”合并为“7　要求”，且编排格式与国际标准对应，分别列入相应附录中；

——将“8　包装、运输、贮存和订货”修改为“9　订货”；

——将 GB/T 4100.1—1999 附录 A《陶瓷砖　磨擦系数的测定》修改为附录 M，删除了动滑块法和倾斜平台法，保留了静滑块法。

本标准的附录 A、附录 B、附录 C、附录 D、附录 E、附录 F、附录 G、附录 H、附录 J、附录 K、附录 L、附录 M 为规范性目录；附录 N、附录 P、附录 Q 为资料性附录。

用测量值或计算值判定本标准中的极限值时，采用修约值比较法。

本标准自实施之日起，JC/T 457.3—2002《挤压陶瓷砖　第 3 部分：细炻砖(吸水率 $3\% < E \leqslant 6\%$)》、JC/T 457.4—2002《挤压陶瓷砖　第 4 部分：炻质砖(吸水率 $6\% < E \leqslant 10\%$)》作废。

本标准由中国建筑材料工业协会提出。

本标准由全国建筑卫生陶瓷标准化技术委员会归口。

本标准起草单位：咸阳陶瓷研究设计院。

本标准参加起草单位：佛山石湾鹰牌陶瓷有限公司、广东蒙娜丽莎陶瓷(集团)有限公司、佛山市兴辉陶瓷有限公司、杭州诺贝尔集团有限公司。

本标准参加起草人：刘幼红、王博、李直、钟应洲、张旗康、陈洪再、李莹。

本标准所代替标准的历次版本发布情况为：

——GB/T 11947—1989；

——GB/T 4100—1992；

——GB/T 4100.1—1999、GB/T 4100.2—1999、GB/T 4100.3—1999、GB/T 4100.4—1999、GB/T 4100.5—1999。

陶　瓷　砖

1　范围

本标准规定了陶瓷砖的定义、分类、性能、抽样和接收条件、技术要求和试验方法、标志和说明、订货。

2　规范性引用文件

下列文件中的条款通过本标准的引用而成为本标准的条款。凡是注日期的引用文件，其随后所有的修改单(不包括勘误的内容)或修订版均不适用于本标准，然而，鼓励根据本标准达成协议的各方研究是否可使用这些文件的最新版本。凡是不注日期的引用文件，其最新版本适用于本标准。

GB/T 3810.1　陶瓷砖试验方法　第1部分:抽样和接收条件(GB/T 3810.1—2006,ISO 10545-1:1995,MOD)

GB/T 3810.2　陶瓷砖试验方法　第2部分:尺寸和表面质量的检验(GB/T 3810.2—2006,ISO 10545-2:1995,MOD)

GB/T 3810.3　陶瓷砖试验方法　第3部分:吸水率、显气孔率、表观相对密度和容重的测定(GB/T 3810.3—2006,ISO 10545-3:1995,MOD)

GB/T 3810.4　陶瓷砖试验方法　第4部分:断裂模数和破坏强度的测定(GB/T 3810.4—2006,ISO 10545-4:1994,IDT)

GB/T 3810.5　陶瓷砖试验方法　第5部分:用恢复系数确定砖的抗冲击性(GB/T 3810.5—2006,ISO 10545-5:1996,IDT)

GB/T 3810.6　陶瓷砖试验方法　第6部分:无釉砖耐磨深度的测定(GB/T 3810.6—2006,ISO 10545-6:1995,IDT)

GB/T 3810.7　陶瓷砖试验方法　第7部分:有釉砖表面耐磨性的测定(GB/T 3810.7—2006,ISO 10545-7:1996,IDT)

GB/T 3810.8　陶瓷砖试验方法　第8部分:线性热膨胀的测定(GB/T 3810.8—2006,ISO 10545-8:1994,IDT)

GB/T 3810.9　陶瓷砖试验方法　第9部分:抗热震性的测定(GB/T 3810.9—2006,ISO 10545-9:1994,IDT)

GB/T 3810.10　陶瓷砖试验方法　第10部分:湿膨胀的测定(GB/T 3810.10—2006,ISO 10545-10:1995,IDT)

GB/T 3810.11　陶瓷砖试验方法　第11部分:有釉砖抗釉裂性的测定(GB/T 3810.11—2006,ISO 10545-11:1994,IDT)

GB/T 3810.12　陶瓷砖试验方法　第12部分:抗冻性的测定(GB/T 3810.12—2006,ISO 10545-12:1995,IDT)

GB/T 3810.13　陶瓷砖试验方法　第13部分:耐化学腐蚀性的测定(GB/T 3810.13—2006,ISO 10545-13:1995,IDT)

GB/T 3810.14　陶瓷砖试验方法　第14部分:耐污染性的测定(GB/T 3810.14—2006,ISO 10545-14:1995,IDT)

GB/T 3810.15　陶瓷砖试验方法　第15部分:有釉砖铅和镉溶出量的测定(GB/T 3810.15—2006,ISO 10545-15:1995,IDT)

GB/T 3810.16 陶瓷砖试验方法 第16部分：小色差的测定(GB/T 3810.16—2006,ISO 10545-16:1999,IDT)

GB/T 13891 建筑饰面材料镜向光泽度测定方法

3 术语和定义

下列术语和定义适用于本标准。

3.1

陶瓷砖 ceramic tiles

由粘土和其他无机非金属原料制造的用于覆盖墙面和地面的薄板制品，陶瓷砖是在室温下通过挤压或干压或其他方法成型，干燥后，在满足性能要求的温度下烧制而成。砖是有釉(GL)或无釉(UGL)的，而且是不可燃、不怕光的。

3.2

釉 glaze

不透水的玻化覆盖层。

3.3

底釉 engobed surface

覆盖在粘土坯表面的透水或不透水无光饰面。

注：表面只有底釉的砖被当作无釉砖。

3.4

抛光面 polished surface

无釉陶瓷砖最后工序经机械研磨、抛光使砖所具有的光泽表面。

3.5

挤压砖(A) extruded tiles

挤压砖是将可塑性坯料经过挤压机挤出成型，再将所成型的泥条按砖的预定尺寸进行切割。

注1：这些产品分为精细的或普通的，主要是由它们的性能来决定的。

注2：挤压砖的习惯术语是用来描述劈离砖和方砖的，通常分别是指双挤压砖和单挤压砖，方砖仅指吸水率不超过6%的挤压砖。

3.6

干压砖(B) dry-pressed tiles

干压砖是将混合好的粉料置于模具中于一定压力下压制成型的。

3.7

其他方法成型的砖(C) tiles made by other processes

用挤或压以外方法成型的陶瓷砖。

注：这类砖不包含在本标准中。

3.8

瓷质砖 porcelain tiles

吸水率(E)不超过0.5%的陶瓷砖。

3.9

炻瓷砖 stoneware porcelain tiles

吸水率(E)大于0.5%，不超过3%的陶瓷砖。

3.10

细炻砖 fine stoneware tiles

吸水率(E)大于3%，不超过6%的陶瓷砖。

3.11

炻质砖　stoneware tiles

吸水率(E)大于6%,不超过10%的陶瓷砖。

3.12

陶质砖　fine earthenware tiles

吸水率(E)大于10%的陶瓷砖。

3.13

吸水率(E)　water absorption

用质量分数表示,按GB/T 3810.3规定测定。

3.14

间隔凸缘(见图2)　spacer lugs

带有凸缘的砖,便于使沿直线铺贴的两块砖之间的接缝宽度不超过规定的要求。

注1:两块砖之间连接位置的凸缘由水泥砂浆覆盖使凸缘不暴露在外。

注2:由制造者提供工作尺寸,可以按相同情况将干压成型砖加工间隔凸缘。

3.15

尺寸描述(见图1、图2)　description of sizes

注:这里描述的尺寸只适用于矩形砖,对于非矩形砖可以采用相应的最小矩形的尺寸。

3.15.1

名义尺寸　nominal size

用来统称产品规格的尺寸。

3.15.2

工作尺寸(W)　work size

按制造结果而确定的尺寸,实际尺寸与其之间的差应在规定的允许偏差之内。

注:工作尺寸包括长、宽、厚。

3.15.3

实际尺寸　actual size

按照GB/T 3810.2中规定的方法测得的尺寸。

3.15.4

配合尺寸(C)　coordinating size

工作尺寸加上连接宽度。

3.15.5

模数尺寸　modular size

模数尺寸包括了尺寸为M(1M=100 mm)、2M、3M和5M以及它们的倍数或分数为基数的砖,不包括表面积小于9 000 mm^2 的砖。

3.15.6

非模数尺寸　non-modular sizes

不以模数M为基数的尺寸。

3.15.7

公差　tolerance

在尺寸允许范围之内的偏差。

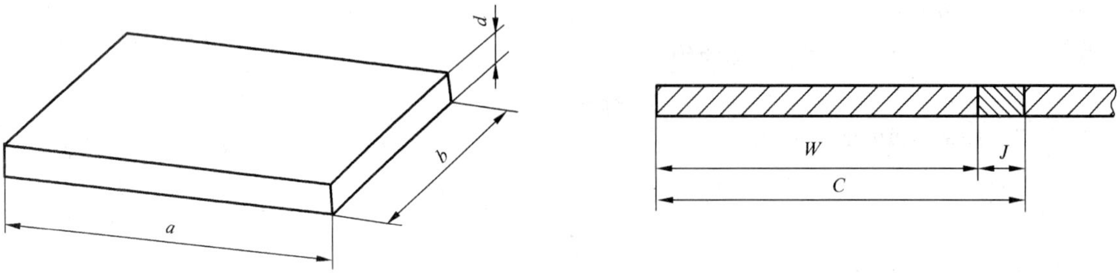

配合尺寸(*C*)＝工作尺寸(*W*)＋连接宽度(*J*)

工作尺寸(*W*)＝可见面(*a*)、(*b*)和厚度(*d*)的尺寸

图 1　砖的尺寸

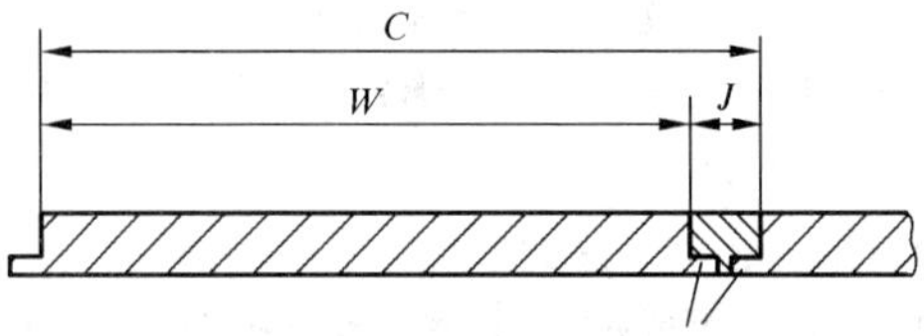

配合尺寸(*C*)＝工作尺寸(*W*)＋连接宽度(*J*)

工作尺寸(*W*)＝可见面(*a*)、(*b*)和厚度(*d*)的尺寸

图 2　带有间隔凸缘的砖

4　分类

4.1　分类方法

按照陶瓷砖的成型方法和吸水率(见 3.13 和表 1)进行分类，这种分类与产品的使用无关。

表 1　陶瓷砖按成型方法和吸水率分类表

<table>
<tr><th>成型方法</th><th>Ⅰ类
$E \leqslant 3\%$</th><th>Ⅱa类
$3\% < E \leqslant 6\%$</th><th>Ⅱb类
$6\% < E \leqslant 10\%$</th><th>Ⅲ类
$E > 10\%$</th></tr>
<tr><td rowspan="2">A(挤压)</td><td rowspan="2">AⅠ类
(见附录 A)</td><td>AⅡa1类[a)]
(见附录 B)</td><td>AⅡb1类[a)]
(见附录 D)</td><td rowspan="2">AⅢ类
(见附录 F)</td></tr>
<tr><td>AⅡa2类[a)]
(见附录 C)</td><td>AⅡb2类[a)]
(见附录 E)</td></tr>
<tr><td rowspan="2">B(干压)</td><td>BⅠa类
瓷质砖 $E \leqslant 0.5\%$
(见附录 G)</td><td rowspan="2">BⅡa类
细炻砖
(见附录 J)</td><td rowspan="2">BⅡb类
炻质砖
(见附录 K)</td><td rowspan="2">BⅢ类[b)]
陶质砖
(见附录 L)</td></tr>
<tr><td>BⅠb类
炻瓷砖 $0.5\% < E \leqslant 3\%$
(见附录 H)</td></tr>
<tr><td>C(其他)</td><td>CⅠ类[c)]</td><td>CⅡa类[c)]</td><td>CⅡb类[c)]</td><td>CⅢ类[c)]</td></tr>
<tr><td colspan="5">a)　AⅡa类和AⅡb类按照产品不同性能分为两个部分。
b)　BⅢ类仅包括有釉砖，此类不包括吸水率大于 10%的干压成型无釉砖。
c)　本标准中不包括这类砖。</td></tr>
</table>

4.2 按成型方法分类

A 挤压砖(3.5)；

B 干压砖(3.6)；

C 其他方法成型的砖(3.7)。

4.3 按吸水率(*E*)分类

按吸水率分为以下三类：

4.3.1 低吸水率砖(Ⅰ类)，$E \leqslant 3\%$

Ⅰ类干压砖还可以进一步分为：

(a) $E \leqslant 0.5\%$ (BⅠa类)；

(b) $0.5\% < E \leqslant 3\%$ (BⅠb类)。

4.3.2 中吸水率砖(Ⅱ类)，$3\% < E \leqslant 10\%$

Ⅱ类挤压砖还可一步分为：

(a) $3\% < E \leqslant 6\%$(AⅡa类，第1部分和第2部分)；

(b) $6\% < E \leqslant 10\%$(AⅡb类，第1部分和第2部分)。

Ⅱ类干压砖还可一步分为：

(a) $3\% < E \leqslant 6\%$(BⅡa类)；

(b) $6\% < E \leqslant 10\%$(BⅡb类)。

4.3.3 高吸水率砖(Ⅲ类)，$E > 10\%$。

5 性能

在表2中列出了不同用途陶瓷砖的产品性能要求。

表2 不同用途陶瓷砖的产品性能要求

性能	地砖		墙砖		试验方法
尺寸和表面质量	室内	室外	室内	室外	标准号
长度和宽度	×	×	×	×	GB/T 3810.2
厚度	×	×	×	×	GB/T 3810.2
边直度	×	×	×	×	GB/T 3810.2
直角度	×	×	×	×	GB/T 3810.2
表面平整度(弯曲度和翘曲度)	×	×	×	×	GB/T 3810.2
物理性能	室内	室外	室内	室外	标准号
吸水率	×	×	×	×	GB/T 3810.3
破坏强度	×	×	×	×	GB/T 3810.4
断裂模数	×	×	×	×	GB/T 3810.4
无釉砖耐磨深度	×	×			GB/T 3810.6
有釉砖表面耐磨性	×	×			GB/T 3810.7
线性热膨胀[a)]	×	×	×	×	GB/T 3810.8
抗热震性[a)]	×	×	×	×	GB/T 3810.9
有釉砖抗釉裂性	×	×	×	×	GB/T 3810.11
抗冻性[b)]		×		×	GB/T 3810.12
磨擦系数	×	×			附录M

表 2(续)

性能	地砖		墙砖		试验方法
物理性能	室内	室外	室内	室外	标准号
湿膨胀[a)]	×	×	×	×	GB/T 3810.10
小色差[a)]	×	×	×	×	GB/T 3810.16
抗冲击性[a)]	×	×			GB/T 3810.5
抛光砖光泽度	×	×	×	×	GB/T 13891
化学性能	室内	室外	室内	室外	标准号
有釉砖耐污染性	×	×	×	×	GB/T 3810.14
无釉砖耐污染性[a)]	×	×	×	×	GB/T 3810.14
耐低浓度酸和碱化学腐蚀性	×	×	×	×	GB/T 3810.13
耐高浓度酸和碱化学腐蚀性[a)]	×	×	×	×	GB/T 3810.13
耐家庭化学试剂和游泳池盐类化学腐蚀性	×	×	×	×	GB/T 3810.13
有釉砖铅和镉的溶出量[a)]	×	×	×	×	GB/T 3810.15

a) 见附录 Q 试验方法。

b) 砖在有冰冻情况下使用时。

6 抽样和接收条件

抽样和接收条件应符合 GB/T 3810.1 的要求。

7 要求

各类陶瓷砖的尺寸、表面质量、物理性能和化学性能的技术要求应符合附录 A～附录 L 中的相应规定。

8 标志和说明

8.1 标志

砖或其包装上应有下列标志：

a. 制造商的标记和/或商标以及产地；

b. 质量标志；

c. 砖的种类及执行本标准的相应附录；

d. 名义尺寸和工作尺寸，模数(M)或非模数；

e. 表面特性，如有釉(GL)或无釉(UGL)。

8.2 产品特性

对用于地面的陶瓷砖，应报告以下特性：

a. 按本标准附录 M 规定所测得的摩擦系数；

b. 有釉砖的耐磨性级别。

注：按附录 P 规定的耐磨性级别。

8.3 说明书

产品说明书中应包括下列内容：

a. 成型方法；

b. 陶瓷砖类别及执行本标准的相应附录；

c. 名义尺寸和工作尺寸，模数(M)和非模数；

d. 表面特性，如，有釉(GL)或无釉(UGL)。

例如：

精细挤压砖，GB/T 4100—2006 附录 A

AⅠ M25 cm×12.5 cm(W240 mm×115 mm×10 mm) GL

普通挤压砖，GB/T 4100—2006 附录 A

AⅠ 15 cm×15 cm(W150 mm×150 mm×12.5 mm) UGL

9 订货

在订货时，如尺寸、厚度、表面特征、颜色、外观、有釉砖耐磨性级别以及其他性能均应与相关方协商一致。

附　录　A
（规范性附录）
挤压陶瓷砖 $E\leqslant3\%$ AⅠ类

A.1　要求

该类产品的尺寸、表面质量、物理性能和化学性能的技术要求应符合表A.1的规定。

表A.1　挤压陶瓷砖技术要求（$E\leqslant3\%$，AⅠ类）

<table>
<tr><td colspan="5">技　术　要　求</td><td rowspan="2">试验方法</td></tr>
<tr><td colspan="3">尺寸和表面质量</td><td>精细</td><td>普通</td></tr>
<tr><td rowspan="3">长度和宽度</td><td colspan="2">每块砖(2条或4条边)的平均尺寸相对于工作尺寸(W)的允许偏差/%</td><td>±1.0%，
最大±2 mm</td><td>±2.0%，
最大±4 mm</td><td>GB/T 3810.2</td></tr>
<tr><td colspan="2">每块砖(2条或4条边)的平均尺寸相对于10块砖(20条或40条边)平均尺寸的允许偏差/%</td><td>±1.0%</td><td>±1.5%</td><td>GB/T 3810.2</td></tr>
<tr><td colspan="4">制造商选择工作尺寸应满足以下要求：
a. 模数砖名义尺寸连接宽度允许在(3～11) mm之间[a)]。
b. 非模数砖工作尺寸与名义尺寸之间的偏差不大于±3 mm</td><td>GB/T 3810.2</td></tr>
<tr><td colspan="3">厚度
a. 厚度由制造商确定。
b. 每块砖厚度的平均值相对于工作尺寸厚度的允许偏差/%</td><td>±10%</td><td>±10%</td><td>GB/T 3810.2</td></tr>
<tr><td colspan="3">边直度[b)]（正面）
相对于工作尺寸的最大允许偏差/%</td><td>±0.5%</td><td>±0.6%</td><td>GB/T 3810.2</td></tr>
<tr><td colspan="3">直角度[b)]
相对于工作尺寸的最大允许偏差/%</td><td>±1.0%</td><td>±1.0%</td><td>GB/T 3810.2</td></tr>
<tr><td colspan="2" rowspan="3">表面平整度
最大允许偏差/%</td><td>a. 相对于由工作尺寸计算的对角线的中心弯曲度</td><td>±0.5%</td><td>±1.5%</td><td>GB/T 3810.2</td></tr>
<tr><td>b. 相对于工作尺寸的边弯曲度</td><td>±0.5%</td><td>±1.5%</td><td>GB/T 3810.2</td></tr>
<tr><td>c. 相对于由工作尺寸计算的对角线的翘曲度</td><td>±0.8%</td><td>±1.5%</td><td>GB/T 3810.2</td></tr>
<tr><td colspan="3">表面质量[c)]</td><td colspan="2">至少95%的砖主要区域无明显缺陷</td><td>GB/T 3810.2</td></tr>
<tr><td colspan="3">物理性能</td><td>精细</td><td>普通</td><td>试验方法</td></tr>
<tr><td colspan="3">吸水率[b)]，质量分数</td><td>平均值≤3.0%，
单值≤3.3%</td><td>平均值≤3.0%，
单值≤3.3%</td><td>GB/T 3810.3</td></tr>
<tr><td colspan="2" rowspan="2">破坏强度/N</td><td>a. 厚度≥7.5 mm</td><td>≥1 100</td><td>≥1 100</td><td>GB/T 3810.4</td></tr>
<tr><td>b. 厚度<7.5 mm</td><td>≥600</td><td>≥600</td><td>GB/T 3810.4</td></tr>
<tr><td colspan="3">断裂模数/(N/mm^2)(MPa)
不适用于破坏强度≥3 000 N的砖</td><td>平均值≥23，单值≥18</td><td>平均值≥23，单值≥18</td><td>GB/T 3810.4</td></tr>
</table>

表 A.1(续)

技术要求				试验方法
物理性能		精细	普通	
耐磨性	a. 无釉地砖耐磨损体积/mm^3	≤275	≤275	GB/T 3810.6
	b. 有釉地砖表面耐磨性[d]	报告陶瓷砖耐磨性级别和转数		GB/T 3810.7
线性热膨胀系数[e]	从环境温度到100℃	见附录 Q		GB/T 3810.8
抗热震性[e]		见附录 Q		GB/T 3810.9
有釉砖抗釉裂性[f]		经试验应无釉裂		GB/T 3810.11
抗冻性[e]		见附录 Q		GB/T 3810.12
地砖摩擦系数		制造商应报告陶瓷地砖的摩擦系数和试验方法		附录 M
湿膨胀[e]/mm/m		见附录 Q		GB/T 3810.10
小色差[e]		见附录 Q		GB/T 3810.16
抗冲击性[e]		见附录 Q		GB/T 3810.5
化学性能		精细	普通	试验方法
耐污染性	a. 有釉砖	最低 3 级	最低 3 级	GB/T 3810.14
	b. 无釉砖[e]	见附录 Q		GB/T 3810.14
抗化学腐蚀性	耐低浓度酸和碱 a. 有釉砖 b. 无釉砖[g]	制造商应报告耐化学腐蚀性等级	制造商就报告耐化学腐蚀性等级	GB/T 3810.13
	耐高浓度酸和碱[e]	见附录 Q		GB/T 3810.13
	耐家庭化学试剂和游泳池盐类 a. 有釉砖 b. 无釉砖[g]	不低于 GB 级 不低于 UB 级	不低于 GB 级 不低于 UB 级	GB/T 3810.13
铅和镉的溶出量[e]		见附录 Q		GB/T 3810.15

a) 以非公制尺寸为基础的习惯用法也可用在同类型砖的连接宽度上。

b) 不适用于有弯曲形状的砖。

c) 在烧成过程中,产品与标准板之间的微小色差是难免的。本条款不适用于在砖的表面有意制造的色差(表面可能是有釉的、无釉的或部分有釉的)或在砖的部分区域内为了突出产品的特点而希望的色差。用于装饰目的的斑点或色斑不能看作为缺陷。

d) 有釉地砖耐磨性分级可参照本标准附录 P 规定。

e) 表中所列"见附录 Q"涉及项目不是所有产品都必检的,是否有必要对这些项目进行检验应按本标准附录 Q 的规定确定。

f) 制造商对于为装饰效果而产生的裂纹应加以说明,这种情况下,GB/T 3810.11 规定的釉裂试验不适用。

g) 如果色泽有微小变化,不应算是化学腐蚀。

h) 吸水率最大单个值为 0.5%的砖是全玻化砖(常被认为是不吸水的)。

A.2 抽样和接收条件

抽样和接收条件应符合 GB/T 3810.1 的要求。

A.3 标志和说明

A.3.1 标志

砖或其包装上应有下列标志：

a. 制造商的标记和/或商标以及产地；

b. 质量标志；

c. 砖的种类及执行本标准的相应附录；

d. 名义尺寸和工作尺寸，模数(M)或非模数；

e. 表面特性，如有釉(GL)或无釉(UGL)。

A.3.2 产品特性

对用于地面的陶瓷砖，应报告以下特性：

a. 按本标准附录 M 规定所测得的摩擦系数；

b. 有釉砖的耐磨性级别。

注：按附录 P 规定的耐磨性级别。

A.3.3 说明书

产品说明书中应包括下列内容：

a. 成型方法；

b. 陶瓷砖类别及执行本标准的相应附录；

c. 名义尺寸和工作尺寸，模数(M)和非模数；

d. 表面特性，如，有釉(GL)或无釉(UGL)。

例如：

精细挤压砖，GB/T 4100—2006 附录 A

AⅠ M25 cm×12.5 cm(W240 mm×115 mm×10 mm) GL

普通挤压砖，GB/T 4100—2006 附录 A

AⅠ 15 cm×15 cm(W150 mm×150 mm×12.5 mm) UGL

A.4 订货

在订货时，如尺寸、厚度、表面特征、颜色、外观、有釉砖耐磨性级别以及其他性能均应与相关方协商一致。

附 录 B
（规范性附录）
挤压陶瓷砖 3%<E≤6% AⅡa 类——第 1 部分

B.1 要求

该类产品的尺寸、表面质量、物理性能和化学性能的技术要求应符合表 B.1 的规定。

表 B.1 挤压陶瓷砖技术要求（3%<E≤6%，AⅡa 类——第 1 部分）

技术要求				试验方法
尺寸和表面质量		精细	普通	
长度和宽度	每块砖(2 条或 4 条边)的平均尺寸相对于工作尺寸(W)的允许偏差/%	±1.25%， 最大±2 mm	±2.0%， 最大±4 mm	GB/T 3810.2
长度和宽度	每块砖(2 条或 4 条边)的平均尺寸相对于 10 块砖(20 条或 40 条边)平均尺寸的允许偏差/%	±1.0%	±1.5%	GB/T 3810.2
长度和宽度	制造商选择工作尺寸应满足以下要求： a. 模数砖名义尺寸连接宽度允许在(3～11) mm 之间[a]。 b. 非模数砖工作尺寸与名义尺寸之间的偏差不大于±3 mm			GB/T 3810.2
厚度 a. 厚度由制造商确定。 b. 每块砖厚度的平均值相对于工作尺寸厚度的允许偏差/%		±10%	±10%	GB/T 3810.2
边直度[b]（正面） 相对于工作尺寸的最大允许偏差/%		±0.5%	±0.6%	GB/T 3810.2
直角度[b] 相对于工作尺寸的最大允许偏差/%		±1.0%	±1.0%	GB/T 3810.2
表面平整度 最大允许偏差/%	a. 相对于由工作尺寸计算的对角线的中心弯曲度	±0.5%	±1.5%	GB/T 3810.2
表面平整度 最大允许偏差/%	b. 相对于工作尺寸的边弯曲度	±0.5%	±1.5%	GB/T 3810.2
表面平整度 最大允许偏差/%	c. 相对于由工作尺寸计算的对角线的翘曲度	±0.8%	±1.5%	GB/T 3810.2
表面质量[c]		至少 95% 的砖主要区域无明显缺陷		GB/T 3810.2
物理性能		精细	普通	试验方法
吸水率，质量分数		3.0%<平均值≤6.0% 单值≤6.5%	3.0%<平均值≤6.0% 单值≤6.5%	GB/T 3810.3
破坏强度/N	a. 厚度≥7.5 mm	≥950	≥950	GB/T 3810.4
破坏强度/N	b. 厚度<7.5 mm	≥600	≥600	GB/T 3810.4
断裂模数/(N/mm^2)(MPa) 不适用于破坏强度≥3 000 N 的砖		平均值≥20， 单值≥18	平均值≥20， 单值≥18	GB/T 3810.4

表 B.1(续)

技术要求				试验方法
物理性能		精细	普通	
耐磨性	a. 无釉地砖耐磨损体积/mm^3	≤393	≤393	GB/T 3810.6
	b. 有釉地砖表面耐磨性[d]	报告陶瓷砖耐磨性级别和转数		GB/T 3810.7
线性热膨胀系数[e]	从环境温度到 100℃	见附录 Q		GB/T 3810.8
抗热震性[e]		见附录 Q		GB/T 3810.9
有釉砖抗釉裂性[f]		经试验应无釉裂		GB/T 3810.11
抗冻性[e]		见附录 Q		GB/T 3810.12
地砖摩擦系数		制造商应报告陶瓷地砖的摩擦系数和试验方法		附录 M
湿膨胀[e]/(mm/m)		见附录 Q		GB/T 3810.10
小色差[e]		见附录 Q		GB/T 3810.16
抗冲击性[e]		见附录 Q		GB/T 3810.5
化学性能		精细	普通	试验方法
耐污染性	a. 有釉砖	最低 3 级	最低 3 级	GB/T 3810.14
	b. 无釉砖[e]	见附录 Q		GB/T 3810.14
抗化学腐蚀性	耐低浓度酸和碱 a. 有釉砖 b. 无釉砖[g]	制造商应报告耐化学腐蚀性等级	制造商就报告耐化学腐蚀性等级	GB/T 3810.13
	耐高浓度酸和碱[e]	见附录 Q		GB/T 3810.13
	耐家庭化学试剂和游泳池盐类 a. 有釉砖 b. 无釉砖[g]	不低于 GB 级 不低于 UB 级	不低于 GB 级 不低于 UB 级	GB/T 3810.13
铅和镉的溶出量[e]		见附录 Q		GB/T 3810.15

a) 以非公制尺寸为基础的习惯用法也可用在同类型砖的连接宽度上。

b) 不适用于有弯曲形状的砖。

c) 在烧成过程中,产品与标准板之间的微小色差是难免的。本条款不适用于在砖的表面有意制造的色差(表面可能是有釉的、无釉的或部分有釉的)或在砖的部分区域内为了突出产品的特点而希望的色差。用于装饰目的的斑点或色斑不能看作为缺陷。

d) 有釉地砖耐磨性分级可参照本标准附录 P 规定。

e) 表中所列"见附录 Q"涉及项目不是所有产品都必检的,是否有必要对这些项目进行检验应按本标准附录 Q 的规定确定。

f) 制造商对于为装饰效果而产生的裂纹应加以说明,这种情况下,GB/T 3810.11 规定的釉裂试验不适用。

g) 如果色泽有微小变化,不应算是化学腐蚀。

B.2 抽样和接收条件

抽样和接收条件应符合 GB/T 3810.1 的要求。

B.3 标志和说明

B.3.1 标志

砖或其包装上应有下列标志：

a. 制造商的标记和/或商标以及产地；

b. 质量标志；

c. 砖的种类及执行本标准的相应附录；

d. 名义尺寸和工作尺寸，模数(M)或非模数；

e. 表面特性，如有釉(GL)或无釉(UGL)。

B.3.2 产品特性

对用于地面的陶瓷砖，应报告以下特性：

a. 按本标准附录 M 规定所测得的摩擦系数；

b. 有釉砖的耐磨性级别。

注：按附录 P 规定的耐磨性级别。

B.3.3 说明书

产品说明书中应包括下列内容：

a. 成型方法；

b. 陶瓷砖类别及执行本标准的相应附录；

c. 名义尺寸和工作尺寸，模数(M)和非模数；

d. 表面特性，如，有釉(GL)或无釉(UGL)。

例如：

精细挤压砖，GB/T 4100—2006 附录 B

AⅡa-1 M25 cm×12.5 cm(W240 mm×115 mm×10 mm) GL

普通挤压砖，GB/T 4100—2006 附录 B

AⅡa-1 15 cm×15 cm(W150 mm×150 mm×12.5 mm) UGL

B.4 订货

在订货时，如尺寸、厚度、表面特征、颜色、外观、有釉砖耐磨性级别以及其他性能均应与相关方协商一致。

附 录 C
（规范性附录）
挤压陶瓷砖 3%<E≤6% AⅡa 类——第 2 部分

C.1 要求

该类产品的尺寸、表面质量、物理性能和化学性能的技术要求应符合表 C.1 的规定。

表 C.1 挤压陶瓷砖技术要求（3%<E≤6%，AⅡa 类——第 2 部分）

技术要求		精细	普通	试验方法
尺寸和表面质量		精细	普通	
长度和宽度	每块砖(2 条或 4 条边)的平均尺寸相对于工作尺寸(W)的允许偏差/%	±1.5%，最大±2 mm	±2.0%，最大±4 mm	GB/T 3810.2
长度和宽度	每块砖(2 条或 4 条边)的平均尺寸相对于 10 块砖(20 条或 40 条边)平均尺寸的允许偏差/%	±1.5%	±1.5%	GB/T 3810.2
长度和宽度	制造商选择工作尺寸应满足以下要求： a. 模数砖名义尺寸连接宽度允许在(3～11) mm 之间[a)]。 b. 非模数砖工作尺寸与名义尺寸之间的偏差不大于±3 mm			GB/T 3810.2
厚度 a. 厚度由制造商确定。 b. 每块砖厚度的平均值相对于工作尺寸厚度的允许偏差/%		±10%	±10%	GB/T 3810.2
边直度[b)]（正面） 相对于工作尺寸的最大允许偏差/%		±1.0%	±1.0%	GB/T 3810.2
直角度[b)] 相对于工作尺寸的最大允许偏差/%		±1.0%	±1.0%	GB/T 3810.2
表面平整度 最大允许偏差/%	a. 相对于由工作尺寸计算的对角线的中心弯曲度	±1.0%	±1.5%	GB/T 3810.2
表面平整度 最大允许偏差/%	b. 相对于工作尺寸的边弯曲度	±1.0%	±1.5%	GB/T 3810.2
表面平整度 最大允许偏差/%	c. 相对于由工作尺寸计算的对角线的翘曲度	±1.5%	±1.5%	GB/T 3810.2
表面质量[c)]		至少 95% 的砖主要区域无明显缺陷		GB/T 3810.2
物理性能		精细	普通	试验方法
吸水率，质量分数		3.0%<平均值≤6.0% 单值≤6.5%	3.0%<平均值≤6.0% 单值≤6.5%	GB/T 3810.3
破坏强度/N	a. 厚度≥7.5 mm	≥800	≥800	GB/T 3810.4
破坏强度/N	b. 厚度<7.5 mm	≥600	≥600	GB/T 3810.4
断裂模数/(N/mm^2)(MPa) 不适用于破坏强度≥3 000 N 的砖		平均值≥13， 单值≥11	平均值≥13， 单值≥11	GB/T 3810.4

表 C.1(续)

技 术 要 求				试验方法
物理性能		精细	普通	
耐磨性	a. 无釉地砖耐磨损体积/mm^3	≤541	≤541	GB/T 3810.6
	b. 有釉地砖表面耐磨性[d]	报告陶瓷砖耐磨性级别和转数		GB/T 3810.7
线性热膨胀系数[e]	从环境温度到 100℃	见附录 Q		GB/T 3810.8
抗热震性[e]		见附录 Q		GB/T 3810.9
有釉砖抗釉裂性[f]		经试验应无釉裂		GB/T 3810.11
抗冻性[e]		见附录 Q		GB/T 3810.12
地砖摩擦系数		制造商应报告陶瓷地砖的摩擦系数和试验方法		附录 M
湿膨胀[e]/(mm/m)		见附录 Q		GB/T 3810.10
小色差[e]		见附录 Q		GB/T 3810.16
抗冲击性[e]		见附录 Q		GB/T 3810.5
化学性能		精细	普通	试验方法
耐污染性	a. 有釉砖	最低 3 级	最低 3 级	GB/T 3810.14
	b. 无釉砖[e]	见附录 Q		GB/T 3810.14
抗化学腐蚀性	耐低浓度酸和碱 a. 有釉砖 b. 无釉砖[g]	制造商应报告耐化学腐蚀性等级	制造商就报告耐化学腐蚀性等级	GB/T 3810.13
	耐高浓度酸和碱[e]	见附录 Q		GB/T 3810.13
	耐家庭化学试剂和游泳池盐类 a. 有釉砖 b. 无釉砖[g]	不低于 GB 级 不低于 UB 级	不低于 GB 级 不低于 UB 级	GB/T 3810.13
铅和镉的溶出量[e]		见附录 Q		GB/T 3810.15

a) 以非公制尺寸为基础的习惯用法也可用在同类型砖的连接宽度上。

b) 不适用于有弯曲形状的砖。

c) 在烧成过程中，产品与标准板之间的微小色差是难免的。本条款不适用于在砖的表面有意制造的色差(表面可能是有釉的、无釉的或部分有釉的)或在砖的部分区域内为了突出产品的特点而希望的色差。用于装饰目的的斑点或色斑不能看作为缺陷。

d) 有釉地砖耐磨性分级可参照本标准附录 P 规定。

e) 表中所列“见附录 Q”涉及项目不是所有产品都必检的，是否有必要对这些项目进行检验应按本标准附录 Q 的规定确定。

f) 制造商对于为装饰效果而产生的裂纹应加以说明，这种情况下，GB/T 3810.11 规定的釉裂试验不适用。

g) 如果色泽有微小变化，不应算是化学腐蚀。

C.2 抽样和接收条件

抽样和接收条件应符合 GB/T 3810.1 的要求。

C.3 标志和说明

C.3.1 标志

砖或其包装上应有下列标志：

a. 制造商的标记和/或商标以及产地；

b. 质量标志；

c. 砖的种类及执行本标准的相应附录；

d. 名义尺寸和工作尺寸，模数(M)或非模数；

e. 表面特性，如有釉(GL)或无釉(UGL)。

C.3.2 产品特性

对用于地面的陶瓷砖，应报告以下特性：

a. 按本标准附录 M 规定所测得的摩擦系数；

b. 有釉砖的耐磨性级别。

注：按附录 P 规定的耐磨性级别。

C.3.3 说明书

产品说明书中应包括下列内容：

a. 成型方法；

b. 陶瓷砖类别及执行本标准的相应附录；

c. 名义尺寸和工作尺寸，模数(M)和非模数；

d. 表面特性，如，有釉(GL)或无釉(UGL)。

例如：

精细挤压砖，GB/T 4100—2006 附录 C

AⅡa-2 M25 cm×12.5 cm(W240 mm×115 mm×10 mm) GL

普通挤压砖，GB/T 4100—2006 附录 C

AⅡa-2 15 cm×15 cm(W150 mm×150 mm×12.5 mm) UGL

C.4 订货

在订货时，如尺寸、厚度、表面特征、颜色、外观、有釉砖耐磨性级别以及其他性能均应与相关方协商一致。

附 录 D
（规范性附录）
挤压陶瓷砖 6%<E≤10% AⅡb 类——第 1 部分

D.1 要求

该类产品的尺寸、表面质量、物理性能和化学性能的技术要求应符合表 D.1 的规定。

表 D.1 挤压陶瓷砖技术要求（6%<E≤10%，AⅡb 类——第 1 部分）

技术要求				试验方法
尺寸和表面质量		精细	普通	
长度和宽度	每块砖(2 条或 4 条边)的平均尺寸相对于工作尺寸(W)的允许偏差/%	±2.0%， 最大±2 mm	±2.0%， 最大±4 mm	GB/T 3810.2
	每块砖(2 条或 4 条边)的平均尺寸相对于 10 块砖(20 条或 40 条边)平均尺寸的允许偏差/%	±1.5%	±1.5%	GB/T 3810.2
	制造商选择工作尺寸应满足以下要求： a. 模数砖名义尺寸连接宽度允许在(3～11) mm 之间[a]。 b. 非模数砖工作尺寸与名义尺寸之间的偏差不大于±3 mm			GB/T 3810.2
厚度 a. 厚度由制造商确定。 b. 每块砖厚度的平均值相对于工作尺寸厚度的允许偏差/%		±10%	±10%	GB/T 3810.2
边直度[b]（正面） 相对于工作尺寸的最大允许偏差/%		±1.0%	±1.0%	GB/T 3810.2
直角度[b] 相对于工作尺寸的最大允许偏差/%		±1.0%	±1.0%	GB/T 3810.2
表面平整度 最大允许偏差/%	a. 相对于由工作尺寸计算的对角线的中心弯曲度	±1.0%	±1.5%	GB/T 3810.2
	b. 相对于工作尺寸的边弯曲度	±1.0%	±1.5%	GB/T 3810.2
	c. 相对于由工作尺寸计算的对角线的翘曲度	±1.5%	±1.5%	GB/T 3810.2
表面质量[c]		至少 95% 的砖主要区域无明显缺陷		GB/T 3810.2
物理性能		精细	普通	试验方法
吸水率，质量分数		6% < 平均值≤10% 单值≤11%	6% < 平均值≤10% 单值≤11%	GB/T 3810.3
破坏强度/N		≥900	≥900	GB/T 3810.4
断裂模数/(N/mm^2)(MPa) 不适用于破坏强度≥3 000 N 的砖		平均值≥17.5 单值≥15	平均值≥17.5 单值≥15	GB/T 3810.4

表 D.1(续)

技术要求				试验方法
物理性能		精细	普通	
耐磨性	a. 无釉地砖耐磨损体积/mm^3	≤649	≤649	GB/T 3810.6
	b. 有釉地砖表面耐磨性[d]	报告陶瓷砖耐磨性级别和转数		GB/T 3810.7
线性热膨胀系数[e]	从环境温度到100℃	见附录Q		GB/T 3810.8
抗热震性[e]		见附录Q		GB/T 3810.9
有釉砖抗釉裂性[f]		经试验应无釉裂		GB/T 3810.11
抗冻性[e]		见附录Q		GB/T 3810.12
地砖摩擦系数		制造商应报告陶瓷地砖的摩擦系数和试验方法		附录M
湿膨胀[e]/(mm/m)		见附录Q		GB/T 3810.10
小色差[e]		见附录Q		GB/T 3810.16
抗冲击性[e]		见附录Q		GB/T 3810.5
化学性能		精细	普通	试验方法
耐污染性	a. 有釉砖	最低3级	最低3级	GB/T 3810.14
	b. 无釉砖[e]	见附录Q		GB/T 3810.14
抗化学腐蚀性	耐低浓度酸和碱 a. 有釉砖 b. 无釉砖[g]	制造商应报告耐化学腐蚀性等级	制造商就报告耐化学腐蚀性等级	GB/T 3810.13
	耐高浓度酸和碱[e]	见附录Q		GB/T 3810.13
	耐家庭化学试剂和游泳池盐类 a. 有釉砖 b. 无釉砖[g]	不低于GB级 不低于UB级	不低于GB级 不低于UB级	GB/T 3810.13
铅和镉的溶出量[e]		见附录Q		GB/T 3810.15

a) 以非公制尺寸为基础的习惯用法也可用在同类型砖的连接宽度上。

b) 不适用于有弯曲形状的砖。

c) 在烧成过程中,产品与标准板之间的微小色差是难免的。本条款不适用于在砖的表面有意制造的色差(表面可能是有釉的、无釉的或部分有釉的)或在砖的部分区域内为了突出产品的特点而希望的色差。用于装饰目的的斑点或色斑不能看作为缺陷。

d) 有釉地砖耐磨性分级可参照本标准附录P规定。

e) 表中所列"见附录Q"涉及项目不是所有产品都必检的,是否有必要对这些项目进行检验应按本标准附录Q的规定确定。

f) 制造商对于为装饰效果而产生的裂纹应加以说明,这种情况下,GB/T 3810.11规定的釉裂试验不适用。

g) 如果色泽有微小变化,不应算是化学腐蚀。

D.2 抽样和接收条件

抽样和接收条件应符合GB/T 3810.1的要求。

D.3 标志和说明

D.3.1 标志

砖或其包装上应有下列标志：

a. 制造商的标记和/或商标以及产地；

b. 质量标志；

c. 砖的种类及执行本标准的相应附录；

d. 名义尺寸和工作尺寸，模数(M)或非模数；

e. 表面特性，如有釉(GL)或无釉(UGL)。

D.3.2 产品特性

对用于地面的陶瓷砖，应报告以下特性：

a. 按本标准附录 M 规定所测得的摩擦系数；

b. 有釉砖的耐磨性级别。

注：按附录 P 规定的耐磨性级别。

D.3.3 说明书

产品说明书中应包括下列内容：

a. 成型方法；

b. 陶瓷砖类别及执行本标准的相应附录；

c. 名义尺寸和工作尺寸，模数(M)和非模数；

d. 表面特性，如，有釉(GL)或无釉(UGL)。

例如：

精细挤压砖，GB/T 4100—2006 附录 D

AⅡb-1 M25 cm×12.5 cm(W240 mm×115 mm×10 mm) GL

普通挤压砖，GB/T 4100—2006 附录 D

AⅡb-1 15 cm×15 cm(W150 mm×150 mm×12.5 mm) UGL

D.4 订货

在订货时，如尺寸、厚度、表面特征、颜色、外观、有釉砖耐磨性级别以及其他性能均应与相关方协商一致。

附 录 E
(规范性附录)
挤压陶瓷砖 6%<E≤10% AⅡb 类——第 2 部分

E.1 要求

该类产品的尺寸、表面质量、物理性能和化学性能的技术要求应符合表 E.1 的规定。

表 E.1 挤压陶瓷砖技术要求(6%<E≤10%，AⅡb 类——第 2 部分)

<table>
<tr><td colspan="4">技 术 要 求</td><td rowspan="2">试验方法</td></tr>
<tr><td colspan="2">尺寸和表面质量</td><td>精细</td><td>普通</td></tr>
<tr><td rowspan="3">长度和宽度</td><td>每块砖(2 条或 4 条边)的平均尺寸相对于工作尺寸(W)的允许偏差/%</td><td>±2.0%，
最大±2 mm</td><td>±2.0%，
最大±4 mm</td><td>GB/T 3810.2</td></tr>
<tr><td>每块砖(2 条或 4 条边)的平均尺寸相对于 10 块砖(20 条或 40 条边)平均尺寸的允许偏差/%</td><td>±1.5%</td><td>±1.5%</td><td>GB/T 3810.2</td></tr>
<tr><td colspan="3">制造商选择工作尺寸应满足以下要求：
a. 模数砖名义尺寸连接宽度允许在(3～11) mm 之间[a]。
b. 非模数砖工作尺寸与名义尺寸之间的偏差不大于±3 mm</td><td>GB/T 3810.2</td></tr>
<tr><td colspan="2">厚度
a. 厚度由制造商确定。
b. 每块砖厚度的平均值相对于工作尺寸厚度的允许偏差/%</td><td>±10%</td><td>±10%</td><td>GB/T 3810.2</td></tr>
<tr><td colspan="2">边直度[b](正面)
相对于工作尺寸的最大允许偏差/%</td><td>±1.0%</td><td>±1.0%</td><td>GB/T 3810.2</td></tr>
<tr><td colspan="2">直角度[b]
相对于工作尺寸的最大允许偏差/%</td><td>±1.0%</td><td>±1.0%</td><td>GB/T 3810.2</td></tr>
<tr><td rowspan="3">表面平整度
最大允许偏差/%</td><td>a. 相对于由工作尺寸计算的对角线的中心弯曲度</td><td>±1.0%</td><td>±1.5%</td><td>GB/T 3810.2</td></tr>
<tr><td>b. 相对于工作尺寸的边弯曲度</td><td>±1.0%</td><td>±1.5%</td><td>GB/T 3810.2</td></tr>
<tr><td>c. 相对于由工作尺寸计算的对角线的翘曲度</td><td>±1.5%</td><td>±1.5%</td><td>GB/T 3810.2</td></tr>
<tr><td colspan="2">表面质量[c]</td><td colspan="2">至少 95%的砖主要区域无明显缺陷</td><td>GB/T 3810.2</td></tr>
<tr><td colspan="2">物理性能</td><td>精细</td><td>普通</td><td>试验方法</td></tr>
<tr><td colspan="2">吸水率，质量分数</td><td>6%<平均值≤10%
单值≤11%</td><td>6%<平均值≤10%
单值≤11%</td><td>GB/T 3810.3</td></tr>
<tr><td colspan="2">破坏强度/N</td><td>≥750</td><td>≥750</td><td>GB/T 3810.4</td></tr>
<tr><td colspan="2">断裂模数/(N/mm^2)(MPa)
不适用于破坏强度≥3 000 N 的砖</td><td>平均值≥9
单值≥8</td><td>平均值≥9
单值≥8</td><td>GB/T 3810.4</td></tr>
</table>

表 E.1(续)

技 术 要 求				试验方法
物理性能		精细	普通	
耐磨性	a. 无釉地砖耐磨损体积/mm^3	≤1 062	≤1 062	GB/T 3810.6
	b. 有釉地砖表面耐磨性[d]	报告陶瓷砖耐磨性级别和转数		GB/T 3810.7
线性热膨胀系数[e]	从环境温度到 100℃	见附录 Q		GB/T 3810.8
抗热震性[e]		见附录 Q		GB/T 3810.9
有釉砖抗釉裂性[f]		经试验应无釉裂		GB/T 3810.11
抗冻性[e]		见附录 Q		GB/T 3810.12
地砖摩擦系数		制造商应报告陶瓷地砖的摩擦系数和试验方法		附录 M
湿膨胀[e]/(mm/m)		见附录 Q		GB/T 3810.10
小色差[e]		见附录 Q		GB/T 3810.16
抗冲击性[e]		见附录 Q		GB/T 3810.5
化学性能		精细	普通	试验方法
耐污染性	a. 有釉砖	最低 3 级	最低 3 级	GB/T 3810.14
	b. 无釉砖[e]	见附录 Q		GB/T 3810.14
抗化学腐蚀性	耐低浓度酸和碱 a. 有釉砖 b. 无釉砖[g]	制造商应报告耐化学腐蚀性等级	制造商就报告耐化学腐蚀性等级	GB/T 3810.13
	耐高浓度酸和碱[e]	见附录 Q		GB/T 3810.13
	耐家庭化学试剂和游泳池盐类 a. 有釉砖 b. 无釉砖[g]	不低于 GB 级 不低于 UB 级	不低于 GB 级 不低于 UB 级	GB/T 3810.13
铅和镉的溶出量[e]		见附录 Q		GB/T 3810.15

a) 以非公制尺寸为基础的习惯用法也可用在同类型砖的连接宽度上。

b) 不适用于有弯曲形状的砖。

c) 在烧成过程中,产品与标准板之间的微小色差是难免的。本条款不适用于在砖的表面有意制造的色差(表面可能是有釉的、无釉的或部分有釉的)或在砖的部分区域内为了突出产品的特点而希望的色差。用于装饰目的的斑点或色斑不能看作为缺陷。

d) 有釉地砖耐磨性分级可参照本标准附录 P 规定。

e) 表中所列"见附录 Q"涉及项目不是所有产品都必检的,是否有必要对这些项目进行检验应按本标准附录 Q 的规定确定。

f) 制造商对于为装饰效果而产生的裂纹应加以说明,这种情况下,GB/T 3810.11 规定的釉裂试验不适用。

g) 如果色泽有微小变化,不应算是化学腐蚀。

E.2 抽样和接收条件

抽样和接收条件应符合 GB/T 3810.1 的要求。

E.3 标志和说明

E.3.1 标志

砖或其包装上应有下列标志：

a. 制造商的标记和/或商标以及产地；

b. 质量标志；

c. 砖的种类及执行本标准的相应附录；

d. 名义尺寸和工作尺寸，模数(M)或非模数；

e. 表面特性，如有釉(GL)或无釉(UGL)。

E.3.2 产品特性

对用于地面的陶瓷砖，应报告以下特性：

a. 按本标准附录 M 规定所测得的摩擦系数；

b. 有釉砖的耐磨性级别。

注：按附录 P 规定的耐磨性级别。

E.3.3 说明书

产品说明书中应包括下列内容：

a. 成型方法；

b. 陶瓷砖类别及执行本标准的相应附录；

c. 名义尺寸和工作尺寸，模数(M)和非模数；

d. 表面特性，如，有釉(GL)或无釉(UGL)。

例如：

精细挤压砖，GB/T 4100—2006 附录 E

AⅡb-2 M25 cm×12.5 cm(W240 mm×115 mm×10 mm) GL

普通挤压砖，GB/T 4100—2006 附录 E

AⅡb-2 15 cm×15 cm(W150 mm×150 mm×12.5 mm) UGL

E.4 订货

在订货时，如尺寸、厚度、表面特征、颜色、外观、有釉砖耐磨性级别以及其他性能均应与相关方协商一致。

附 录 F
（规范性附录）
挤压陶瓷砖 $E>10\%$ AⅢ类

F.1 要求

该类产品的尺寸、表面质量、物理性能和化学性能的技术要求应符合表 F.1 的规定。

表 F.1 挤压陶瓷砖技术要求（$E>10\%$，AⅢ类）

技术要求		精细	普通	试验方法
尺寸和表面质量		精细	普通	
长度和宽度	每块砖(2 条或 4 条边)的平均尺寸相对于工作尺寸(*W*)的允许偏差/%	±2.0%， 最大±2 mm	±2.0%， 最大±4 mm	GB/T 3810.2
	每块砖(2 条或 4 条边)的平均尺寸相对于 10 块砖(20 条或 40 条边)平均尺寸的允许偏差/%	±1.5%	±1.5%	GB/T 3810.2
	制造商选择工作尺寸应满足以下要求： a. 模数砖名义尺寸连接宽度允许在(3～11) mm 之间[a]。 b. 非模数砖工作尺寸与名义尺寸之间的偏差不大于±3 mm			GB/T 3810.2
厚度 a. 厚度由制造商确定。 b. 每块砖厚度的平均值相对于工作尺寸厚度的允许偏差/%		±10%	±10%	GB/T 3810.2
边直度[b]（正面） 相对于工作尺寸的最大允许偏差/%		±1.0%	±1.0%	GB/T 3810.2
直角度[b] 相对于工作尺寸的最大允许偏差/%		±1.0%	±1.0%	GB/T 3810.2
表面平整度 最大允许偏差/%	a. 相对于由工作尺寸计算的对角线的中心弯曲度	±1.0%	±1.5%	GB/T 3810.2
	b. 相对于工作尺寸的边弯曲度	±1.0%	±1.5%	GB/T 3810.2
	c. 相对于由工作尺寸计算的对角线的翘曲度	±1.5%	±1.5%	GB/T 3810.2
表面质量[c]		至少 95% 的砖主要区域无明显缺陷		GB/T 3810.2
物理性能		精细	普通	试验方法
吸水率，质量分数		平均值>10%	平均值>10%	GB/T 3810.3
破坏强度/N		≥600	≥600	GB/T 3810.4
断裂模数/(N/mm²)(MPa) 不适用于破坏强度≥3 000 N 的砖		平均值≥8 单值≥7	平均值≥8 单值≥7	GB/T 3810.4

表 F.1(续)

技术要求				试验方法
物理性能		精细	普通	
耐磨性	a. 无釉地砖耐磨损体积/mm^3	≤2 365	≤2 365	GB/T 3810.6
	b. 有釉地砖表面耐磨性[d)]	报告陶瓷砖耐磨性级别和转数		GB/T 3810.7
线性热膨胀系数[e)]	从环境温度到100℃	见附录 Q		GB/T 3810.8
抗热震性[e)]		见附录 Q		GB/T 3810.9
有釉砖抗釉裂性[f)]		经试验应无釉裂		GB/T 3810.11
抗冻性[e)]		见附录 Q		GB/T 3810.12
地砖摩擦系数		制造商应报告陶瓷地砖的摩擦系数和试验方法		附录 M
湿膨胀[e)]/(mm/m)		见附录 Q		GB/T 3810.10
小色差[e)]		见附录 Q		GB/T 3810.16
抗冲击性[e)]		见附录 Q		GB/T 3810.5
化学性能		精细	普通	试验方法
耐污染性	a. 有釉砖	最低 3 级	最低 3 级	GB/T 3810.14
	b. 无釉砖[e)]	见附录 Q		GB/T 3810.14
抗化学腐蚀性	耐低浓度酸和碱 a. 有釉砖 b. 无釉砖[g)]	制造商应报告耐化学腐蚀性等级	制造商应报告耐化学腐蚀性等级	GB/T 3810.13
	耐高浓度酸和碱[e)]	见附录 Q		GB/T 3810.13
	耐家庭化学试剂和游泳池盐类 a. 有釉砖 b. 无釉砖[g)]	不低于 GB 级 不低于 UB 级	不低于 GB 级 不低于 UB 级	GB/T 3810.13
铅和镉的溶出量[e)]		见附录 Q		GB/T 3810.15

a) 以非公制尺寸为基础的习惯用法也可用在同类型砖的连接宽度上。

b) 不适用于有弯曲形状的砖。

c) 在烧成过程中，产品与标准板之间的微小色差是难免的。本条款不适用于在砖的表面有意制造的色差(表面可能是有釉的、无釉的或部分有釉的)或在砖的部分区域内为了突出产品的特点而希望的色差。用于装饰目的的斑点或色斑不能看作为缺陷。

d) 有釉地砖耐磨性分级可参照本标准附录 P 规定。

e) 表中所列“见附录 Q”涉及项目不是所有产品都必检的，是否有必要对这些项目进行检验应按本标准附录 Q 的规定确定。

f) 制造商对于为装饰效果而产生的裂纹应加以说明，这种情况下，GB/T 3810.11 规定的釉裂试验不适用。

g) 如果色泽有微小变化，不应算是化学腐蚀。

F.2 抽样和接收条件

抽样和接收条件应符合 GB/T 3810.1 的要求。

F.3 标志和说明

F.3.1 标志

砖或其包装上应有下列标志：

a. 制造商的标记和/或商标以及产地；

b. 质量标志；

c. 砖的种类及执行本标准的相应附录；

d. 名义尺寸和工作尺寸，模数(M)或非模数；

e. 表面特性，如有釉(GL)或无釉(UGL)。

F.3.2 产品特性

对用于地面的陶瓷砖，应报告以下特性：

a. 按本标准附录 M 规定所测得的摩擦系数；

b. 有釉砖的耐磨性级别。

注：按附录 P 规定的耐磨性级别。

F.3.3 说明书

产品说明书中应包括下列内容：

a. 成型方法；

b. 陶瓷砖类别及执行本标准的相应附录；

c. 名义尺寸和工作尺寸，模数(M)和非模数；

d. 表面特性，如，有釉(GL)或无釉(UGL)。

例如：

精细挤压砖，GB/T 4100—2006 附录 F

AⅢ M25 cm×12.5 cm(W240 mm×115 mm×10 mm) GL

普通挤压砖，GB/T 4100—2006 附录 F

AⅢ 15 cm×15 cm(W150 mm×150 mm×12.5 mm) UGL

F.4 订货

在订货时，如尺寸、厚度、表面特征、颜色、外观、有釉砖耐磨性级别以及其他性能均应与相关方协商一致。

附 录 G
（规范性附录）
干压陶瓷砖 $E \leqslant 0.5\%$ BⅠa 类——瓷质砖

G.1 要求

该类产品的尺寸、表面质量、物理性能和化学性能的技术要求应符合表 G.1 的规定。

表 G.1 干压陶瓷砖:瓷质砖技术要求（$E \leqslant 0.5\%$，BⅠa 类）

技术要求							试验方法
尺寸和表面质量		产品表面积 S/cm^2					
		$S \leqslant 90$	$90 < S \leqslant 190$	$190 < S \leqslant 410$	$410 < S \leqslant 1\,600$	$S > 1\,600$	
长度和宽度	每块砖(2 条或 4 条边)的平均尺寸相对于工作尺寸（W）的允许偏差/%	±1.2	±1.0	±0.75	±0.6	±0.5	GB/T 3810.2
		每块抛光砖(2 条或 4 条边)的平均尺寸相对于工作尺寸的允许偏差为±1.0 mm。					
	每块砖(2 条或 4 条边)的平均尺寸相对于 10 块砖(20 条或 40 条边)平均尺寸的允许偏差/%	±0.75	±0.5	±0.5	±0.5	±0.4	GB/T 3810.2
	制造商应选用以下尺寸 a. 模数砖名义尺寸连接宽度允许在(2～5) mm 之间[a]。 b. 非模数砖工作尺寸与名义尺寸之间的偏差不大于±2%，最大 5 mm						GB/T 3810.2
厚度 a. 厚度由制造商确定。 b. 每块砖厚度的平均值相对于工作尺寸厚度的允许偏差/%		±10	±10	±5	±5	±5	GB/T 3810.2
边直度[b]（正面） 相对于工作尺寸的最大允许偏差/%		±0.75	±0.5	±0.5	±0.5	±0.3	GB/T 3810.2
		抛光砖的边直度允许偏差为±0.2%，且最大偏差≤2.0 mm					
直角度[b] 相对于工作尺寸的最大允许偏差/%		±1.0	±0.6	±0.6	±0.6	±0.5	GB/T 3810.2
		抛光砖的直角度允许偏差为±0.2%，且最大偏差≤2.0 mm。 边长＞600 mm 的砖，直角度用对边长度差和对角线长度差表示，最大偏差≤2.0 mm					
表面平整度最大允许偏差/%	a. 相对于由工作尺寸计算的对角线的中心弯曲度	±1.0	±0.5	±0.5	±0.5	±0.4	GB/T 3810.2
	b. 相对于工作尺寸的边弯曲度	±1.0	±0.5	±0.5	±0.5	±0.4	GB/T 3810.2
	c. 相对于由工作尺寸计算的对角线的翘曲度	±1.0	±0.5	±0.5	±0.5	±0.4	GB/T 3810.2
	抛光砖的表面平整度允许偏差为±0.2%，且最大偏差≤2.0 mm。 边长＞600 mm 的砖，表面平整度用上凸和下凹表示，其最大偏差≤2.0 mm						GB/T 3810.2

表 G.1(续)

<table>
<tr><td colspan="7">技 术 要 求</td><td rowspan="3">试验方法</td></tr>
<tr><td colspan="2" rowspan="2">尺寸和表面质量</td><td colspan="5">产品表面积 S/cm²</td></tr>
<tr><td>S≤90</td><td>90<S ≤190</td><td>190<S ≤410</td><td>410<S ≤1 600</td><td>S>1 600</td></tr>
<tr><td>表面质量[c]</td><td colspan="6">至少 95%的砖其主要区域无明显缺陷</td><td>GB/T 3810.2</td></tr>
<tr><td colspan="2">物理性能</td><td colspan="5">要 求</td><td>试验方法</td></tr>
<tr><td colspan="2">吸水率[h]，质量分数</td><td colspan="5">平均值≤0.5%,单值≤0.6%</td><td>GB/T 3810.3</td></tr>
<tr><td rowspan="2">破坏强度/N</td><td>a. 厚度≥7.5 mm</td><td colspan="5">≥1 300</td><td rowspan="2">GB/T 3810.4</td></tr>
<tr><td>b. 厚度<7.5 mm</td><td colspan="5">≥700</td></tr>
<tr><td colspan="2">断裂模数/(N/mm²)(MPa)
不适用于破坏强度≥3 000 N 的砖</td><td colspan="5">平均值≥35,单值≥32</td><td>GB/T 3810.4</td></tr>
<tr><td rowspan="2">耐磨性</td><td>a. 无釉地砖耐磨损体积/mm³</td><td colspan="5">≤175</td><td>GB/T 3810.6</td></tr>
<tr><td>b. 有釉地砖表面耐磨性[d]</td><td colspan="5">报告陶瓷砖耐磨性级别和转数</td><td>GB/T 3810.7</td></tr>
<tr><td colspan="2">线性热膨胀系数[e]
从环境温度到 100℃</td><td colspan="5">见附录 Q</td><td>GB/T 3810.8</td></tr>
<tr><td colspan="2">抗热震性</td><td colspan="5">见附录 Q</td><td>GB/T 3810.9</td></tr>
<tr><td colspan="2">有釉砖抗釉裂性[f]</td><td colspan="5">经试验应无釉裂</td><td>GB/T 3810.11</td></tr>
<tr><td colspan="2">抗冻性</td><td colspan="5">经试验应无裂纹或剥落</td><td>GB/T 3810.12</td></tr>
<tr><td colspan="2">地砖摩擦系数</td><td colspan="5">制造商应报告陶瓷地砖的摩擦系数和试验方法</td><td>附录 M</td></tr>
<tr><td colspan="2">湿膨胀[e]/(mm/m)</td><td colspan="5">见附录 Q</td><td>GB/T 3810.10</td></tr>
<tr><td colspan="2">小色差[e]</td><td colspan="5">见附录 Q</td><td>GB/T 3810.16</td></tr>
<tr><td colspan="2">抗冲击性[e]</td><td colspan="5">见附录 Q</td><td>GB/T 3810.5</td></tr>
<tr><td colspan="2">抛光砖光泽度[i]</td><td colspan="5">≥55</td><td>GB/T 13891</td></tr>
<tr><td colspan="2">化学性能</td><td colspan="5">要 求</td><td>试验方法</td></tr>
<tr><td rowspan="2">耐污染性</td><td>a. 有釉砖</td><td colspan="5">最低 3 级</td><td rowspan="2">GB/T 3810.14</td></tr>
<tr><td>b. 无釉砖[e]</td><td colspan="5">见附录 Q</td></tr>
<tr><td rowspan="3">抗化学腐蚀性</td><td>耐低浓度酸和碱
a. 有釉砖
b. 无釉砖[g]</td><td colspan="5">制造商应报告耐化学腐蚀性等级</td><td>GB/T 3810.13</td></tr>
<tr><td>耐高浓度酸和碱[e]</td><td colspan="5">见附录 Q</td><td>GB/T 3810.13</td></tr>
<tr><td>耐家庭化学试剂和游泳池盐类</td><td colspan="5">a. 有釉砖　不低于 GB 级
b. 无釉砖[g]　不低于 UB 级</td><td>GB/T 3810.13</td></tr>
<tr><td colspan="2">铅和镉的溶出量[e]</td><td colspan="5">见附录 Q</td><td>GB/T 3810.15</td></tr>
<tr><td colspan="8">a) 以非公制尺寸为基础的习惯用法也可用在同类型砖的连接宽度上。
b) 不适用于有弯曲形状的砖。</td></tr>
</table>

表 G.1(续)

技术要求	试验方法
c) 在烧成过程中,产品与标准板之间的微小色差是难免的。本条款不适用于在砖的表面有意制造的色差(表面可能是有釉的、无釉的或部分有釉的)或在砖的部分区域内为了突出产品的特点而希望的色差。用于装饰目的的斑点或色斑不能看作为缺陷。 d) 有釉地砖耐磨性分级可参照本标准附录 P 规定。 e) 表中所列“见附录 Q”涉及项目不是所有产品都必检的,是否有必要对这些项目进行检验应按本标准附录 Q 的规定确定。 f) 制造商对于为装饰效果而产生的裂纹应加以说明,这种情况下,GB/T 3810.11 规定的釉裂试验不适用。 g) 如果色泽有微小变化,不应算是化学腐蚀。 h) 吸水率最大单个值为 0.5%的砖是全玻化砖(常被认为是不吸水的)。 i) 适用于有镜面效果的抛光砖,不包括半抛光和局部抛光的砖。	

G.2 抽样和接收条件

抽样和接收条件应符合 GB/T 3810.1 的要求。

G.3 标志和说明

G.3.1 标志

砖或其包装上应有下列标志:

a. 制造商的标记和/或商标以及产地;

b. 质量标志;

c. 砖的种类及执行本标准的相应附录;

d. 名义尺寸和工作尺寸,模数(M)或非模数;

e. 表面特性,如有釉(GL)或无釉(UGL)。

G.3.2 产品特性

对用于地面的陶瓷砖,应报告以下特性:

a. 按本标准附录 M 规定所测得的摩擦系数;

b. 有釉砖的耐磨性级别。

注:按附录 P 规定的耐磨性级别。

G.3.3 说明书

产品说明书中应包括下列内容:

a. 成型方法;

b. 陶瓷砖类别及执行本标准的相应附录;

c. 名义尺寸和工作尺寸,模数(M)和非模数;

d. 表面特性,如,有釉(GL)或无釉(UGL)。

例如:

干压陶瓷砖　瓷质砖,GB/T 4100—2006 附录 G

BⅠa M20 cm×20 cm(W197 mm×197 mm×8 mm) GL

干压陶瓷砖　瓷质砖 GB/T 4100—2006 附录 G

BⅠa 15 cm×15 cm(W150 mm×150 mm×8 mm) UGL

G.4 订货

在订货时,如尺寸、厚度、表面特征、颜色、外观、有釉砖耐磨性级别以及其他性能均应与相关方协商一致。

附 录 H
（规范性附录）
干压陶瓷砖 0.5%<E≤3% BⅠb类——炻瓷砖

H.1 要求

该类产品的尺寸、表面质量、物理性能和化学性能的技术要求应符合表 H.1 的规定。

表 H.1 干压陶瓷砖：炻瓷砖技术要求（0.5%<E≤3%，BⅠb类）

技术要求						试验方法
尺寸和表面质量		产品表面积 S/cm²				
		S≤90	90<S≤190	190<S≤410	S>410	
长度和宽度	每块砖(2条或4条边)的平均尺寸相对于工作尺寸(W)的允许偏差/%	±1.2	±1.0	±0.75	±0.6	GB/T 3810.2
	每块砖(2条或4条边)的平均尺寸相对于10块砖(20条或40条边)平均尺寸的允许偏差/%	±0.75	±0.5	±0.5	±0.5	GB/T 3810.2
	制造商应选用以下尺寸： a. 模数砖名义尺寸连接宽度允许在 2 mm 到 5 mm 之间[a)]。 b. 非模数砖工作尺寸与名义尺寸之间的偏差不大于±2%，最大 5 mm					GB/T 3810.2
厚度 a. 厚度由制造商确定。 b. 每块砖厚度的平均值相对于工作尺寸厚度的允许偏差/%		±10	±10	±5	±5	GB/T 3810.2
边直度[b)]（正面） 相对于工作尺寸的最大允许偏差/%		±0.75	±0.5	±0.5	±0.5	GB/T 3810.2
直角度[b)] 相对于工作尺寸的最大允许偏差/%		±1.0	±0.6	±0.6	±0.6	GB/T 3810.2
表面平整度最大允许偏差/%	a. 相对于由工作尺寸计算的对角线的中心弯曲度	±1.0	±0.5	±0.5	±0.5	GB/T 3810.2
	b. 相对于工作尺寸的边弯曲度	±1.0	±0.5	±0.5	±0.5	GB/T 3810.2
	c. 相对于由工作尺寸计算的对角线的翘曲度	±1.0	±0.5	±0.5	±0.5	GB/T 3810.2
表面质量[c)]		至少 95%的砖其主要区域无明显缺陷				GB/T 3810.2
物理性能		要求				试验方法
吸水率[h)]，质量分数		0.5%<E≤3%，单个最大值≤3.3%				GB/T 3810.3

表 H.1(续)

技术要求			试验方法
物理性能		要　　求	
破坏强度/N	a. 厚度≥7.5 mm	≥1 100	GB/T 3810.4
	b. 厚度<7.5 mm	≥700	
断裂模数/(N/mm^2)(MPa) 不适用于破坏强度≥3 000 N 的砖		平均值≥30,单个最小值≥27	GB/T 3810.4
耐磨性	a. 无釉地砖耐磨损体积/mm^3	≤175	GB/T 3810.6
	b. 有釉地砖表面耐磨性[d]	报告陶瓷砖耐磨性级别和转数	GB/T 3810.7
线性热膨胀系数[e] 从环境温度到 100℃		见附录 Q	GB/T 3810.8
抗热震性		见附录 Q	GB/T 3810.9
有釉砖抗釉裂性[f]		经试验应无釉裂	GB/T 3810.11
抗冻性		经试验应无裂纹或剥落	GB/T 3810.12
地砖摩擦系数		制造商应报告陶瓷地砖的摩擦系数和试验方法	附录 M
湿膨胀[e]/(mm/m)		见附录 Q	GB/T 3810.10
小色差[e]		见附录 Q	GB/T 3810.16
抗冲击性[e]		见附录 Q	GB/T 3810.5
化学性能		要　　求	试验方法
耐污染性	a. 有釉砖	最低 3 级	GB/T 3810.14
	b. 无釉砖[e]	见附录 Q	
抗化学腐蚀性	耐低浓度酸和碱 a. 有釉砖 b. 无釉砖[g]	制造商应报告耐化学腐蚀性等级	GB/T 3810.13
	耐高浓度酸和碱[e]	见附录 Q	GB/T 3810.13
	耐家庭化学试剂和游泳池盐类 a. 有釉砖 b. 无釉砖[g]	不低于 GB 级 不低于 UB 级	GB/T 3810.13
铅和镉的溶出量[e]		见附录 Q	GB/T 3810.15

a) 以非公制尺寸为基础的习惯用法也可用在同类型砖的连接宽度上。

b) 不适用于有弯曲形状的砖。

c) 在烧成过程中,产品与标准板之间的微小色差是难免的。本条款不适用于在砖的表面有意制造的色差(表面可能是有釉的、无釉的或部分有釉的)或在砖的部分区域内为了突出产品的特点而希望的色差。用于装饰目的的斑点或色斑不能看作为缺陷。

d) 有釉地砖耐磨性分级可参照本标准附录 P 规定。

e) 表中所列"见附录 Q"涉及项目不是所有产品都必检的,是否有必要对这些项目进行检验应按本标准附录 Q 的规定确定。

f) 制造商对于为装饰效果而产生的裂纹应加以说明,这种情况下,GB/T 3810.11 规定的釉裂试验不适用。

g) 如果色泽有微小变化,不应算是化学腐蚀。

h) 吸水率最大单个值为 0.5%的砖是全玻化砖(常被认为是不吸水的)。

H.2 抽样和接收条件

抽样和接收条件应符合 GB/T 3810.1 的要求。

H.3 标志和说明

H.3.1 标志

砖或其包装上应有下列标志：

a. 制造商的标记和/或商标以及产地；

b. 质量标志；

c. 砖的种类及执行本标准的相应附录；

d. 名义尺寸和工作尺寸，模数(M)或非模数；

e. 表面特性，如有釉(GL)或无釉(UGL)。

H.3.2 产品特性

对用于地面的陶瓷砖，应报告以下特性：

a. 按本标准附录 M 规定所测得的摩擦系数；

b. 有釉砖的耐磨性级别。

注：按附录 P 规定的耐磨性级别。

H.3.3 说明书

产品说明书中应包括下列内容：

a. 成型方法；

b. 陶瓷砖类别及执行本标准的相应附录；

c. 名义尺寸和工作尺寸，模数(M)和非模数；

d. 表面特性，如，有釉(GL)或无釉(UGL)。

例如：

干压陶瓷砖　炻瓷砖，GB/T 4100—2006 附录 H

BⅠb M20 cm×20 cm(W197 mm×197 mm×8 mm) GL

干压陶瓷砖　炻瓷砖，GB/T 4100—2006 附录 H

BⅠb 15 cm×15 cm(W150 mm×150 mm×8 mm) UGL

H.4 订货

在订货时，如尺寸、厚度、表面特征、颜色、外观、有釉砖耐磨性级别以及其他性能均应与相关方协商一致。

附 录 J
（规范性附录）
干压陶瓷砖 3%<E≤6% BⅡa 类——细炻砖

J.1 要求

该类产品的尺寸、表面质量、物理性能和化学性能的技术要求应符合表J.1的规定。

表 J.1 干压陶瓷砖：细炻砖技术要求（3%<E≤6%，BⅡa 类）

技术要求						试验方法
尺寸和表面质量		产品表面积 S/cm²				
		S≤90	90<S≤190	190<S≤410	S>410	
长度和宽度	每块砖（2条或4条边）的平均尺寸相对于工作尺寸（W）的允许偏差/%	±1.2	±1.0	±0.75	±0.6	GB/T 3810.2
	每块砖（2条或4条边）的平均尺寸相对于10块砖（20条或40条边）平均尺寸的允许偏差/%	±0.75	±0.5	±0.5	±0.5	GB/T 3810.2
	制造商应选用以下尺寸： a. 模数砖名义尺寸连接宽度允许在2 mm到5 mm之间[a)]。 b. 非模数砖工作尺寸与名义尺寸之间的偏差不大于±2%，最大5 mm					GB/T 3810.2
厚度 a. 厚度由制造商确定。 b. 每块砖厚度的平均值相对于工作尺寸厚度的允许偏差/%		±10	±10	±5	±5	GB/T 3810.2
边直度[b)]（正面） 相对于工作尺寸的最大允许偏差/%		±0.75	±0.5	±0.5	±0.5	GB/T 3810.2
直角度[b)] 相对于工作尺寸的最大允许偏差/%		±1.0	±0.6	±0.6	±0.6	GB/T 3810.2
表面平整度最大允许偏差/%	a. 相对于由工作尺寸计算的对角线的中心弯曲度	±1.0	±0.5	±0.5	±0.5	GB/T 3810.2
	b. 相对于工作尺寸的边弯曲度	±1.0	±0.5	±0.5	±0.5	GB/T 3810.2
	c. 相对于由工作尺寸计算的对角线的翘曲度	±1.0	±0.5	±0.5	±0.5	GB/T 3810.2
表面质量[c)]		至少95%的砖其主要区域无明显缺陷				GB/T 3810.2

物理性能	要求	试验方法
吸水率，质量分数	3%<E≤6%，单个最大值≤6.5%	GB/T 3810.3

表 J.1(续)

技术要求			试验方法
物理性能		要　求	
破坏强度/N	a. 厚度≥7.5 mm	≥1 000	GB/T 3810.4
	b. 厚度<7.5 mm	≥600	
断裂模数/(N/mm^2)(MPa) 不适用于破坏强度≥3 000 N的砖		平均值≥22,单个最小值≥20	GB/T 3810.4
耐磨性	a. 无釉地砖耐磨损体积/mm^3	≤345	GB/T 3810.6
	b. 有釉地砖表面耐磨性[d]	报告陶瓷砖耐磨性级别和转数	GB/T 3810.7
线性热膨胀系数[e] 从环境温度到100℃		见附录Q	GB/T 3810.8
抗热震性		见附录Q	GB/T 3810.9
有釉砖抗釉裂性[f]		经试验应无釉裂	GB/T 3810.11
抗冻性		经试验应无裂纹或剥落	GB/T 3810.12
地砖摩擦系数		制造商应报告陶瓷地砖的摩擦系数和试验方法	附录M
湿膨胀[e]/(mm/m)		见附录Q	GB/T 3810.10
小色差[e]		见附录Q	GB/T 3810.16
抗冲击性[e]		见附录Q	GB/T 3810.5
化学性能		要　求	试验方法
耐污染性	a. 有釉砖	最低3级	GB/T 3810.14
	b. 无釉砖[e]	见附录Q	
抗化学腐蚀性	耐低浓度酸和碱 a. 有釉砖 b. 无釉砖[g]	制造商应报告耐化学腐蚀性等级	GB/T 3810.13
	耐高浓度酸和碱[e]	见附录Q	GB/T 3810.13
	耐家庭化学试剂和游泳池盐类 a. 有釉砖 b. 无釉砖[g]	不低于GB级 不低于UB级	GB/T 3810.13
铅和镉的溶出量[e]		见附录Q	GB/T 3810.15

a) 以非公制尺寸为基础的习惯用法也可用在同类型砖的连接宽度上。

b) 不适用于有弯曲形状的砖。

c) 在烧成过程中,产品与标准板之间的微小色差是难免的。本条款不适用于在砖的表面有意制造的色差(表面可能是有釉的、无釉的或部分有釉的)或在砖的部分区域内为了突出产品的特点而希望的色差。用于装饰目的的斑点或色斑不能看作为缺陷。

d) 有釉地砖耐磨性分级可参照本标准附录P规定。

e) 表中所列"见附录Q"涉及项目不是所有产品都必检的,是否有必要对这些项目进行检验应按本标准附录Q的规定确定。

f) 制造商对于为装饰效果而产生的裂纹应加以说明,这种情况下,GB/T 3810.11规定的釉裂试验不适用。

g) 如果色泽有微小变化,不应算是化学腐蚀。

J.2 抽样和接收条件

抽样和接收条件应符合 GB/T 3810.1 的要求。

J.3 标志和说明

J.3.1 标志

砖或其包装上应有下列标志：

a. 制造商的标记和/或商标以及产地；

b. 质量标志；

c. 砖的种类及执行本标准的相应附录；

d. 名义尺寸和工作尺寸，模数(M)或非模数；

e. 表面特性，如有釉(GL)或无釉(UGL)。

J.3.2 产品特性

对用于地面的陶瓷砖，应报告以下特性：

a. 按本标准附录 M 规定所测得的摩擦系数；

b. 有釉砖的耐磨性级别。

注：按附录 P 规定的耐磨性级别。

J.3.3 说明书

产品说明书中应包括下列内容：

a. 成型方法；

b. 陶瓷砖类别及执行本标准的相应附录；

c. 名义尺寸和工作尺寸，模数(M)和非模数；

d. 表面特性，如，有釉(GL)或无釉(UGL)。

例如：

干压陶瓷砖　细炻砖，GB/T 4100—2006 附录 J

BⅡa M20 cm×20 cm(W197 mm×197 mm×8 mm) GL

干压陶瓷砖　细炻砖 GB/T 4100—2006 附录 J

BⅡa 15 cm×15 cm(W150 mm×150 mm×8 mm) UGL

J.4 订货

在订货时，如尺寸、厚度、表面特征、颜色、外观、有釉砖耐磨性级别以及其他性能均应与相关方协商一致。

附　录　K
（规范性附录）
干压陶瓷砖 6%<E≤10% BⅡb 类——炻质砖

K.1　要求

该类产品的尺寸、表面质量、物理性能和化学性能的技术要求应符合表 K.1 的规定。

表 K.1　干压陶瓷砖：炻质砖技术要求（6%<E≤10%，BⅡb 类）

技术要求						试验方法
尺寸和表面质量		产品表面积 S/cm²				
		S≤90	90<S≤190	190<S≤410	S>410	
长度和宽度	每块砖（2 条或 4 条边）的平均尺寸相对于工作尺寸（W）的允许偏差/%	±1.2	±1.0	±0.75	±0.6	GB/T 3810.2
	每块砖（2 条或 4 条边）的平均尺寸相对于 10 块砖（20 条或 40 条边）平均尺寸的允许偏差/%	±0.75	±0.5	±0.5	±0.5	GB/T 3810.2
	制造商应选用以下尺寸： a. 模数砖名义尺寸连接宽度允许在 2 mm 到 5 mm 之间[a]。 b. 非模数砖工作尺寸与名义尺寸之间的偏差不大于±2%，最大 5 mm					GB/T 3810.2
厚度 a. 厚度由制造商确定。 b. 每块砖厚度的平均值相对于工作尺寸厚度的允许偏差/%		±10	±10	±5	±5	GB/T 3810.2
边直度[b]（正面） 相对于工作尺寸的最大允许偏差/%		±0.75	±0.5	±0.5	±0.5	GB/T 3810.2
直角度[b] 相对于工作尺寸的最大允许偏差/%		±1.0	±0.6	±0.6	±0.6	GB/T 3810.2
表面平整度最大允许偏差/%	a. 相对于由工作尺寸计算的对角线的中心弯曲度	±1.0	±0.5	±0.5	±0.5	GB/T 3810.2
	b. 相对于工作尺寸的边弯曲度	±1.0	±0.5	±0.5	±0.5	GB/T 3810.2
	c. 相对于由工作尺寸计算的对角线的翘曲度	±1.0	±0.5	±0.5	±0.5	GB/T 3810.2
表面质量[c]		至少 95%的砖其主要区域无明显缺陷				GB/T 3810.2
物理性能		要　求				试验方法
吸水率，质量分数		6%<E≤10%，单个最大值≤11%				GB/T 3810.3

表 K.1(续)

技术要求			试验方法
物理性能		要求	
破坏强度/N	a. 厚度≥7.5 mm	≥800	GB/T 3810.4
	b. 厚度<7.5 mm	≥600	
断裂模数/(N/mm^2)(MPa) 不适用于破坏强度≥3 000 N的砖		平均值不小于18,单个最小值16	GB/T 3810.4
耐磨性	a. 无釉地砖耐磨损体积/mm^3	≤540	GB/T 3810.6
	b. 有釉地砖表面耐磨性[d]	报告陶瓷砖耐磨性级别和转数	GB/T 3810.7
线性热膨胀系数[e] 从环境温度到100℃		见附录Q	GB/T 3810.8
抗热震性		见附录Q	GB/T 3810.9
有釉砖抗釉裂性[f]		经试验后就无釉裂	GB/T 3810.11
抗冻性		经试验后应无裂纹或剥落	GB/T 3810.12
地砖摩擦系数		制造商应报告陶瓷地砖的摩擦系数和试验方法	附录M
湿膨胀[e]/(mm/m)		见附录Q	GB/T 3810.10
小色差[e]		见附录Q	GB/T 3810.16
抗冲击性[e]		见附录Q	GB/T 3810.5
化学性能		要求	试验方法
耐污染性	a. 有釉砖	最低3级	GB/T 3810.14
	b. 无釉砖[e]	见附录Q	
抗化学腐蚀性	耐低浓度酸和碱 a. 有釉砖 b. 无釉砖[g]	制造商应报告耐化学腐蚀性等级	GB/T 3810.13
	耐高浓度酸和碱[e]	见附录Q	GB/T 3810.13
	耐家庭化学试剂和游泳池盐类 a. 有釉砖 b. 无釉砖[g]	不低于GB级 不低于UB级	GB/T 3810.13
铅和镉的溶出量[e]		见附录Q	GB/T 3810.15

a) 以非公制尺寸为基础的习惯用法也可用在同类型砖的连接宽度上。

b) 不适用于有弯曲形状的砖。

c) 在烧成过程中,产品与标准板之间的微小色差是难免的。本条款不适用于在砖的表面有意制造的色差(表面可能是有釉的、无釉的或部分有釉的)或在砖的部分区域内为了突出产品的特点而希望的色差。用于装饰目的的斑点或色斑不能看作为缺陷。

d) 有釉地砖耐磨性分级可参照本标准附录P规定。

e) 表中所列"见附录Q"涉及项目不是所有产品都必检的,是否有必要对这些项目进行检验应按本标准附录Q的规定确定。

f) 制造商对于为装饰效果而产生的裂纹应加以说明,这种情况下,GB/T 3810.11规定的釉裂试验不适用。

g) 如果色泽有微小变化,不应算是化学腐蚀。

K.2 抽样和接收条件

抽样和接收条件应符合GB/T 3810.1的要求。

K.3 标志和说明

K.3.1 标志

砖或其包装上应有下列标志：

a. 制造商的标记和/或商标以及产地；

b. 质量标志；

c. 砖的种类及执行本标准的相应附录；

d. 名义尺寸和工作尺寸，模数(M)或非模数；

e. 表面特性，如有釉(GL)或无釉(UGL)。

K.3.2 产品特性

对用于地面的陶瓷砖，应报告以下特性：

a. 按本标准附录M规定所测得的摩擦系数；

b. 有釉砖的耐磨性级别。

注：按附录P规定的耐磨性级别。

K.3.3 说明书

产品说明书中应包括下列内容：

a. 成型方法；

b. 陶瓷砖类别及执行本标准的相应附录；

c. 名义尺寸和工作尺寸，模数(M)和非模数；

d. 表面特性，如，有釉(GL)或无釉(UGL)。

例如：

干压陶瓷砖　炻质砖，GB/T 4100—2006 附录K

BⅡb M20 cm×20 cm(W197 mm×197 mm×8 mm) GL

干压陶瓷砖　炻质砖，GB/T 4100—2006 附录K

K.4 订货

在订货时，如尺寸、厚度、表面特征、颜色、外观、有釉砖耐磨性级别以及其他性能均应与相关方协商一致。

附 录 L
（规范性附录）
干压陶瓷砖 $E>10\%$ BⅢ类——陶质砖

L.1 要求

该类产品的尺寸、表面质量、物理性能和化学性能的技术要求应符合表 L.1 的规定。

表 L.1 干压陶瓷砖:陶质砖技术要求（$E>10\%$，BⅢ类）

技术要求				试验方法
尺寸和表面质量		无间隔凸缘	有间隔凸缘	
长度（l）和宽度（w）	每块砖(2 条或 4 条边)的平均尺寸相对于工作尺寸(W)的允许偏差[g]/%	1≤12 cm，±0.75% 1>12 cm，±0.50%	+0.6% −0.3%	GB/T 3810.2
	每块砖(2 条或 4 条边)的平均尺寸相对于 10 块砖(20 条或 40 条边)平均尺寸的允许偏差[g]/%	1≤12 cm，±0.5% 1>12 cm，±0.3%	±0.25%	GB/T 3810.2
	制造商应选用以下尺寸： a. 模数砖名义尺寸连接宽度允许在 1.5 mm 到 5 mm 之间[a]。 b. 非模数砖工作尺寸与名义尺寸之间的偏差不大于 2 mm			GB/T 3810.2
厚度 a. 厚度由制造商确定。 b. 每块砖厚度的平均值相对于工作尺寸厚度的允许偏差/%		±10%	±10%	GB/T 3810.2
边直度[b]（正面） 相对于工作尺寸的最大允许偏差/%		±0.3%	±0.3%	GB/T 3810.2
直角度[b] 相对于工作尺寸的最大允许偏差/%		±0.5%	±0.3%	GB/T 3810.2
表面平整度 最大允许偏差/%	a. 相对于由工作尺寸计算的对角线的中心弯曲度	+0.5% −0.3%	+0.5% −0.3%	GB/T 3810.2
	b. 相对于工作尺寸的边弯曲度	+0.5% −0.3%	+0.5% −0.3%	GB/T 3810.2
	c. 相对于由工作尺寸计算的对角线的翘曲度	±0.5%	±0.5%	GB/T 3810.2
表面质量[c]		至少 95%的砖其主要区域无明显缺陷		GB/T 3810.2
物理性能		要　求		试验方法
吸水率，质量分数		平均值>10%，单个最小值>9%。 当平均值>20%时，制造商应说明		GB/T 3810.3

表 L.1(续)

技术要求			试验方法
物理性能		要　　求	
破坏强度[h]/N	a. 厚度≥7.5 mm	≥600	GB/T 3810.4
	b. 厚度<7.5 mm	≥350	
断裂模数/(N/mm^2)(MPa) 不适用于破坏强度≥3 000 N 的砖		平均值≥15, 单个最小值≥12	GB/T 3810.4
耐磨性 有釉地砖表面耐磨性[d]		经试验后报告陶瓷砖耐磨性级别和转数	GB/T 3810.7
线性热膨胀系数[e] 从环境温度到 100℃		见附录 Q	GB/T 3810.8
抗热震性		见附录 Q	GB/T 3810.9
有釉砖抗釉裂性[f]		经试验应无釉裂	GB/T 3810.11
抗冻性[e]		见附录 Q	GB/T 3810.12
地砖摩擦系数		制造商应报告陶瓷砖摩擦系数和试验方法	附录 M
湿膨胀[e]/(mm/m)		见附录 Q	GB/T 3810.10
小色差[e]		见附录 Q	GB/T 3810.16
抗冲击性[e]		见附录 Q	GB/T 3810.5
化学性能		要　　求	试验方法
耐污染性	a. 有釉砖	最低 3 级	GB/T 3810.14
	b. 无釉砖[e]	见附录 Q	
抗化学腐蚀性	耐低浓度酸和碱	制造商应报告陶瓷砖耐化学腐蚀性等级	GB/T 3810.13
	耐高浓度酸和碱[e]	见附录 Q	GB/T 3810.13
	耐家庭化学试剂和游泳池盐类	不低于 GB 级	GB/T 3810.13
铅和镉的溶出量[e]		见附录 Q	GB/T 3810.15

a) 以非公制尺寸为基础的习惯用法也可用在同类型砖的连接宽度上。

b) 不适用于有弯曲形状的砖。

c) 在烧成过程中,产品与标准板之间的微小色差是难免的。本条款不适用于在砖的表面有意制造的色差(表面可能是有釉的、无釉的或部分有釉的)或在砖的部分区域内为了突出产品的特点而希望的色差。用于装饰目的的斑点或色斑不能看作为缺陷。

d) 有釉地砖耐磨性分级可参照本标准附录 P 规定。

e) 表中所列"见附录 Q"涉及项目不是所有产品都必检的,是否有必要对这些项目进行检验应按本标准附录 Q 的规定确定。

f) 制造商对于为装饰效果而产生的裂纹应加以说明,这种情况下,GB/T 3810.11 规定的釉裂试验不适用。

g) 砖可以有一条或几条上釉边。

h) 制造商必需说明对于破坏强度小于 400 N 的砖只能用于贴墙。

L.2 抽样和接收条件

抽样和接收条件应符合 GB/T 3810.1 的要求。

L.3 标志和说明

L.3.1 标志

砖或其包装上应有下列标志：

a. 制造商的标记和/或商标以及产地；

b. 质量标志；

c. 砖的种类及执行本标准的相应附录；

d. 名义尺寸和工作尺寸，模数(M)或非模数；

e. 表面特性，如有釉(GL)或无釉(UGL)。

L.3.2 产品特性

对用于地面的陶瓷砖，应报告以下特性：

a. 按本标准附录 M 规定所测得的摩擦系数；

b. 有釉砖的耐磨性级别。

注：按附录 P 规定的耐磨性级别。

L.3.3 说明

产品说明书中应包括下列内容：

a. 成型方法；

b. 陶瓷砖类别及执行本标准的相应附录；

c. 名义尺寸和工作尺寸，模数(M)和非模数；

d. 表面特性，如，有釉(GL)或无釉(UGL)。

例如：

干压陶瓷砖　陶质砖，GB/T 4100—2006 附录 L

BⅢ M20 cm×20 cm(W197 mm×197 mm×8 mm) GL

干压陶瓷砖　陶质砖，GB/T 4100—2006 附录 L

BⅢ 15 cm×15 cm(W150 mm×150 mm×8 mm) UGL

L.4 订货

在订货时，如尺寸、厚度、表面特征、颜色、外观、有釉砖耐磨性级别以及其他性能均应与相关方协商一致。

附 录 M
（规范性附录）
磨擦系数的测定

M.1 适用范围

本附录规定了有釉陶瓷地砖和无釉陶瓷地砖表面的静摩擦系数测定方法。

M.2 术语和定义

下列术语和定义适用于本附录。

M.2.1 摩擦系数 coefficient of friction

使物体克服摩擦力作用产生滑动或有滑动趋势时作用于物体上的切向力和垂直方向上力的比值。

M.2.2 静摩擦系数 static coefficient of friction

使物体克服静磨擦力作用即将产生滑动时作用于物体上的切向力和垂直方向上力的比值。

M.3 仪器和材料

M.3.1 仪器：

一套测力系统，用于测试在砖面上拉动一个滑块时所需用力（见图 M.1）包括：

——分度值不小于 2.45 N 的水平型拉力计；

——44.1 N 的重块；

——4S 橡胶，IRD 硬度 90±2；

——用一块尺寸为 75 mm×75 mm×3 mm 的 4S 橡胶块粘在一块尺寸为 200 mm×200 mm×20 mm的胶合板上组成的滑块组件，胶合板的一侧边上固定着一个环形螺钉，用于与拉力计连接；

——位于砖工作表面以下用来阻止砖滑动的固定架。

M.3.2 测试用材料：

——两块厚 6 mm 的浮法玻璃板：一块尺寸不小于 150 mm×150 mm，另一块尺寸为 100 mm×100 mm；

——220 号碳化硅粉末；

——400 号碳化硅砂纸；

——蒸馏水或去离子水；

——中性清洁剂。

M.4 实验步骤

M.4.1 试样准备

试验应在不小于 100 mm×100 mm 的砖表面上进行。测试小规格砖时，应把它们铺贴成一个合适的平面。用中性清洁液洗净砖表面，待砖表面完全洗净干燥后再进行试验。

M.4.2 滑块的准备

将一张 400 号碳化硅砂纸平铺在台面上，沿水平方向拉动滑块组件，使其表面的 4S 橡胶在砂纸上移动的距离约为 100 mm。将滑块在水平面内转过 90°再重复上述打磨过程共计 4 次。以上步骤为一个完整过程。用软刷刷去碎屑，必要时重复以上过程直至完全去除 4S 橡胶表面的光泽。

M.4.3 毛玻璃校正板的准备

将尺寸较大的玻璃板放在可限制其运动的平面上，在其表面上撒 2 g 碳化硅磨粒并滴几滴水。用边长为 100 mm 的玻璃板作为研磨工具，使其在大玻璃板上作圆周运动直至大玻璃板表面完全变成半透明状态。必要时需更换新的磨料和水重复以上过程。

用清洁剂清洗半透明毛玻璃板，然后擦净其表面并在空气中干燥。

将滑块组件放在已经在工作台面上就位的毛玻璃校正板上，用垫片调整校正板和拉力计的高度使滑块组件环首螺钉与拉力计的挂钩处于同一水平面上。将重量为 44.1 N 的重块放在滑块组件中央。沿水平方向拉动滑块组件测定使滑块组件产生滑动趋势时所需的拉力，记录拉力读数。总共拉动 4 次，每次拉动方向均与上次相差 90°。

摩擦系数校正值计算公式：

$$COF = R_d/nW \qquad \cdots\cdots\text{(M.1)}$$

式中：

R_d——4 次拉力读数之和，单位为 N；

n——拉动次数(4)；

W——滑块组件加上 44.1 N 重块的总重量，单位为 N；

COF——磨擦系数校正值。

如果 4S 橡胶面打磨得均匀，4 个拉力读数应该基本一致，且校正值应在 0.75±0.05 范围内。在测试 3 个样品之前和之后均应重复校正过程并记录结果。如果前后的校正值相差超过±0.05，则整个测试过程应该重做。操作人员在每测试 3 个样品之前和之后均应校正测试设备和检查操作过程，以确保获得较高的测试一致性。

M.4.4 测试过程(干法)

M.4.4.1 洗净并烘干每块砖的测试表面，将待测砖放在工作台面上并紧靠限制其活动的固定架，刷去所有的碎屑。

M.4.4.2 将滑块组件放在待测砖的测试面上，将 44.1 N 的重块放在滑块组件上部的中央部位。用拉力计测定沿水平方向使组件产生滑动趋势时所需的拉力，记录拉力读数。

M.4.4.3 每次测试 3 个测试面或样品，每个测试面上要拉动组件 4 次，每次拉动的方向与上次相差 90°，总计获得 12 个计算静摩擦系数所需的读数。记录所有的读数。

M.4.4.4 每测试完一个测试面或样品后均应检查 4S 橡胶面，如果其表面显示出光泽或刮痕，则按 M.4.2 重复打磨过程。

M.4.5 测试过程(湿法)

首先用蒸馏水液润湿样品表面，重复 M.4.4.2 至 M.4.4.4 的步骤。每次测试均应保证砖面始终湿润。

M.4.6 计算

用公式(M.2)、(M.3)计算测试面的静摩擦系数值：

干法：

$$F_d = R_d/nW \qquad \cdots\cdots\text{(M.2)}$$

湿法：

$$F_w = R_w/nW \qquad \cdots\cdots\text{(M.3)}$$

式中：

F_d——干燥表面的静摩擦系数值；

F_w——湿润表面的静摩擦系数值；

R_d——干法 4 次拉力读数之和，单位为 N；

R_w——湿法下 4 次拉力读数之和，单位为 N；

n——拉动次数(4)；

W——滑块组件加上 44.1 N 重块的总重量，单位为 N。

M.5 试验报告

试验报告应包括以下内容：

a) 依据 GB/T 4100 标准；

b) 样品的说明；

c) 测试方法；

d) 干法和湿法下静摩擦系数的平均值。

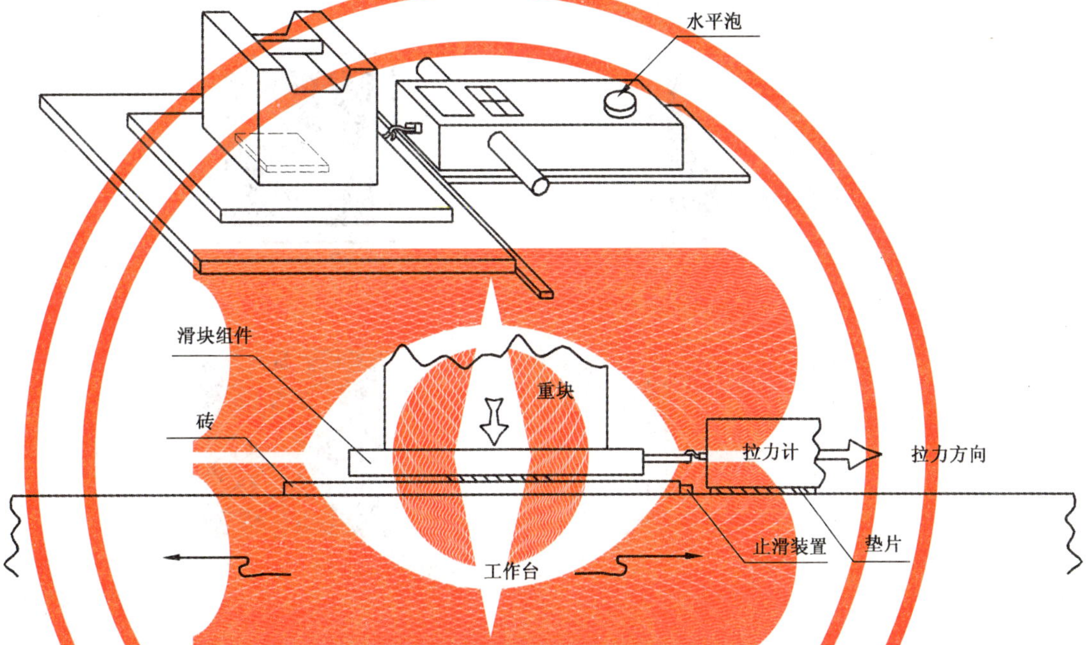

图 M.1

附 录 N
（资料性附录）
包装标记使用规定

包装和/或说明书规定使用下面标记。一般不要求使用标记，除非在规定的条件下。

a） 适用于地面的砖；

b） 适用于墙面的砖；

c） 该罗马数字只是一个例子，它表示了有釉地砖耐磨性的级别；

d） 该标记表示具有抗冻性的砖。

a）

b）

c）

d）

附 录 P
（资料性附录）
有釉地砖耐磨性分级

本附录仅提供了各级有釉地砖耐磨性（见 GB/T 3810.7）使用范围的指导性建议，对有特殊要求的产品不作为准确的技术要求。

0 级　该级有釉砖不适用于铺贴地面。

1 级　该级有釉砖适用于柔软的鞋袜或不带有划痕灰尘的光脚使用的地面（例如：没有直接通向室外通道的卫生间或卧室使用的地面）。

2 级　该级有釉砖适用于柔软的鞋袜或普通鞋袜使用的地面。大多数情况下，偶尔有少量划痕灰尘（例如：家中起居室，但不包括厨房、入口处和其他有较多来往的房间），该等级的砖不能用特殊的鞋，例如带平头钉的鞋。

3 级　该级有釉砖适用于平常的鞋袜，带有少量划痕灰尘的地面（例如：家庭的厨房、客厅、走廊、阳台、凉廊和平台）。该等级的砖不能用特殊的鞋，例如带平头钉的鞋。

4 级　该级有釉砖适用于有划痕灰尘，来往行人频繁的地面，使用条件比 3 类地砖恶劣（例如：入口处、饭店的厨房、旅店、展览馆和商店等）。

5 级　该级有釉砖适用于行人来往非常频繁并能经受划痕灰尘的地面，甚至于在使用环境较恶劣的场所（例如：公共场所如商务中心、机场大厅、旅馆门厅、公共过道和工业应用场所等）。

一般情况下，所给的使用分类是有效的，考虑到所穿的鞋袜、交通的类型和清洁方式，建筑物的地板清洁装置在进口处适当地防止划痕灰尘进入。

在交通繁忙和灰尘大的场所，可以使用吸水率 $E \leqslant 3\%$ 中无釉方型地砖。

附 录 Q
（资料性附录）
试 验 方 法

本标准附录中涉及到的试验方法是产品要求中所规定的，但该部分试验要求不是强制性的。本附录的是对这些试验及其他相关信息的解释说明。

GB/T 3810.5 用恢复系数确定砖的抗冲击性

该试验使用在抗冲击性有特别要求的场所。一般轻负荷场所要求的恢复系数是0.55，重负荷场所则要求更高的恢复系数。

GB/T 3810.8 线性热膨胀的测定

大多数陶瓷砖都有微小的线性热膨胀，若陶瓷砖安装在有高热变性的情况下应进行该项试验。

GB/T 3810.9 抗热震性的测定

所有陶瓷砖都具有耐高温性，凡是有可能经受热震应力的陶瓷砖都应进行该项试验。

GB/T 3810.10 湿膨胀的测定

大多数有釉砖和无釉砖都有微小的自然湿膨胀，当正确铺贴（或安装）时，不会引起铺贴问题。但在不规范安装和一定的湿度条件下，当湿膨胀大于0.06%时（0.66 mm/m）就有可能出问题。

GB/T 3810.12 抗冻性的测定

对于明示并准备用在受冻环境中的产品必须通过该项试验，一般对明示不用于受冻环境中的产品不要求该项试验。

GB/T 3810.13 耐化学腐蚀性的测定

陶瓷砖通常都具有抗普通化学药品的性能。若准备将陶瓷砖在有可能受腐蚀的环境下使用时，应按GB/T 3810.13中4.3.2规定进行高浓度酸和碱的耐化学腐蚀性试验。

GB/T 3810.14 耐污染性的测定

该标准要求对有釉砖是强制的。对于无釉砖，若在有污染的环境下使用，建议制造商考虑耐污染性的问题。对于某些有釉砖因釉层下的坯体吸水而引起的暂时色差，本标准不适用。

GB/T 3810.15 有釉砖铅和镉溶出量的测定

当有釉砖是用于加工食品的工作台或墙面且砖的釉面与食品有可能接触的场所时，则要求进行该项试验。

GB/T 3810.16 小色差的测定

本标准只适用于在特定环境下的单色有釉砖，而且仅在认为单色有釉砖之间的小色差是重要的特定情况下采用本标准方法。

附录M 摩擦系数的测定

该试验方法仅用于地砖。无论砖表面是干燥的或湿润的，其摩擦系数取决于砖的表面特征。接触不同类型材料如鞋和光脚其使用结果亦不同。其要求的系数也取决于所铺地面使用的特点和地面大小。在铺设面积较大的工业或商业以及坡道等使用场所，特别是那些直接与室外相连接的场合，其产品的摩擦系数值应高于在许多室内场合使用时的摩擦系数值。地砖铺贴前先进行磨擦系数的测定。包括陶瓷砖在内的地面铺贴材料对在受某些不合理或不适当保养的使用情况下，认为对磨擦系数的要求是不必要的，例如不利于使用中的地面清洁。

ICS 91.100.20
Q 15

中华人民共和国国家标准

GB 5101—2003
代替 GB/T 5101—1998

烧结普通砖

Fired common bricks

2003-04-29 发布　　2004-04-01 实施

中华人民共和国
国家质量监督检验检疫总局　发布

前　言

本标准的第5章为强制性的，其余为推荐性的。

本标准是在GB/T 5101—1998《烧结普通砖》的基础上，总结近年我国烧结普通砖生产使用的实际情况和发展趋势，参考美、英、德、俄、意等发达国家同类产品标准，经过调查、研究与验证后修订的。

本标准修订的主要内容如下：

——对产品的尺寸偏差、外观质量、抗风化性能中的吸水率等指标进行了修改，较大幅度地提高了优等品质量指标。

——对烧结普通砖的放射性物质镭$_{-226}$、钍$_{-232}$、钾$_{-40}$提出了限制要求，保证产品安全使用。

本标准的附录A为规范性附录、附录B为资料性附录。

本标准由中国建筑材料工业协会提出。

本标准负责起草单位：西安墙体材料研究设计院。

本标准参加单位：江苏省南京市建筑材料研究所、浙江省建筑材料科学研究所、南京市江宁县淳化镇砖瓦厂。

本标准主要起草人：王保财、周皖宁、蔡小兵、倪有军、陈新利、周炫。

本标准所代替标准的历次版本发布情况为：

——GB 5101—1992、GB/T 5101—1998

本标准委托西安墙体材料研究设计院解释。

烧 结 普 通 砖

1 范围

本标准规定了烧结普通砖的产品分类、技术要求、试验方法、检验规则、标志、包装、运输和贮存等。

本标准适用于以粘土、页岩、煤矸石、粉煤灰为主要原料经焙烧而成的普通砖(以下简称砖)。

2 规范性引用文件

下列文件中的条款通过本标准的引用而成为本标准的条款。凡是注日期的引用文件,其随后所有的修改单(不包括勘误的内容)或修订版均不适用于本标准,然而,鼓励根据本标准达成协议的各方研究是否可使用这些文件的最新版本。凡是不注日期的引用文件,其最新版本适用于本标准。

GB/T 2542 砌墙砖试验方法

GB 6566 建筑材料放射性核素限量

JC/T 466 砌墙砖检验规则

JC/T 790 砖和砌块名词术语

3 术语和定义

JC/T 790 和 JC/T 466 确立的以及下列术语和定义适用于本标准。

烧结装饰砖 fired facing bricks

经烧结而成用于清水墙或带有装饰面的砖(以下简称装饰砖)。

4 分类

4.1 类别

按主要原料分为粘土砖(N)、页岩砖(Y)、煤矸石砖(M)和粉煤灰砖(F)。

4.2 等级

4.2.1 根据抗压强度分为 MU30、MU25、MU20、MU15、MU10 五个强度等级。

4.2.2 强度、抗风化性能和放射性物质合格的砖,根据尺寸偏差、外观质量、泛霜和石灰爆裂分为优等品(A)、一等品(B)、合格品(C)三个质量等级。

优等品适用于清水墙和装饰墙,一等品、合格品可用于混水墙。中等泛霜的砖不能用于潮湿部位。

4.3 规格

砖的外形为直角六面体,其公称尺寸为:长 240 mm、宽 115 mm、高 53 mm。配砖和装饰砖规格见附录 A。

4.4 产品标记

砖的产品标记按产品名称、类别、强度等级、质量等级和标准编号顺序编写。

示例:烧结普通砖,强度等级 MU15,一等品的粘土砖,其标记为:烧结普通砖 N MU15 B GB 5101。

5 要求

5.1 尺寸偏差

尺寸允许偏差应符合表 1 规定。

表 1　尺寸允许偏差

单位为毫米

公称尺寸	优等品		一等品		合格品	
	样本平均偏差	样本极差≤	样本平均偏差	样本极差≤	样本平均偏差	样本极差≤
240	±2.0	6	±2.5	7	±3.0	8
115	±1.5	5	±2.0	6	±2.5	7
53	±1.5	4	±1.6	5	±2.0	6

5.2　外观质量

砖的外观质量应符合表 2 的规定。

表 2　外观质量

单位为毫米

项　　目		优等品	一等品	合格
两条面高度差　≤		2	3	4
弯曲　≤		2	3	4
杂质凸出高度　≤		2	3	4
缺棱掉角的三个破坏尺寸　不得同时大于		5	20	30
裂纹长度　≤	a. 大面上宽度方向及其延伸至条面的长度	30	60	80
	b. 大面上长度方向及其延伸至顶面的长度或条顶面上水平裂纹的长度	50	80	100
完整面[a]　不得少于		二条面和二顶面	一条面和一顶面	—
颜色		基本一致	—	—
注：为装饰而施加的色差，凹凸纹、拉毛、压花等不算作缺陷。				
a 凡有下列缺陷之一者，不得称为完整面。 a） 缺损在条面或顶面上造成的破坏面尺寸同时大于 10 mm×10 mm。 b） 条面或顶面上裂纹宽度大于 1 mm，其长度超过 30 mm。 c） 压陷、粘底、焦花在条面或顶面上的凹陷或凸出超过 2 mm，区域尺寸同时大于 10 mm×10 mm。				

5.3　强度

强度应符合表 3 规定。

表 3　强度

单位为兆帕

强度等级	抗压强度平均值 $\bar{f}$ ≥	变异系数 $\delta \leqslant 0.21$	变异系数 $\delta > 0.21$
		强度标准值 f_k ≥	单块最小抗压强度值 f_{min} ≥
MU30	30.0	22.0	25.0
MU25	25.0	18.0	22.0
MU20	20.0	14.0	16.0
MU15	15.0	10.0	12.0
MU10	10.0	6.5	7.5

5.4　抗风化性能

5.4.1　风化区的划分见附录 B。

5.4.2　严重风化区中的 1、2、3、4、5 地区的砖必须进行冻融试验，其他地区砖的抗风化性能符合表 4 规定时可不做冻融试验，否则，必须进行冻融试验。

表 4　抗风化性能

砖种类	严重风化区				非严重风化区			
	5 h 沸煮吸水率/% ≤		饱和系数 ≤		5 h 沸煮吸水率/% ≤		饱和系数 ≤	
	平均值	单块最大值	平均值	单块最大值	平均值	单块最大值	平均值	单块最大值
粘土砖	18	20	0.85	0.87	19	20	0.88	0.90
粉煤灰砖[a]	21	23			23	25		
页岩砖	16	18	0.74	0.77	18	20	0.78	0.80
煤矸石砖								

注[a]：粉煤灰掺入量(体积比)小于 30%时，按粘土砖规定判定。

5.4.3　冻融试验后，每块砖样不允许出现裂纹、分层、掉皮、缺棱、掉角等冻坏现象；质量损失不得大于 2%。

5.5　泛霜

每块砖样应符合下列规定。

优等品：无泛霜；

一等品：不允许出现中等泛霜；

合格品：不允许出现严重泛霜。

5.6　石灰爆裂

优等品：不允许出现最大破坏尺寸大于 2 mm 的爆裂区域。

一等品：

a)　最大破坏尺寸大于 2 mm 且小于等于 10 mm 的爆裂区域，每组砖样不得多于 15 处。

b)　不允许出现最大破坏尺寸大于 10 mm 的爆裂区域。

合格品：

a)　最大破坏尺寸大于 2 mm 且小于等于 15 mm 的爆裂区域，每组砖样不得多于 15 处。其中大于 10 mm 的不得多于 7 处。

b)　不允许出现最大破坏尺寸大于 15 mm 的爆裂区域。

5.7　欠火砖、酥砖和螺旋纹砖

产品中不允许有欠火砖、酥砖和螺旋纹砖。

5.8　配砖和装饰砖

配砖和装饰砖技术要求应符合附录 A 的规定。

5.9　放射性物质

砖的放射性物质应符合 GB 6566 的规定。

6　试验方法

6.1　尺寸偏差

检验样品数为 20 块，按 GB/T 2542 规定的检验方法进行。其中每一尺寸测量不足 0.5 mm 按 0.5 mm计，每一方向尺寸以两个测量值的算术平均值表示。

样本平均偏差是 20 块试样同一方向 40 个测量尺寸的算术平均值减去其公称尺寸的差值，样本极差是抽检的 20 块试样中同一方向 40 个测量尺寸中最大测量值与最小测量值之差值。

6.2　外观质量

按 GB/T 2542 规定的检验方法进行。颜色的检验：抽试样 20 块，装饰面朝上随机分两排并列，在自然光下距离试样 2 m 处目测。

6.3 强度

6.3.1 强度试验

按 GB/T 2542 规定的方法进行。其中试样数量为 10 块，加荷速度为(5±0.5) kN/s。试验后按式(1)、式(2)分别计算出强度变异系数 δ、标准差 s。

$$\delta = \frac{s}{\bar{f}} \qquad \cdots\cdots(1)$$

$$s = \sqrt{\frac{1}{9}\sum_{i=1}^{10}(f_i - \bar{f})^2} \qquad \cdots\cdots(2)$$

式中：

δ——砖强度变异系数，精确至 0.01；

s——10 块试样的抗压强度标准差，单位为兆帕(MPa)，精确至 0.01；

$\bar{f}$——10 块试样的抗压强度平均值，单位为兆帕(MPa)，精确至 0.01；

f_i——单块试样抗压强度测定值，单位为兆帕(MPa)，精确至 0.01。

6.3.2 结果计算与评定

6.3.2.1 平均值—标准值方法评定

变异系数 $\delta \leqslant 0.21$ 时，按表 3 中抗压强度平均值 $\bar{f}$、强度标准值 f_k 评定砖的强度等级。

样本量 $n=10$ 时的强度标准值按式(3)计算。

$$f_k = \bar{f} - 1.8s \qquad \cdots\cdots(3)$$

式中：

f_k——强度标准值，单位为兆帕(MPa)，精确至 0.1。

6.3.2.2 平均值—最小值方法评定

变异系数 $\delta > 0.21$ 时，按表 3 中抗压强度平均值 $\bar{f}$、单块最小抗压强度值 f_{min} 评定砖的强度等级，单块最小抗压强度值精确至 0.1 MPa。

6.4 冻融试验

试样数量为 5 块，按 GB/T 2542 规定的试验方法进行。

6.5 石灰爆裂、泛霜、吸水率和饱和系数试验

按 GB/T 2542 规定的试验方法进行。

6.6 放射性物质

按 GB 6566 规定的试验方法进行。

7 检验规则

7.1 检验分类

产品检验分出厂检验和型式检验。

7.1.1 出厂检验

出厂检验项目为：尺寸偏差、外观质量和强度等级。每批出厂产品必须进行出厂检验，外观质量检验在生产厂内进行。

7.1.2 型式检验

型式检验项目包括本标准技术要求的全部项目。有下列之一情况者，应进行型式检验。

a) 新厂生产试制定型检验；

b) 正式生产后，原材料、工艺等发生较大的改变，可能影响产品性能时；

c） 正常生产时，每半年进行一次（放射性物质一年进行一次）；

d） 出厂检验结果与上次型式检验结果有较大差异时；

e） 国家质量监督机构提出进行型式检验时。

7.2 批量

检验批的构成原则和批量大小按 JC/T 466 规定。3.5 万～15 万块为一批，不足 3.5 万块按一批计。

7.3 抽样

7.3.1 外观质量检验的试样采用随机抽样法，在每一检验批的产品堆垛中抽取。

7.3.2 尺寸偏差检验和其他检验项目的样品用随机抽样法从外观质量检验后的样品中抽取。

7.3.3 抽样数量按表 5 进行。

表 5 抽样数量

单位为块

序　号	检验项目	抽样数量
1	外观质量	50（$n_1=n_2=50$）
2	尺寸偏差	20
3	强度等级	10
4	泛　霜	5
5	石灰爆裂	5
6	吸水率和饱和系数	5
7	冻　融	5
8	放射性	4

7.4 判定规则

7.4.1 尺寸偏差

尺寸偏差符合表 1 相应等级规定，判尺寸偏差为该等级。否则，判不合格。

7.4.2 外观质量

外观质量采用 JC/T 466 二次抽样方案，根据表 2 规定的质量指标，检查出其中不合格品数 d_1，按下列规则判定：

$d_1 \leqslant 7$ 时，外观质量合格；

$d_1 \geqslant 11$ 时，外观质量不合格；

$d_1 > 7$，且 $d_1 < 11$ 时，需再次从该产品批中抽样 50 块检验，检查出不合格品数 d_2，按下列规则判定：

$(d_1+d_2) \leqslant 18$ 时，外观质量合格；

$(d_1+d_2) \geqslant 19$ 时，外观质量不合格。

7.4.3 强度

强度的试验结果应符合表 3 的规定。低于 MU10 判不合格。

7.4.4 抗风化性能

抗风化性能应符合 5.4 的规定。否则，判不合格。

7.4.5 石灰爆裂和泛霜

石灰爆裂和泛霜试验结果应分别符合 5.5 和 5.6 相应等级的规定。否则，判不合格。

7.4.6 放射性物质

放射性物质应符合 5.9 的规定。否则，判不合格，并停止该产品的生产和销售。

7.4.7 总判定

7.4.7.1 出厂检验质量等级的判定按出厂检验项目和在时效范围内最近一次型式检验中的抗风化性

能、石灰爆裂及泛霜项目中最低质量等级进行判定。其中有一项不合格,则判为不合格。

7.4.7.2 型式检验质量等级的判定中,强度、抗风化性能和放射性物质合格,按尺寸偏差、外观质量、泛霜、石灰爆裂检验中最低质量等级判定。其中有一项不合格则判该批产品质量不合格。

7.4.7.3 外观检验中有欠火砖、酥砖和螺旋纹砖则判该批产品不合格。

8 标志、包装、运输和贮存

8.1 标志

产品出厂时,必须提供产品质量合格证。产品质量合格证主要内容包括:生产厂名、产品标记、批量及编号、证书编号、本批产品实测技术性能和生产日期等,并由检验员和承检单位签章。

8.2 包装

根据用户需求按品种、强度、质量等级、颜色分别包装,包装应牢固,保证运输时不会摇晃碰坏。

8.3 运输

产品装卸时要轻拿轻放,避免碰撞摔打。

8.4 贮存

产品应按品种、强度等级、质量等级分别整齐堆放,不得混杂。

附　录　A
（规范性附录）
配砖和装饰砖规格及技术要求

A.1　规格

常用配砖规格：175 mm×115 mm×53 mm，装饰砖的主规格同烧结普通砖，配砖、装饰砖的其他规格由供需双方协商确定。

A.2　技术要求

A.2.1　与烧结普通砖规格相同的装饰砖要求必须符合本标准第5章的规定。

A.2.2　配砖和其他规格的装饰砖的尺寸偏差、强度由供需双方协商确定。但抗风化性能、泛霜、石灰爆裂性能、放射性物质必须符合标准5.4、5.5、5.6、5.9的规定。外观质量可参照表2执行。

A.3　为增强装饰效果，装饰砖可制成本色、一色或多色，装饰面也可具有砂面、光面、压花等起墙面装饰作用的图案。

附　录　B
（规范性附录）
风化区的划分

B.1　风化区用风化指数进行划分。

B.2　风化指数是指日气温从正温降至负温或负温升至正温的每年平均天数与每年从霜冻之日起至消失霜冻之日止这一期间降雨总量(以 mm 计)的平均值的乘积。

B.3　风化指数大于等于 12 700 为严重风化区，风化指数小于 12 700 为非严重风化区。全国风化区划分见表 B.1。

B.4　各地如有可靠数据，也可按计算的风化指数划分本地区的风化区。

表 B.1　风化区划分

严重风化区		非严重风化区	
1. 黑龙江省	11. 河北省	1. 山东省	11. 福建省
2. 吉林省	12. 北京市	2. 河南省	12. 台湾省
3. 辽宁省	13. 天津市	3. 安徽省	13. 广东省
4. 内蒙古自治区		4. 江苏省	14. 广西壮族自治区
5. 新疆维吾尔自治区		5. 湖北省	15. 海南省
6. 宁夏回族自治区		6. 江西省	16. 云南省
7. 甘肃省		7. 浙江省	17. 西藏自治区
8. 青海省		8. 四川省	18. 上海市
9. 陕西省		9. 贵州省	19. 重庆市
10. 山西省		10. 湖南省	

ICS 81.060.30
Q 32

中华人民共和国国家标准

GB/T 8488—2008
代替 GB/T 8488—2001

耐 酸 砖

Acid resisting bricks and tiles

2008-09-18 发布 2009-05-01 实施

中华人民共和国国家质量监督检验检疫总局
中国国家标准化管理委员会 发布

前 言

本标准与日本标准 JIS R 1535—1991(1998)《化学工业用耐酸瓷砖》的一致性程度为非等效。

本标准代替 GB/T 8488—2001《耐酸砖》。

本标准对 GB/T 8488—2001 内容作了如下修订：

——对砖的规格形状作了增补，平板型砖补充了 200 mm×200 mm 和 300 mm×300 mm 两种规格。

本标准附录 A 为资料性附录。

本标准由国家建筑材料联合会提出。

本标准由全国工业陶瓷标准化技术委员会(SAC/TC 194)归口。

本标准由山东工业陶瓷研究设计院、中材高新材料股份有限公司负责起草。

本标准主要参加单位：萍乡市工业陶瓷实业发展有限公司、阳泉市耐酸陶瓷有限公司、河南省天龙陶瓷有限公司。

本标准主要起草人：李东升、吕艳红、焦文庆、袁继发、韩乃红、王宁、沈帅冰、王海洋、侯晓刚。

本标准 1987 年首次发布，2001 年第一次修订。

耐　　酸　　砖

1　范围

本标准规定了耐酸砖的术语和定义、分类和标记、技术要求、试验方法、检验规则、标志、包装、运输和贮存。

本标准适用于耐腐蚀内衬及地面所用的耐酸砖板(以下简称砖)。其他异型产品可参照本标准。

2　术语和定义

下列术语和定义适用本标准。

2.1

耐酸砖　acid resistent bricks and tiles

由粘土或其他非金属原料,经成型、烧结等工艺处理,适用于耐酸腐蚀内衬及地面的砖或板状的耐酸制品。分为有釉砖和无釉砖。

2.2

裂纹　crackle

不贯穿坯釉的细小缝隙。

2.3

磕碰损伤　chip

因冲击而造成的残缺。

2.4

疵点　defects

砖面所呈现的铁点、落砂、熔洞、气泡等异常瑕疵点。

2.5

开裂　crack

贯穿坯釉的裂缝。

2.6

釉裂　crazing

釉面出现的裂纹。

2.7

缺釉　glaze peels

有釉制品表面局部无釉。

2.8

桔釉　orange peel

似桔皮状,光泽较差的釉面。

2.9

干釉　dried glaze

失去光泽的釉面。

2.10

翘曲　camber

砖的平整度误差。

2.11

工作面　working surface

使用中与工作介质直接接触的表面。

2.12

非工作面　non-working surface

使用中不与工作介质接触的表面。

3　分类和标记

3.1　砖按理化指标分为 Z-1、Z-2、Z-3、Z-4 四种牌号(见表 4)。

3.2　砖的规格形状见表 1。

表 1　砖的规格形状

砖的形状及名称	规格/mm			
	长(a)	宽(b)	厚(h)	厚(h_1)
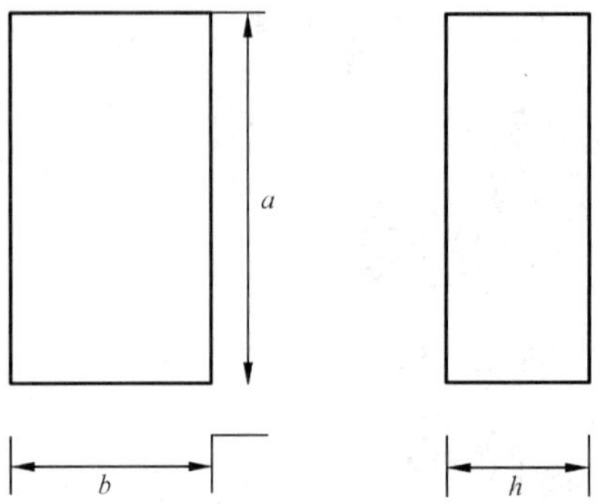 标型砖	230	113	65 40 30	
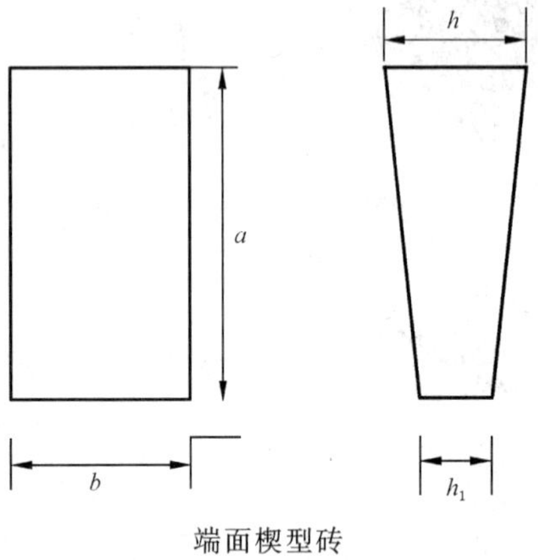 端面楔型砖	230	113	65 65 55 65	55 45 45 35
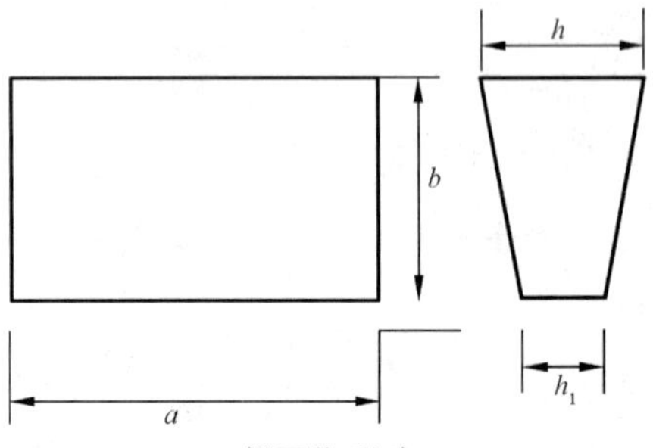 侧面楔型砖	230	113	65 65 55 65	55 45 45 35

表 1（续）

砖的形状及名称	规格/mm			
	长(*a*)	宽(*b*)	厚(*h*)	厚(h_1)
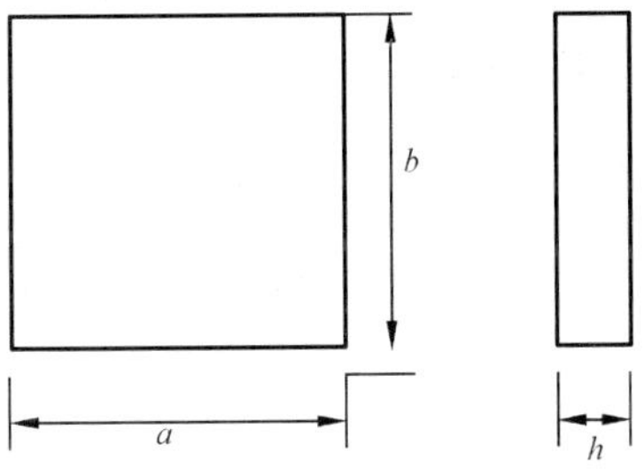平板型砖	300	300	15～30	
	200	200	15～30	
	150	150	15～30	
	150	75	15～30	
	100	100	10～20	
	100	50	10～20	
	125	125	15	
注：其他规格形状的产品由供需双方协商。				

3.3 产品标记

产品标记由产品名称、牌号、规格和标准代号组成。

标记示例：长 230 mm，宽 113 mm，厚 65 mm/55 mm 牌号为 Z-1 的侧面楔形耐酸砖：

耐酸砖侧楔 Z-1　230×113×65/55　GB/T 8488—2008

长 150 mm，宽 75 mm，厚 30 mm 牌号为 Z-3 的釉面平板形砖：

耐酸砖　釉板　Z-3 150×75×30　GB/T 8488—2008

4 技术要求

4.1 外观质量

4.1.1 砖的外观质量应符合表 2 的要求。

4.1.2 分层，用质量适当的金属锤轻轻敲击砖体，应发出清音。

4.1.3 背纹，平板形砖的背面应有深不小于 1 mm 的背纹。

表 2　砖的外观质量　　单位为毫米

缺陷类别	要　求	
	优　等　品	合　格　品
裂纹	工作面：不允许 非工作面：宽不大于 0.25，长[a]5～15 允许 2 条	工作面：宽不大于 0.25，长 5～15 允许 1 条 非工作面：宽不大于 0.5，长 5～20 允许 2 条
开裂	不允许	不允许
磕碰损伤	工作面：深入工作面 1～2；砖厚小于 20 时，深不大于 3；砖厚 20～30 时，深不大于 5；砖厚大于 30 时，深不大于 10 的磕碰 2 处；总长不大于 35 非工作面：深 2～4，长不大于 35，允许 3 处	工作面：深入工作面 1～4；砖厚小于 20 时，深不大于 5；砖厚 20～30 时，深不大于 8；砖厚大于 30 时，深不大于 10 的磕碰 2 处；总长不大于 40 非工作面：深 2～5，长不大于 40，允许 4 处
疵点	工作面：最大尺寸 1～2，允许 3 个 非工作面：最大尺寸 1～3，每个面允许 3 个	工作面：最大尺寸 2～4，允许 3 个 非工作面：最大尺寸 3～6，每个面允许 4 个
釉裂	不允许	不允许

表 2（续）

单位为毫米

缺陷类别	要求	
	优等品	合格品
缺釉	总面积不大于 100 mm²，每处不大于 30 mm²	总面积不大于 200 mm²，每处不大于 50 mm²
桔釉	不允许	不超过釉面面积的 1/4
干釉	不允许	不影响使用

注：标型砖应有一个大面（230 mm×113 mm）达到表 2 对于工作面的要求。如需方订货时指定工作面，则该面应符合表 2 的要求。

[a] 5 以下不考核。表中其他同样的表达方式，含义相同。

4.2 尺寸偏差及变形

4.2.1 砖的尺寸偏差及变形应符合表 3 要求。

表 3 尺寸偏差及变形

单位为毫米

项目		允许偏差	
		优等品	合格品
尺寸偏差	尺寸≤30	±1	±2
	30<尺寸≤150	±2	±3
	150<尺寸≤230	±3	±4
	尺寸>230	供需双方协商	
变形：翘曲大小头	尺寸≤150 150<尺寸≤230	≤2 ≤2.5	≤2.5 ≤3
	尺寸>230	供需双方协商	

4.3 物理化学性能

砖的物理化学性能应符合表 4 的要求。

表 4 砖的物理化学性能

项目	要求			
	Z-1	Z-2	Z-3	Z-4
吸水率/%	≤0.2	≤0.5	≤2.0	≤4.0
弯曲强度/MPa	≥58.8	≥39.2	≥29.4	≥19.6
耐酸度/%	≥99.8	≥99.8	≥99.8	≥99.7
耐急冷急热性/℃	温差 100 ℃	温差 100 ℃	温差 130 ℃	温差 150 ℃
	试验一次后，试样不得有裂纹、剥落等破损现象			

5 试验方法

5.1 外观质量检查

5.1.1 用肉眼和精度为 0.5 mm 的金属直尺和塞尺进行。裂纹用 10 倍的读数显微镜测量。

5.1.2 测量磕碰时，磕碰长度为 L、深入工作面值为 B、深度为 H。当磕碰处于砖角处时，磕碰长度为 $L=L_1+L_2$，如图 2 所示。

5.2 尺寸偏差和变形的测量

5.2.1 用精度为 0.5 mm 的金属直尺和塞尺测量。

5.2.2 砖的尺寸应在砖面中间部位测量。测量值与规定值之差为尺寸偏差。

5.2.3 变形，应在砖的工作面上测量。

5.2.3.1 大小头，以两个互相平行的边的长度之差为测量值。

5.2.3.2 翘曲，翘曲沿砖工作面的对角线上测量。工作面下凹时，将金属直尺侧立于对角线上，以砖面与金属直尺的最大间距作为测量结果；工作面上凸时，在对角线两头约 10 mm 处放置两块厚度已知的为 T 的量块，在量块上将金属直尺侧立，测量砖面与金属直尺的最小间距 S，以 T 和 S 之差作为测量结果，如图 1 所示。

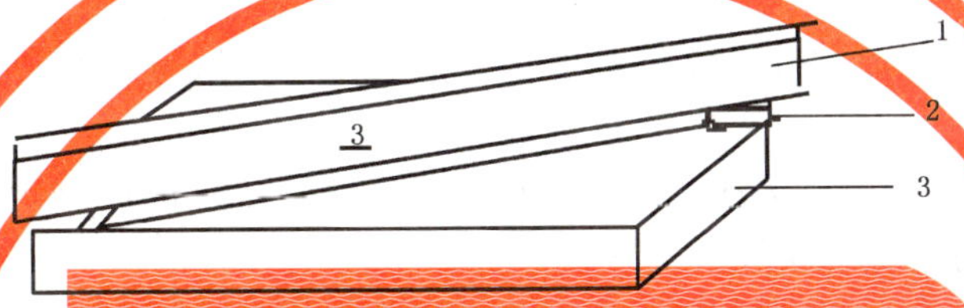

1——直尺；

2——平块；

3——砖。

图 1 翘曲测量示意图

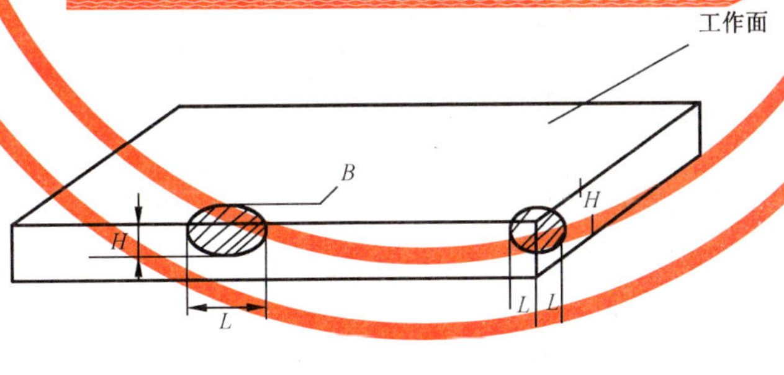

图 2 磕碰测量示意图

5.3 弯曲强度试验方法

5.3.1 试验机

所用试验机应具有足够压力，并能以一定的速度连续均匀地增加负荷，测力精度为±1%。

5.3.2 夹具

试样支座和压头应具有足够的刚性，在试验过程中不会发生塑性变形。支座和压头的曲率半径及试验跨距如图 3 所示。

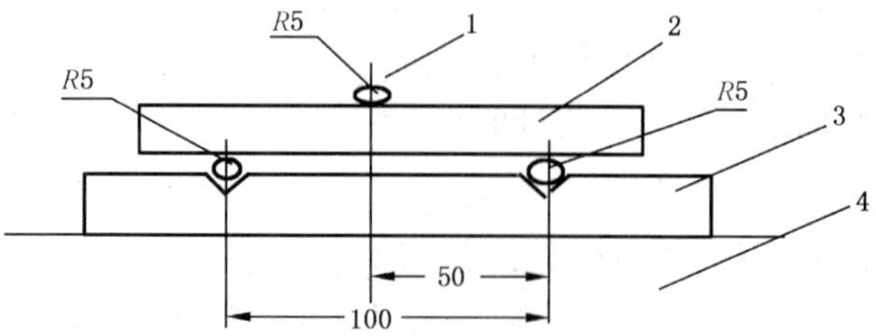

1——压头；

2——试样；

3——试样支座；

4——试验机底座。

图3　弯曲强度试验用支座示意图

5.3.3　试样

5.3.3.1　试样应从检验用砖上切取。试样尺寸为：宽(20±1)mm，厚(20±1)mm，长不小于110 mm。试样数量至少5个。

5.3.3.2　当受砖的限制不能切取上述试样时，可以切取宽(20±1)mm，厚为砖厚(不包括背纹)，长为砖长的长方体试样，并在报告中注明。

5.3.3.3　试样上下两面应平整，且互相平行，以保证试样与压头接触良好。若试样带釉面，应使釉面向上。

注：经供需双方协商，出厂检验中也可以用与产品相同工艺制作的试样。

5.3.4　试验步骤

5.3.4.1　切取的试样应在110 ℃±5 ℃的电热干燥箱中烘干，并在干燥器中冷却至室温。

5.3.4.2　将试样正中放在试样支座上，试样的长轴应与支座和上压头的轴线垂直，以0.5 mm/s的速率对试样均匀加荷，直至试样断裂，记录最大载荷。

5.3.4.3　用游标卡尺测量试样断口中部的宽度和厚度，精确至0.02 mm。

5.3.5　结果计算

5.3.5.1　弯曲强度按公式(1)计算：

$$R_f = \frac{3PL}{2bh^2} \quad \cdots\cdots(1)$$

式中：

R_f——弯曲强度，单位为兆帕(MPa)；

P——试样断裂时的最大载荷，单位为牛顿(N)；

b——试样断口宽度，单位为毫米(mm)；

h——试样断口厚度，单位为毫米(mm)；

L——试样支座间跨距，单位为毫米(mm)。

5.3.5.2　结果计算精确至小数点后1位。按附录A进行数据处理，至少以5个有效数据计算平均值和标准偏差，作为试验结果。

5.4　吸水率试验

5.4.1　从检验用砖上任取体积为10 cm^3～20 cm^3的无釉试块为试样，试样数量为3个。

5.4.2　试验步骤

5.4.2.1　将试样表面附着的灰尘和细碎颗粒洗净后，放入电热干燥箱中于110 ℃±5 ℃烘干至恒重，再放入干燥器中冷却至室温。

注：烘干间隔1 h的两次称重之差小于前一次的0.1%时，视为恒重。

5.4.2.2　准确称量每块试样的质量，精确至1 mg。

5.4.2.3 将试样轻放于适当的器皿中，加入蒸馏水至试样完全被淹没，然后加热至水沸腾并保持 3 h。煮沸时器皿底部和试样之间应垫以干净的纱布，以防碰撞；煮沸过程中应保持水面始终高出试样。

5.4.2.4 待水冷却至室温，取出试样，用拧干的多层湿纱布轻轻擦去表面过剩水分，迅速称量，精确至 1 mg。

5.4.3 **结果计算**

5.4.3.1 吸水率按式(2)计算，精确至小数点后 1 位。

$$A = \frac{m_2 - m_1}{m_1} \times 100 \qquad \cdots\cdots(2)$$

式中：

A——吸水率，%；

m_1——试样干燥质量，单位为克(g)；

m_2——试样饱和水的质量 ，单位为克(g)。

5.4.3.2 以三个试样的单值和算术平均值作为试验结果。

5.5 **耐酸度试验**

5.5.1 取弯曲强度试验后的碎块或从检验用砖上取约 200 g 碎块(带釉的除去釉面)，然后将其粉碎并筛取粒度为 0.25 mm～ 0.5 mm 的颗粒约 20 g 作为试样(粉碎时如接触铁器，则应除铁)。用蒸馏水清洗试样表面附着的粉尘后，再用无水乙醇洗净，然后放入 110 ℃±5 ℃的电热干燥箱中烘干至恒重，再放入干燥器中冷却备用。

5.5.2 **试验步骤**

5.5.2.1 从干燥器中取约 10 g 干燥试样，称量精确至 0.1 mg。

5.5.2.2 将称好的试样放入规格为 300 mL 预先恒重的锥形瓶中，然后加入重量百分比均为 10%的硫酸、盐酸和硝酸的等体积混合溶液 100 mL，轻轻摇匀后接好回流冷凝器，在 90 ℃±1 ℃水浴锅中加热 5 h，其间至 2.5 h 时将锥形瓶摇晃一次。

5.5.2.3 取出锥形瓶，加入适量蒸馏水，静置冷却 15 min，倾出瓶中上层酸溶液。然后用蒸馏水以倾析法反复洗涤至完全没有酸性反应为止，再用无水乙醇洗净。然后放入 110 ℃±5 ℃电热干燥箱中烘干至恒重。称量腐蚀后的试样质量，精确至 0.1 mg。

5.5.3 **结果计算**

5.5.3.1 耐酸度按公式(3)计算，精确至小数点后 2 位。

$$R_A = \frac{m_2}{m_1} \times 100 \qquad \cdots\cdots(3)$$

式中：

R_A——耐酸度，%；

m_1——腐蚀前的试样质量，单位为克(g)；

m_2——腐蚀后的试样质量，单位为克(g)。

同一试样应作平行试验，两个结果相差不超过 0.04% 时，以平均值作为试验结果，否则应重新试验。

5.6 **耐急冷急热性试验**

5.6.1 取 3 块外观质量检验合格的整砖作为试样。对尺寸较大的产品，可以从产品上切取尺寸与标型砖接近的试块作为试样。试样应在 110 ℃±5 ℃电热干燥箱中烘干，自然冷却至室温。

5.6.2 电热干燥箱，控温精度为±2 ℃，放入试样后，能在 10 min 内达到试验温度。

5.6.3 将电热干燥箱预加热到规定试验温度，保温 15 min。把试样快速放入的干燥箱中(试样之间应有一定间隔，不能叠压)，并于 10 min 内恢复到实验温度，保温 30 min。

5.6.4 取出试样，并迅速放入 20 ℃±5 ℃的流动水槽中急冷。15 min 后从水中取出试样，用红或蓝墨水涂覆试样，用肉眼观察试样是否有裂纹、剥落等破损现象，并做好记录。

6 检验规则

6.1 检验分类

6.1.1 型式检验

检验项目包括本标准技术要求规定的所有项目。工艺技术改变时应进行型式检验，不改变工艺技术的情况下，应每半年一次。

6.1.2 出厂检验

检验项目包括：外观质量、尺寸偏差。

6.2 组批和抽样

6.2.1 组批

以相同工艺条件生产的同一规格、同一牌号的 5 000 至 30 000 块砖为一批。不足 5 000 块时由供需双方协商。

6.2.2 抽样

用随机抽样方法抽取表 5 中各检验项目所需的样本。非破坏性试验的试样，检验后可用作其他项目的检验。

表 5 砖的抽样与判定规则

检验项目	样本大小		第一次		第一次＋第二次	
	第一次 n_1	第二次 n_2	合格判定数 A_1	不合格判定数 R_1	合格判定数 A_2	不合格判定数 R_2
外观质量	20	20	1	3	3	4
尺寸偏差	20	20	1	3	3	4
变形	10	10	0	2	1	2
耐急冷急热性	3	3	0	2	1	2
吸水率	3	3	平均值应附合表 4 的要求			
弯曲强度	5	5	平均值应附合表 4 的要求			
耐酸度	2	2	平均值应附合表 4 的要求			

6.3 判定规则

6.3.1 产品检验时的样本大小及合格判定数应按表 5 规定进行判定。

6.3.2 各检验项目全部合格时，判该批产品合格。否则，判该批产品不合格。

6.3.3 第一次检验若有不合格项或不合格品数未达到不合格判定数时，应按表 5 规定进行复验，复验合格，判该项目合格，否则，判该项目不合格。如物理化学性能有 3 项以上不符合表 5 的要求时，判该批产品不合格，不予复检。

6.3.4 凡因外观质量和尺寸偏差拒收的产品，允许供方逐块检验，检选补齐后再交付验收。

7 标志、包装、运输和贮存

7.1 标志

7.1.1 在产品的包装上用适当方式标明产品名称、商标或生产厂名、等级和牌号。平板形砖非工作面上必须印有商标。

7.1.2 发货时，应出具产品合格证，其中应载明下列内容：

a） 合格证编号；

b） 生产企业名称、地址；

c） 产品名称、规格、等级和牌号；

d） 产品数量和生产日期；

e） 依据标准编号；

f） 检验部门及检验人员签章。

7.2 包装

产品包装按供需双方协议。使用草绳捆扎包装时应防止砖角、棱碰撞受损。包装上应有易碎品标志。

7.3 运输时应有防雨设施，产品应稳固挤紧以防震动碰撞。装卸时应小心轻放，严禁抛掷。

7.4 贮存

产品应按不同规格、等级和牌号分别堆放。产品应贮存在室内。室外贮存时，应有防雨设施。

附　录　A
（资料性附录）
异常数据取舍方法

A.1　把试验或测定所得的子样数据按其数值从大到小排成：

$$X_1, X_2, \cdots, X_{n-1}, X_n$$

A.2　选定危险率 $\alpha=0.05$，根据 n 及 α 从 $T(n,\alpha)$ 表中查得 T 值。

A.3　计算 T 值

当最小值 X_1 是可疑时，

$$则\ T=\frac{X-X_1}{S}$$

当最大值 X_n 是可疑时，

$$则\ T=\frac{X_n-X}{S}$$

X 为子样平均值，$X=\frac{1}{n}\sum_{i=1}^{n}X_i$

S 为子样方差，$S^2=\frac{1}{n-1}\sum_{i=1}^{n}(X_i-X)^2$

式中：

X——测定值；

n——子样大小。

A.4　比较 T 与 $T(n,\alpha)$ 值进行判断。

当 $T \geqslant T(n,\alpha)$，则所怀疑的数据是异常的，应予弃去。

当 $T < T(n,\alpha)$，则不能将危险率 α 弃去。

这样判断错误的概率为 $\alpha=0.05$。相应于及 $\alpha=0.05\%$ 的 $T(n,\alpha)$ 值列于下表中。

n	5	6	7	8	9	10	11	12	13	14	15	50
$T(n,\alpha)$	1.67	1.82	1.94	2.03	2.11	2.18	2.23	2.29	2.33	2.37	2.41	2.96

前　　言

本标准是在GB 11945—1989《蒸压灰砂砖》国家标准的基础上，总结近十年来生产、使用实践的经验修订的。修订时，非等效采用DIN106：1980《灰砂砖》德国工业标准和参考ГОСТ 379：1995《硅酸盐砖和砌块技术条件》俄罗斯联邦国家标准，结合我国国情，对部分内容和条款进行了修订。

本标准对产品外观质量提出更高的要求，规定了缺棱掉角个数和裂纹条数，以及缺棱掉角的最大破坏尺寸。本标准增列了原材料的质量要求，并将彩色灰砂砖以及相应的性能、色差试验方法列入了标准。本标准规定尺寸偏差和外观质量采用二次抽样方案。

本标准作为强制性国家标准执行。

本标准自实施之日起，代替GB 11945—1989。

本标准由国家建筑材料工业局提出。

本标准负责起草单位：中国新型建筑材料公司常州建筑材料研究设计所。

本标准参加起草单位：重庆市忠县神安化建总厂。

本标准主要起草人：姜炳年、康建华、鲍俊海、龚君范、杨世叶。

本标准于1989年首次发布，1999年第一次修订。

本标准委托中国新型建筑材料公司常州建筑材料研究设计所解释。

中华人民共和国国家标准

GB 11945—1999

代替 GB 11945—1989

蒸压灰砂砖

Autoclaved lime-sand brick

1 范围

本标准规定了蒸压灰砂砖(以下简称灰砂砖)的产品分类、技术要求、试验方法、检验规则、产品合格证、堆放和运输。

本标准适用于以石灰和砂为主要原料,允许掺入颜料和外加剂,经坯料制备、压制成型、蒸压养护而成的实心灰砂砖。

2 引用标准

下列标准所包含的条文,通过在本标准中引用而构成为本标准的条文。本标准出版时,所示版本均为有效。所有标准都会被修订,使用本标准的各方应探讨使用下列标准最新版本的可能性。

GB/T 2542—1992 砌墙砖试验方法

JC/T 621—1996 硅酸盐建筑制品用生石灰

JC/T 622—1996 硅酸盐建筑制品用砂

3 分类

3.1 根据灰砂砖的颜色分为:彩色的(Co)、本色的(N)。

3.2 规格

3.2.1 砖的外形为直角六面体。

3.2.2 砖的公称尺寸

长度 240 mm,宽度 115 mm,高度 53 mm。生产其他规格尺寸产品,由用户与生产厂协商确定。

3.3 等级

3.3.1 强度级别

根据抗压强度和抗折强度分为 MU25,MU20,MU15,MU10 四级。

3.3.2 质量等级

根据尺寸偏差和外观质量、强度及抗冻性分为:

a) 优等品(A);

b) 一等品(B);

c) 合格品(C)。

3.4 产品标记

灰砂砖产品标记采用产品名称(LSB)、颜色、强度级别、产品等级、标准编号的顺序进行,示例如下:

强度级别为 MU20,优等品的彩色灰砂砖:

LSB Co 20A GB 11945

3.5 用途

国家质量技术监督局 1999-07-30 批准　　2000-02-01 实施

3.5.1 MU15、MU20、MU25 的砖可用于基础及其他建筑;MU10 的砖仅可用于防潮层以上的建筑。

3.5.2 灰砂砖不得用于长期受热 200℃以上、受急冷急热和有酸性介质侵蚀的建筑部位。

4 原材料

4.1 石灰应符合 JC/T 621 中的有关规定。

4.2 砂应符合 JC/T 622 中的有关规定。

4.3 颜料、外加剂应符合相关标准的规定,并不对产品性能产生有害影响。

5 技术要求

5.1 尺寸偏差和外观

尺寸偏差和外观应符合表 1 的规定。

5.2 颜色

颜色应基本一致,无明显色差,但对本色灰砂砖不作规定。

5.3 抗压强度和抗折强度

抗压强度和抗折强度应符合表 2 的规定。

5.4 抗冻性

抗冻性应符合表 3 的规定。

表 1 尺寸偏差和外观

项目			指标		
			优等品	一等品	合格品
尺寸允许偏差,mm	长度	L	±2	±2	±3
	宽度	B	±2		
	高度	H	±1		
缺棱掉角	个数,不多于(个)		1	1	2
	最大尺寸不得大于,mm		10	15	20
	最小尺寸不得大于,mm		5	10	10
对应高度差不得大于,mm			1	2	3
裂纹	条数,不多于(条)		1	1	2
	大面上宽度方向及其延伸到条面的长度不得大于,mm		20	50	70
	大面上长度方向及其延伸到顶面上的长度或条、顶面水平裂纹的长度不得大于,mm		30	70	100

表 2 力学性能 MPa

强度级别	抗压强度		抗折强度	
	平均值不小于	单块值不小于	平均值不小于	单块值不小于
MU25	25.0	20.0	5.0	4.0
MU20	20.0	16.0	4.0	3.2
MU15	15.0	12.0	3.3	2.6
MU10	10.0	8.0	2.5	2.0
注:优等品的强度级别不得小于 MU15				

表 3　抗冻性指标

强　度　级　别	冻后抗压强度，MPa 平均值不小于	单块砖的干质量损失，% 不大于
MU25	20.0	2.0
MU20	16.0	2.0
MU15	12.0	2.0
MU10	8.0	2.0
注：优等品的强度级别不得小于 MU15		

6　试验方法

6.1　技术要求中各项指标按 GB/T 2542 中有关试验方法的规定进行。

6.2　颜色：从批量中随机抽 36 块灰砂砖，平放在地上，在自然光照下，距离样品 1.5 m 处目测，有无明显色差。

7　检验规则

7.1　检验分类

7.1.1　产品检验分出厂检验和型式检验。

7.1.2　每批出厂产品必须进行出厂检验。

7.1.3　当产品有下列情况之一时应进行型式检验：

a）新厂生产试制定型检验；

b）正式生产后，原材料、工艺等发生较大改变，可能影响产品性能时；

c）正常生产时，每半年应进行一次；

d）出厂检验结果与上次型式检验结果有较大差异时；

e）国家质量监督机构提出进行型式检验时。

7.2　检验项目

7.2.1　出厂检验项目包括尺寸偏差和外观质量、颜色、抗压强度和抗折强度。

7.2.2　型式检验项目包括技术要求中全部项目。

7.3　批量

同类型的灰砂砖每 10 万块为一批，不足 10 万块亦为一批。

7.4　抽样

7.4.1　尺寸偏差和外观质量检验的样品用随机抽样法从堆场中抽取。其他检验项目的样品用随机抽样法从尺寸偏差和外观质量检验合格的样品中抽取。

7.4.2　抽样数量按表 4 进行。

表 4　抽样数量

项　　目	抽样数量，块
尺寸偏差和外观质量	50($n_1=n_2=50$)
颜色	36
抗折强度	5
抗压强度	5
抗冻性	5

7.5 判定规则

7.5.1 尺寸偏差和外观质量

尺寸偏差和外观质量采用二次抽样方案，根据表1规定的质量指标，检查出其中不合格品块数 d_1，按下列规则判定：

$d_1 \leqslant 5$ 时，尺寸偏差和外观质量合格；

$d_1 \geqslant 9$ 时，尺寸偏差和外观质量不合格；

$d_1 > 5$，且 $d_1 < 9$ 时，需再次从该产品批中抽样50块检验，检查出不合格品数 d_2，按下列规则判定：

$(d_1 + d_2) \leqslant 12$ 时，尺寸偏差和外观质量合格；

$(d_1 + d_2) \geqslant 13$ 时，尺寸偏差和外观质量不合格。

7.5.2 颜色抽检样品应无明显色差判为合格。

7.5.3 抗压强度和抗折强度级别由试验结果的平均值和最小值按表2判定。

7.5.4 抗冻性如符合表3相应强度级别时判为符合该级别，否则判不合格。

7.5.5 总判定

7.5.5.1 每一批出厂产品的质量等级按出厂检验项目的检验结果和抗冻性检验结果综合判定。

7.5.5.2 每一型式检验的质量等级按全部检验项目的检验结果综合判定。

7.5.5.3 抗冻性和颜色合格，按尺寸偏差、外观质量和强度级别中最低的质量等级判定，其中有一项不合格判该批产品不合格。

8 产品合格证、堆放和运输

8.1 出厂产品应有产品合格证，产品合格证包括：

a) 生产厂名；

b) 商标；

c) 产品标记；

d) 本批产品测定结果和生产日期。

8.2 灰砂砖应存放三天以后出厂，产品贮存、堆放应做到场地平整、分级分等、整齐稳妥。

8.3 产品运输、装卸时，严禁摔、掷、翻斗卸货。

前　　言

本标准的第5章为强制性的，其余为推荐的。

本标准符合GB J68—1984《建筑结构设计统一标准》规定的条件，在GB 13544—1992《烧结多孔砖》标准的基础上，结合国情对规格尺寸、尺寸偏差、强度等级评定方法等指标进行了修订，并根据我国当前建筑节能和墙体材料革新的要求，增列了抗风化性能、孔型孔洞率及孔洞排列、装饰砖的技术要求，使标准技术指标、试验方法更趋合理、完善。

本标准自实施之日起，代替GB 13544—1992。

本标准的附录A、附录B都是标准的附录。

本标准由国家建筑材料工业局提出。

本标准由国家建筑材料工业局西安墙体材料研究设计院归口。

本标准起草单位：国家建筑材料工业局西安墙体材料研究设计院。

本标准参加起草单位：江苏省南京建通墙体材料总公司、黑龙江省双鸭山市空心砖厂、浙江省建筑材料科学研究所、福建省新型建筑材料改革办公室、南京市建筑材料研究所、湖南省郴州市建材科学研究所、西安市墙体屋面材料产品质量监督检验站、浙江省湖州坚量砖瓦有限公司、浙江省德清县高桥第二砖瓦厂、浙江省桐乡市河山砖瓦一厂、浙江省宁波鄞县塘溪多孔砖厂、浙江省江山市江山平瓦有限责任公司、浙江省平湖市海基实业有限公司、浙江省海盐县城西砖瓦厂。

本标准主要起草人：王保财、郑亚城、蔡小兵、周皖宁、姜忠霄、肖花婷、周　炫。

本标准于1992年首次发布，本次为第一次修订。

中华人民共和国国家标准

GB 13544—2000

代替 GB 13544—1992

烧结多孔砖

Fired perforated bricks

1 范围

本标准规定了烧结多孔砖的产品分类、技术要求、试验方法、检验规则、产品合格证、堆放和运输等。

本标准适用于以粘土、页岩、煤矸石、粉煤灰为主要原料,经焙烧而成主要用于承重部位的多孔砖(以下简称砖)。

2 引用标准

下列标准所包含的条文,通过在本标准中引用而构成为本标准的条文。本标准出版时,所示版本均为有效。所有标准都会被修订,使用本标准的各方应探讨使用下列标准最新版本的可能性。

GB/T 2542—1992 砌墙砖试验方法

JC/T 466—1992(1996) 砌墙砖检验规则

JC/T 790—1985(1996) 砖和砌块名词术语

3 定义

本标准采用下列定义:

3.1 本标准采用 JC/T 790 和 JC/T 466 的定义。

3.2 烧结装饰多孔砖:经焙烧而成用于清水墙或带有装饰面的多孔砖(以下简称装饰砖)。

4 分类

4.1 分类

按主要原料砖分为粘土砖(N)、页岩砖(Y)、煤矸石砖(M)和粉煤灰砖(F)。

4.2 规格

砖的外型为直角六面体,其长度、宽度、高度尺寸应符合下列要求:

290,240,190,180;

175,140,115,90。

其他规格尺寸由供需双方协商确定。装饰砖规格见附录 A(标准的附录)。

4.3 孔洞尺寸

砖的孔洞尺寸应符合表 1 的规定。

表 1 孔洞尺寸

mm

圆孔直径	非圆孔内切圆直径	手抓孔
≤22	≤15	(30～40)×(75～85)

4.4 质量等级

4.4.1 根据抗压强度分为 MU30、MU25、MU20、MU15、MU10 五个强度等级。

国家质量技术监督局 2000-10-27 批准　　2001-05-01 实施

4.4.2 强度和抗风化性能合格的砖，根据尺寸偏差、外观质量、孔型及孔洞排列、泛霜、石灰爆裂分为优等品(A)、一等品(B)和合格品(C)三个质量等级。

4.5 产品标记

砖的产品标记按产品名称、品种、规格、强度等级、质量等级和标准编号顺序编写。

标记示例：规格尺寸 290 mm×140 mm×90 mm、强度等级 MU25、优等品的粘土砖，其标记为：烧结多孔砖 N 290×140×90 25A GB 13544

5 技术要求

5.1 尺寸允许偏差

尺寸允许偏差应符合表 2 的规定。

表 2 尺寸允许偏差

mm

尺寸	优等品		一等品		合格品	
	样本平均偏差	样本极差 ≤	样本平均偏差	样本极差 ≤	样本平均偏差	样本极差 ≤
290、240	±2.0	6	±2.5	7	±3.0	8
190、180、175、140、115	±1.5	5	±2.0	6	±2.5	7
90	±1.5	4	±1.7	5	±2.0	6

5.2 外观质量

砖的外观质量应符合表 3 的规定。

表 3 外观质量

mm

项目	优等品	一等品	合格品
1. 颜色(一条面和一顶面)	一致	基本一致	—
2. 完整面 不得少于	一条面和一顶面	一条面和一顶面	—
3. 缺棱掉角的三个破坏尺寸不得同时大于	15	20	30
4. 裂纹长度 不大于			
a. 大面上深入孔壁 15 mm 以上宽度方向及其延伸到条面的长度	60	80	100
b. 大面上深入孔壁 15 mm 以上长度方向及其延伸到顶面的长度	60	100	120
c. 条顶面上的水平裂纹	80	100	120
5. 杂质在砖面上造成的凸出高度 不大于	3	4	5

注

1 为装饰而施加的色差、凹凸纹、拉毛、压花等不算缺陷。

2 凡有下列缺陷之一者，不能称为完整面：

a) 缺损在条面或顶面上造成的破坏面尺寸同时大于 20 mm×30 mm。

b) 条面或顶面上裂纹宽度大于 1 mm，其长度超过 70 mm。

c) 压陷、焦花、粘底在条面或顶面上的凹陷或凸出超过 2 mm，区域尺寸同时大于 20 mm×30 mm

5.3 强度等级

强度等级应符合表 4 的规定。

表 4 强度等级

MPa

强度等级	抗压强度平均值 $f \geqslant$	变异系数 $\delta \leqslant 0.21$	变异系数 $\delta > 0.21$
		强度标准值 $f_K \geqslant$	单块最小抗压强度值 $f_{min} \geqslant$
MU30	30.0	22.0	25.0
MU25	25.0	18.0	22.0
MU20	20.0	14.0	16.0
MU15	15.0	10.0	12.0
MU10	10.0	6.5	7.5

5.4 孔型孔洞率及孔洞排列

孔型孔洞率及孔洞排列应符合表 5 的规定。

表 5 孔型孔洞率及孔洞排列

产品等级	孔　　型	孔洞率，% ≥	孔洞排列
优等品	矩形条孔或矩形孔	25	交错排列，有序
一等品			
合格品	矩形孔或其他孔形		—

注

1 所有孔宽 b 应相等，孔长 $L \leqslant 50$ mm。

2 孔洞排列上下、左右应对称，分布均匀，手抓孔的长度方向尺寸必须平行于砖的条面。

3 矩型孔的孔长 L、孔宽 b 满足式 $L \geqslant 3b$ 时，为矩型条孔

5.5 泛霜

每块砖样应符合下列规定：

优等品：无泛霜；

一等品：不允许出现中等泛霜；

合格品：不允许出现严重泛霜。

5.6 石灰爆裂

优等品：不允许出现最大破坏尺寸大于 2 mm 的爆裂区域。

一等品：

a）最大破坏尺寸大于 2 mm 且小于等于 10 mm 的爆裂区域，每组砖样不得多于 15 处。

b）不允许出现最大破坏尺寸大于 10 mm 的爆裂区域。

合格品：

a）最大破坏尺寸大于 2 mm 且小于等于 15 mm 的爆裂区域，每组砖样不得多于 15 处。其中大于 10 mm 的不得多于 7 处。

b）不允许出现最大破坏尺寸大于 15 mm 的爆裂区域。

5.7 抗风化性能

5.7.1 风化区的划分见附录 B(标准的附录)。

5.7.2 严重风化区中的 1、2、3、4、5 地区的砖必须进行冻融试验，其他地区砖的抗风化性能符合表 6 规定时可不做冻融试验，否则必须进行冻融试验。

表 6 抗风化性能

项目 / 砖种类	严重风化区				非严重风化区			
	5 h 沸煮吸水率，%≤		饱和系数≤		5 h 沸煮吸水率，%≤		饱和系数≤	
	平均值	单块最大值	平均值	单块最大值	平均值	单块最大值	平均值	单块最大值
粘土砖	21	23	0.85	0.87	23	25	0.88	0.90
粉煤灰砖	23	25			30	32		
页岩砖	16	18	0.74	0.77	18	20	0.78	0.80
煤矸石砖	19	21			21	23		
注：粉煤灰掺入量(体积比)小于 30%时按粘土砖规定判定								

5.7.3 冻融试验后，每块砖样不允许出现裂纹、分层、掉皮、缺棱掉角等冻坏现象。

5.8 产品中不允许有欠火砖、酥砖和螺旋纹砖。

5.9 装饰砖技术要求应符合附录 A 的规定。

6 试验方法

6.1 尺寸偏差

检验样品数为 20 块，其方法按 GB/T 2542 进行。其中每一尺寸测量不足 0.5 mm 按 0.5mm 计，每一方向尺寸以两个测量值的算术平均值表示。

样本平均偏差是 20 块试样同一方向 40 个测量尺寸的算术平均值减去其公称尺寸的差值，样本极差是抽检的 20 块试样中同一方向 40 个测量尺寸中最大测量值与最小测量值之差值。

6.2 外观质量

检验按 GB/T 2542 进行。颜色的检验：抽试样 20 块，条面朝上随机分两排并列，在自然光下距离试样 2 m 处目测。

6.3 强度等级

6.3.1 强度等级试验按 GB/T 2542—1992 中第 4 章规定进行。其中试样数量为 10 块。试验后按式(1)、式(2)分别计算出强度变异系数 δ、标准差 S。

$$\delta = \frac{S}{\overline{f}} \qquad \cdots\cdots(1)$$

$$S = \sqrt{\frac{1}{9}\sum_{i=1}^{10}(f_i - \overline{f})^2} \qquad \cdots\cdots(2)$$

式中：δ——强度变异系数，精确至 0.01；

S——10 块试样的抗压强度标准差，精确至 0.01 MPa；

$\overline{f}$——10 块试样的抗压强度平均值，精确至 0.01 MPa；

f_i——单块试样抗压强度测定值，精确至 0.01 MPa。

6.3.2 结果计算与评定

6.3.2.1 平均值-标准值方法评定

变异系数 $\delta \leqslant 0.21$ 时，按表 4 中抗压强度平均值 $\overline{f}$、强度标准值 f_K 指标评定砖的强度等级，精确至 0.01 MPa。

样本量 $n=10$ 时的强度标准值按式(3)计算。

$$f_K = \overline{f} - 1.8S \qquad \cdots\cdots(3)$$

式中：f_K——强度标准值，精确至 0.1 MPa。

6.3.2.2 平均值-最小值方法评定

变异系数 $\delta>0.21$，按表 4 中抗压强度平均值 $\overline{f}$、单块最小抗压强度值 f_{min} 评定砖的强度等级，精确至 0.1 MPa。

6.4 孔型孔洞率及孔洞排列

孔型孔洞率及孔洞排列取 5 块试样，试验方法按 GB/T 2542 进行。

6.5 泛霜、石灰爆裂、吸水率和饱和系数

泛霜、石灰爆裂、吸水率和饱和系数试验按 GB/T 2542 进行。

6.6 冻融试验

试样数量为 5 块，其方法按 GB/T 2542 进行。

7 检验规则

7.1 检验分类

产品检验分出厂检验和型式检验。

7.1.1 出厂检验

产品出厂必须进行出厂检验。出厂检验项目包括尺寸偏差、外观质量和强度等级。产品经出厂检验合格后方可出厂。

7.1.2 型式检验

型式检验项目包括本标准技术要求的全部项目。有下列之一情况者，应进行型式检验。

a) 新厂生产试制定型检验；

b) 正式生产后，原材料、工艺等发生较大的改变，可能影响产品性能时；

c) 正常生产时，每半年进行一次；

d) 出厂检验结果与上次型式检验结果有较大差异时；

e) 国家质量监督机构提出进行型式检验时。

7.2 批量

检验批的构成原则和批量大小按 JC/T 466 规定。3.5 万～15 万块为一批，不足 3.5 万块按一批计。

7.3 抽样

7.3.1 外观质量检验的试样采用随机抽样法，在每一检验批的产品堆垛中抽取。

7.3.2 其他检验项目的样品用随机抽样法从外观质量检验后的样品中抽取。

7.3.3 抽样数量按表 7 进行。

表 7 抽样数量

序 号	检验项目	抽样数量(块)
1	外观质量	50 ($n_1=n_2=50$)
2	尺寸偏差	20
3	强度等级	10
4	孔型孔洞率及孔洞排列	5
5	泛霜	5
6	石灰爆裂	5
7	吸水率和饱和系数	5
8	冻融	5

7.4 判定规则

7.4.1 尺寸偏差

尺寸偏差应符合表 2 相应等级规定。

7.4.2 外观质量

外观质量采用 JC/T 466 二次抽样方案，根据表 3 规定的外观质量指标，检查出其中不合格品数

d_1，按下列规则判定：

$d_1 \leqslant 7$ 时，外观质量合格；

$d_1 \geqslant 11$ 时，外观质量不合格；

$d_1 > 7$，且 $d_1 < 11$ 时，需再次从该产品批中抽样 50 块检验，检查出不合格品数 d_2，按下列规则判定：

$(d_1 + d_2) \leqslant 18$ 时，外观质量合格；

$(d_1 + d_2) \geqslant 19$ 时，外观质量不合格。

7.4.3　强度等级

强度等级的试验结果应符合表 4 的规定。

7.4.4　孔型孔洞率及孔洞排列

孔型孔洞率及孔洞排列应符合表 5 相应等级的规定。

7.4.5　泛霜和石灰爆裂

泛霜和石灰爆裂试验结果应分别符合 5.5 和 5.6 相应等级的规定。

7.4.6　抗风化性能

抗风化性能应符合 5.7 规定。

7.4.7　总判定

7.4.7.1　出厂检验质量等级的判定

按出厂检验项目和在时效范围内最近一次型式检验中的孔型孔洞率及孔洞排列、石灰爆裂、泛霜、抗风化性能等项目中最低质量等级进行判定。其中有一项不合格，则判为不合格。

7.4.7.2　型式检验质量等级的判定

强度和抗风化性能合格，按尺寸偏差、外观质量、孔型孔洞率及孔洞排列、泛霜、石灰爆裂检验中最低质量等级判定。其中有一项不合格则判该批产品质量不合格。

7.4.7.3　外观检验中有欠火砖、酥砖或螺旋纹砖则判该批产品不合格。

8　标志、包装、运输和贮存

8.1　标志

产品出厂时，必须提供产品质量合格证。产品质量合格证主要内容包括：生产厂名、产品标记、批量及编号、证书编号、本批产品实测技术性能和生产日期等，并由检验员和单位签章。

8.2　包装

根据用户需求按品种、强度、质量等级、颜色分别包装，包装应牢固，保证运输时不会摇晃碰坏。

8.3　运输

产品装卸时要轻拿轻放，避免碰撞摔打。

8.4　贮存

产品应按品种、强度等级、质量等级分别整齐堆放，不得混杂。

附　录　A
（标准的附录）
装饰砖规格及技术要求

A1　规格

装饰砖规格尺寸除本标准中 4.2 的尺寸外，亦可根据需要由供需双方协商选用其他规格尺寸。

A2　技术要求

长度、宽度、高度尺寸均采用标准中 4.2 规定尺寸的装饰砖，其技术指标按本标准中第 5 章的规定，其他规格的装饰砖的尺寸偏差、强度等级由供需双方协商确定。但孔型孔洞率及孔洞排列、泛霜、石灰爆裂、抗风化性能必须符合本标准 5.4、5.5、5.6、5.7、5.8 的规定。外观质量亦可参照表 3 执行。

A3　为增强装饰效果，装饰砖可制成本色、一色或多色，装饰面也可具有砂面、光面、压花等起墙面装饰作用的图案。

附　录　B
（标准的附录）
风化区的划分

B1　风化区用风化指数进行划分。

B2　风化指数是指日气温从正温降至负温或负温升至正温的每年平均天数与每年从霜冻之日起至消失霜冻之日止这一期间降雨总量（以 mm 计）的平均值的乘积。

B3　风化指数大于等于 12 700 为严重风化区，风化指数小于 12 700 为非严重风化区。全国风化区划分见表 B1。

B4　各地如有可靠数据，也可按计算的风化指数划分本地区的风化区。

表 B1　风化区划分

严重风化区		非严重风化区	
1. 黑龙江省	11. 河北省	1. 山东省	11. 福建省
2. 吉林省	12. 北京市	2. 河南省	12. 台湾省
3. 辽宁省	13. 天津市	3. 安徽省	13. 广东省
4. 内蒙古自治区		4. 江苏省	14. 广西壮族自治区
5. 新疆维吾尔自治区		5. 湖北省	15. 海南省
6. 宁夏回族自治区		6. 江西省	16. 云南省
7. 甘肃省		7. 浙江省	17. 西藏自治区
8. 青海省		8. 四川省	18. 上海市
9. 陕西省		9. 贵州省	19. 重庆市
10. 山西省		10. 湖南省	

ICS 91.100.15
Q 15

中华人民共和国国家标准

GB 13545—2003
代替 GB 13545—1992

烧结空心砖和空心砌块

Fired hollow bricks and blocks

2003-02-11 发布　　　　2003-10-01 实施

中华人民共和国
国家质量监督检验检疫总局　发布

前　言

本标准第5章为强制性条款，其余为推荐性条款。

本标准代替GB 13545—1992《烧结空心砖和空心砌块》。

本标准与GB 13545—1992相比主要变化如下：

——尺寸偏差由允许偏差界限值判定修订为用样本的平均偏差和样本极差判定；

——强度等级由5.0级、3.0级、2.0级修订为MU10.0、MU7.5、MU5.0、MU3.5、MU2.5，由大面和条面抗压强度平均值与最小值的判定修订为采用变异系数、平均值与标准值、平均值与最小值的判定方法；

——密度等级增加1 000级；

——增加了孔洞排列要求；

——用抗风化性能代替抗冻性能；

——增加了放射性物质检测。

本标准的附录A为规范性附录。

本标准由国家建筑材料工业局(原)提出。

本标准由西安墙体材料研究设计院归口。

本标准负责起草单位：西安墙体材料研究设计院。

本标准参加起草单位：南京市建筑材料研究所、浙江省建筑材料科学研究所、广州市建材工业研究所、贵州省建筑材料科学研究设计院、辽宁省建筑材料科学研究所、黑龙江省双鸭山市空心砖厂、江苏省南京鑫翔公司、四川东日实业有限公司页岩空心砖厂、广州市花都区象山和兴砖厂、青海西发水电设备制造安装有限责任公司、浙江省湖州市万马新型建材有限公司、浙江省湖州盛兴建材有限公司、浙江省海宁市华多新型墙体材料有限责任公司、浙江省德清县天安建材有限公司、浙江省湖州永神建材有限公司、浙江省衢州莲花建材有限公司。

本标准主要起草人：程相伟、周皖宁、蔡小兵、张发鸿、夏莉娜、蒋德勇、倪有军、赵臣、王军、于少华、周炫。

本标准所代替标准的历次版本发布情况为：

——GB 13545—1992。

烧结空心砖和空心砌块

1 范围

本标准规定了烧结空心砖和空心砌块的产品分类、技术要求、试验方法、检验规则、标志、包装、运输和贮存。

本标准适用于以粘土、页岩、煤矸石、粉煤灰为主要原料，经焙烧而成主要用于建筑物非承重部位的空心砖和空心砌块(以下简称砖和砌块)。

2 规范性引用文件

下列文件中的条款通过本标准的引用而成为本标准的条款。凡是注日期的引用文件，其随后所有的修改单(不包括勘误的内容)或修订版均不适用于本标准，然而，鼓励根据本标准达成协议的各方研究是否可使用这些文件的最新版本。凡是不注日期的引用文件，其最新版本适用于本标准。

GB/T 2542 砌墙砖试验方法

GB 6566 建筑材料放射性核素限量

GB/T 18968—2003 墙体材料术语

JC/T 466 砌墙砖检验规则

3 术语和定义

本标准采用GB/T 18968—2003和JC/T 466的术语和定义。

4 类别

4.1 类别

按主要原料分为粘土砖和砌块(N)、页岩砖和砌块(Y)、煤矸石砖和砌块(M)、粉煤灰砖和砌块(F)。

4.2 规格

4.2.1 砖和砌块的外型为直角六面体(见图1)，其长度、宽度、高度尺寸应符合下列要求，单位为毫米(mm)：

390,290,240,190,180(175),140,115,90;

4.2.2 其他规格尺寸由供需双方协商确定。

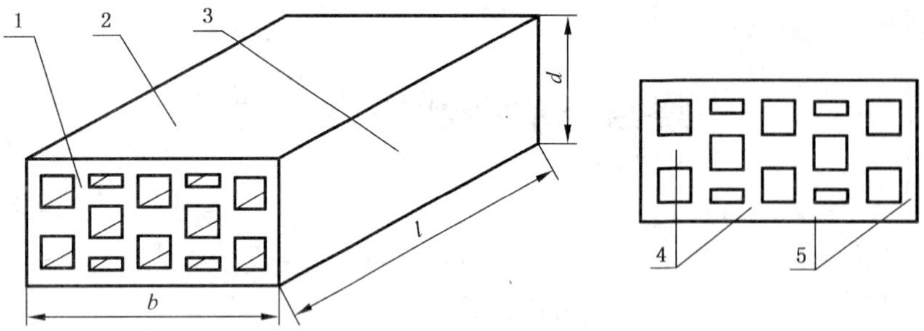

1——顶面；

2——大面；

3——条面；

4——肋；

5——壁；

l——长度；

b——宽度；

d——高度。

图 1 烧结空心砖和空心砌块示意图

4.3 等级

4.3.1 抗压强度分为 MU10.0、MU7.5、MU5.0、MU3.5、MU2.5。

4.3.2 体积密度分为 800 级、900 级、1 000 级、1 100 级。

4.3.3 强度、密度、抗风化性能和放射性物质合格的砖和砌块，根据尺寸偏差、外观质量、孔洞排列及其结构、泛霜、石灰爆裂、吸水率分为优等品(A)、一等品(B)和合格品(C)三个质量等级。

4.4 产品标记

砖和砌块的产品标记按产品名称、类别、规格、密度等级、强度等级、质量等级和标准编号顺序编写。

示例 1：

规格尺寸 290 mm×190 mm×90 mm、密度等级 800、强度等级 MU7.5、优等品的页岩空心砖，其标记为：烧结空心砖 Y(290×190×90) 800 MU7.5A GB 13545

示例 2：

规格尺寸 290 mm×290 mm×190 mm、密度等级 1000、强度等级 MU3.5、一等品的粘土空心砌块，其标记为：烧结空心砌块 N(290×290×190) 1 000 MU3.5B GB 13545

5 要求

5.1 尺寸偏差

尺寸允许偏差应符合表 1 的规定。

表 1 尺寸允许偏差 单位为毫米

尺寸	优等品		一等品		合格品	
	样本平均偏差	样本极差 ≤	样本平均偏差	样本极差 ≤	样本平均偏差	样本极差 ≤
>300	±2.5	6.0	±3.0	7.0	±3.5	8.0
>200～300	±2.0	5.0	±2.5	6.0	±3.0	7.0
100～200	±1.5	4.0	±2.0	5.0	±2.5	6.0
<100	±1.5	3.0	±1.7	4.0	±2.0	5.0

5.2 外观质量

砖和砌块的外观质量应符合表 2 的规定。

表 2 外观质量

单位为毫米

项 目		优等品	一等品	合格品
1. 弯曲	≤	3	4	5
2. 缺棱掉角的三个破坏尺寸不得	同时＞	15	30	40
3. 垂直度差	≤	3	4	5
4. 未贯穿裂纹长度	≤			
① 大面上宽度方向及其延伸到条面的长度		不允许	100	120
② 大面上长度方向或条面上水平面方向的长度		不允许	120	140
5. 贯穿裂纹长度				
① 大面上宽度方向及其延伸到条面的长度		不允许	40	60
② 壁、肋沿长度方向、宽度方向及其水平方向的长度		不允许	40	60
6. 肋、壁内残缺长度	≤	不允许	40	60
7. 完整面[a]	不少于	一条面和一大面	一条面或一大面	—

[a] 凡有下列缺陷之一者，不能称为完整面：
① 缺损在大面、条面上造成的破坏面尺寸同时大于 20 mm×30 mm。
② 大面、条面上裂纹宽度大于 1 mm，其长度超过 70 mm。
③ 压陷、粘底、焦花在大面、条面上的凹陷或凸出超过 2 mm，区域尺寸同时大于 20 mm×30 mm。

5.3 强度等级

强度应符合表 3 的规定。

表 3 强度等级

强度等级	抗压强度/MPa			密度等级范围/(kg/m³)
	抗压强度平均值 $\bar{f}\geqslant$	变异系数 $\delta\leqslant 0.21$	变异系数 $\delta > 0.21$	
		强度标准值 $f_k\geqslant$	单块最小抗压强度值 $f_{min}\geqslant$	
MU10.0	10.0	7.0	8.0	≤1 100
MU7.5	7.5	5.0	5.8	
MU5.0	5.0	3.5	4.0	
MU3.5	3.5	2.5	2.8	
MU2.5	2.5	1.6	1.8	≤ 800

5.4 密度等级

密度等级应符合表 4 的规定。

表 4 密度等级

单位为千克每米立方

密度等级	5 块密度平均值
800	≤ 800
900	801～900
1 000	901～1 000
1 100	1 001～1 100

5.5 孔洞排列及其结构

孔洞率和孔洞排数应符合表 5 的规定。

表 5 孔洞排列及其结构

等 级	孔洞排列	孔洞排数/排		孔洞率/%
		宽度方向	高度方向	
优等品	有序交错排列	b≥200 mm ≥7 b<200 mm ≥5	≥2	≥40
一等品	有序排列	b≥200 mm ≥5 b<200 mm ≥4	≥2	
合格品	有序排列	≥3	—	
注：b 为宽度的尺寸				

5.6 **泛霜**

每块砖和砌块应符合下列规定：

优等品：无泛霜。

一等品：不允许出现中等泛霜。

合格品：不允许出现严重泛霜。

5.7 **石灰爆裂**

每组砖和砌块应符合下列规定：

优等品：不允许出现最大破坏尺寸大于 2 mm 的爆裂区域。

一等品：

a) 最大破坏尺寸大于 2 mm 且小于等于 10 mm 的爆裂区域，每组砖和砌块不得多于 15 处；

b) 不允许出现最大破坏尺寸大于 10 mm 的爆裂区域。

合格品：

a) 最大破坏尺寸大于 2 mm 且小于等于 15 mm 的爆裂区域，每组砖和砌块不得多于 15 处。其中大于 10 mm 的不得多于 7 处；

b) 不允许出现最大破坏尺寸大于 15 mm 的爆裂区域。

5.8 **吸水率**

每组砖和砌块的吸水率平均值应符合下列规定：

表 6 吸水率

单位为百分比

等 级	吸水率 ≤	
	粘土砖和砌块、页岩砖和砌块、煤矸石砖和砌块	粉煤灰砖和砌块[a]
优等品	16.0	20.0
一等品	18.0	22.0
合格品	20.0	24.0
[a] 粉煤灰掺入量(体积比)小于 30%时，按粘土砖和砌块规定判定。		

5.9 **抗风化性能**

5.9.1 风化区的划分见附录 A。

5.9.2 严重风化区中的 1、2、3、4、5 地区的砖和砌块必须进行冻融试验，其他地区砖和砌块的抗风化性能符合表 7 规定时可不做冻融试验，否则必须进行冻融试验。

表7 抗风化性能

分类	饱和系数 ≤			
	严重风化区		非严重风化区	
	平均值	单块最大值	平均值	单块最大值
粘土砖和砌块 粉煤灰砖和砌块	0.85	0.87	0.88	0.90
页岩砖和砌块 煤矸石砖和砌块	0.74	0.77	0.78	0.80

5.9.3 冻融试验后，每块砖或砌块不允许出现分层、掉皮、缺棱掉角等冻坏现象；冻后裂纹长度不大于表2中4、5项合格品的规定。

5.10 **欠火砖、酥砖**

产品中不允许有欠火砖、酥砖。

5.11 **放射性物质**

原材料中掺入煤矸石、粉煤灰及其他工业废渣的砖和砌块，应进行放射性物质检测，放射性物质应符合GB 6566的规定。

6 试验方法

6.1 **尺寸偏差**

检验样品数为20块，其方法按GB/T 2542规定进行。其中每一尺寸测量不足0.5 mm按0.5 mm计。样本平均偏差是20块试样同一方向40个测量尺寸的算术平均值减去其公称尺寸的差值，样本极差是抽检的20块试样中同一方向40个测量尺寸中最大测量值与最小测量值之差值。

6.2 **外观质量**

6.2.1 **垂直度差**

砖或砌块各面之间构成的夹角不等于90°时须测量垂直度差，测量方法见图2。直角尺精度一级。

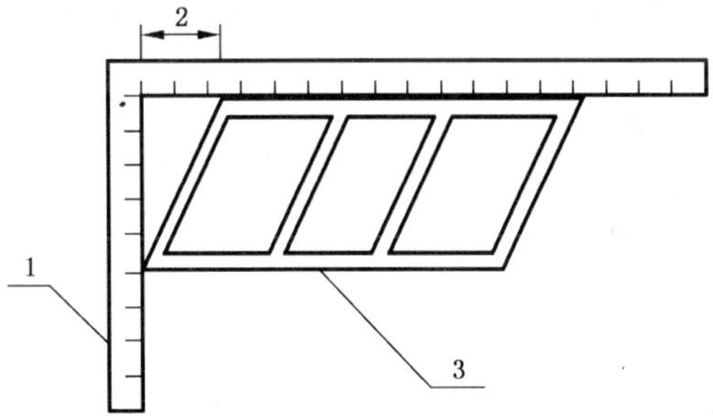

1——直角尺；
2——垂直度差；
3——砖或砌块。

图2 垂直度差测量方法

6.2.2 外观质量中其他项目检验按GB/T 2542规定进行。

6.3 **强度**

6.3.1 强度以大面抗压强度结果表示，试验按GB/T 2542规定进行。

6.3.2 强度变异系数、标准差

强度变异系数δ、标准差s按式(1)、式(2)分别计算。

$$\delta=\frac{s}{\bar{f}} \quad \cdots\cdots(1)$$

$$s=\sqrt{\frac{1}{9}\sum_{i=1}^{10}(f_i-\bar{f})^2} \quad \cdots\cdots(2)$$

式中：

δ——砖和砌块强度变异系数，精确至0.01；

s——10块试样的抗压强度标准差，单位为兆帕(MPa)，精确至0.01；

$\bar{f}$——10块试样的抗压强度平均值，单位为兆帕(MPa)，精确至0.1；

f_i——单块试样抗压强度测定值，单位为兆帕(MPa)，精确至0.01。

6.3.3 结果计算与评定

6.3.3.1 平均值—标准值方法评定

强度变异系数 $\delta\leqslant 0.21$ 时，按表3中抗压强度平均值 $\bar{f}$、强度标准值 f_k 评定砖和砌块的强度等级。

样本量 $n=10$ 时的强度标准值按式(3)计算。

$$f_k=\bar{f}-1.8s \quad \cdots\cdots(3)$$

式中：

f_k——强度标准值，单位为兆帕(MPa)，精确至0.01。

6.3.3.2 平均值—最小值方法评定

强度变异系数 $\delta>0.21$ 时，按表3中抗压强度平均值 $\bar{f}$、单块最小抗压强度值 f_{min} 评定砖和砌块的强度等级，单块最小抗压强度值精确至0.1 MPa。

6.4 密度、泛霜和石灰爆裂

密度、泛霜和石灰爆裂试验按GB/T 2542规定进行。

6.5 孔洞排列及其结构

孔洞排列及其结构试验方法按GB/T 2542规定进行。

6.6 吸水率和饱和系数

吸水率和饱和系数按GB/T 2542规定进行，吸水率以5块试样的3小时沸煮吸水率的算术平均值表示，饱和系数以5块试样的算术平均值表示。

6.7 冻融试验

冻融试验方法按GB/T 2542规定进行。结果评定以单块试样的外观破坏现象表示。

6.8 放射性物质

放射性物质检验按GB 6566规定进行。

7 检验规则

7.1 检验分类

产品检验分出厂检验和型式检验。

7.1.1 出厂检验

产品出厂必须进行出厂检验。出厂检验项目包括尺寸偏差、外观质量、强度等级和密度等级。产品经出厂检验合格后方可出厂。

7.1.2 型式检验

型式检验项目包括本标准要求的全部项目。有下列之一情况者，应进行型式检验。

a) 新厂生产试制定型检验；

b) 正式生产后，原材料、工艺等发生较大的改变，可能影响产品性能时；

c) 正常生产时，每半年进行一次；

d) 出厂检验结果与上次型式检验结果有较大差异时；

e) 国家质量监督机构提出进行型式检验时。

放射性物质的检测在产品投产前或原料发生重大变化时进行一次。

7.2 批量

检验批的构成原则和批量大小按 JC/T 466 规定。3.5 万～15 万块为一批，不足3.5 万块按一批计。

7.3 抽样

7.3.1 外观质量检验的样品采用随机抽样法，在每一检验批的产品堆垛中抽取。

7.3.2 其他检验项目的样品用随机抽样法从外观质量检验后的样品中抽取。

7.3.3 抽样数量按表 8 进行。

表 8 抽样数量

单位为块

序号	检验项目	抽样数量
1	外观质量	50($n_1=n_2=50$)
2	尺寸偏差	20
3	强度	10
4	密度	5
5	孔洞排列及其结构	5
6	泛霜	5
7	石灰爆裂	5
8	吸水率和饱和系数	5
9	冻融	5
10	放射性物质	3

7.4 判定规则

7.4.1 尺寸偏差

尺寸偏差应符合表 1 相应等级规定。否则，判不合格。

7.4.2 外观质量

外观质量采用 JC/T 466 二次抽样方案，根据表 2 规定的质量指标，检查出其中不合格品数 d_1，按下列规则判定：

$d_1 \leqslant 7$ 时，外观质量合格；

$d_1 \geqslant 11$ 时，外观质量不合格；

$d_1 > 7$，且 $d_1 < 11$ 时，需再次从该产品中抽样 50 块进行检验，检查出不合格品数 d_2，按下列规则判定：

$(d_1+d_2) \leqslant 18$ 时，外观质量合格；

$(d_1+d_2) \geqslant 19$ 时，外观质量不合格。

7.4.3 强度和密度

强度和密度的试验结果应分别符合表 3 和表 4 的规定。否则，判不合格。

7.4.4 孔洞排列及其结构

孔洞排列及其结构应符合表 5 相应等级的规定。否则，判不合格。

7.4.5 泛霜和石灰爆裂

泛霜和石灰爆裂结果应分别符合 5.6 和 5.7 相应等级的规定。否则，判不合格。

7.4.6 吸水率

吸水率试验结果应符合 5.8 相应等级的规定。否则，判不合格。

7.4.7 抗风化性能

抗风化性能应符合 5.9 规定。否则，判不合格。

7.4.8 **放射性物质**

煤矸石、粉煤灰砖以及掺用工业废渣的砖和砌块放射性物质应符合5.11规定。否则,应停止该产品的生产和销售。

7.4.9 **总判定**

7.4.9.1 外观检验的样品中有欠火砖、酥砖则判该批产品不合格。

7.4.9.2 出厂检验质量等级的判定

按出厂检验项目和在时效范围内最近一次型式检验中的孔洞排列及其结构、石灰爆裂、泛霜、抗风化性能等项目中最低质量等级进行判定。其中有一项不符合标准要求,则判为不合格。

7.4.9.3 型式检验质量等级的判定

强度、密度、抗风化性能和放射性物质合格的产品,按尺寸偏差、外观质量、孔洞排列及其结构、泛霜、石灰爆裂、吸水率检验中最低质量等级判定。其中有一项不符合标准要求,则判该批产品不合格。

8 标志、包装、运输和贮存

8.1 **标志**

产品出厂时,必须提供产品质量合格证。产品质量合格证主要内容包括:生产厂名、产品标记、批量及编号、证书编号、本批产品实测技术性能和生产日期等,并由检验员和单位签章。

8.2 **包装**

根据用户需求按类别、强度等级、密度等级、质量等级、颜色分别包装,包装应牢固,保证运输时不会摇晃碰坏。

8.3 **运输**

产品装卸时要轻拿轻放,避免碰撞摔打。

8.4 **贮存**

产品应按类别、强度等级、密度等级、质量等级分别整齐堆放,不得混杂。

附 录 A
（规范性附录）
风化区的划分

A.1 风化区用风化指数进行划分。

A.2 风化指数是指日气温从正温降至负温或负温升至正温的每年平均天数与每年从霜冻之日起至消失霜冻之日止这一期间降雨总量（以 mm 计）的平均值的乘积。

A.3 风化指数大于等于 12 700 为严重风化区，风化指数小于 12 700 为非严重风化区。全国风化区划分见表 A.1。

A.4 各地如有可靠数据，也可按计算的风化指数划分本地区的风化区。

表 A.1 风化区划分

严重风化区		非严重风化区	
1. 黑龙江省	12. 北京市	1. 山东省	12. 台湾省
2. 吉林省	13. 天津市	2. 河南省	13. 广东省
3. 辽宁省		3. 安徽省	14. 广西壮族自治区
4. 内蒙古自治区		4. 江苏省	15. 海南省
5. 新疆维吾尔自治区		5. 湖北省	16. 云南省
6. 宁夏回族自治区		6. 江西省	17. 西藏自治区
7. 甘肃省		7. 浙江省	18. 上海市
8. 青海省		8. 四川省	19. 重庆市
9. 陕西省		9. 贵州省	20. 香港地区
10. 山西省		10. 湖南省	21. 澳门地区
11. 河北省		11. 福建省	

ICS 91.100.15
Q 15

中华人民共和国国家标准

GB/T 18968—2003

墙体材料术语

Terms of wall materials

2003-02-11 发布 2003-10-01 实施

中华人民共和国
国家质量监督检验检疫总局 发布

前　　言

目前尚无统一的墙体材料术语方面的国际标准及国外先进标准。本标准在原行业标准JC/T 790—1985(96)《砖和砌块名词术语》的基础上制定,并参考了国外、国内部分产品的术语标准和产品标准的术语。

本标准自实施之日起,JC/T 790—1985(96)作废。

本标准由国家建筑材料工业局(原)提出。

本标准归口单位:河南建筑材料研究设计院。

本标准负责起草单位:河南建筑材料研究设计院。

本标准参加起草单位:西安墙体材料研究设计院、国家建筑材料工业硅酸盐建筑制品质量监督检验测试中心。

本标准主要起草人:陈红军、刘永川、汪卓敏、侯清照、路晓斌、龚君范。

本标准委托河南建筑材料研究设计院负责解释。

墙体材料术语

1 范围

本标准规定了墙体材料的基本名称、组成材料、生产工艺、生产设备、配套材料、性能及应用技术等方面术语的定义与涵义。

本标准适用于教学、科研、设计、生产、经贸、著作及翻译技术文件。

2 基本术语

2.1

墙 wall

2.1.1

承重墙 load bearing wall

能够承担恒载、活载、雪载、风载等类荷载作用的墙。因其所处部位不同，有时也要求兼起围护墙的作用。

2.1.2

非承重墙 non load bearing wall

只承受墙自重，不承受建筑结构荷载的墙。

2.1.3

围护墙 enclosing wall

用来遮阳、蔽雨、挡风、防寒、隔热、吸声和隔声的非承重墙。

2.1.4

隔墙 partition wall

垂直分割建筑物内部空间的非承重墙。

2.1.5

外墙 exterior wall

包围在建筑物外部的围护墙或承重墙。

2.1.6

内墙 interior wall

建筑物内部的承重墙或隔墙。

2.1.7

单一墙 single material wall

由一种墙体材料组成的墙。

2.1.8

复合墙 composite wall

由两种或两种以上不同功能材料组合成的墙。

2.1.9

整浇墙 monolithic concrete wall

现浇混凝土墙 cast in place concrete wall

采用现场浇注混凝土的施工方法浇筑的混凝土墙。

2.1.10

砌筑墙　masonry wall

采用砖或砌块砌筑的墙。

2.1.11

装配式墙　assembling wall

采用各种预制板材在现场进行拼装的墙。

2.2

墙体材料　wall materials

构成建筑物墙体的制品单元。

2.2.1

砖　brick

建筑用的人造小型块材。外型多为直角六面体，也有各种异形的。其长度不超过 365 mm，宽度不超过 240 mm，高度不超过 115 mm。

2.2.1.1

普通砖　common brick

标准砖　normal brick

尺寸为 240 mm×115 mm×53 mm 的实心砖。

2.2.1.2

八五砖　$8^{1/2}$ brick

尺寸为 216 mm×105 mm×43 mm 的砖。

2.2.1.3

异形砖　special shaped brick

形状不是直角六面体的砖。常以形状命名，如刀口砖、斧形砖、扇形砖等。

2.2.1.4

配砖　bat; 3/4 brick

砌筑时与主规格砖配合使用的砖。如半砖、七分头等。

2.2.1.5

实心砖　solid brick

无孔洞或孔洞率小于 25%的砖。

2.2.1.6

微孔砖　porous brick

通过掺入成孔材料（如聚苯乙烯微珠、锯末等）经焙烧，在砖内形成微孔的砖。

2.2.1.7

多孔砖　perforated brick

孔洞率等于或大于 25%，孔的尺寸小而数量多的砖。常用于承重部位。

2.2.1.8

空心砖　hollow brick

孔洞率等于或大于 40%，孔的尺寸大而数量少的砖。常用于非承重部位。

2.2.1.9

烧结砖　fired brick

经焙烧而制成的砖，常结合主要原材料命名，如烧结粘土砖、烧结粉煤灰砖、烧结页岩砖、烧结煤矸石砖等。

2.2.1.10

红砖　red brick

在氧化气氛中烧成的红色的粘土质砖。

2.2.1.11

青砖　black brick;grey brick

在还原气氛中烧成的青灰色的粘土质砖。

2.2.1.12

内燃砖　brick fired with combustible additives

主要靠砖坯本身所含的可燃物质(包括原料中的或外掺入的)焙烧而成的砖。

2.2.1.13

硅酸盐砖　silicate brick

以硅质材料和钙质材料为主要原料,掺加适量集料和石膏,经坯料制备、压制成型、养护等工艺制成的实心、多孔或空心砖。

无孔洞或孔洞率小于25%的为硅酸盐实心砖,孔洞率大于或等于25%的为硅酸盐多孔砖,孔洞率大于或等于35%的为硅酸盐空心砖。

2.2.1.14

蒸养砖　steam-cured brick

经常压蒸汽养护硬化而制成的砖。常结合主要原料命名,如蒸养粉煤灰砖、蒸养矿渣砖等,在不致混淆的情况下,可省略蒸养两字。

2.2.1.15

蒸压砖　autoclaved brick

经高压蒸汽养护硬化而制成的砖。常结合主要原料命名,如蒸压粉煤灰砖、蒸压灰砂砖等。在不致混淆的情况下,可省略蒸压两字。

2.2.1.16

劈离砖　split tile

劈裂砖　split tile

劈开砖　split tile

制造时两块较薄的砖原连接在一起,后用外力使其分离,通常做墙体贴面用。

2.2.1.17

吸声砖　sound absorption brick

吸音砖　sound absorption brick

经处理后提高吸声功能的砖。

2.2.1.18

饰面砌筑砖　facing brick

带有装饰面的砌筑用砖。

2.2.2

砌块　block

建筑用的人造块材,外形多为直角六面体,也有各种异形的。砌块系列中主规格的长度、宽度或高度有一项或一项以上分别大于365 mm、240 mm或115 mm。但高度不大于长度或宽度的六倍,长度不超过高度的三倍。

2.2.2.1

小型砌块　small block

系列中主规格的高度大于115 mm而又小于380 mm的砌块。简称:小砌块。

2.2.2.2

中型砌块　medium block

系列中主规格的高度为 380 mm～980 mm 的砌块。简称：中砌块。

2.2.2.3

大型砌块　large block

系列中主规格的高度大于 980 mm 的砌块。简称：大砌块。

2.2.2.4

实心砌块　solid block

密实砌块　solid block

无孔洞或空心率小于 25％的砌块。

2.2.2.5

空心砌块　hollow block

空心率等于或大于 25％的砌块。

2.2.2.6

多孔混凝土砌块　cellular concrete block

用多孔混凝土或多孔硅酸盐混凝土制成的砌块。

2.2.2.7

异形砌块　special shaped block

形状不是六面直角体的砌块。常以形状命名，如扇形砌块、楔形砌块等。

2.2.2.8

咬接砌块　interlocking block

依靠砌块的槽或榫与相邻砌块咬接或镶嵌而使位置固定的砌块。

2.2.2.9

构造砌块　constructional block

构成建筑物不同部位的专用砌块。常以使用部位命名，如窗台砌块、楼板砌块、转角砌块等。

2.2.2.10

槽形砌块　U-shaped block

断面上有一面开口的砌块。

2.2.2.11

吸声砌块　sound absorption block

经过处理后提高吸声功能的砌块。

2.2.3

墙板　wallboard

用于墙体的建筑板材。包括大型墙板、条板和薄板等。

2.2.3.1

条板　strip panel

长条形板材。作为墙体可竖向或横向装配在龙骨或框架上。

2.2.3.2

大型墙板　large wallboard

尺寸相当于整个房屋开间（或进深）的宽度和整个楼层的高度，配有构造钢筋的墙板。

2.2.3.3

挂板　hanging wall panel

以悬挂方式支承于两侧柱或墙上或上层梁上的非承重墙板。

2.2.3.4

空心墙板　hollow core wallboard

沿板材长度方向有若干贯通孔洞的墙板。

2.2.3.5

空心条板　strip panel with hollow cores

沿板材长度方向有若干贯通孔洞的条板。

2.2.3.6

轻质墙板　lightweight wallboard

采用轻质材料或轻型构造制成的非承重墙板。

2.2.3.7

隔墙板　partition panel

垂直分割建筑物内部空间的非承重墙板。

2.2.3.8

复合墙板　composite wallboard

由两种或两种以上不同功能材料组合而成的墙板。

2.2.3.9

夹芯板　insulation sandwich panel

复合墙板的一种。由承重或维护面层与绝热材料芯层复合而成的墙板，具有良好的保温和隔声性能。

2.2.3.10

芯板　core panel

由阻燃型聚苯乙烯、聚氨酯等泡沫塑料或岩棉等绝缘材料制成的板材，用作复合墙板中的芯材。

2.2.3.11

外墙内保温板　thermal insulation panel at the inside surface of exterior wall

用于外墙内侧的保温板，以改善和提高外墙墙体的保温性能。

2.2.3.12

外墙外保温板　thermal insulation panel at the outside surface of exterior wall

用于外墙外侧的保温板，以改善和提高外墙墙体的保温性能。

3　产品名称

3.1

烧结普通砖　fired common brick

以粘土、页岩、煤矸石、粉煤灰等为主要原料经焙烧而制成的普通砖。

3.1.1

烧结粘土砖　fired clay brick

以粘土为主要原料，经成型、干燥和焙烧而制成的普通砖。

3.1.2

烧结页岩砖　fired shale brick

以泥质页岩或炭质页岩为主要原料，经粉碎、成型、干燥和焙烧而成的普通砖。

3.1.3

烧结煤矸石砖　fired coal gangue brick

以煤矸石为主要原料，经选料、粉碎、成型、干燥和焙烧而成的普通砖。

3.1.4

烧结粉煤灰砖　fired fly ash brick

以粉煤灰为主要原料，掺入煤矸石粉或粘土等胶结砖料，经配料、成型、干燥和焙烧而成的普通砖。

3.1.5

烧结装饰砖　fired facing brick

经焙烧而成用于清水墙或带有装饰面用于墙体装饰的砖。

3.2

烧结多孔砖　fired perforated brick

以粘土、页岩、煤矸石、粉煤灰等为主要原料，经成型、干燥和焙烧而成的主要用于承重部位的多孔砖。

3.2.1

烧结粘土多孔砖　fired clay perforated brick

以粘土为主要原料，经成型、干燥和焙烧而成的主要用于承重部位的多孔砖。

3.2.2

烧结页岩多孔砖　fired shale perforated brick

以泥质页岩或炭质页岩为主要原料，经粉碎、成型、干燥和焙烧而成的主要用于承重部位的多孔砖。

3.2.3

烧结煤矸石多孔砖　fired coal gangue perforated brick

以煤矸石为主要原料，经选料、粉碎、成型、干燥和焙烧而成的主要用于承重部位的多孔砖。

3.2.4

烧结粉煤灰多孔砖　fired fly ash perforated brick

以粉煤灰为主要原料，掺入煤矸石粉或粘土等胶结砖料，经配料、成型、干燥和焙烧而成的主要用于承重部位的多孔砖。

3.2.5

烧结装饰多孔砖　fired facing perforated brick

经焙烧而成用于清水墙或带有装饰面用于墙体装饰的多孔砖。

3.3

烧结空心砖　fired hollow brick

以粘土、页岩、煤矸石等为主要原料，经焙烧而成，主要用于非承重部位的空心砖。

3.3.1

烧结粘土空心砖　fired clay hollow brick

以粘土为主要原料，经焙烧而成，主要用于非承重部位的空心砖。

3.3.2

烧结页岩空心砖　fired shale hollow brick

以泥质页岩或炭质页岩为主要原料，经焙烧而成，主要用于非承重部位的空心砖。

3.3.3

烧结煤矸石空心砖　fired coal gangue hollow brick

以煤矸石等为主要原料，经焙烧而成，主要用于非承重部位的空心砖。

3.4

非烧结普通粘土砖　non fired common clay brick

以粘土为主要原料，掺入少量胶凝材料，经粉碎、搅拌、压制成型、自然养护而成的普通砖。用于一般房屋建筑的墙体。

3.5

粉煤灰砖 fly ash brick

以粉煤灰、石灰或水泥为主要原料，掺加适量石膏和集料经坯体制备、压制成型、高压或常压蒸汽养护或自然养护而成的实心粉煤灰砖。

3.5.1

蒸养粉煤灰砖 steam-cured fly ash brick

经常压蒸汽养护制成的粉煤灰砖。

3.5.2

蒸压粉煤灰砖 autoclaved fly ash brick

经高压蒸汽养护制成的粉煤灰砖。

3.5.3

自养粉煤灰砖 natural cured fly ash brick

以水泥为主要胶凝材料，经自然养护制成的粉煤灰砖。

3.6

蒸压灰砂砖 autoclaved sand-lime brick

以砂和石灰为主要原料，允许掺入颜料和外加剂，经坯料制备、压制成型、高压蒸汽养护而成的普通灰砂砖。

3.6.1

蒸压灰砂多孔砖 autoclaved sand-lime perforated brick

以砂和石灰为主要原料，允许掺入颜料和外加剂，经坯料制备、压制成型、高压蒸汽养护而成的多孔砖。

3.6.2

蒸压灰砂空心砖 autoclaved sand-lime hollow brick

以砂和石灰为主要原料，允许掺入颜料和外加剂，经坯料制备、压制成型、高压蒸汽养护而成的空心砖。

3.7

煤矸石砖 coal gangue brick

以自燃煤矸石和石灰为主要原料制成的硅酸盐砖。

3.7.1

蒸养煤矸石砖 steam-cured coal gangue brick

经常压蒸汽养护制成的煤矸石砖。

3.7.2

自养煤矸石砖 natural cured coal gangue brick

经自然养护制成的煤矸石砖。

3.8

煤渣砖 cinder brick

以煤渣为主要原料，掺入适量石灰、石膏，经混合、压制成型或蒸压而成的实心煤渣砖。

3.8.1

蒸养煤渣砖 steam-cured cinder brick

经常压蒸汽养护制成的煤渣砖。

3.8.2

蒸压煤渣砖 autoclaved cinder brick

经高压蒸汽养护制成的煤渣砖。

3.8.3

自养煤渣砖　natural cured cinder brick

经自然养护制成的煤渣砖。

3.9

蒸养矿渣砖　steam-cured blast furnace slag brick

以高炉矿渣和石灰为主要原料，经常压蒸汽养护制成的硅酸盐砖。

3.9.1

蒸养粒化矿渣砖　steam-cured granulated blast furnace slag brick

以粒化高炉矿渣、粉煤灰和石灰为主要原料制成的蒸养矿渣砖。

3.9.2

蒸养重矿渣砖　steam-cured heavy blast furnace slag brick

以高炉重矿渣、粉煤灰和石灰为主要原料制成的蒸养矿渣砖。

3.10

蒸养液态渣砖　steam-cured liquid slag brick

以液态渣和石灰为主要原料，经常压蒸汽养护制成的硅酸盐砖。

3.11

蒸养油页岩渣砖　steam-cured oil shale slag brick

以油页岩渣和石灰为主要原料，经常压蒸汽养护制成的硅酸盐砖。

3.12

烧结空心砌块　fired hollow block

以粘土、页岩、煤矸石等为主要原料，经焙烧而成，主要用于非承重部位的空心砌块。

3.12.1

烧结粘土空心砌块　fired clay hollow block

以粘土为主要原料，经焙烧而成，主要用于非承重部位的空心砌块。

3.12.2

烧结页岩空心砌块　fired shale hollow block

以泥质页岩或炭质页岩为主要原料，经焙烧而成，主要用于非承重部位的空心砌块。

3.12.3

烧结煤矸石空心砌块　fired coal gangue hollow block

以煤矸石等为主要原料，经焙烧而成，主要用于非承重部位的空心砌块。

3.13

普通混凝土小型空心砌块　normal concrete small hollow block

用水泥作胶结料，砂、石作集料，经搅拌、振动（或压制）成型、养护等工艺过程制成的普通混凝土小型空心砌块，简称：混凝土小砌块。多用于承重结构。

3.14

轻集料混凝土小型空心砌块　lightweight aggregate concrete small hollow block

用轻集料混凝土制成的小型空心砌块。常结合集料名称命名，如煤渣混凝土小型空心砌块、浮石混凝土小型空心砌块等。多用于非承重结构。

3.15

粉煤灰小型空心砌块　fly ash small hollow block

以粉煤灰、水泥、各种轻重集料、水为主要组分（也可加入外加剂等）拌合制成的小型空心砌块，其中粉煤灰用量不应低于原材料质量的20%，水泥用量不应低于原材料质量的10%。

3.16

硅酸盐砌块　silicate block

以硅质材料和钙质材料为主要原料，经加水搅拌、振动(或浇注)成型、养护等工艺过程制成的密实或多孔的砌块。密实硅酸盐砌块按空心率分为硅酸盐实心砌块和硅酸盐空心砌块。

3.16.1

蒸养粉煤灰砌块　steam-cured fly ash block

以粉煤灰、石灰和石膏为胶结料，以煤渣为集料，经振动成型、常压蒸汽养护制成的密实或空心硅酸盐砌块，简称：粉煤灰砌块。

3.16.2

蒸养煤矸石砌块　steam-cured coal gangue block

以自燃煤矸石、石灰和石膏为胶结料，以自燃煤矸石为集料，经振动成型、常压蒸汽养护等工艺过程制成的密实硅酸盐砌块，简称：煤矸石砌块。

3.16.3

蒸养沸腾炉渣砌块　steam-cured fluidized furnace slag block

以沸腾炉渣、石灰和石膏为胶结料，以沸腾炉渣(或砂)为集料，经振动成型、常压蒸汽养护等工艺过程制成的密实硅酸盐砌块，简称：炉渣砌块。

3.16.4

蒸养矿渣砌块　steam-cured blast furnace slag block

以粒化高炉矿渣、石灰和石膏为胶结料，以砂、石为集料，经振动成型、常压蒸汽养护等工艺过程制成的密实硅酸盐砌块，简称：矿渣砌块。

3.16.5

蒸养液态渣砌块　steam-cured liquid slag block

以液态渣、石灰和石膏为胶结料，以液态渣(或煤渣)为集料，经振动成型、常压蒸汽养护等工艺过程制成的密实硅酸盐砌块，简称：液态渣砌块。

3.16.6

蒸压灰砂砌块　autoclaved sand-lime block

以磨细砂、石灰和石膏为胶结料，以砂为集料，经振动成型、高压蒸汽养护等工艺过程制成的密实硅酸盐砌块，简称：灰砂砌块。

3.16.7

泡沫硅酸盐砌块　foamed silicate block

以硅质材料和钙质材料为主要原料，掺加泡沫剂，经加水搅拌，由物理机械作用产生泡沫，经浇注成型、蒸汽养护等工艺过程制成的多孔硅酸盐砌块。

按养护方法分为蒸养泡沫硅酸盐砌块和蒸压泡沫硅酸盐砌块两种。

3.16.8

加气混凝土砌块　aerated concrete block

以硅质材料和钙质材料为主要原料，掺加发气剂，经加水搅拌，由化学反应形成空隙，经浇注成型、预养切割、蒸汽养护等工艺过程制成的多孔硅酸盐砌块。

按养护方法分为蒸养加气混凝土砌块和蒸压加气混凝土砌块两种。

按原材料的种类，蒸压加气混凝土砌块主要分为下列七种：

——蒸压水泥—石灰—砂加气混凝土砌块；

——蒸压水泥—石灰—粉煤灰加气混凝土砌块；

——蒸压水泥—矿渣—砂加气混凝土砌块；

——蒸压水泥—石灰—尾矿加气混凝土砌块；

——蒸压水泥—石灰—沸腾炉渣加气混凝土砌块；
——蒸压水泥—石灰—煤矸石加气混凝土砌块；
——蒸压石灰—粉煤灰加气混凝土砌块。
以上各种蒸压加气混凝土砌块总称加气混凝土砌块。

3.17

石膏砌块　gypsum block

以建筑石膏为主要原料，经加水搅拌、浇注成型和干燥等制成的轻质建筑石膏制品，生产中允许加入纤维增强材料或轻集料，也可加入发泡剂。主要用于建筑的非承重内隔墙。按结构分为：石膏实心砌块和石膏空心砌块。

3.18

装饰混凝土砌块　concrete decorative block

经过饰面加工的混凝土砌块。简称：装饰砌块。

3.18.1

劈裂砌块　split block

具有一定强度的砌块，用劈离机沿特定的面劈开为两部分，劈开的表面带有纹理并呈凹凸形貌的砌块。

3.18.2

凿毛砌块　gouge block

用高速喷砂或机械冲击砌块的表面，使水泥砂浆脱落成露出一个个小坑的砌块，类似天然石火焰烧毛的装饰效果的砌块。

3.18.3

条纹砌块　streak block

具有一定强度的砌块，用机械在表面铣出横的、竖的、交叉的细纹的砌块。其装饰效果类似剁斧石。

3.18.4

磨光砌块　burnish block

用研磨机将砌块的表层砂浆磨掉，呈光滑的表面，并露出集料的砌块。其装饰效果类似磨光的花岗石和水磨石。

3.18.5

塌落砌块　slump block

刚成型好的砌块，在适当的垂直压力下，稍被压塌成鼓胀状的砌块。

3.18.6

雕塑砌块　carving block

用带沟、槽、肋、块、弧形和角形等特制模箱制成的砌块。这些砌块及其组合将构成不同的图案和外形。

3.18.7

露集料砌块　disrobe aggregate block

表面裸露集料的砌块。

3.19

玻璃纤维增强水泥轻质多孔隔墙条板　glassfiber reinforced cement lightweight hollow panel for partition

GRC 轻质多孔隔墙条板　GRC lightweight hollow panel for partition

以耐碱玻璃纤维与低碱度水泥为主要原料的预制非承重轻质多孔内隔墙条板。

3.20

玻璃纤维增强低碱度水泥轻质板　glassfiber reinforced low pH value cement lightweight board

GRC 板　GRC board

以耐碱玻璃纤维、低碱度水泥、轻集料和水为主要原料，经布浆、脱水、辊压、养护制成的板材。

3.21

纤维增强低碱度水泥建筑平板　fiber reinforced low pH value cement building flat board

以温石棉、短切中碱玻璃纤维或以抗碱玻璃纤维等为增强材料，以低碱度硫铝酸盐水泥为胶结料，经制浆、抄取或流浆法成坯，蒸汽养护制成的建筑平板。其中，掺石棉纤维的称为 TK 板，不掺石棉纤维的称为 NTK 板。

3.22

维纶纤维增强水泥平板　vinylon fiber reinforced cement flat sheet

以改性维纶纤维和(或)高弹模维纶纤维为主要增强材料，以水泥或水泥和轻集料为基材，并允许掺入少量辅助材料，经制浆、抄取或流浆法成坯，蒸汽养护制成的不含石棉的纤维水泥平板。

3.23

纤维增强硅酸钙板　fiber reinforced calcium silicate sheet

硅酸钙板　calcium silicate sheet

以钙质材料、硅质材料及增强纤维(含石棉纤维或非石棉纤维)等为主要原料，经成型，蒸压养护而成的纤维增强硅酸钙板。

3.24

真空挤出成型纤维水泥板　fiber reinforced cement board prepared with vacuum extrusion process

以纤维素纤维与聚丙烯纤维为增强材料，以普通硅酸盐水泥、磨细石英砂、膨胀珍珠岩、增塑剂与水组成的砂浆为基体，形成低水灰比塑性拌合料，在真空挤出成型机内，经真空排气并在螺杆高挤压力与高剪切力的作用下，由模口挤出制成的具有多种断面形状的系列化板材。

3.25

木纤维增强水泥空心墙板　wood fiber reinforced cement wallboard with hollow cores

纤维增强圆孔墙板　fiber reinforced hollow panel

以木纤维为增强材料，水泥砂浆为基材，用挤压法制成的具有若干个圆孔的条形板。

3.26

石膏空心条板　gypsum panel with cavities

以建筑石膏为基材，掺以无机轻集料，无机纤维增强材料而制成的空心条板。主要用于建筑的非承重内隔墙。

3.27

纸面石膏板　gypsum plasterboard

以建筑石膏为主要原料，掺入适量轻集料，纤维增强材料和外加剂，构成芯材，并与护面纸牢固地粘结在一起的建筑板材。如掺入耐水外加剂和采用耐水护面纸，或以无机耐火纤维为增强材料制成的建筑板材则分别称为耐水纸面石膏板或耐火纸面石膏板。

3.28

纤维石膏板　gypsum-bonded fiber board

以建筑石膏为主要原料，掺入适量有机或无机纤维和外加剂与水混合，用缠绕、辊压压制等方法成型，经凝固、干燥制成的建筑板材。

3.29

刨花板　particleboard

以木质刨花为原料，施加脲醛树脂或其他合成树脂，在加热加压条件下，压制而成的一种板材。

3.29.1

水泥刨花板 cemented chip panel

水泥木屑板 cement-bonded particleboard

以水泥为胶结料，木质刨花等为增强材料，外加适量的促凝剂和水，采用半干法生产工艺，在受压状态下完成水泥与木质材料的固结而制成的板材。

3.29.2

石膏刨花板 gypsum-bonded particleboard

以建筑石膏为胶结料，木质刨花为增强材料，外加适量的缓凝剂和水，采用半干法生产工艺，在受压状态下完成石膏与木质材料的固结而制成的板材。

3.30

硅酸盐板 silicate slab

以硅质材料和钙质材料为主要原料，经加水搅拌、振动(或浇注)成型、蒸压养护等工艺过程制成的密实或多孔的板材。

按使用部位的不同，硅酸盐板主要分为下列六种：

——屋面板；

——内墙板；

——外墙板；

——楼板；

——绝热板；

——其他板。

3.30.1

蒸养粉煤灰硅酸盐板 steam-cured fly ash silicate slab

以粉煤灰、石灰和石膏为胶结料，以煤渣(或矿渣、液态渣、火山渣、陶粒等)为集料，经振动(或振捣)成型、常压蒸汽养护等工艺过程制成的密实硅酸盐板，简称：蒸养粉煤灰板。

3.30.2

蒸养煤矸石硅酸盐板 steam-cured coal gangue silicate slab

以自燃煤矸石、石灰和石膏为胶结料，以自燃煤矸石为集料，经振动(或振捣)成型、常压蒸汽养护等工艺过程制成的密实硅酸盐板，简称：蒸养煤矸石板。

3.30.3

蒸压灰砂硅酸盐板 autoclaved sand-lime silicate slab

以磨细砂、石灰和石膏为胶结料，以砂为集料，经振动(或振捣)成型、高压蒸汽养护等工艺过程制成的密实硅酸盐板，简称：蒸压灰砂板。

3.30.4

蒸压加气混凝土板 autoclaved aerated concrete slab

以硅质材料和钙质材料为主要原料，以铝粉为发气剂，配以经防腐处理的钢筋网片，经加水搅拌、浇注成型、预养切割、蒸压养护制成的多孔板材。

3.31

硅镁加气混凝土空心轻质隔墙板 silica-magnesium aerated concrete lightweight partition with hollow cores

以轻烧镁为胶结料，掺入适量硅质材料和发气剂，与氯化镁溶液拌和，经浇注成型、自然养护制成的具有微孔结构和若干个圆孔的条形板。

3.32

氯氧镁水泥板 chloride-oxide magnesium cement board

以氯氧镁水泥、粗、细集料和增强纤维为主要原料，掺加适量改性材料，经搅拌、浇注成型或其他方法加工、养护制成的隔墙板。

3.33

轻集料混凝土配筋墙板　reinforced lightweight aggregate concrete wall panel

以水泥为胶结料，陶粒或天然浮石等为粗集料，陶砂、膨胀珍珠岩砂、浮石砂等为细集料，经搅拌、成型、养护而制成的配筋轻质墙板。

3.34

轻集料混凝土空心墙板　lightweight aggregate concrete wallboard with hollow cores

以水泥、粉煤灰、轻集料等为主要原料，经螺杆挤压成型而制成的具有若干个圆孔的条形板。

3.35

工业灰渣混凝土空心隔墙条板　industrial waste slags concrete hollow panel used for partition wall in buildings

一种机制条板，用作民用建筑非承重内隔墙，其构造断面为多孔空心式，生产原材料中，工业废渣总掺量为40%(重量比)以上。

3.36

建筑用纸面草板　compressed straw building slab

以天然稻草或麦草为主要原料，经加热挤压成型，外表粘贴面纸而成的普通纸面草板。

3.37

水泥木丝板　wood wool cement board

以普通硅酸盐水泥和矿渣硅酸盐水泥为胶结料，木丝为增强材料，加入水和外加剂，平压成型、保压养护、调湿处理后制成的建筑板材。

3.38

纤维板　fiberboard

以木质为原料施加脲醛树脂或其他合成树脂，在加热加压条件下，压制而成的一种板材。

3.39

胶合板　plywood

将三层或多层单板，纤维方向互相垂直胶合而成的薄板。

3.40

竹胶合板　bamboo-plywood

以竹材为原料，将其分别加工成竹席、竹帘或竹片，干燥、施胶后，按不同厚度要求进行数层叠合，热压固结而形成的板材。

3.41

GRC复合外墙板　GRC composite exterior wall panel

以低碱度水泥砂浆作基材，耐碱玻璃纤维作增强材料，制成板材面层，内置钢筋混凝土肋，并填充绝热材料内芯，以台座法一次制成的轻质复合墙板。

3.42

金属面夹芯板　metal sheet sandwich panel

以彩色涂层钢板为面材，以阻燃型聚苯乙烯泡沫塑料、聚氨酯泡沫塑料或岩棉、矿渣棉为芯材，用胶粘剂复合而成的金属面夹芯板。分别称为金属面聚苯乙烯夹芯板、金属面聚氨酯夹芯板、金属面岩棉、矿渣棉夹芯板。

3.43

铝塑复合板　aluminous-plastic composite panel

以塑料为芯材，外贴铝板的三层复合板，并在表面施加装饰性或保护涂层。

3.44

钢筋混凝土绝热材料复合外墙板　reinforced concrete thermal insulation composite exterior wall panel

以钢筋混凝土为承重层和面层，以岩棉为芯材，在台座上一次复合而成的复合外墙板。有承重墙板和非承重墙板两类。

3.45

石膏板复合墙板　gypsum composite wall panel

复合石膏板　composite gypsum panel

以纸面石膏板为面层，以绝热材料为芯材的预制复合板。

3.46

纤维水泥复合墙板　fiber cement composite wall panel

以薄型纤维水泥板作面板，中间填充泡沫聚苯乙烯轻混凝土或泡沫膨胀珍珠岩轻混凝土等轻质芯材，以成组立模法一次复合成型的轻质复合板材。

3.47

硅酸钙复合墙板　calcium silicate composite wall panel

以薄型纤维增强硅酸钙板作面板，中间填充泡沫聚苯乙烯轻混凝土或泡沫膨胀珍珠岩轻混凝土等轻质芯材，以成组立模法一次复合成型的轻质复合板材。

3.48

钢丝网架水泥夹芯板　steel mesh cement sandwich panel

由工厂专用设备生产的三维空间焊接钢丝网架和内填泡沫塑料板或半硬质岩棉板构成网架芯板，经施工现场喷抹水泥砂浆后形成的轻质板材。

3.49

GRC 外墙内保温板　GRC thermal-insulation panel at the inside surface of exterior wall

以 GRC 为面层，聚苯乙烯泡沫塑料板为芯层，以台座法或成组立模法生产的夹芯式复合保温板。

3.50

纤维增强石膏外墙内保温板　glassfiber reinforced gypsum thermal insulation panel at the inside surface of exterior wall

增强石膏聚苯复合板　reinforced gypsum with EPS composite panel

以玻璃纤维增强石膏为面层，聚苯乙烯泡沫塑料板为芯层，以台座法生产的夹芯式复合保温板。用于外墙内侧，以改善和提高外墙墙体的保温性能。生产时应在石膏基材中加入适量普通硅酸盐水泥、膨胀珍珠岩、外加剂，并用中碱玻璃纤维网格布增强。

3.51

玻璃纤维增强聚合物水泥聚苯乙烯复合外墙内保温板　glassfiber reinforced polymer-cement thermal insulation panel with EPS at the inside surface of exterior wall

P-GRC 外墙内保温板　P-GRC thermal insulation panel at the inside surface of exterior wall

以聚合物乳液、水泥、砂配制成的砂浆作面层，用耐碱玻璃纤维网格布作增强材料，用自熄性聚苯乙烯泡沫塑料板作芯材，制成的夹芯式内保温板。

3.52

充气石膏板　aerated gypsum panel

以建筑石膏、无机填料、气泡分散稳定剂等为原料，经搅拌、充气发泡、浇注成板芯，然后再浇注石膏面层，成为复合的外墙内保温板。

3.53

水泥聚苯板　cement EPS panel

以普通硅酸盐水泥、废旧聚苯乙烯破碎后的颗粒、发泡剂等为原料，经加水搅拌、浇注成型为板材，作外墙内保温板，也可作外墙外保温板。

3.54

BT型外保温板　type BT thermal insulation panel at the inside surface of exterior wall

以普通水泥砂浆为基材，以镀锌钢丝网及钢筋为增强材，在制作过程中与聚苯乙烯泡沫塑料板复合成单面型的保温墙板。

3.55

GRC外保温板　GRC thermal insulation panel at the outside surface of exterior wall

由玻璃纤维增强水泥(GRC)面层与高效保温材料预复合而成的外墙外保温用的板材。可做成单面板或双面板。

3.56

GRC岩棉外墙挂板　GRC thermal insulation hanging exterior wall panel composited with rock wool panel

将工厂预制的GRC外墙挂板、岩棉板在现场复合到主墙体上的一种外保温用的板材。

4　组成材料

4.1

胶结料　cementing materials

在物理、化学作用下，能胶结其他物料使浆体变成坚固的石状体的物质。

4.2

钙质材料　calcareous materials

以氧化钙为主要成分的材料。水化后能与二氧化硅反应生成以水化硅酸钙为主的胶结料。

4.2.1

水泥　cement

加水拌和成塑性浆体，能胶结砂石等适当材料并能在空气和水中硬化的粉状水硬性胶凝材料。根据其组成可分为硅酸盐水泥、普通硅酸盐水泥、抗硫酸盐硅酸盐水泥、低碱度水泥等。

4.2.2

石灰　lime

生石灰和消石灰的总称。

4.2.2.1

生石灰　quick lime

由石灰石、白云石等碳酸钙含量高的原料，经900℃～1 300℃煅烧分解出二氧化碳而成的氧化钙(CaO)。

4.2.2.2

消石灰　slaked lime

熟石灰　slaked lime

由生石灰加水消化后而成的氢氧化钙[$Ca(OH)_2$]。

4.2.3

电石渣　calcium carbide sludge

电石水解获取乙炔气后的以氢氧化钙为主要成分的废渣。

4.2.4

钢渣　steel slag

平炉、转炉、电炉等炼钢炉排出的以氢氧化钙为主要成分的废渣。

4.3

硅质材料 siliceous materials

以二氧化硅为主要成分的材料。在一定条件下，能与氢氧化钙反应生成以水化硅酸钙为主的胶结料。

4.3.1

低钙粉煤灰 low-calcium fly ash

粉煤灰 fly ash

从煤粉炉烟道气体中收集的以二氧化硅为主要成分，氧化钙含量不大于10%的粉末。

4.3.2

高钙粉煤灰 high-calcium fly ash

某些褐煤燃烧所得氧化钙含量大于10%的粉煤灰。

4.3.3

煤渣 cinder

块煤经燃烧所得的以二氧化硅为主要成分的废渣。

4.3.4

粒化高炉矿渣 granulated blast furnace slag

高炉冶炼生铁所得以硅酸钙与铝酸钙为主要成分的熔融物，经淬冷成粒的废渣。

4.3.5

高炉重矿渣 heavy blast furnace slag

高炉冶炼生铁所得以硅酸钙与铝酸钙为主要成分的熔融物，经自然冷却成块的废渣。

4.3.6

煤矸石 coal gangue

采煤和洗煤过程中排出的以二氧化硅为主要成分的炭质岩石废渣。

4.3.7

自燃煤矸石 self-combusted coal gangue

经风化自行燃烧而成的一种煤矸石。

4.3.8

尾矿 mineral waste

铁矿、铜矿、锌矿等矿山选矿后排出的以二氧化硅为主要成分的废渣。

4.3.9

沸腾炉渣 fluidized furnace slag

煤矸石和煤经沸腾锅炉燃烧排出的以二氧化硅为主要成分的废渣。

4.3.10

液态渣 liquid slag

煤粉（掺有石灰石粉）经液态排渣炉高温悬浮燃烧排出的熔融物，经淬冷成粒的废渣。

4.3.11

火山渣 scoria

火山喷出的熔岩经冷却而成的粗细碎屑的总称。

4.3.12

浮石 pumice

火山喷出的熔岩经急冷而成的以二氧化硅为主要成分的多孔岩块。

4.3.13

硅灰 silica fume

从生产硅及其合金的排气装置中收集的以二氧化硅为主要成分的粉末。

4.3.14

沸石 zeolite

碱和碱土金属的含水铝硅酸盐矿物的总称。

4.3.15

油页岩渣 oil shale waste

油页岩经炼油或中高温加工排出的以二氧化硅为主要成分的废渣。

4.3.16

硅藻土 diatomite

硅藻残骸在海(或湖)底沉积而成的以二氧化硅为主要成分的多孔软质岩石或土块。

4.4

石膏 gypsum

以二水硫酸钙($CaSO_4 \cdot 2H_2O$)为主要成分的矿物及其脱水产物。

4.4.1

天然石膏 natural gypsum

自然界存在的以二水硫酸钙或无水硫酸钙为主要成分的矿物。

4.4.1.1

二水石膏 dihydrate gypsum

以两个结晶水的硫酸钙($CaSO_4 \cdot 2H_2O$)为主要成分的矿物。

4.4.1.2

硬石膏 anhydrite

无水石膏 anhydrite

以无水硫酸钙($CaSO_4$)为主要成分的矿物。

4.4.2

建筑石膏 calcined gypsum

熟石膏 calcined gypsum

石膏经低温煅烧所得到的以β半水硫酸钙($\beta\ CaSO_4 \cdot 1/2H_2O$)为主要成分、不预加任何外加剂的粉状胶结料。

4.4.3

工业副产石膏 industrial by-product gypsum

工业生产中排出的以二水硫酸钙为主要成分的废渣的总称。

4.4.3.1

氟石膏 fluorogypsum

制取氢氟酸后所得的、以二水硫酸钙为主要成分的废渣。

4.4.3.2

磷石膏 phosphor gypsum; phosphogypsum

制取磷铵后所得的以二水硫酸钙为主要成分的废渣。

4.4.3.3

烟气脱硫石膏 flue gas desulfurization gypsum

工业生产中的烟气经石灰或石灰石水洗脱硫而分离出的废渣,主要成分为二水硫酸钙。

4.5

轻烧镁胶结料 magnesia binder

菱苦土 magnesia

由菱镁矿经煅烧分解为氧化镁(MgO)后磨细而成。

4.6

氯氧镁水泥（镁质胶凝材料） chloride-oxide magnesium cement

索勒尔胶结料 sorel cement

由轻烧镁胶结料加浓氯化镁溶液调和而成。

4.7

轻集料 lightweight aggregates

堆积密度不大于1 100 kg/m^3 的轻粗集料和堆积密度不大于1 200 kg/m^3 的轻细集料的总称。按其性能分为超轻集料、普通轻集料和高强轻集料三种。

4.7.1

陶粒 ceramisite

粘土质材料经破碎或成球后，在高温下经烧胀或烧结制成的多孔人造轻集料的总称。

4.7.1.1

粘土陶粒 expanded clay；Keramzite

以粘土和粉质粘土等为主要原料，经加工制粒、烧胀而成的陶粒。

4.7.1.2

页岩陶粒 expanded shale；agloporite

以粘土质页岩、板岩等为主要原料，经破碎、筛分或粉磨制粒、烧胀而成的陶粒。

4.7.1.3

粉煤灰陶粒 sintered fly ash

以粉煤灰为主要原料，掺加适量粘土，经加工成球、烧胀或烧结而成的陶粒。

4.7.2

天然轻集料 natural lightweight aggregates

因火山爆发等自然原因而形成的一种多孔岩石碎块，经加工、破碎、筛分等而成的一种轻集料。如浮石、火山渣等。

4.7.3

工业废渣轻集料 lightweight aggregates of industrial waste residue

在工业生产中排出的多孔废渣，经加工、破碎、筛分等而成的一种轻集料。如煤渣、煤矸石、膨胀矿渣珠等。

4.8

增强材料 reinforcements

4.8.1

石棉 asbestos

纤维状镁、钙、钠、铁的硅酸盐矿物总称。

4.8.1.1

蛇纹石石棉 serpentine

温石棉 chrysotile asbestos

纤维状含水的镁硅酸盐。

4.8.1.2

玻璃纤维 glass fiber

熔融玻璃经一定的成型工艺制成的纤维。

4.8.1.3

中碱玻璃纤维 medium-alkali glass fiber

碱金属氧化物含量在12%左右的玻璃纤维。

4.8.1.4

耐碱玻璃纤维　alkali-resistant glass fiber

抗碱玻璃纤维　alkali-resistant glass fiber

用于增强硅酸盐水泥的玻璃纤维，能耐水泥水化时析出的水化物的长期侵蚀。

4.8.2

合成纤维　synthetic fiber

以苯、二甲苯、苯酚、乙烯、丙烯、乙炔等为基本原料，先合成高分子化合物，再用不同方法制成的化学纤维。

4.8.2.1

聚乙烯醇纤维　polyvinyl alcohol fiber；PVA fiber

维尼纶纤维　Vinylon fiber

以聚乙烯醇为主要原料制成的化学纤维。简称：维纶。

4.8.2.2

聚丙烯纤维　polypropylene fiber

以聚丙烯为主要原料制成的化学纤维。简称：丙纶。

4.8.3

纤维素纤维　cellulose fiber

用某些植物的杆和韧皮等经机械或化学加工制成的纤维。如纸浆、竹浆、麻丝等。

4.8.4

纸纤维浆　fiber pulp

纸浆　paper pulp；pulp

纸纤维与水的混合液。

4.8.5

钢丝网　wire mesh

用直径小于2 mm的冷拔低碳钢丝编织或焊接成的网，用于制作钢丝网水泥制品。

4.8.6

钢丝网架　steel mesh

采用直径为2.0 mm～2.2 mm的镀锌低碳钢丝或低碳钢丝，焊接成的三维空间网架。

4.8.7

纸面石膏板护面纸　carton board

纸面石膏板护面专用纸。生产纸面石膏板时，覆盖于石膏芯两面及两棱，能牢固地与石膏芯材粘结在一起。分上纸(使用时的底纸)和下纸(使用时的面纸)两种。生产耐水纸石膏板时，则用专用的耐水护面纸。

4.8.8

建筑用草板护面纸　carton board for compressed straw slabs

生产建筑用草板时，用胶粘裹在整个草芯外面的护面纸。

4.9

绝热材料　thermal insulation materials

不易传热的材料，是保温、隔热材料的总称。

4.9.1

膨胀珍珠岩　expanded pearlite

由酸性火山玻璃质熔岩即珍珠岩、松脂岩、黑曜岩经破碎、筛分、高温焙烧膨胀冷却而成的白色颗粒状的多孔绝热材料。通常称作膨胀珍珠岩粉料或膨胀珍珠岩散料。

4.9.2

球形闭孔膨胀珍珠岩　spherical expanded pearlite with closed pore

一种膨胀珍珠岩,颗粒似球形,表面呈玻壳,闭孔。

4.9.3

膨胀珍珠岩制品　expanded pearlite products

以膨胀珍珠岩为集料,加入适量的胶粘剂,如水泥、水玻璃、沥青、石膏、树脂、磷酸盐等,经过搅拌、压制成型、干燥等工艺过程而成的具有一定形状的制品。一般结合胶粘材料命名,如水泥珍珠岩制品、水玻璃珍珠岩制品等。

4.9.4

膨胀蛭石　exfoliated vermiculite

以蛭石为原料,经破碎、烘干、在一定的温度下焙烧膨胀、快速冷却而成的松散颗粒。

4.9.5

膨胀蛭石制品　exfoliated vermiculite products

以膨胀蛭石为原料,加入适量胶粘剂,经搅拌、成型、干燥或养护而成的制品。

4.9.6

岩棉　rock wool

将天然火成岩石(如玄武岩、辉绿岩、安山岩等)经高温熔融、用离心力、高压载能气体喷吹而制成的矿物棉。

4.9.7

矿渣棉　slag wool

由矿渣如高炉矿渣、锰矿渣、磷矿渣、粉煤灰等工业废渣,经高温熔融、用离心力、高压载能气体喷吹而制成的矿物棉。

4.9.8

岩棉及矿渣棉制品　products of rock wool and slag wool

岩棉或矿渣棉中加入适量热固型树脂胶粘剂,经压形、加热聚合或干燥制成的板、带、毡等。

4.9.9

玻璃棉　glass wool

用天然矿石如石英砂、白云石、蜡石等,配以化工原料如纯碱、硼酸等熔制玻璃,在熔融状态下借助外力拉制、吹制或甩成的极细的纤维状材料。

按其化学成分可分为无碱、中碱和高碱三种。

4.9.10

玻璃棉制品　glass wool products

以玻璃棉纤维为基材而制成的板、带、毡、管等制品的总称。

4.9.11

聚苯乙烯泡沫塑料　expanded polystyrene;EPS

聚苯乙烯树脂在加工成型时用化学或机械方法使其内部产生微孔制得的硬质、半硬质或软质制品。

4.9.12

聚氨酯泡沫塑料　expanded polyurethane

聚氨基甲酸酯树脂在加工成型时用化学或机械方法使其内部产生微孔制得的硬质、半硬质或软质制品。

4.9.13

酚醛泡沫塑料　phenolic foamed plastics

酚醛树脂在一定的温度与发泡剂的作用下产生泡沫状结构，并在固化剂的作用下交联固化而成的一种硬质热固性泡沫块，依据设计的型状与规格尺寸加工成制品。

4.9.14

泡沫玻璃　foamed glass

用磨细玻璃粉为主要原料，通过添加发泡剂，经熔融发泡、退火冷却加工处理而制成的一种具有均匀的独立密闭气隙结构的无机硬质绝热材料。

4.9.15

硅酸钙绝热制品　calcium silicate thermal-insulation products

以氧化硅（硅藻土、膨润土、石英砂粉等）、氧化钙（消石灰、电石渣等）和增强材料（石棉、玻璃纤维、纸纤维等）为主要原料，经过搅拌、加热、胶凝、成型、蒸压硬化、干燥等工序而制成的一种绝热材料。

4.9.16

废纸纤维绝热材料　waste paper fiber insulation material

纤维素纤维绝热材料　cellulose insulation material

以旧报纸、废纸板等含有木质纤维的废纸为主要原料，通过研磨使之成为直径细小的纤维，再经硼酸与硼砂的防火、防霉处理而制成的一种绝热材料。

4.9.17

金属绝热材料　metal thermal insulation materials

利用金属的反射而使外来热（辐射热）传给空间从而起到隔热的作用。

4.10

外加剂　admixture

添加剂　admixture

为改善工艺条件和制品性能外掺的无机或有机物质。

4.10.1

分散剂　dispersant

能促使固体粒子的絮凝团或液滴分散为细小粒子悬浮于液体中的物质。

4.10.2

凝聚剂　coagulator

絮凝剂　flocculant

能溶于水，并使水中悬浮的固体粒子凝集与聚沉的物质。

4.10.3

发气剂　gas forming agent

因化学作用产生气体，使料浆体积膨胀成多孔结构的物质。

4.10.4

泡沫剂　foaming agent

能降低液体表面张力，大量产生均匀而稳定的泡沫的物质。

4.10.5

促凝剂　accelerator；setting agent

能促使水泥、石膏等胶结料凝结，缩短其凝结时间的物质。

4.10.6

缓凝剂　retarder

能延缓水泥、石膏等胶结料凝结时间的物质。

4.10.7

胶粘剂　adhesive

通过粘合作用,能使被粘物结合在一起的物质。

4.10.8

增塑剂 plasticizer

能增加物料可塑性和流动性的物质,可以改善物料的工作性,利于加工成型。

4.10.9

着色剂 coloring agent

使白色水泥制成的砂浆和混凝土带有不同色彩的外加剂,用于建筑物装饰。一般为天然或合成的颜料、染料等。

5 主要生产工艺

5.1

风化过程 weathering

使原料土、岩石等暴露在自然条件下经风霜雪雨、日光、寒暑的作用,反复吸水、脱水、冻融产生一系列物理和化学变化的过程。

5.2

搅拌 mixing

采用人力或机械力,将几种原料混合均匀的过程。

5.3

泥料真空处理 de-airing of clay

在真空中排除泥料内部空气的过程,可改善泥料性能,提高坯体密实度和成品强度。

5.4

泥料加热处理 steam-heating of clay

砖坯成型前喷射蒸汽,提高泥料温度的过程。

5.5

成型 moulding

采用机械力、振动(振捣)力或自重将混合料制成一定形状坯体的过程。

5.5.1

挤出成型 extrusion

将泥料或混凝土混合料通过真空挤压机或挤压机连续挤出成型,再切割成坯体或制品的成型方法。

5.5.2

压制成型 pressed moulding

热压成型 heating-pressed moulding

经搅拌处理的泥料或混合料在模具内被加压(或加热后加压)而成型的成型方法。

5.5.3

振动(振捣)成型 vibro-casting moulding

采用振动设备使混合料密实成型的成型方法。

5.5.4

浇注成型 casting moulding

将料浆浇注于模具内,借助自重或发气使其充满模具而密实的成型方法。

5.5.5

轧压成型 rolled moulding

用轧辊碾压使混合料密实成形的成型方法。

5.5.6

抄取成型　Hatschek process moulding

是用湿法工艺制造纤维水泥制品的一种方法。由料浆过滤、料层传递、成型加压、真空脱水等系统组成。

5.5.7

流浆成型　flow-on process moulding

长网吸滤成型　vacuum filtration on conveyor felt process moulding

利用流浆机与真空脱水装置制造纤维水泥和纤维石膏制品的一种方法。

5.5.8

喷射成型　spraying process moulding

通过纤维切短喷射器和水泥浆喷射器，分别喷出纤维和水泥浆，汇合一起喷射在金属模型上成型，是制造纤维水泥制品的一种方法。

5.5.9

喷吸成型　spray-suction process moulding

利用喷射与真空抽吸脱水装置制造纤维水泥制品的一种方法。

5.5.10

抹浆成型　lay-up process moulding

将连续的纤维纱、纤维毡片或网片和水泥砂浆，分别铺放在模型内制造纤维水泥制品的一种方法。

5.6

干燥　drying

以大气为介质或在干燥设备中利用各种热源和强制通风来排除坯体中水分的工艺过程。

5.6.1

自然干燥　natural drying

以大气为干燥介质来排除坯体中水分的干燥过程。

5.6.2

人工干燥　artificial drying

在干燥设备中利用各种热源和强制通风来排除坯体中水分的干燥过程。

5.7

预养　precuring

成型后的坯体或制品养护前在适当的温度和湿度环境中停放一段时间的工艺措施。

5.8

养护　curing

为成型后的坯体或制品创造适当的温度和湿度条件以利其水化硬化的工艺措施。

5.8.1

自然养护　natural curing

自然条件下，在空气或水中，对坯体或制品进行养护的方法。简称：自养。

5.8.1.1

空气中养护　air-curing

将坯体或制品置于空气中，利用自然气温和湿度对其进行水热处理的养护方法。

5.8.1.2

水中养护　water-curing

将坯体或制品置于水中进行养护的方法。

5.8.2

常压蒸汽养护　steam-curing

采用常压蒸汽(绝对压力为0.10 MPa,温度不超过水的沸点),对成型后的坯体或制品进行水热处理的养护方法。简称:蒸养。

5.8.3

高压蒸汽养护　autoclaving

采用高压蒸汽(绝对压力不低于0.88 MPa,温度174℃以上),对成型后的坯体或制品进行水热处理的养护方法。简称:蒸压。

5.8.4

电热养护　electro-heating curing

利用电流加热,对成型后的坯体或制品进行水热处理的养护方法。

5.9

装窑　kiln placing

将砖坯按一定形式用人工或机械在空道内或窑车上码成坯垛的过程。

5.10

焙烧　firing

利用可燃物质(包括原料中的或外掺入的)燃烧所发出的热量,对坯体进行烧结的工艺过程。

6　主要工艺设备

6.1

搅拌设备　mixing equipment

将几种原料搅拌均匀的设备。

6.1.1

单轴搅拌机　single-shaft mixer

机槽内装有一根按螺旋线安设搅拌桨叶的轴的连续式搅拌设备。

6.1.2

双轴搅拌机　double-shaft mixer

机槽内装有两根做相对转动的按螺旋线安设搅拌桨叶的轴的连续式搅拌设备。

6.1.3

强制式混凝土搅拌机　forced concrete mixer

一种作用强烈的间歇式周期操作的混凝土搅拌设备。分为行星式和涡浆式两种。

6.1.4

强制式砂浆搅拌机　forced mortar mixer

一种作用强烈的间歇式周期操作的砂浆搅拌设备。

6.1.5

加气混凝土搅拌机　aerated concrete mixer

由立式圆筒形罐体和搅拌器组成的料浆搅拌和浇注设备。

按搅拌器形式分为:旋桨式、桨式、涡轮式、锚式和框式以及螺旋式搅拌器五种。

按浇注方式分为:固定式和移动式两种。

6.1.6

轮碾机　edge runner

将原料进行破碎、搅拌、压实和湿碾活化的设备。

6.1.6.1

间歇式轮碾机 batch edge runner

碾盘主动、碾轮从动并离碾盘一定距离的一种间歇操作的轮碾机。

6.1.6.2

连续式轮碾机 continuous edge runner

碾盘固定、碾轮压在碾盘上并绕中心轴旋转的一种连续操作的轮碾机。

6.2

成型设备 moulding equipment

使混合料(或坯体)成形的设备总称。

6.2.1

挤出机 extruder

螺旋挤出机 screw extruder

连续挤出泥条的塑性成形设备。

6.2.2

双级真空挤出机 two-stage de-airing extruder

带双轴搅拌机和真空室的连续挤出泥条的塑性成形设备。

6.2.3

压砖机 brick press

用半干法压制砖坯的成型设备。

按结构形式分为:板锤成型机、盘转式压砖机、高压杠杆式压砖机、液压传动压砖机四种。

6.2.4

小型砌块成型机 small block manufacturing machine

生产混凝土小型砌块的各种型式成型设备。

按型式分为:移动式、固定式、叠层式和分层布料式四种。

按振动方式又分为:台振和模振两种。

6.2.5

振动设备 vibrating equipment

用振动的方法使混合料成形的成型设备。

6.2.5.1

附着式振动器 form vibrator

在混合料表面进行振捣的振动设备。

6.2.5.2

插入式振动器 poker vibrator

插入混合料内部进行振捣的振动设备。

6.2.5.3

振动台 vibro-bench

可将带模的混合料放在台上进行振捣的振动设备。

6.2.6

抄取法制板机 Hatschek sheet machine

抄取法生产石棉水泥板的主机。

6.2.7

流浆法制板机 flow-on sheet machine

流浆法生产纤维水泥板的主机。

6.2.8

空心墙板挤压成型机　hollow panel extruder

利用螺旋绞刀对混合料的挤压和附着式振动器的振动作用，使混合料密实成型生产空心墙板的一种设备。

6.2.9

真空挤出成型机　vacuum-extrusion machine

利用低水灰比的塑性纤维水泥混合料生产纤维水泥板的一种成型设备。混合料在成型设备内，经真空排气、并在螺杆的高挤压力和高剪切力作用下由模口挤出，制成多种断面形状的板材。

6.2.10

成组立模　group standing mould

成组竖向生产板材构件的一种设备。由悬挂式或下行式立模和装拆机构组成。

6.2.11

压机　press

以半干法生产板材的设备总称。

按型式分为普通压机(生产水泥或石膏刨花板)、热压机(生产木质板)、连续压机(生产纤维石膏板)三种。

6.3

切割设备　cutter

生产过程中，切割坯体、板材的一种设备。

6.3.1

切坯机　cutter

将挤出机挤出的泥条用钢丝切割成砖坯的切割设备。

6.3.1.1

单弓切坯机　bow-type cutter

用单弓每次切割一块砖坯的自动切割机。

6.3.1.2

链式切坯机　chain-type cutter

用链传动的钢丝每次切割一块砖坯的自动切割机。

6.3.1.3

推板式切坯机　side cutter

用侧向往复运动每次切割多块砖坯的间歇式切割设备。

6.3.2

加气混凝土切割机　cutter for aerated concrete

将加气混凝土坯体加工成一定尺寸的设备。

6.3.3

板材切割机　cutter for wall panel

将板材在台座上切割成定长的设备。

6.4

隧道干燥室　tunnel dryer

隧道式连续干燥设备，一般由若干条隧道并联组成，每条隧道内设有轨道，砖坯码在干燥车上，沿轨道进入室内干燥。

6.5

轮窑　annular kiln; ring kiln; Hoffmann kiln; circular kiln

焙烧砖的环连续式窑炉。

6.6

隧道窑　tunnel kiln

焙烧砖的隧道式窑炉。

6.7

一次码烧隧道窑　tunnel kiln with dryer

带干燥段的隧道窑。将干燥室与焙烧室串联在一起，湿砖坯直接码在窑车上，依次通过干燥、预热、焙烧、冷却而烧成。

6.8

养护设备　curing equipment

对坯体或制品进行水热处理的设备。

6.8.1

常压蒸汽养护设备　steam-curing equipment

对坯体或制品进行常压蒸汽养护的养护设备。

6.8.1.1

养护室　steam-curing chamber

对坯体或制品进行常压蒸汽养护的一种“室式”养护设施，分间歇式和连续式两种。

6.8.1.2

养护坑　steam-curing pit

对坯体或制品进行常压蒸汽养护的一种“坑式”养护设施。

6.8.2

蒸压釜　autoclave

对坯体或制品进行高压蒸汽养护的养护设备。

6.9

多斗挖掘机　multi-bucket excavator

挖掘黏土、砂、石子等物料的设备。

6.10

风选锤式破碎机　hammer crusher with air-classifier

煤矸石和类似矿石的细碎设备，能合并完成粉碎、筛分、运输、提升、除尘等工序。

6.11

筛式圆盘喂料机　circular screen feeder

物料的碾练、混合和均匀供料的设备，兼有中间储存作用。

6.12

码坯机　setting machine

在窑车(或干燥车)上将砖坯按预定形式码成坯垛的专用设备。

6.13

GRC 喷射机　spraying machine for GRC

生产 GRC 制品的一种设备。水泥料浆和玻璃纤维分别由挤压泵和空气压缩机输送至喷射机内，并由喷嘴混合喷出。

6.14

石膏料浆站　plaster slurry mixing station

由储料仓、计量、混合、输送等设备组成料浆站，为生产纸面石膏板制备和供应料浆。

6.15

石膏板成型站　plaster board forming station

由护面纸的加工和储存、石膏板成型台座和成型机等设备组成的，接受护面纸和料浆，制成纸面石膏板的装备。

6.16

水力松解机　hydraulic defibring machine

用来松散和分离纤维束，并制备纤维浆的设备。

6.17

泵式碎浆机　pump-pulper

用来进一步松解纤维，并制备纤维水泥料浆的设备。

6.18

流浆箱　flow box

流浆法生产纤维水泥制品的主要装置。

6.19

成型筒　accumulator roll

由筒体、扯坯装置、测厚装置等组成，是湿法工艺制板机的主要装置。

6.20

网箱　vat

由圆网筒、搅拌器等组成，是抄取法成型设备的主要装置。

7　配套材料

7.1

混凝土小型空心砌块灌孔混凝土　grout for concrete small hollow block

由水泥、集料、水以及根据需要掺入的掺合料和外加剂等组分，按一定的比例，采用机械搅拌，用于浇注混凝土小型空心砌块砌体芯柱或其他需要填实部位的混凝土。

7.2

混凝土小型空心砌块砌筑砂浆　mortar for concrete small hollow block

由胶结料、细集料、水以及根据需要掺入的掺合料和外加剂等组分，按一定的比例，采用机械搅拌后，用于砌筑混凝土小型空心砌块的砂浆。

7.3

保温砂浆　thermal insulation morter

以水泥、石灰膏或石膏等为胶凝材料，以膨胀珍珠岩、膨胀蛭石等为轻质细集料，拌制成的砂浆。

7.4

防水砂浆　waterproof mortar

掺加防水剂或防水粉的水泥浆或水泥砂浆。

7.5

抹面砂浆　plastering mortar

装饰砂浆　decorative mortar

用于室内外装饰，以增加建筑物美观的砂浆。包括水泥砂浆、粉刷石膏、水刷石、干粘石等。

7.6

干拌砂浆　ready-mixed mortar

由水泥、钙质消石灰粉、砂、掺合料以及外加剂按一定比例干混合制成的混合物，使用时在施工现场加水拌和后即为砌筑砂浆。

7.7

龙骨　joist

拼装复合板、墙板等的骨架构件,常由薄壁型钢、木材、石膏等制作。

7.8

接缝带　joint tape

由纸、金属、织物、玻纤网格或其他材料做成的带子,通常与胶结料一起增强相邻墙板间的接缝。

7.9

嵌缝腻子　embedding compound

专门配制和生产的膏剂,用于石膏板接缝中填埋增强接缝带。

7.10

腻子　putty

嵌填墙面缺陷或缝隙,使墙面具有平整表面的膏状材料。

7.11

增强金属网　joint reinforcing metal

用金属丝编织或焊接成的网片,用于增强墙面的接缝、转角或其他区域。

7.12

粘结石膏　bond plaster

一种石膏胶结料,专门用于覆盖整浇混凝土的粗糙表面,作为后续石膏抹灰层的粘结层。

8　相关术语

8.1　外观

8.1.1

长　length

直角六面体的砖和砌块一般设计使用状态下水平面的长边尺寸。板材的长边尺寸。

8.1.2

宽　width

直角六面体的砖和砌块一般设计使用状态下水平面的短边尺寸。垂直于板材长边的板的尺寸。

8.1.3

高　height

直角六面体的砖和砌块一般设计使用状态下的竖向尺寸。

8.1.4

厚　thickness

板材正面与背面间的垂直距离。

8.1.5

外廓尺寸　overall dimension

制品长、宽、高各个方向的最大尺寸。

8.1.6

大面　bedding face

砖的长度与宽度所形成的面。

8.1.7

条面　side face

垂直于砖大面的较长的面。

8.1.8

侧面　side face

砌块指形成墙面的面；墙板指竖向拼接面。

8.1.9

顶面　end face

砖指垂直于大面的较短的面；墙板指垂直于正面的较短的面。

8.1.10

端面　end face

垂直于砌块侧面的竖向面。

8.1.11

铺浆面　top face

砌块承受垂直荷重且朝上的面，空心砌块指壁和肋较宽的面。

8.1.12

坐浆面　bedding face

砌块承受垂直荷重且朝下的面，空心砌块指壁和肋较窄的面。

8.1.13

切割面　cutting face

砌块的坯体或成品再加工时切开所形成的面。

8.1.14

完整面　finished face

砖或砌块外观质量符合要求的面。

8.1.15

[纸面石膏板的]正面　[gypsum plaster board] face

护面纸边部无搭接的板面。

8.1.16

[纸面石膏板的]背面　[gypsum plaster board] back

护面纸边部有搭接的板面。

8.1.17

[纸面石膏板的]端头　[gypsum plaster board] end

垂直棱边的切割边。

8.1.18

外壁　shell; face shell

空心砖四周外层部分(shell)。

空心砌块与墙面平行的外层部分(face shell)。

8.1.19

肋　rib

空心砖、空心砌块或空心墙板孔与孔之间的间隔部分以及空心砌块外壁与外壁之间的连接部分。

8.1.20

槽　groove

砖或砌块上部、下部或端部的凹进部分；空心墙板侧面的凹进部分。

8.1.21

榫　tongue

砖或砌块上部、下部或端部的凸出部分；空心墙板侧面的凸出部分。

8.1.22

凸缘　end flange

砖或砌块端部构成槽的凸出边缘。

8.1.23

棱　edge

砖或砌块外表面两个面的交接线。

8.1.24

[纸面石膏板的]棱边　[gypsum plaster board] edge

有纸覆盖的纵向边。

8.1.25

孔　hole;core

砖或砌块或墙板内部用芯模制成的,贯通的或不贯通的空间。

8.1.25.1

竖孔　vertical hole

垂直于受压面的孔。

8.1.25.2

水平孔　horizontal hole

平行于受压面的孔。

8.1.25.3

抓孔　scratch hole

专为用手取砖而设的孔。

8.1.25.4

单排孔　single-row core

砌块的宽度方向只有一排的孔。

8.1.25.5

多排孔　multi-row core

砌块的宽度方向有两排或两排以上的孔。有双排孔、三排孔、四排孔等之分。

8.1.26

缺棱　chipping

砖或砌块棱边缺损的现象。

8.1.27

掉角　arris effectedd

砖或砌块的角破损、脱落的现象。

8.1.28

疏松　slacking

由于生产控制不当而造成的不密实、粉化现象。

8.1.29

毛刺　burr

砌块成型后留在表面凸出的连续或不连续的薄片。

8.1.30

凹陷　indentation

空心砖或空心砌块外壁的瘪陷现象。

8.1.31

层裂　lamination

砖或砌块中平行于某一面的层状缝隙。

8.1.32

裂缝　crack

砖或砌块或板材表面深入内部的缝隙。

8.1.33

裂纹　craze

砖或砌块或板材表面浅层的细微缝隙。

8.1.34

龟裂　map crack；chap

砖或砌块或板材表面的网状缝隙。

8.1.35

起鼓　bulking

砖或砌块表面局部鼓出平面的现象。

8.1.36

脱皮　scaling

剥落　scaling

砖或砌块表面片状脱落现象。

8.1.37

翘曲　warping

砖在两个相对面上同时发生的偏离平面的现象。

面积较大的薄板，在单面受潮吸水或干燥失水时所发生的起拱现象。

8.1.38

弯曲　warping

砌块在两个相对面上同时发生的偏离平面的现象。

8.1.39

灰团　lumping

砖或砌块或板材中未散开的粉状材料。

8.1.40

烧成缺陷　firing defect

制品在烧成过程中产生的外观或性能上的缺陷。

8.1.41

蜂窝麻面　honeycomb and scale

制品表面由于成形不密实或模板漏浆而形成的蜂窝状空洞、气孔或成片的麻点。

8.1.42

起层　delamination

制品断面出现的分层现象。

8.2　性能

8.2.1

吸水性　water absorption

材料或制品吸水的能力。以质量吸水率或体积吸水率表示。

8.2.2

抗渗性　impermeability

不透水性　impermeability

材料或制品抵抗水、油等液体压力作用下渗透的性能。

8.2.3

抗冻性　frost resistance

材料或制品抵抗冻融循环的能力。

8.2.4

收缩　shrinkage

材料因物理和化学作用而产生的体积缩小现象。

8.2.5

干燥收缩　dry shrinkage

材料因毛细孔和凝胶孔中的水分蒸发和散失而引起的体积缩小现象。简称干缩。常以干缩值“毫米每米(mm/m)”表示。

8.2.6

碳化作用　carbonation

水泥、砂浆、混凝土和硅酸盐制品表面层的水化产物与大气中的二氧化碳反应生成碳酸盐的作用。

8.2.7

耐久性　durability

材料或制品在长期使用中保持基本性能的能力。

8.2.8

耐候性　weatherability

材料或制品抵抗日光、风雨、寒热等气候条件长期作用的能力。

8.2.9

老化　aging

材料或制品由于温湿度、日照等影响随时间推移而产生的各种不可逆的化学和物理过程的总称。

8.2.10

耐干湿循环性　endurance to alternate wetting and drying

材料或制品在长期干湿交替作用下的耐久性。

8.2.11

隔声性能　sound insulation property

材料或制品阻止声波传递和透射的能力。

8.2.12

保温性能　heat preservation property

砌筑墙体的材料或制品阻止热量损失，保持室温稳定的能力。

8.2.13

隔热性能　thermal insulation property

砌筑墙体的材料或制品阻止热量传入，保持室温稳定的能力。

8.2.14

不燃性　incombustibility

材料或制品遇火燃烧的可能性和难易程度。

8.2.15

吸湿性　moisture absorption property

材料或制品在潮湿环境中吸收空气中水分的能力。

8.2.16

抗冲击性　impact resistance

制品抵抗冲击、震动和碰撞作用的能力。

8.2.17

细度　fineness

粉状物料的粗细程度。常以比表面积或标准筛的筛余质量分数表示。

8.2.18

凝结时间　setting time

水泥和石膏等胶凝材料从可塑状态到失去流动性形成致密的固体状态所需的时间。分为初凝时间和终凝时间。

8.2.19

工作性　workabibity

和易性　workabibity

混凝土混合料的重要工艺性能。主要指混合料在搅拌、运输、浇灌等施工过程中保持均匀、密实而不发生分层、离析现象的性能。

8.2.20

标准稠度　normal consistency

将一定量的胶结料制备成具有规定流动度的料浆，此料浆的稠度即为标准稠度。达到该稠度所需的用水量，即为标准稠度用水量。

8.3　**检验**

8.3.1

外观质量　appearance quality

肉眼或简单工具能断定的产品外表优劣程度的指标。

8.3.2

混等率　under rate

在某等级的材料或制品中，混入不符合该等级质量的产品的质量分数。

8.3.3

尺寸偏差　size deviation

制品的长、宽、高等尺寸的实际测量值与标准值的差。

8.3.4

毛截面面积　gross cross-sectional area

砖和砌块与荷重方向垂直而以外廓尺寸算出的横截面面积，简称：毛面积。

8.3.5

净面积　net area

砖和砌块荷重方向相垂直的实体最小截面面积。

8.3.6

密度等级　density grading

材料或制品密度的表示方法。

8.3.7

密度　density

物体的质量与其体积的比值。

8.3.7.1

体积密度 bulk density

表观密度 apparent density

制品单位表观体积的质量。

8.3.7.2

面密度 planar density

制品单位面积的质量。

8.3.7.3

气干面密度 planar density of air-dried

制品在大气中干燥达到含水率相对稳定时的单位面积质量。

8.3.8

孔隙率 porosity

衡量物体的多孔性或致密程度的一项指标。

8.3.9

孔洞率 void ratio

空心率 core ratio

制品开口孔洞和槽体积的总和与表观体积之比的质量分数。砖或板材称孔洞率;空心砌块或硅酸建筑制品称空心率。

8.3.10

含水率 percentage of moisture

材料或制品中所含水分质量与其干质量之比,以质量分数表示。

8.3.11

吸水率 percentage of water absorption

材料或制品饱水状态下吸收的水分质量与其干质量之比,以质量分数表示。

8.3.12

相对含水率 comparatively percentage of moisture

含水率与吸水率的比值。

8.3.13

吸湿率 percentage of moisture absorption

材料或制品潮湿状态下吸收的水分质量与其干质量之比,以质量分数表示。

8.3.14

强度等级 strength grading

砖或砌块强度的表示方法。

8.3.15

抗压强度 compressive strength

材料或制品在压力作用下达到破坏前所能承受的最大应力。单位“兆帕(MPa)”。

8.3.16

抗折强度 bending strength

抗弯强度 flexural strength

材料或制品在承受弯曲时达到破裂前的最大应力。单位“兆帕(MPa)”。

8.3.17

断裂荷载 crack load

抗弯破坏荷载 flexural load

制品在承受弯曲时,达到破裂前所承受的最大荷载。单位:"牛顿(N)"。

8.3.18

吊挂力　handing load

衡量制品承受悬挂荷载能力的指标。单位:"牛顿(N)"。

8.3.19

挠度　deflection

制品因自重或承受挠曲荷载而产生的弹性变形曲线上最大挠曲位移值。

8.3.20

受潮挠度　moisture deflection

制品在潮湿状态下因自重或承受翘曲荷载而产生的弹性变形曲线上最大翘曲位移值。

8.3.21

表面吸水量　water absorption on the surface

衡量耐水纸面石膏板吸水性能的指标,以一定条件下板材表面的吸水量表示。单位:"克每米平方(g/m^2)"。

8.3.22

空气声隔声量　air sound insulation value

衡量制品空气中隔声性能的指标。单位:"分贝(dB)"。

8.3.23

吸声系数　sound-absorption coefficient

声波入射到材料表面上,被材料吸收的声能与总的入射声能之比。

8.3.24

导热系数　thermal conductivity coefficient

单位时间 1 s 内,垂直于传热方向,穿过壁的厚度为 1 m,内外壁表面的温差为 1 K,通过传导方式单位面积 1 m^2 所传递的热量。单位:"瓦每米开[$W/(m \cdot K)$]"。

8.3.25

传热系数　thermal conductance coefficient

围护结构内外表面的温差为 1 K 时,在 1 s 内,通过 1 m^2 面积所传递的热量。简称:K 值,单位:"瓦每米平方开[$W/(m^2 \cdot K)$]"。

K 值的倒数为热阻值,以 R 表示,单位:"米平方开每瓦[$(m^2 \cdot K)/W$]"。R 值越大,通过围护结构的热损失越小。

8.3.26

耐火极限　fire resistant limit

按规定的火灾升温曲线进行耐火试验时,建筑物构件从受到火的作用开始,到失去支持能力或发生穿透裂缝或背火一面温度升高到 220℃时所延续的时间。以"小时(h)"表示。

8.3.27

耐火等级　fire resistant grade

建筑物抵抗火灾能力的等级。

8.3.28

耐火纸面石膏板的遇火稳定性　stability with fire of fire-resistant plasterboard

衡量耐火纸面石膏板在高温下芯材结合力的指标。以"分钟(min)"表示。

8.3.29

软化系数　softening coefficient

以材料饱水状态下的抗压强度与自然状态下的抗压强度的百分比表示。

8.3.30

碳化系数　carbonation coefficient

以材料受到碳化作用后的抗压强度与未受到碳化作用时的抗压强度的百分比表示。

8.4　质量

8.4.1

欠火　underfire

欠烧　underfire

烧结砖或烧结砌块因未达到烧结温度或保持烧结温度时间不够而造成的缺陷。

8.4.2

过火　overfire

过烧　overfire

烧结砖或烧结砌块因超过烧结温度或保持烧结温度时间过长而造成的缺陷。

8.4.3

哑音　dumb sound

烧结砖或烧结砌块的局部被敲击时发出的不清脆的声音。

8.4.4

黑心　black core；black heart

烧结砖或烧结砌块因内燃物质未充分燃烧而在内部产生的黑色部分。

8.4.5

黑头　chuff

烧结砖或烧结砌块的局部表面因被未充分燃烧的燃料或灰埋盖，以及其他原因而形成的黑色。

8.4.6

压花　kissmark；stain on firing

黑疤　stain on firing

黑斑　stain on firing

压印　kissmark；stain on firing

坯体上下层叠压的部分，在焙烧过程中形成的深色印痕。

8.4.7

螺旋纹　spiral lamination

以螺旋挤出机成型砖坯时，坯体内部形成螺旋状分层。

8.4.8

石灰爆裂　lime bloating；lime popping

烧结砖或烧结砌块的原料或内燃物质中夹杂着石灰质，焙烧时被烧成生石灰，砖或砌块吸水后，体积膨胀而发生的爆裂现象。

8.4.9

泛霜　efflorescence

盐析　salt out

盐霜　efflorescence

起霜　efflorescence；frost

可溶性盐类在砖或砌块表面的盐析现象，一般呈白色粉末、絮团或絮片状。

8.5　其他有关术语

8.5.1

纹理　texture

砖或砌块的外露面因材料品种、颜色和颗粒组成以及经过加工在表面形成的各种质感。

8.5.2

混合料　mixture

按配合比称量的各种原材料，经搅拌或轮碾制成的混合物。

8.5.3

料浆　slurry

泥浆稀泥　slime

具有一定细度的固体粒子(胶结料、硅质材料等)与水混合制成的浆体悬浊体。

8.5.4

发气速度　gas forming rate

料浆在一定的碱度条件下，从加入发气剂到发气结束所需的时间。

8.5.5

膨胀稳定性　expansion stability

加气混凝土料浆形成稳定、均匀气孔结构的能力。

8.5.6

坯体　semi-finished product

成型后未经烧成或养护的制品的半成品。

8.5.7

水热处理　hydrothermal treatment

使坯体或制品在较高温度的水或蒸汽中水化硬化的养护方法。

8.5.8

稠化　coagulation

在化学和吸附作用下，料浆极限切应力和塑性黏度逐渐增大的过程。

8.5.9

结露　moisture condensation

空气中的水蒸气在材料或制品表面凝结的现象。

8.5.10

气孔结构　pore structure

材料或制品内部气孔的数量、形状、大小、分布以及连通或密闭的情况。

8.5.11

含水状态　moisture state

材料或制品含水时的状态。以含水率(%)表示。

8.5.12

气干状态　air-dried state

材料或制品在大气中干燥，达到含水率相对稳定时的含水状态。

8.5.13

干燥状态　dry state

材料或制品经人工干燥达到恒重时的状态。

8.5.14

饱水状态　water saturated state

含水饱和状态的简称。材料或制品浸入水中达到极限含水率时的含水状态。

8.5.15

集料级配　grading of aggregate

衡量混凝土用集料颗粒粗细的分级和组成是否合理的一个指标。

8.5.16

集料最大粒径　maximum aggregate size

衡量混凝土用集料粗细程度的一个指标。用标准筛对粗细集料试样进行筛分，以累计筛余不超过5%的筛孔尺寸表示。

8.5.17

湿法工艺　wet proces

采用浓度为3%～13%的纤维水泥料浆，通过过滤、真空抽吸、辊压等方法制造纤维水泥制品的生产工艺。

8.5.18

干法工艺　dry process

加入占干料质量为10%～14%的水拌成混合料，通过辊压、冲压或挤出等方法制造纤维水泥制品的生产工艺。

8.5.19

半干法工艺　semi-dry process

采用浓度为50%～70%的纤维水泥料浆，通过挤压、真空挤压或辊压等方法制造纤维水泥制品的生产工艺。

8.5.20

一次码烧工艺　once setting in firing-process

将成型后的湿坯直接码在窑车上，在隧道窑依次进行干燥、预热、焙烧、冷却的制砖方法。

8.5.21

超热焙烧　surplus-heat firing

坯内可燃物质，所发出的热能超过烧成所需热量的烧砖方法。又称超内燃烧焙烧。

8.5.22

干燥介质　drying medium

在干燥过程中传送热能和带走水分的媒介物质，如热空气等。

8.5.23

干燥周期　drying cycle

坯体从干燥开始到终了所需的时间。

8.5.24

干燥制度　drying system

有关砖在干燥过程中的各项工艺参数和技术要求的规定。

8.5.25

干燥曲线　drying curve

以坯体在干燥过程中的含水率为纵坐标，以干燥时间或干燥室的长度为横坐标绘成的曲线。

8.5.26

临界含水率　critical moisture content

坯体的干燥曲线上，从自由水蒸发的等速干燥阶段到薄膜水蒸发的降速干燥阶段的转折点处的含水率(干基)。

8.5.27

声桥　sound bridge

双层或多层复合隔声结构中，两层间的刚性固体连接物。

8.5.28

热桥　heat bridge

冷桥　cold bridge

围护结构中保温隔热能力较薄弱的部位。这些部位为热量容易通过的桥梁。

中 文 索 引

A

B

C

D

E

F

G

H

J

K

L

M

N

P

Q

R

S

T

W

X

Y

Z

英 文 索 引

A

B

C

D

E

F

G

H

I

J

K

L

M

N

O

P

Q

R

S

T

U

V

W

Z

ICS 91.100.30
Q 14

中华人民共和国国家标准

GB/T 21144—2007

混凝土实心砖

Solid concrete brick

2007-11-01 发布　　2008-06-01 实施

中华人民共和国国家质量监督检验检疫总局
中国国家标准化管理委员会　发布

前　言

本标准参考美国 ASTM C55—03《混凝土砖》标准制定。

本标准的附录 A、附录 B 和附录 C 为规范性附录。

本标准由中国建筑材料联合会提出。

本标准由全国墙体屋面及道路用建筑材料标准化技术委员会(TC 285)归口。

本标准负责起草单位:中国建材西安墙体材料研究设计院、中国建筑砌块协会。

本标准参加起草单位:中国建材西安墙体材料研究设计院、中国建筑砌块协会、南京市产品质量监督检验所、浙江省建筑材料科技有限公司建材质量检测中心、上海苏科建筑技术发展有限公司、河南省建筑材料研究设计院有限责任公司、福建泉州鸿昌机械制造有限公司、福建泉州鸿益机械制造有限公司、江苏腾宇机械制造有限公司、西安东方福星机械有限公司、河北省保定市方正机械厂、浙江省桐乡市同德墙体建材有限公司、深圳珠江均安水泥制品有限公司

本标准主要起草人:王保财、杜建东、周皖宁、蔡小兵、杜保平、周炫、袁运法、盛强敏、付志昌、沈林昌、田先春、李仰水、蒋宝群、金立虎、师军。

本标准为首次发布。

混凝土实心砖

1 范围

本标准规定了混凝土实心砖的术语和定义、规格、等级和标记、原材料、技术要求、试验方法、检验规则、标志、产品合格证、运输等。

本标准适用于建筑物和构筑物用的混凝土实心砖。

2 规范性引用文件

下列文件中的条款通过本标准的引用而成为本标准的条款。凡是注日期的引用文件，其随后所有的修改单(不包括勘误的内容)或修订版均不适用于本标准，然而，鼓励根据本标准达成协议的各方研究是否可使用这些文件的最新版本。凡是不注日期的引用文件，其最新版本适用于本标准。

GB 175 通用硅酸盐水泥

GB/T 1596 用于水泥和混凝土中的粉煤灰

GB/T 2542 砌墙砖试验方法

GB/T 4111 混凝土小型空心砌块试验方法

GB 6566 建筑材料放射性核素限量

GB 8076 混凝土外加剂

GB/T 14684 建筑用砂

GB/T 14685 建筑用卵石、碎石

GB/T 17431.1 轻集料及其试验方法 第1部分:轻集料

GB/T 18046 用于水泥和混凝土中的粒化高炉矿渣粉

GB/T 18968 墙体材料术语

JGJ 63 混凝土用水标准

JC/T 466 砌墙砖检验规则

YBJ 20584 混凝土用高炉重矿渣碎石技术条件

3 术语和定义

GB/T 18968 和 JC/T 466 确立的以及下列术语和定义适用于本标准。

混凝土实心砖 solid concrete brick

以水泥、骨料，以及根据需要加入的掺合料、外加剂等，经加水搅拌、成型、养护制成的混凝土实心砖(以下简称砖)。砖的各部位名称见示意图1。

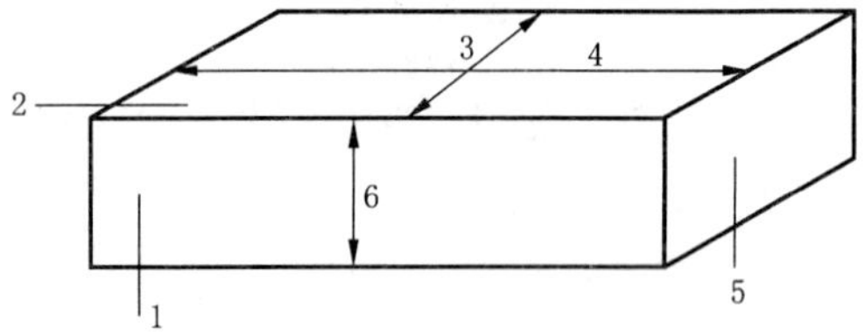

1——条面；
2——大面；
3——宽度(*B*)；
4——长度(*L*)；
5——顶面；
6——高度(*H*)。

图 1　混凝土实心砖

4　规格、等级、代号和标记

4.1　规格

砖主规格尺寸为:240 mm×115 mm×53 mm。其他规格由供需双方协商确定。

4.2　密度等级

按混凝土自身的密度分为 A 级(≥2 100 kg/m^3)、B 级(1 681 kg/m^3 ～2 099 kg/m^3)和 C 级(≤1680 kg/m^3)三个密度等级。

4.3　强度等级

砖的抗压强度分为 MU40、MU35、MU30、MU25、MU20、MU15 六个等级。

4.4　代号和标记

4.4.1　混凝土实心砖的代号为 SCB。

4.4.2　产品按下列顺序进行标记:代号、规格尺寸、强度等级、密度等级和标准编号。

标记示例:

规格为 240 mm×115 mm×53 mm、抗压强度等级 MU25、密度等级 B 级、合格的混凝土砖:

SCB　240×115×53　MU25　B　GB/T 21144—2007

5　原材料

5.1　水泥

应符合 GB 175 的规定。

5.2　细骨料

应符合 GB/T 14684 的规定。

5.3　粗骨料

5.3.1　碎石、卵石应符合 GB/T 14685 的规定,其最大粒径不宜大于 15 mm。

5.3.2　轻骨料应符合 GB/T 17431.1 的规定。

5.3.3　重矿渣应符合 YBJ 20584 的规定。

5.4　掺合料

粉煤灰应符合 GB/T 1596 的规定,矿渣微粉应符合 GB/T 18046 的规定。

5.5　外加剂

应符合 GB 8076 的规定。

5.6　水

应符合 JGJ 63 的规定。

5.7　放射性核素限量

所用原料均应符合 GB 6566 的要求。

6 要求

6.1 尺寸偏差

尺寸偏差应符合表1规定。

表1 尺寸允许偏差

单位为毫米

项目名称	标准值
长度	−1～+2
宽度	−2～+2
高度	−1～+2

6.2 外观质量

外观质量应符合表2的规定。

表2 外观质量

单位为毫米

项目名称		标准值
成形面高度差	不大于	2
弯曲	不大于	2
缺棱掉角的三个方向投影尺寸	不得同时大于	10
裂纹长度的投影尺寸	不大于	20
完整面[a]	不得少于	一条面和一顶面

a 凡有下列缺陷之一者，不得称为完整面：

1）缺损在条面或顶面上造成的破坏尺寸同时大于 10 mm×10 mm；

2）条面或顶面上裂纹宽度大于 1 mm，其长度超过 30 mm。

6.3 密度等级

密度等级应符合表3的规定。

表3 密度等级

单位为千克每立方米

密度等级	3块平均值
A级	≥2 100
B级	1 681～2 099
C级	≤1 680

6.4 强度等级

6.4.1 强度等级应符合表4的规定。

表4 抗压强度

单位为兆帕

强度等级	抗压强度	
	平均值≥	单块最小值≥
MU 40	40.0	35.0
MU 35	35.0	30.0
MU 30	30.0	26.0
MU 25	25.0	21.0
MU 20	20.0	16.0
MU 15	15.0	12.0

6.4.2 密度等级为B级和C级的砖，其强度等级应不小于 MU 15；密度等级为A级的砖，其强度等级

应不小于 MU 20。

6.5 最大吸水率

根据混凝土砖密度等级，吸水率应符合表 5 的规定。

表 5 最大吸水率 %

不同密度级混凝土砖的最大吸水率(3 块平均值)		
≥2 100 kg/m³(A 级)	(1 681～2 099) kg/m³(B 级)	≤1 680 kg/m³(C 级)
≤11	≤13	≤17

6.6 干燥收缩率和相对含水率

干燥收缩率和相对含水率应符合表 6 的规定。

表 6 干燥收缩率和相对含水率 %

干燥收缩率	相对含水率平均值		
	潮湿	中等	干燥
≤0.050	≤40	≤35	≤30

注 1：相对含水率即混凝土实心砖的含水率与吸水率之比：$w=100\times w_1/w_2$

式中：w——混凝土实心砖的相对含水率，%；

w_1——混凝土实心砖的含水率，%；

w_2——混凝土实心砖的吸水率，%。

注 2：使用地区的湿度条件

潮湿——系指年平均相对湿度大于 75%的地区；

中等——系指年平均相对湿度 50%～75%的地区；

干燥——系指年平均相对湿度小于 50%的地区。

6.7 抗冻性

抗冻性能应符合表 7 的规定。

表 7 抗冻性 %

使用条件	抗冻指标	质量损失	强度损失
夏热冬暖地区	F15	≤5	≤25
夏热冬冷地区	F25		
寒冷地区	F35		
严寒地区	F50		

6.8 碳化系数和软化系数

碳化系数应不小于 0.80；软化系数应不小于 0.80。

7 试验方法

7.1 尺寸偏差和外观质量

尺寸偏差和外观质量按 GB/T 2542 进行。

7.2 密度级

密度试验按 GB/T 4111 进行。

7.3 强度

强度试验按附录 A 的规定进行。

7.4 干燥收缩率、相对含水率

试验方法按 GB/T 4111 进行。干燥收缩率试验的测定标距为 150 mm。

7.5 最大吸水率

试验方法按 GB/T 4111 进行。

7.6 碳化系数

试验方法按附录 B 进行。

7.7 软化系数

试验方法按附录 C 进行。

7.8 抗冻性

试验方法按 GB/T 4111 进行。与对比试样一起按附录 A 进行冻后强度对比试验。

8 检验规则

8.1 检验分类

产品检验分出厂检验和型式检验。

8.1.1 出厂检验

出厂检验项目为：尺寸偏差、外观质量、强度等级、密度等级、最大吸水率和相对含水率。

8.1.2 型式检验

型式检验项目包括本标准技术要求的全部项目。有下列之一情况者，应进行型式检验。

a) 新厂生产试制定型检验；

b) 正式生产后，原材料、工艺等发生较大的改变，可能影响产品性能时；

c) 正常生产时，每半年进行一次；

d) 产品停产三个月以上恢复生产时；

e) 出厂检验结果与上次型式检验结果有较大差异时；

f) 国家质量监督机构提出进行型式检验时。

8.2 组批规则

检验批的构成原则和批量大小按 JC/T 466 规定，用同一种原材料、同一工艺生产、相同质量等级的 10 万块为一批，不足 10 万块亦按一批计。

8.3 抽样

8.3.1 尺寸偏差和外观质量检验的试样采用随机抽样法，在检验批的产品堆垛中抽取 50 块进行检验。

8.3.2 其他检验项目的样品用随机抽样法从外观质量检验合格的样品中抽取如下数量的砖进行其他项目检验，如样品数量不足时，再在该批砖中补抽砖样(外观质量和尺寸偏差检验合格)进行项目检验。

a) 强度	10 块
b) 密度	3 块
c) 干燥收缩率、相对含水率	3 块
d) 最大吸水率	3 块
e) 抗冻性能	10 块
f) 碳化系数	10 块
g) 软化系数	10 块

8.4 判定规则

8.4.1 尺寸偏差和外观质量

尺寸偏差和外观质量采用 JC/T 466 二次抽样方案，根据表 1、表 2 规定的质量指标，检查出其中不合格品数 d_1，按下列规则判定：

$d_1 \leqslant 7$ 时，尺寸偏差和外观质量合格；

$d_1 \geqslant 11$ 时，尺寸偏差和外观质量不合格；

$d_1 > 7$，且 $d_1 < 11$ 时，需再次从该产品批中抽样 50 块检验，检查出不合格品数 d_2，按下列规则

判定：

$(d_1+d_2) \leqslant 18$ 时，尺寸偏差和外观质量合格；

$(d_1+d_2) \geqslant 19$ 时，尺寸偏差和外观质量不合格。

8.4.2 密度、强度、干燥收缩率和相对含水率、抗冻性、碳化系数、软化系数检验结果，分别符合第6章中表3、表4、表5、表6、表7及6.8的技术要求指标时，则判该批产品相应等级合格；其中有一项不合格，则判该批产品相应等级不合格。

9 产品合格证、堆放和运输

9.1 砖出厂时，宜适当包装，并提供产品质量合格证书，内容包括：

a) 厂名和商标；

b) 批量编号和砖数量(块)；

c) 产品标记和检验结果；

d) 产品质量合格证书编号；

e) 生产日期；

f) 检验部门和检验人员签章。

9.2 砖应按规格、等级分批分别堆放，不得混堆。

9.3 砖在堆放、运输时，应采取防雨措施。

9.4 装卸时，严禁碰撞、扔摔，应轻码轻放，禁止翻斗倾卸。

9.5 产品养护、堆放龄期不足28 d不得出厂。

附 录 A
（规范性附录）
混凝土砖抗压强度试验方法

A.1 仪器设备

A.1.1 材料试验机

试验机的示值相对误差不大于±1%，其下加压板应为球绞支座，预期最大破坏荷载应在量程的20%～80%之间。

A.1.2 试样制备平台

试样制备平台必须平整水平，可用金属或其他材料制作。

A.1.3 水平尺

规格为 250 mm～300 mm。

A.1.4 钢直尺

分度值为 1 mm。

A.1.5 玻璃平板或不透钢平板

厚度不小于 6 mm。

A.2 试样

试样数量 10 块。

A.3 试样制备

A.3.1 高度≥40 mm、<90 mm 的混凝土砖试样制备

a) 将试样切断或锯成两个半截砖，断开的半截砖长不得小于 90mm，如图 A.1 所示。如果不足 90 mm，应另取备用试样补足。

b) 在试样制备平台上，将已断开的两个半截砖的坐浆面用不滴水的湿抹布擦拭后，以断口相反方向叠放，两者中间抹以厚度不超过 3 mm、用 42.5 级的普通硅酸盐水泥调制成稠度适宜的水泥净浆粘结，水、灰比不大于 0.3，上下两面用厚度不超过 3 mm 的同种水泥浆抹平。制成的试件上下两面须相互平行，并垂直于侧面，如图 A.2 所示。

单位为毫米

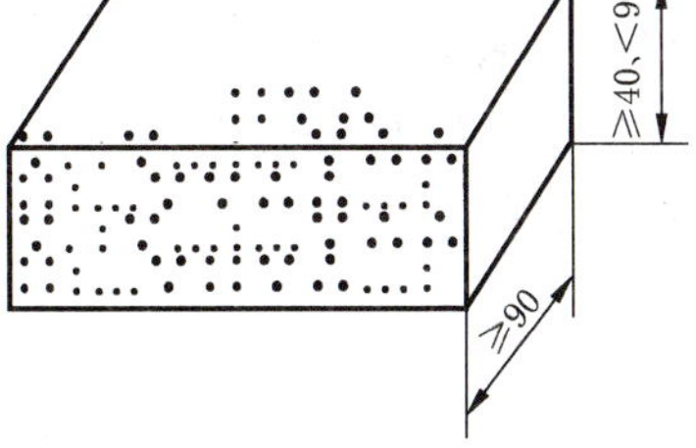

图 A.1 半截砖长度示意图

单位为毫米

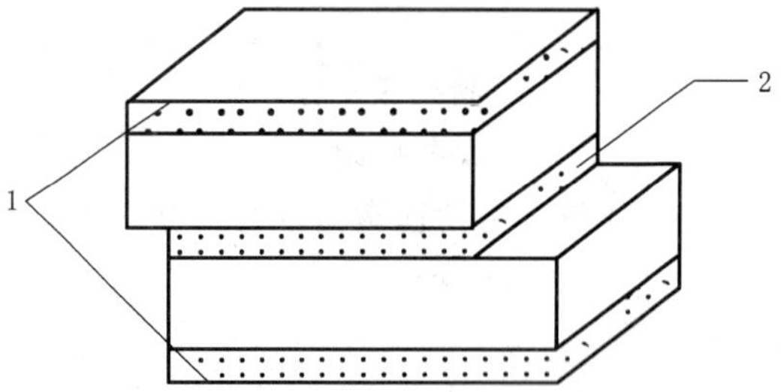

1——净浆层厚≤3 mm；

2——净浆层厚≤5 mm。

图 A.2 水泥净浆层厚度示意图

A.3.2 高度≥90 mm 的混凝土砖的试样制备

试样制作采用坐浆法操作。即将玻璃板置于试样制备平台上，其上铺一张湿的垫纸，纸上铺一层厚度不超过 3 mm 的 42.5 级的普通硅酸盐水泥调制成稠度适宜的水泥净浆，再将试样的坐浆面用湿抹布湿润后，将受压面平稳地坐放在水泥浆上，在另一受压面上稍加压力，使整个水泥层与砖受压面相互粘结，砖的侧面应垂直于玻璃板。待水泥浆适当凝固后，连同玻璃板翻放在另一铺纸放浆的玻璃板上，再进行坐浆，用水平尺校正好玻璃板的水平。

A.4 试样养护

制成的抹面试样应置于不低于 20℃±5℃的不通风室内养护不少于 3 d 再进行试验。

A.5 试验步骤

A.5.1 测量每个试样连接面或受压面的长、宽尺寸各两个，分别取其平均值，精确至 1 mm。

A.5.2 将试样平放在加压板的中央，垂直于受压面加荷，应均匀平稳，不得发生冲击或振动。加荷速度以 4 kN/s～6 kN/s 为宜，直至试样破坏为止，记录最大破坏荷载 P。

A.6 结果计算与评定

A.6.1 每块试样的抗压强度(R_P)按式(A.1)计算，精确至 0.01 MPa。

$$R_P=\frac{P}{LB} \qquad \cdots\cdots (A.1)$$

式中：

R_P——抗压强度，单位为兆帕(MPa)；

P——最大破坏荷载，单位为牛顿(N)；

L——受压面(连接面)的长度，单位为毫米(mm)；

B——受压面(连接面)的宽度，单位为毫米(mm)。

A.6.2 试验结果以试样抗压强度的算术平均值和单块最小值表示，精确至 0.1 MPa。

A.7 在抗压强度试块制作过程中，允许用其他抹面材料替代水泥，以缩短试块养护周期。

附 录 B
（规范性附录）
碳化系数试验方法

B.1 设备、仪器和试剂

碳化试验箱：容积至少放一组以上试样；箱内环境条件为二氧化碳浓度（体积分数）在20%±3%范围内，相对湿度在70%±5%范围内，温度在20℃±5℃范围内。

1%酚酞乙醇溶液：用浓度（质量浓度）为70%的乙醇配制。

B.2 试样

试样数量为两组共10块砖。一组5块为对比试件；一组5块为碳化试件。

B.3 试验步骤

B.3.1 将7个碳化试件放入碳化箱内，试件间距不得小于20 mm；5块对比试件放在温度为15℃～25℃试验室养护。

B.3.2 将已完全碳化、或已碳化28 d仍未完全碳化的5个试件，与5个对比试件同时按规定进行抗压强度测试。

B.4 结果计算与评定

砖的碳化系数按式（B.1）计算，精确至0.01。

$$K_c = R_c / R \tag{B.1}$$

式中：

K_C——砖的碳化系数；

R_C——5个碳化后试件的平均抗压强度，单位为兆帕（MPa）；

R——5个对比试件的平均抗压强度，单位为兆帕（MPa）。

附　录　C
（规范性附录）
软化系数试验方法

C.1　仪器设备

C.1.1　试验机等仪器设备应满足 A.1 的要求。

C.1.2　水池或水箱。

C.2　试样

C.2.1　试样数量为两组 10 个试件。

C.2.2　试验用砖的龄期大于 28 d。

C.3　试件制作

C.3.1　先将试验用的一组 5 块砖，在水池或水箱中浸泡至饱和状态。水温 15℃～25℃，水面高出砖试件 20 cm 以上。

C.3.2　分别将未浸水、气干状态的一组 5 块砖、浸水的饱和面干一组 5 块砖，再按 A.3 和 A.4 要求进行砖抗压强度试件制作与养护。不得用其他抹面材料粉替代水泥。

C.3.3　试件制作时所用水泥，应为强度标号大于 42.5 级或更高的早强型水泥。

C.4　试验步骤

C.4.1　将泡水的一组试件再放入水池或水箱中浸泡至饱和状态。浸泡时间不超 4 h，取出后在铁丝网架上滴水 1 min。

C.4.2　用干布擦拭试件。立即对两组试件分别按 A.4 进行抗压强度测试，记录每个试件的最大破坏荷载。

C.5　结果计算与评定

C.5.1　每个试件的抗压强度值均按 A.6.1 计算得到；未浸水试件组的抗压强度平均值 R、饱和面干组的抗压强度平均值 R_f，均取五块试件的算术平均值，精确至 0.1 MPa。

C.5.2　混凝土砖的软化系数按式(C.1)计算，精确至 0.01。

$$K_f = \frac{R_f}{R} \qquad \text{(C.1)}$$

式中：

K_f——混凝土砖的软化系数；

R_f——5 个饱和面干砖试件的平均抗压强度，单位为兆帕(MPa)；

R——5 个气干状态对比砖试件的平均抗压强度，单位为兆帕(MPa)。

C.5.3　在测试中，发现任何一个饱和面干砖试件的单块抗压强度≤0.5 R 时，直接判定本批次砖的软化系数不合格。

ICS 91.100.30
Q 14

中华人民共和国国家标准

GB/T 24492—2009

非承重混凝土空心砖

Nonload bearing concrete hollow brick

2009-10-30 发布

2010-04-01 实施

中华人民共和国国家质量监督检验检疫总局
中国国家标准化管理委员会 发布

前 言

本标准的附录 A、附录 B、附录 C 为规范性附录。

本标准由中国建筑材料联合会提出。

本标准由全国墙体屋面及道路用建筑材料标准化技术委员会(SAC/TC 285)归口。

本标准负责起草单位:上海苏科建筑技术发展有限公司、中国路桥工程有限责任公司、中国建筑砌块协会。

本标准参加起草单位:南京建材质量监督检验所、中国建筑材料科学研究总院、河南建筑材料研究设计院有限责任公司、西安墙体材料研究设计院、江苏腾宇机械制造有限公司、卓越(福建)机械制造发展有限公司、泉州市鸿益机械制造有限公司、保定市华锐方正机械制造有限公司、西安东方福星机械有限公司、泉州市群峰机械制造有限公司、南通市恒达机械制造有限公司。

本标准主要起草人:华勇、周皖宁、陈胜霞、刘弘、王武祥、杜建东、陈红军、周炫、黄华兰、任鸿鹏、蒋怀同、张浴光、傅志昌、李仰水、张万仓、马光辉、徐清辉、于银龙、姚海东。

非承重混凝土空心砖

1 范围

本标准规定了非承重混凝土空心砖的术语和定义、分类、一般规定、技术要求、试验方法、检验规则及产品合格证、堆放和运输。

本标准适用于工业与民用建筑等非承重结构部位用混凝土空心砖。

2 规范性引用文件

下列文件中的条款通过本标准的引用而成为本标准的条款。凡是注日期的引用文件，其随后所有的修改单(不包括勘误的内容)或修订版均不适用于本标准，然而，鼓励根据本标准达成协议的各方研究是否可使用这些文件的最新版本。凡是不注日期的引用文件，其最新版本适用于本标准。

GB 175 通用硅酸盐水泥

GB/T 1346 水泥标准稠度用水量、凝结时间、安定性检验方法

GB/T 1596 用于水泥和混凝土中的粉煤灰

GB/T 2542 砌墙砖试验方法

GB/T 4111 混凝土小型空心砌块试验方法

GB 6566 建筑材料放射性核素限量

GB 8076 混凝土外加剂

GB/T 8170 数值修约规则与极限数值的表示和判定

GB/T 14684 建筑用砂

GB/T 14685 建筑用卵石、碎石

GB/T 17431.1 轻集料及其试验方法 第1部分:轻集料

GB/T 17669.3 建筑石膏 力学性能的测定

GB/T 17671 水泥胶砂强度检验方法(ISO法)

GB/T 18046 用于水泥和混凝土中的粒化高炉矿渣粉

GB/T 18968 墙体材料术语

JGJ 63 混凝土用水标准

YBJ 20584 混凝土用高炉重矿渣碎石技术条件

3 术语和定义

GB/T 18968 确立的以及下列术语和定义适用于本标准。

3.1

非承重混凝土空心砖 nonload bearing concrete hollow brick

以水泥、集料为主要原料，可掺入外加剂及其他材料，经配料、搅拌、成型、养护制成的空心率不小于25%，用于非承重结构部位的砖(以下简称空心砖)，代号 NHB。

空心砖各部位名称见图1。

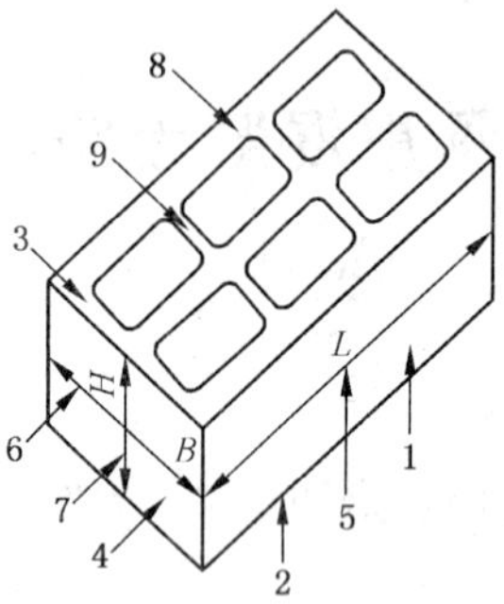

1——条面；

2——坐浆面(外壁、肋的厚度较小的面)；

3——铺浆面(外壁、肋的厚度较大的面)；

4——顶面；

5——长度(L)；

6——宽度(B)；

7——高度(H)；

8——外壁；

9——肋。

图1 空心砖各部位名称

4 分类

4.1 规格

空心砖的规格尺寸见表1。

表1 规格尺寸

单位为毫米

项目	长度 L	宽度 B	高度 H
尺寸	360、290、240、190、140	240、190、115、90	115、90
注：其他规格尺寸由供需双方协商后确定。采用薄灰缝砌筑的块型，相关尺寸可作相应调整。			

4.2 等级

4.2.1 按抗压强度分为MU5、MU7.5、MU10三个强度等级。

4.2.2 按表观密度分为1400、1200、1100、1000、900、800、700、600八个密度等级。

4.3 标记

产品按下列顺序标记：代号、规格尺寸、密度等级、强度等级、标准编号。

示例：规格尺寸240 mm×115 mm×90 mm、强度等级MU7.5、密度等级1000的空心砖，其标记为：

NHB 240×115×90　1000 MU7.5　GB/T 24492—2009

5 一般规定

5.1 材料

5.1.1 水泥

应符合GB 175的规定。

5.1.2 细集料

砂应符合GB/T 14684的规定，轻集料应符合GB/T 17431.1的规定。

5.1.3 粗集料

碎石、卵石应符合GB/T 14685的规定，轻集料应符合GB/T 17431.1的规定，重矿渣应符合YBJ 20584的规定。粗集料最大粒径不宜大于肋厚的2/3。

5.1.4 掺合料

粉煤灰应符合 GB/T 1596 的规定,高炉矿渣粉应符合 GB/T 18046 的规定。

5.1.5 外加剂

应符合 GB 8076 的规定。

5.1.6 拌合用水

应符合 JGJ 63 的规定。

5.1.7 其他材料

其质量应符合相关标准的要求,无标准的原材料使用前应做相关检验,符合要求方可使用。

5.2 其他规定

5.2.1 空心砖的最小外壁厚应不小于 15 mm,最小肋厚应不小于 10 mm。

5.2.2 铺浆面宜为盲孔或半盲孔。

5.3 放射性核素限量

所用原料均应符合 GB 6566 的要求。

6 技术要求

6.1 外观质量

外观质量应符合表 2 的规定。

表 2 外观质量

项目		允许范围
弯曲/mm		≤2
缺棱掉角	个数/个	≤2
	三个方向投影尺寸	均不得大于所在棱边长度的 1/10
裂纹长度/mm		≤25

6.2 尺寸偏差

尺寸偏差应符合表 3 的规定。

表 3 尺寸偏差

单位为毫米

项目	指标
长度	+2,−1
宽度	+2,−1
高度	±2

6.3 密度等级

密度等级应符合表 4 的要求。

表 4 密度等级

单位为千克每立方米

密度等级	表观密度范围
1400	1210~1400
1200	1110~1200
1100	1010~1100
1000	910~1000
900	810~900

表 4（续） 单位为千克每立方米

密 度 等 级	表观密度范围
800	710～800
700	610～700
600	≤600

6.4 强度等级

强度等级应符合表 5 的规定。

表 5 强度等级 单位为兆帕

强度等级	密度等级范围	抗压强度	
		平均值，不小于	单块最小值，不小于
MU5	≤900	5.0	4.0
MU7.5	≤1 100	7.5	6.0
MU10	≤1 400	10.0	8.0

6.5 线性干燥收缩率和相对含水率

6.5.1 线性干燥收缩率应不大于 0.065%。

6.5.2 空心砖出厂时的相对含水率应符合表 6 的规定。

表 6 相对含水率

湿度条件	潮湿	中等	干燥
相对含水率/%	≤40	≤35	≤30

注：使用地区的湿度条件
潮湿——系指年平均相对湿度大于 75%的地区；
中等——系指年平均相对湿度 50%～75%的地区；
干燥——系指年平均相对湿度小于 50%的地区。

6.6 抗冻性

抗冻性应符合表 7 的规定。

表 7 抗冻性

使用条件	抗冻指标	质量损失率/%	抗压强度损失率/%
夏热冬暖地区	D15	≤5	≤25
夏热冬冷地区	D25		
寒冷地区	D35		
严寒地区	D50		

6.7 碳化系数

碳化系数应不小于 0.80。

6.8 软化系数

软化系数应不小于 0.75。

6.9 放射性

放射性应符合 GB 6566 的规定。

7 试验方法

7.1 外观质量、尺寸偏差

外观质量、尺寸偏差试验方法按 GB/T 2542 进行。

7.2 空心率、壁厚、肋厚

空心率、壁厚、肋厚试验方法按 GB/T 4111 进行。

7.3 表观密度

表观密度试验方法按 GB/T 4111 进行。

7.4 抗压强度

抗压强度试验方法按附录 A 进行。

7.5 相对含水率、线性干燥收缩率

相对含水率、线性干燥收缩率试验方法按 GB/T 4111 进行。其中线性干燥收缩率的测定标距为 150 mm，测头应粘贴在条面上。

7.6 抗冻性

抗冻性试验方法按 GB/T 4111 进行。其中抗压强度试验方法按附录 A 进行。

7.7 碳化系数

碳化系数试验方法按附录 B 进行。

7.8 软化系数

软化系数试验方法按附录 C 进行。

7.9 放射性

放射性试验方法按 GB 6566 进行。

8 检验规则

8.1 检验分类

空心砖的检验分出厂检验和型式检验。

8.1.1 出厂检验

检验项目为：外观质量、尺寸偏差、密度等级、强度等级、相对含水率。

8.1.2 型式检验

检验项目包括第 6 章技术要求的全部项目。有下列之一情况者，应进行型式检验：

a) 新产品的试制定型鉴定；

b) 正常生产后，当原材料、配比及生产工艺改变时；

c) 正常生产每半年至少进行一次(放射性一年进行一次)；

d) 出厂检验结果与上次型式检验有较大差异时；

e) 产品停产 3 个月以上恢复生产时；

f) 国家质量监督机构提出进行型式检验要求时。

8.2 组批规则

空心砖按密度等级、强度等级分批验收。以用同一批原材料、同一工艺生产、同一规格尺寸，密度等级和强度等级相同的 10 万块空心砖为一批，生产不足 10 万块者亦按一批计。

8.3 抽样规则

8.3.1 每批随机抽取 50 块做外观质量和尺寸偏差检验。

8.3.2 从外观质量和尺寸偏差检验合格的空心砖中取如下数量进行其他项目检验，样品数量见表 8。

表 8　各检验项目所需样品数量

检验项目	样品数量	
	$H/B \geq 0.6$	$H/B < 0.6$
壁厚、肋厚	5 块	5 块
空心率	3 块	3 块
密度等级	5 块	5 块
强度等级	5 块	10 块
相对含水率	3 块	3 块
线性干燥收缩率	3 块	3 块
抗冻性	10 块	20 块
碳化系数	12 块	22 块
软化系数	10 块	20 块
放射性	不少于 6 kg	不少于 6 kg

8.4　判定和复验规则

8.4.1　检验结果的判定应符合 GB/T 8170 中修约值比较法的规定。

8.4.2　尺寸偏差和外观质量

若受检空心砖的尺寸偏差和外观质量不符合表 1 和表 2 规定指标的数量不大于 7 时，则判该批空心砖尺寸偏差和外观质量合格；若不符合空心砖数量不小于 11 时，则直接判该批空心砖不合格；若不符合数量为 8 到 10 之间时，需再从该批产品中 2 次再随机抽样 50 块进行检验，2 次检查出总的不符合空心砖数量不大于 18 时，判该批空心砖尺寸偏差和外观质量合格，否则判该批空心砖不合格。

8.4.3　密度等级、强度等级、线性干燥收缩率、抗冻性、碳化系数、软化系数检验结果，分别符合第 6 章中对应的技术要求时，则判定该批空心砖合格；其中有一项不合格，则判定该批空心砖不合格。

8.4.4　空心砖的放射性不符合 GB 6566 标准规定时，应停止生产与销售。

9　产品合格证、堆放和运输

9.1　空心砖龄期不足 28 d 不宜出厂。

9.2　空心砖出厂时，生产厂家应提供产品质量合格证书，其内容包括：

a)　厂名和商标(如有)；

b)　生产批编号和本批空心砖数量；

c)　产品标记、生产日期和出厂日期；

d)　出厂检验结果；

e)　检验部门和检验人员签章。

9.3　空心砖应按规格、等级分批分别堆放，不应混杂。

9.4　空心砖在堆放、运输时应有防雨措施。

9.5　装卸时严禁扔摔，不应翻斗倾卸。

附 录 A
（规范性附录）
抗压强度试验方法

A.1 仪器设备

A.1.1 材料试验机

材料试验机的示值相对误差不得超过±1%，其量程选择应能使试件的预期破坏荷载落在满量程的20%～80%。试验机的上、下压板应有一端为球绞支座，可随意转动。

A.1.2 辅助压板

当试验机的上压板或下压板支撑面不能完全覆盖空心砖抗压强度试件的承压面时，应在压板与试件之间放置一块钢板作为辅助压板。钢板厚度不小于20 mm，长度、宽度分别应至少比试件的长度、宽度大6 mm；经热处理后钢板的表面硬度不小于40HRC，平面度公差为0.12 mm。

A.1.3 试件制备平台

试件制备平台必须水平、平整，可用金属或其他材料制作。

A.1.4 水平仪

水平仪规格为250 mm～400 mm。

A.1.5 直角靠尺

直角靠尺必须有一端长度不小于120 mm。

A.1.6 钢直尺

分度值为1 mm。

A.2 试件找平和粘结材料

试件找平和粘结材料应采用水泥或高强石膏粉。不得采用强度较低的模型石膏粉、建筑用熟石膏粉。仲裁性检验应采用42.5R普通硅酸盐水泥。

A.2.1 高强石膏粉

A.2.1.1 按GB/T 17669.3的规定进行高强石膏粉抗压强度检验，其2 h龄期的湿强度不得低于24.0 MPa。

A.2.1.2 当高强石膏粉贮存期超过3个月，应对其重新进行抗压强度检验，合格后方可继续使用。

A.2.1.3 除缓凝剂外，高强石膏粉中不得掺加其他任何填料和外加剂。供应商需提供缓凝剂掺量及配合比要求。

A.2.2 水泥

A.2.2.1 除可采用R型普通型硅酸盐水泥外，也可采用硫铝酸盐或铁铝酸盐类水泥。

A.2.2.2 参照GB/T 17671规定的方法成型、养护，并测试水泥净浆试块的抗压强度。加水量取值按GB/T 1346规定的水泥标准稠度用水量。水泥净浆试块24 h龄期的抗压强度不得低于30.0 MPa。

A.3 试件制备

A.3.1 试件数量

空心砖抗压强度试件数量为5个。

A.3.2 样品处理

A.3.2.1 试件制备前应先检查空心砖样品的侧面是否有突出的或不规则的肋，若有则需作切除处理，以保证空心砖样品侧面的平整，所有孔洞四周被混凝土壁或肋完全封闭。所测试件的抗压强度值应视为整块空心砖的抗压强度值。

A.3.2.2　空心砖样品至少在温度(20±5)℃、相对湿度不大于80%的环境下,存放至恒重后方可进行试件制作。样品散放在实验室时,样品之间的间隔应不小于15 mm。如需尽早进行抗压强度试验,则可使用电风扇以加快室内空气流动速度。当样品2 h后的质量损失不超过前次质量的0.2%,且在样品表面用肉眼观察见不到有水分或潮湿现象时可认为是恒重。不允许采用烘干箱来干燥样品。

A.3.3　尺寸测量

用钢直尺测量每块样品尺寸,分别在样品两面的中间位置测量试件宽度(B)和长度(L),取平均值,精确至1 mm;样品高度(H)则应测取两个长边(L)中间处的两个数值,取平均值,精确至1 mm。

A.3.4　试件制备

计算空心砖在实际使用状态下的承压高度(H)与最小水平尺寸(B)之比,即高宽比(H/B)。若$H/B \geqslant 0.6$时,可直接进行试件制备;若$H/B < 0.6$时,则需采取叠块方法来进行试件制备。

A.3.4.1　$H/B \geqslant 0.6$时的试件制备

采用坐浆法制作试件。首先应选定样品在砌筑时的抹灰面作为承压面,将搅拌好的找平材料均匀摊铺在试样制备平台上,找平材料层的长度和宽度应略大于试件的长度和宽度,然后把样品的承压面压入找平材料层,用直角靠尺来调控试件垂直。坐浆后的承压面至少与试件的两个相邻侧面(做出标识)成90°垂直关系。找平材料层厚度不宜大于3 mm。

当一侧坐浆面(承压面)的找平材料终凝后,方可按上述方法进行另一面的坐浆,试件压入找平材料层后,需用水平仪调控上表面水平。

A.3.4.2　$H/B < 0.6$时的试件制备

A.3.4.2.1　将同批次、同规格尺寸、开孔结构相同的两块样品,用粘结材料将它们重叠粘结在一起。粘结时,需用水平仪和直角靠尺进行调控,以保持试件的四个侧面中至少有两个相邻侧面是平整的。粘结后的试件应满足:

——粘结层厚度不大于3 mm;

——两块样品的开孔基本对齐;

——当空心砖的壁和肋厚度上下不一致时,重叠粘结时应是壁和肋厚度薄的一端,与另一块壁和肋厚度厚的一端相对接。

A.3.4.2.2　当粘结两块样品的粘结材料终凝2 h后,再按A.3.4.1进行试件承压面找平。

A.4　试件养护

制成的试件放置在温度(20±5)℃、相对湿度不大于80%的试验室内养护。试件制备完成后计时,找平和粘结材料采用高强石膏粉的试件,3 h后即可进行抗压强度试验;找平和粘结材料采用水泥的试件,24 h后方可进行抗压强度试验。

A.5　试验步骤

A.5.1　试件由单块样品组成时,试件受压面的长度(L)和宽度(B),直接按A.3.3取值。

A.5.2　试件由两块样品重叠粘结时,试件受压面的长度(L)和宽度(B),取分别按A.3.3测得的两块砖中的较大值。

A.5.3　将试件放在试验机下压板上时,要尽量保证试件的重心与试验机压板中心重合。

注:对于孔型分别对称于长(L)和宽(B)的中心线的试件,其重心和形心重合;对于不对称孔型的试件,可在试件承压面下垫一根直径10 mm、可自由滚动的圆钢棒,分别找出长(L)和宽(B)的平衡轴(重心轴),两轴的交点即为重心。

A.5.4　试验机加荷应均匀平稳,不得发生冲击或振动。加荷速度以4 kN/s~6 kN/s为宜,直至试件破坏为止,记录最大破坏荷载P。

A.6　结果计算

A.6.1　单个试件的抗压强度(R_p)按式(A.1)计算。

$$R_p = \frac{P}{LB} \qquad \text{(A.1)}$$

式中：

R_p——单个试件的抗压强度，精确至0.01，单位为兆帕(MPa)；

P——最大破坏荷载，单位为牛顿(N)；

L——受压面长度，单位为毫米(mm)；

B——受压面宽度，单位为毫米(mm)。

A.6.2　试验结果以试件抗压强度的算术平均值和单个试件的最小值来表示，精确至0.1 MPa。

附 录 B
（规范性附录）
碳化系数试验方法

B.1 碳化试验箱和指示剂

B.1.1 碳化试验箱

试验箱容积至少放一组以上试件，箱内环境条件范围为：二氧化碳的体积浓度(20±3)%、相对湿度(70±5)%、温度 (20±5)℃。

B.1.2 指示剂

指示剂为1%质量浓度酚酞乙醇溶液，用质量浓度为70%的乙醇配制。

B.1.3 抗压强度试验设备

抗压强度试验设备同附录A.1。

B.2 试件与试验周期

样品的数量根据单块空心砖的高宽比(H/B)确定。若 $H/B \geqslant 0.6$ 时，样品数量为两组共12块空心砖，一组5块为对比试件，另一组7块为碳化试件；若 $H/B < 0.6$ 时，样品数量为两组共22块空心砖，一组10块为对比试件，另一组12块为碳化试件。碳化试件中两块用于测试碳化程度。

B.3 试验步骤

B.3.1 将碳化试件按附录A.3.2.2进行气干。

B.3.2 将气干后的碳化试件放入碳化箱内进行碳化试验，试件在箱内的间距不应小于20 mm；对比试件放置的环境条件为：温度(20±5)℃，相对湿度(70±5)%。

B.3.3 碳化程度测定：碳化7天后，从碳化试验箱内取出一个试件，在该试件端部约50 mm处劈开，用指示剂检查剖面的碳化程度。若试件剖面不显红色时，则该试件已完全碳化，即视同碳化试验箱中所有试件已全部碳化，碳化试验结束；若仍有剖面显红色，则该试件未完全碳化，应继续进行碳化试验，并每隔3天进行一次碳化程度测定。

B.3.4 抗压强度试验

将已全部碳化或已经碳化28 d仍未完全碳化的试件和对比试件，按照附录A的规定进行抗压强度试验。

B.4 结果计算

空心砖的碳化系数按式(B.1)计算。

$$K_c = \frac{R_c}{R} \qquad \text{(B.1)}$$

式中：

K_c——空心砖的碳化系数，精确至0.01；

R_c——5个碳化后试件抗压强度的算术平均值，单位为兆帕(MPa)；

R——5个对比试件抗压强度的算术平均值，单位为兆帕(MPa)。

附 录 C
（规范性附录）
软化系数试验方法

C.1 仪器设备

C.1.1 抗压强度试验设备同附录 A.1。

C.1.2 水池或水箱。

C.2 试样

软化系数样品数量根据单块砖的高宽比(H/B)确定，当 $H/B \geqslant 0.6$ 时为 10 块；$H/B < 0.6$ 时为 20 块。分为两组 10 个试件，一组为浸水试件，一组为气干状态试件。

C.3 试验步骤

C.3.1 按 A.3 制备两组试件。试件找平和粘结材料应采用符合 A.2.2 规定的水泥。

C.3.2 从制备完成后静置 24 h 后的两组试件中，任取一组 5 个试件浸入(20±5)℃的水中，水面高出试件 20 mm 以上，浸泡 4 d 后取出，在铁丝网架上滴水 1 min，再用拧干的湿布拭去试件表面的水。剩余一组 5 个试件按 A.3.2.2 调至恒重，即为气干状态试件。

C.3.3 将 5 个饱和面干状态的试件和 5 个气干状态对比试件分别按 A.5 的规定进行抗压强度试验。

C.4 结果计算

空心砖的软化系数按式(C.1)计算。

$$K_f = \frac{R_f}{R} \qquad \cdots\cdots (C.1)$$

式中：

K_f——空心砖的软化系数，精确至 0.01；

R_f——5 个饱和面干状态试件抗压强度的算术平均值，单位为兆帕(MPa)；

R——5 个气干状态对比试件抗压强度的算术平均值，单位为兆帕(MPa)。

ICS 91.100.30
Q 14

中华人民共和国国家标准

GB/T 24493—2009

装饰混凝土砖

Decorative concrete brick

2009-10-30 发布 2010-04-01 实施

中华人民共和国国家质量监督检验检疫总局
中国国家标准化管理委员会 发布

前　言

本标准的附录 A、附录 B、附录 C 为规范性附录。

本标准由中国建筑材料联合会提出。

本标准由全国墙体屋面及道路用建筑材料标准化技术委员会(SAC/TC 285)归口。

本标准负责起草单位:中国建筑材料科学研究总院、中国建筑砌块协会、昆山通海建材科技有限公司、中国路桥工程有限责任公司。

本标准参加起草单位:上海苏科建筑技术发展有限公司、河南建筑材料研究设计院有限责任公司、北京金阳新建材有限公司、福建省石狮市永前建材有限公司、深圳均安水泥制品有限公司、安徽宁国华普建材有限公司、西安东方福星机械有限公司、泉州市群峰机械制造有限公司、卓越(福建)机械制造发展有限公司、江苏腾宇机械制造有限公司、泉州市鸿益机械制造有限公司、保定市华锐方正机械制造有限公司、福建泉工机械有限公司、南通市恒达机械制造有限公司。

本标准主要起草人:王武祥、姚峰元、杜建东、刘弘、陈红军、黄华兰、董再发、陈小刚、蒋宝群、汤俊怀、王丽丽、任鸿鹏、马光辉、徐清辉、傅志昌、蒋怀同、李仰水、张万仓、傅炳煌、于银龙、曹蓓月、姚海东、翁跃进。

装饰混凝土砖

1 范围

本标准规定了装饰混凝土砖的术语和定义、规格、等级和标记、一般规定、要求、试验方法、检验规则及产品合格证、堆放和运输。

本标准适用于工业与民用建筑、市政、景观等工程使用的装饰混凝土砖。本标准不适用于路面工程使用的装饰混凝土砖。

2 规范性引用文件

下列文件中的条款通过本标准的引用而成为本标准的条款。凡是注日期的引用文件，其随后所有的修改单(不包括勘误的内容)或修订版均不适用于本标准，然而，鼓励根据本标准达成协议的各方研究是否可使用这些文件的最新版本。凡是不注日期的引用文件，其最新版本适用于本标准。

GB 175 通用硅酸盐水泥

GB/T 1346 水泥标准稠度用水量、凝结时间、安定性检验方法

GB/T 1596 用于水泥和混凝土中的粉煤灰

GB/T 2015 白色硅酸盐水泥

GB/T 2542 砌墙砖试验方法

GB/T 4111 混凝土小型空心砌块试验方法

GB 6566 建筑材料放射性核素限量

GB 8076 混凝土外加剂

GB/T 14684 建筑用砂

GB/T 14685 建筑用卵石、碎石

GB/T 17431.1 轻集料及其试验方法 第1部分:轻集料

GB/T 17669.3 建筑石膏 力学性能的测定

GB/T 17671 水泥胶砂强度检验方法(ISO法)

GB/T 18046 用于水泥和混凝土中的粒化高炉矿渣粉

GB/T 18968 墙体材料术语

JC 474 砂浆、混凝土防水剂

JC/T 539 混凝土和砂浆用颜料及其试验方法

JC/T 641—2008 装饰混凝土砌块

JGJ 63 混凝土用水标准

YBJ 20584 混凝土用高炉重矿渣碎石技术条件

3 术语和定义

GB/T 18968 确立的以及下列术语和定义适用于本标准。

3.1

装饰混凝土砖 decorative concrete brick

由水泥混凝土制成的具有装饰功能的砖，代号DCB。

注：装饰混凝土砖的饰面可采用拉纹、磨光、水刷、仿旧、劈裂、凿毛、抛丸等工艺进行二次加工。

4 规格、等级和标记

4.1 规格

装饰混凝土砖的外形通常为直角六面体，其基本尺寸见表1。其他规格尺寸可由供需双方协商确定，但高度应不小于30 mm。

表1 基本尺寸

单位为毫米

项 目	长 度	宽 度	高 度
尺寸	360 290 240 190 140	240 190 115 90	115 90 53

4.2 等级

4.2.1 按抗渗性分为普通型(P)和防水型(F)。

4.2.2 按抗压强度分为MU15、MU20、MU25、MU30四个强度等级。

4.3 标记

产品按下列顺序进行标记：代号、规格尺寸、强度等级、抗渗性、标准编号。

示例：规格尺寸为190 mm×90 mm×56 mm、强度等级为MU20、防水型装饰混凝土砖的标记为：

DCB 190×90×56 MU20 F GB/T 24493—2009

5 原材料

5.1 材料

5.1.1 水泥

应符合GB 175、GB/T 2015的规定。

5.1.2 细集料

应符合GB/T 14684的规定。

5.1.3 粗集料

5.1.3.1 碎石、卵石应符合GB/T 14685的规定。

5.1.3.2 重矿渣应符合YBJ 20584的规定。

5.1.4 轻集料

应符合GB/T 17431.1的规定。

5.1.5 色质集料

可采用天然或人工的色质集料。

5.1.6 掺合料

粉煤灰应符合GB/T 1596的规定，高炉矿渣粉应符合GB/T 18046的规定。

5.1.7 外加剂

应符合GB 8076和JC 474的规定。

5.1.8 颜料

应符合JC/T 539的规定。

5.1.9 水

应符合JGJ 63的规定。

5.2 其他规定

5.2.1 采用双层布料工艺生产装饰混凝土砖时，饰面层混凝土的最小厚度应不小于10 mm。

5.2.2 装饰混凝土砖含有孔洞时，外壁最薄处应不小于25 mm，最小肋厚应不小于15 mm。

6 要求

6.1 外观质量

外观质量应符合表2的规定。

表 2 外观质量

项目				指标
弯曲/mm,不大于				1
裂纹	装饰面			无
	其他面	裂纹延伸的投影长度累计/mm	不大于	30
		条数/条	不多于	1
缺棱掉角	装饰面	两个方向投影尺寸的最小值/mm	不大于	3
		两个方向投影尺寸的最大值/mm	不大于	5
		大于以上尺寸的缺棱掉角个数/个	不多于	0
	其他面	三个方向投影尺寸的最大值/mm	不大于	10
注：有特殊装饰要求的装饰混凝土砖,不受此规定限制。				

6.2 尺寸偏差

尺寸偏差应符合表 3 的规定。

表 3 尺寸允许偏差 单位为毫米

项目	指标
长度、宽度和高度	±2
注：有特殊装饰要求的装饰混凝土砖,不受此规定限制。	

6.3 颜色、花纹

6.3.1 单色装饰混凝土砖的装饰面颜色应基本一致,无明显色差。

6.3.2 双色或多色装饰混凝土砖装饰面的颜色、花纹,应满足供需双方预先约定的要求。

6.4 强度等级

强度等级应符合表 4 的规定。

表 4 抗压强度 单位为兆帕

强度等级	抗压强度	
	平均值,不小于	单块最小值,不小于
MU 15	15.0	12.0
MU 20	20.0	16.0
MU 25	25.0	20.0
MU 30	30.0	24.0

6.5 吸水率

防水型装饰混凝土砖的吸水率应不大于 11%。

6.6 线性干燥收缩率和相对含水率

线性干燥收缩率和相对含水率应符合表 5 的规定。

表 5 线性干燥收缩率和相对含水率 %

项目	线性干燥收缩率	相对含水率		
		潮湿	中等	干燥
指标	≤0.045	≤40	≤35	≤30
注：使用地区的湿度条件： 潮湿——系指年平均相对湿度大于 75% 的地区； 中等——系指年平均相对湿度 50%～75% 的地区； 干燥——系指年平均相对湿度小于 50% 的地区。				

6.7 **抗渗性**

抗渗性应符合表6的规定。

表6 抗渗性

单位为毫米

项目	指标	
	普通型(P)	防水型(F)
水面下降高度	—	≤10

6.8 **抗冻性**

抗冻性应符合表7的规定。

表7 抗冻性

%

使用条件	抗冻指标	质量损失率	抗压强度损失率
夏热冬暖地区	D15	≤5	≤25
夏热冬冷地区	D25		
寒冷地区	D35		
严寒地区	D50		

6.9 **碳化系数和软化系数**

碳化系数应不小于0.80;软化系数应不小于0.80。

6.10 **放射性**

放射性应符合GB 6566的规定。

7 试验方法

7.1 **外观质量和尺寸偏差**

外观质量和尺寸偏差试验按GB/T 2542进行。

7.2 **颜色、花纹**

7.2.1 从批量中随机抽取单色装饰混凝土砖,组成不小于1 m^2、近似于正方形的装饰面,在自然光照射下,距离样品1.5 m处目测,观察色差。

7.2.2 从批量中随机抽取双色或多色装饰混凝土砖,组成不小于1 m^2、近似于正方形的装饰面,同时将订货时约定样品也组成同等面积的装饰面并列放置,在自然光照射下,距离样品1.5 m处目测,观察颜色、花纹是否基本一致。

7.3 **抗压强度**

抗压强度试验方法按附录A进行。

7.4 **吸水率**

吸水率试验方法按GB/T 4111进行。

7.5 **线性干燥收缩率和相对含水率**

试验方法按GB/T 4111进行。其中,线性干燥收缩率试验的测定标距为150 mm。

7.6 **碳化系数**

碳化系数试验方法按附录B进行。

7.7 **软化系数**

软化系数试验方法按附录C进行。

7.8 **抗冻性**

抗冻性试验方法按GB/T 4111进行。其中抗压强度试验方法按附录A进行。

7.9 抗渗性

7.9.1 试件制备

7.9.1.1 对装饰面宽度大于 100 mm 的装饰混凝土砖，采用直径为 100 mm 的金刚石钻头直接取样。

7.9.1.2 对装饰面宽度小于 100 mm 的装饰混凝土砖，应使用防水砂浆将装饰混凝土砖粘结起来。处理方法：将钢板（或玻璃板）置于稳固的底座上，平整面朝上，用水平仪调至水平。在其上放置 1 块装饰混凝土砖，然后铺一层由 42.5 以上强度等级的普通硅酸盐水泥、适量防水剂（如 0.1～0.3 份的醋酸乙烯-乙烯共聚物胶粉或乳液）和水调制成的防水水泥净浆，将另 1 块装饰混凝土砖平稳地压入净浆层内，使净浆层尽可能均匀，厚度不超过 2 mm。调整水平后将多余的净浆沿砖棱边刮掉，静置 24 h 以后，再按上述方法粘结第 3 块装饰混凝土砖，直至装饰面宽度大于 100 mm 为止。注意防水净浆不要污染装饰面。在温度(20±5)℃以上不通风的室内养护 7 d 后，再采用直径为 100 mm 的金刚石钻头取样。

7.9.2 抗渗性试验按 JC/T 641—2008 附录 B 进行。

7.10 放射性

放射性试验按 GB 6566 进行。

8 检验规则

8.1 检验分类

装饰混凝土砖的检验分出厂检验和型式检验。

8.1.1 出厂检验

检验项目为：外观质量、尺寸偏差、强度等级、吸水率和相对含水率。对防水型装饰混凝土砖，还须检验抗渗性。

8.1.2 型式检验

检验项目：第 6 章除“颜色、花纹”外的其余全部项目。有下列情况之一者，必须进行型式检验：

a) 新产品的试制定型鉴定；

b) 正常生产后，原材料、配比及生产工艺改变时；

c) 正常生产时，每半年至少进行一次(放射性一年进行一次)；

d) 产品停产三个月以上恢复生产时；

e) 出厂检验结果与上次型式检验有较大差异时；

f) 国家质量监督机构提出进行型式检验要求时。

8.2 组批规则

以用同一批原材料、同一工艺生产、同一规格尺寸、同一强度等级和花色品种的 100 000 块装饰混凝土砖为一批，不足 100 000 块者亦按一批计。

8.3 抽样规则

8.3.1 每批随机抽取 50 块装饰混凝土砖做尺寸偏差和外观质量检验。

8.3.2 抽取尺寸偏差和外观质量检验合格的装饰混凝土砖进行其他项目检验，样品数量见表 8。

8.3.3 每批抽取能组成不小于 1 m^2 装饰面数量的装饰混凝土砖进行颜色和花纹检验。

表 8

检验项目	样品数量	
	$H/B \geq 0.6$	$H/B < 0.6$
强度等级	5 块	10 块
吸水率和相对含水率	3 块	3 块
干缩收缩率	3 块	3 块

表 8（续）

检验项目	样品数量	
	$H/B \geqslant 0.6$	$H/B < 0.6$
抗冻性	10 块	20 块
抗渗性	12 块	12 块
碳化系数	12 块	22 块
软化系数	10 块	20 块
放射性	6 kg	6 kg

8.4 判定规则

8.4.1 若受检的 50 块装饰混凝土砖中，外观质量和尺寸偏差不符合表 2 和表 3 的试件数量不超过 7 块时，则判该批装饰混凝土砖尺寸偏差和外观质量合格。否则为不合格。

8.4.2 当所检项目外观质量和尺寸偏差、强度等级、吸水率、线性干燥收缩率和相对含水率、抗渗性、抗冻性、碳化系数和软化系数、放射性检验结果分别符合 8.4.1、6.4～6.10 要求时，则判该批装饰混凝土砖合格。否则为不合格。

9 产品合格证、堆放和运输

9.1 装饰混凝土砖应在厂内养护 28 天龄期后方可出厂，并应提供产品质量合格证书，内容包括：

a) 厂名和商标；

b) 合格证编号、生产和出厂日期；

c) 产品标记；

d) 性能检验结果；

e) 批量编号与装饰混凝土砖数量(块)；

f) 检验部门与检验人员签字盖章。

9.2 装饰混凝土砖应按规格、花色、强度等级分批分别堆放，不得混杂。堆放期间，不得弄脏饰面。

9.3 装饰混凝土砖宜采用塑料薄膜包装，在堆放、运输及砌筑时应有防雨、防潮措施。

9.4 运输装卸时应捆扎牢固，轻码轻放，禁止用翻斗车倾卸。

附 录 A
(规范性附录)
装饰混凝土砖抗压强度试验方法

A.1 仪器设备

A.1.1 材料试验机

材料试验机的示值相对误差不应超过±1%,其量程选择应能使试件的预期破坏荷载落在满量程的20%～80%。试验机的上、下压板应有一端为球铰支座,并可以随意转动。

A.1.2 辅助压板

当试验机的上压板或下压板支撑面不能完全覆盖试件的承压面时,应在压板与试件之间放置一块钢板作为辅助压板。钢板的长度、宽度分别应至少比试件的长度、宽度大 6 mm,钢板厚度不小于20 mm。钢板经热处理后的表面硬度不小于 HRC40。钢板的平面度公差为 0.12 mm。

A.1.3 试件制备平台

试件制备平台必须水平、平整,可用金属或其他材料制作。

A.1.4 水平仪

水平仪规格为 250 mm～400 mm。

A.1.5 直角靠尺

直角靠尺必须有一端长度不小于 120 mm,分度值 1 mm。

A.1.6 钢直尺

钢直尺规格为 500 mm,分度值为 1 mm。

A.2 试件找平和粘结材料

试件找平和粘结材料应采用水泥或高强石膏粉。不应采用强度较低的模型石膏粉、建筑用熟石膏粉。仲裁性检验应采用 42.5R 普通硅酸盐水泥。

A.2.1 高强石膏粉

A.2.1.1 按 GB/T 17669.3 的规定进行高强石膏粉抗压强度检验,2 h 龄期的湿强度不应低于24.0 MPa。

A.2.1.2 实验室购入的高强石膏粉,应在三个月内使用;若超出 3 个月贮存期,应重新进行抗压强度检验,合格后方可继续使用。

A.2.1.3 除缓凝剂外,高强石膏粉中不应掺加其他任何填料和外加剂。高强石膏粉的供应商需提供缓凝剂掺量及配合比要求。

A.2.2 水泥

A.2.2.1 水泥可采用 R 型普通硅酸盐水泥,也可采用硫铝酸盐或铁铝酸盐类水泥。

A.2.2.2 参照 GB/T 17671 规定的方法成型、养护,并测试水泥净浆试块的抗压强度。加水量取值按 GB/T 1346 规定的水泥标准稠度用水量。水泥净浆试块 24 h 龄期的抗压强度不应低于 30.0 MPa。

A.3 试件制备

A.3.1 试件数量

装饰混凝土砖抗压强度试件数量为 5 个。

A.3.2 样品处理

A.3.2.1 试件制备前应先检查装饰混凝土砖样品的侧面是否有突出的或不规则的肋,若有则需作切除处理，以保证砖的侧面平整。所有孔洞四周被混凝土壁或肋完全封闭。所测试件的抗压强度值应视为整块砖的抗压强度。

A.3.2.2 装饰混凝土砖样品至少在温度(20±5)℃、相对湿度不大于80%的环境下，调至恒重方可进行试件制作。样品散放在实验室时，样品之间的间隔应不小于15 mm。如需尽早进行抗压强度试验，则可使用电风扇以加快室内空气流动速度。当样品2 h后的质量损失不超过前次质量的0.2%、且在样品表面用肉眼观察见不到有水分或潮湿现象时可认为是恒重。不允许采用烘干箱来干燥样品。

A.3.3 尺寸测量

用钢直尺测量每块样品尺寸，分别在样品两侧的中间位置测量试件宽度(B)和长度(L)，取平均值，精确至1 mm；样品高度(H)则应测取两个长边(L)中间处的两个数值，取平均值，精确至1 mm。

A.3.4 试件制备

计算装饰混凝土砖在实际使用状态下的承压高度(H)与最小水平尺寸(B)之比，即高宽比(H/B)。若$H/B \geqslant 0.6$时，可直接进行试件制备；若$H/B<0.6$时，则需采取叠块方法来进行试件制备。

A.3.4.1 $H/B \geqslant 0.6$时的试件制备

采用坐浆法制作试件。首先应选定样品在砌筑时的抹灰面作为承压面，将搅拌好的找平材料均匀摊铺在试样制备平台上，找平材料层的长度和宽度应略大于试件的长度和宽度，然后把样品的承压面压入找平材料层，用直角靠尺来调控试件垂直。坐浆后的承压面至少与试件的两个相邻侧面(做出标识)成90°垂直关系。找平材料层厚度不宜超过3 mm。

当一侧坐浆面(承压面)的找平材料终凝后，方可按上述方法进行另一面的坐浆，试件压入找平材料层后，需用水平仪调控上表面水平。

A.3.4.2 $H/B<0.6$时的试件制备

A.3.4.2.1 将同批次、同规格尺寸、开孔结构相同的两块样品，用粘结材料将它们重叠粘结在一起。粘结时，需用水平仪和直角靠尺进行调控，以保持试件的四个侧面中至少有两个相邻侧面是平整的。粘结后的试件应满足：

——粘结层厚度≤3 mm；

——两块样品的开孔基本对齐；

——当装饰混凝土砖的壁和肋厚度上下不一致时，重叠粘结时应是壁和肋厚度薄的一端，与另一块壁和肋厚度厚的一端相对接。

A.3.4.2.2 当粘结两块样品的粘结材料终凝2 h后，再按A.3.4.1进行试件承压面找平。

A.4 试件养护

制成的试件放置在(20±5)℃的试验室内养护。试件制备完成后计时，找平和粘结材料采用高强石膏粉的试件，3 h后即可进行抗压强度试验；找平和粘结材料采用早强水泥的试件，24 h后方可进行抗压强度试验。

A.5 试验步骤

A.5.1 试件由单块样品组成时，试件受压面的长度(L)和宽度(B)，直接按A.3.3值。

A.5.2 试件由两块样品重叠粘结时，试件受压面的长度(L)和宽度(B)，取分别按A.3.3测得的两块砖中的最大值。

A.5.3 将试件放在试验机下压板上时，要尽量保证试件的重心与试验机压板中心重合。

注：对于孔型分别对称于长(L)和宽(B)的中心线的试件，其重心和形心重合；对于不对称孔型的试件，可在试件承压面下垫一根直径10 mm、可自由滚动的圆钢棒，分别找出长(L)和宽(B)的平衡轴(重心轴)，两轴的交点即为重心。

A.5.4 试验机加荷应均匀平稳，不应发生冲击或振动。加荷速度以4 kN/s～6 kN/s为宜，直至试件破坏为止，记录最大破坏荷载 P。

A.6 结果计算

A.6.1 单个试件的抗压强度（R_p）按式（A.1）计算，精确至 0.01 MPa。

$$R_p = \frac{P}{LB} \qquad \cdots\cdots\cdots\cdots (A.1)$$

式中：

R_p——单个试件的抗压强度，单位为兆帕（MPa）；

P——最大破坏荷载，单位为牛顿（N）；

L——受压面长度，单位为毫米（mm）；

B——受压面宽度，单位为毫米（mm）。

A.6.2 试验结果以试件抗压强度的算术平均值和单个试件的最小值来表示，精确至 0.1 MPa。

附 录 B
（规范性附录）
碳化系数试验方法

B.1 仪器设备

B.1.1 抗压强度试验设备同 A.1。

B.1.2 碳化试验箱：容积至少放一组以上的试件。箱内环境条件：二氧化碳体积浓度为(20±3)%，相对湿度为(70±5)%，温度为(20±5)℃。

B.1.3 1%（质量浓度）酚酞乙醇溶液：用质量浓度为 70% 的乙醇配制。

B.2 试件数量

按 A.3.4 计算装饰混凝土砖的高宽比(H/B)。若 $H/B \geqslant 0.6$ 时，样品数量为两组共 12 块装饰混凝土砖，一组 5 块为对比试件，另一组 7 块为碳化试件；若 $H/B < 0.6$ 时，样品数量为两组共 22 块装饰混凝土砖，一组 10 块为对比试件，另一组 12 块为碳化试件。

B.3 试验步骤

B.3.1 将碳化试件按附录 A.3.2.2 进行气干。

B.3.2 将碳化试件放入碳化箱内，试件间距应不小于 20 mm；对比试件放置的环境条件为：相对湿度(70±5)%，温度(20±5)℃。

B.3.3 碳化 7 天后，从碳化试验箱内取出一个试件，在该试件端部约 50 mm 处劈开，用指示剂检查剖面的碳化程度。若试件剖面不显红色时，则该试件已完全碳化，即碳化试验箱中所有试件全部碳化，碳化试验结束；若仍有剖面显红色，则该试件未完全碳化，应继续碳化试验。

B.3.4 将已完全碳化或已碳化 28 d 仍未完全碳化的碳化试件，与对比试件同时按附录 A 进行抗压强度试验。

B.4 结果计算

装饰混凝土砖的碳化系数按式(B.1)计算，精确至 0.01。

$$K_c = \frac{R_c}{R} \qquad \cdots\cdots\cdots\cdots (B.1)$$

式中：

K_c——装饰混凝土砖的碳化系数；

R_c——5 个碳化后试件的抗压强度算术平均值，单位为兆帕(MPa)；

R——5 个对比试件的抗压强度算术平均值，单位为兆帕(MPa)。

附 录 C
（规范性附录）
软化系数试验方法

C.1 仪器设备

C.1.1 抗压强度试验设备同 A.1。

C.1.2 水池或水箱。

C.2 试件数量

装饰混凝土砖软化系数试件数量为两组 10 个。

C.3 试验步骤

C.3.1 按 A.3 制备两组试件。试件找平和粘结材料应采用符合 A.2.2 规定的水泥。

C.3.2 从制备完成后静置 24 h 后的两组试件中，任取一组 5 个试件浸入(20±5)℃的水中，水面高出试件 20 mm 以上，浸泡 4 d 后取出，在铁丝网架上滴水 1 min，再用拧干的湿布拭去试件表面的水。剩余一组 5 个试件按 A.3.2.2 调至恒重，即为气干状态试件。

C.3.3 将五个饱和面干试件和五个气干状态对比试件分别按 A.5 的规定进行抗压强度试验。

C.4 结果计算

装饰混凝土砖的软化系数按式(C.1)计算，精确至 0.01。

$$K_f = \frac{R_f}{R} \qquad \cdots\cdots (C.1)$$

式中：

K_f——装饰混凝土砖的软化系数；

R_f——5 个饱和面干试件的抗压强度算术平均值，单位为兆帕(MPa)；

R——5 个气干状态对比试件的抗压强度算术平均值，单位为兆帕(MPa)。

ICS 25.010
J 04

中华人民共和国国家标准

GB/T 25044—2010

砌墙砖抗压强度试样制备设备通用要求

General request of the preparation equipment used in compressive strength test of wall bricks

2010-09-02 发布　　　　2011-05-01 实施

中华人民共和国国家质量监督检验检疫总局
中国国家标准化管理委员会　发布

前　言

本标准由中国建筑材料联合会提出。

本标准由全国墙体屋面及道路用建筑材料标准化技术委员会(SAC/TC 285)归口。

本标准负责起草单位:中国建材西安墙体材料研究设计院、广州市建筑材料工业研究所有限公司。

本标准参加起草单位:中国建筑砌块协会、中国砖瓦工业协会、河南建筑材料研究设计院有限公司、浙江省建材科技有限公司、甘肃省建筑材料产品质量监督检验站、南京市产品质量监督检验院、大连市建材产品质量监督检验站、贵州省建材行业产品质量监督检验站、郴州市建筑材料产品质量检验站、宁夏建材产品质量监督检验站、吉林省建材产商品质量监督检验站、辽宁省建材产品质量监督检验院、重庆市墙体材料工业协会、陕西沃特建材科技发展有限公司。

本标准主要起草人:王博、陈少青、杨展。

砌墙砖抗压强度试样制备设备通用要求

1 范围

本标准规定了砌墙砖抗压强度试样制备设备的术语和定义、型式、技术要求、检验方法、检验规则、标志和包装的通用要求。

本标准适用于工业与民用建筑砌墙砖抗压强度试样制备用试验设备。

2 规范性引用文件

下列文件中的条款通过本标准的引用而成为本标准的条款。凡是注日期的引用文件，其随后所有的修改单(不包括勘误的内容)或修订版均不适用于本标准，然而，鼓励根据本标准达成协议的各方研究是否可使用这些文件的最新版本。凡是不注日期的引用文件，其最新版本适用于本标准。

GB/T 699　优质碳素结构钢

GB/T 1184　形状和位置公差　未注公差值

GB/T 1804　一般公差　未注公差的线性和角度尺寸的公差

GB/T 5226.1　机械电气安全　机械电气设备　第1部分:通用技术条件

JC/T 401.2　建材机械用碳钢和低合金钢铸件技术条件

JC/T 402　水泥机械涂漆防锈技术条件

JC/T 532　建材机械钢焊接件通用技术条件

3 术语和定义

下列术语和定义适用于本标准。

3.1

砌墙砖抗压强度试样制备搅拌设备　mixing equipment used in compressive strength test of wall bricks

利用搅拌臂与搅拌锅之间的相对运动进行砌墙砖抗压强度试验用净浆搅拌的装置。

3.2

砌墙砖抗压强度试样制备振动设备　vibrating equipment used in compressive strength test of wall bricks

利用电磁引力将试样模具吸引到振动台台面上，然后利用偏心轮产生振动原理使得台面产生振动的装置。

3.3

砌墙砖抗压强度试样制备试模　molds used in compressive strength test of wall bricks

用可拆卸模板形成密封型腔来进行抗压强度试验样品受压面处理的模具装置。

4 型式

4.1　砌墙砖抗压强度试样制备搅拌设备采用立式结构，搅拌臂为主动轴，搅拌桶采用固定旋转式，使得搅拌臂和搅拌桶之间产生搅拌作用。

4.2　砌墙砖抗压强度试样制备振动设备由台盘和使其跳动凸轮等组成，台盘上安装有固定分布的试验模具吸盘，吸盘利用电磁产生引力，跳动凸轮有电机带动，通过控制器按照一定的运转时间和运转速度运行，在运行的过程中使得台盘平稳地按照预定的跳动范围上下运动，试样模具在吸盘的吸引力下与台盘保持同步运动，使得试样达到振动的目的。

4.3 砌墙砖抗压强度试样制备试模由侧板、端板、底板、紧固装置及定位密封装置组成，可根据试样大小任意调节成型尺寸。按照试模使用形式将试模分为两种型式，一次成型式和二次成型式，一次成型式主要用于普通砖的抗压强度试验试样制备，二次成型式用于除普通砖外其他砌墙砖抗压强度试验试样制备。

5 技术要求

5.1 砌墙砖抗压强度试样制备搅拌设备基本要求

5.1.1 设备切削加工尺寸应符合 GB/T 1804 要求，形状和位置公差及未注公差值应符合 GB/T 1184 要求。

5.1.2 焊接件应符合 JC/T 532 的规定。

5.1.3 铸钢件应符合 JC/T 401.2 的规定。

5.1.4 搅拌叶片：严格按照 JC/T 401.2 中有关耐磨件的规定加工。

5.1.5 搅拌桶：按照 GB/T 699 的规定选定厚度不小于 6 mm 的材料加工制作，搅拌桶深度不大于 350 mm。

5.1.6 搅拌机机架：按照 GB/T 699 的规定选用型材加工制作。

5.1.7 整机性能通用要求：

a) 整机第一次大修前工作时间大于 15 000 h；

b) 整机配备电机、减速机寿命应大于 12 000 h；

c) 整机运转灵活、无碰擦、无异常声响和振动，紧固件无松动；

d) 搅拌系统相对运动速度小于 75 r/min；

e) 空负荷试车时的噪音值小于 75 dB(A)。

5.2 砌墙砖抗压强度试样制备振动设备基本要求

5.2.1 振动台的振幅：0.3 mm～0.6 mm。

5.2.2 振动台的频率：2 600 r/min～3 000 r/min。

5.2.3 振动台吸盘吸引力：750 N±10 N。

5.2.4 振动台整机绝缘电阻≥2.5 MΩ。

5.2.5 振动台台面尺寸为：1 000 mm×1 000 mm。

5.2.6 振动台吸盘型式、尺寸和数量：圆周形均匀排列，ϕ100(mm)×12。

5.2.7 吸盘的工作面为圆形平面，与振动台台面在同一水平面上。

5.3 砌墙砖抗压强度试样制备试模基本要求

5.3.1 一次成型试模组装后型腔尺寸为：长 120 mm±15 mm(可调节)，宽 120 mm±10 mm(可调节)，高 115 mm±5 mm。

5.3.2 二次成型试模组装后型腔尺寸为：长 240 mm±15 mm(可调节)，宽 120 mm±10 mm(可调节)，高 65 mm±5 mm。

注：对于不同规格的砌墙砖可根据规格尺寸进行设计。

5.3.3 试模操作要求方便、简单、灵活、快捷。

5.3.4 试模模腔应具有很好的密封性，四周观察无水滴。

5.4 装配与安装要求

5.4.1 所有零部件经检验合格，外购件应符合相关的国家和行业标准，有合格证方可进行装配。

5.4.2 搅拌系统与搅拌锅装配时，搅拌叶片旋转外沿应与搅拌锅内壁保持 1 mm～3 mm 的间隙。

5.4.3 电气设备及其系统应符合 GB/T 5226.1 的规定。

5.5 空载试车要求

5.5.1 运转时应无异常声响和强烈的振动。

5.5.2 润滑部位应不漏油。

5.5.3 轴承温升应不大于 35 ℃，最高温度应不超过 70 ℃。

5.6 负载试车要求

5.6.1 负载试车应符合 5.5.1、5.5.2 的要求。

5.6.2 轴承温升应不大于 35 ℃，最高温度应不超过 75 ℃。

5.7 外观要求

5.7.1 表面应平整光洁，不得有碰伤、划伤、锈蚀等缺陷。

5.7.2 外露连接部分两部件安装相对误差，机械加工时不大于 0.5 mm，非机械加工时不大于 1 mm。

5.7.3 涂漆防锈应符合 JC/T 402 的要求。

6 检验方法

6.1 检验条件

6.1.1 检验室里保持清洁，无腐蚀性气体。

6.1.2 电源的电压波动不超过±10%。

6.2 检验用仪器

a) 转速测量仪：精度不低于 1 r/min；

b) 秒表：精度不低于 0.1 s；

c) 深度尺：分度值不大于 0.02 mm；

d) 内径千分尺：分度值不大于 0.02 mm；

e) 游标卡尺：分度值不大于 0.02 mm；

f) 测厚卡规：分度值不大于 0.02 mm；

g) 万用表 500 V，准确度不低于 2.5 级；

h) 拉秤：分度值不大于 0.01 kg；

i) 其他辅助性工具器具。

6.3 搅拌设备搅拌叶片转速的检测

搅拌叶片转速可以在负载也可在空载情况下检测，有争议时以负载为准。

检测时，在搅拌叶片所连接的轴上贴一块黑色胶布，再在黑色胶布上贴反光片，用转速测量仪直接检测搅拌轴的转速，读出数据也就是搅拌叶片的转速。

6.4 振动设备绝缘电阻的检测

用万用表电阻挡直接进行检测。

6.5 振动设备振幅、频率的检查

以机器本身振动元件为检查对象进行核实并记录。

6.6 振动设备吸盘吸力的检测

用拉秤进行现场测量，当设备电磁元件产生电磁吸力的时候，用拉秤在操作平台拉动事先在平台上准备好的拉件，读出数据，反复进行三次取其算数平均值。

拉件为厚度 5 mm、ϕ60 mm 大小钢板加工。

6.7 对振动、搅拌设备外观和部分零件的检查

目测检查为主，关键元件用相关仪器进行检查。

6.8 对振动、搅拌设备整机运转状态的检查

通过运行检查观察成套设备运转情况。

6.9 整套试模操作检查

在现场实际操作，以求达到方便、灵活、快捷。

6.10 试模模腔密封性的检测

检测时，在试模的下端垫上一层玻璃板，然后在装配好的试模中加入水观察其四周密封性能，看是否有水滴产生。主要以目测为主。

7 检验规则

检验分为出厂检验和型式检验。

7.1 出厂检验

出厂检验为除国家标准件外全部的内容。出厂检验的主要项目的实际测量数据应记入随机文件中。

7.2 型式检验

型式检验为本标准技术要求中的全部内容。

有下列情况之一时，应进行型式检验：

a) 新产品试制或老产品转厂生产的试制定型检定；

b) 产品正式生产后，其结构设计、材料、工艺以及关键的零部件有较大改变可能影响产品性能时；

c) 正常生产时，定期或积累一定产量后，应周期性进行一次检验；

d) 产品长期停产后，恢复生产时；

e) 国家质量监督机构提出进行型式检验要求时。

7.3 判定规则

7.3.1 出厂检验

每台设备均符合出厂要求时判为出厂检验合格。其中任何一项不符合要求，判为出厂检验不合格。

7.3.2 型式检验

当批量不大于50台时，抽样两台，若检验后有一台不合格，则判定该批产品不合格，否则判定合格；当批量大于50台时，抽样五台，若检验后出现两台及两台以上的不合格品，则判定该批产品不合格，否则判定合格。

8 标志和包装

8.1 标志

设备应具有标志，其内容包括：

a) 名称；

b) 型号；

c) 生产日期；

d) 生产编号；

e) 制造厂家。

8.2 包装

8.2.1 装箱前除表面喷漆部分外均须采取防锈措施。

8.2.2 装箱时用螺栓固定在箱底上，机器上方及四周应加以支撑，使其在运输途中不致发生任何方向

的移动。包装箱应满足相应运输方式的要求。

8.2.3　随包装箱附有产品合格证、检验报告、使用说明书、装箱单和备用件等。

8.2.4　包装箱上要清楚标明：

a)　设备全称与型号、上下标志、制造厂名及出厂编号；

b)　收货单位及地址；

c)　“请勿倒置”、“小心轻放”、“防潮”等字样。

ICS 91.100.10
Q 15

中华人民共和国国家标准

GB/T 25183—2010

砌墙砖抗压强度试验用净浆材料

Paste for compressive strength test of wall brick

2010-09-26 发布　　2011-08-01 实施

中华人民共和国国家质量监督检验检疫总局
中国国家标准化管理委员会　发布

前　言

本标准按照 GB/T 1.1—2009 给出的规则起草。

本标准由中国建筑材料联合会提出。

本标准由全国墙体屋面及道路用建筑材料标准化技术委员会(SAC/TC 285)归口。

本标准负责起草单位:中国建材西安墙体材料研究设计院、宁夏建筑材料研究院。

本标准参加起草单位:中国建筑砌块协会、广州市建筑材料工业研究所有限公司、浙江省建筑材料产品质量监督检验站、甘肃省建筑材料产品监督检验站、南京市质量监督检验院、大连市建材产品质量监督检验站、贵州省建材行业产品质量监督检验站、上海苏科建筑技术发展有限公司、郴州市建筑材料产品质量检验站、宁夏建材产品质量监督检验站、吉林省建材产商品质量监督检验站、辽宁省建材产品质量监督检验院。

本标准主要起草人:常豪、段庆奎、周炫。

砌墙砖抗压强度试验用净浆材料

1 范围

本标准规定了砌墙砖抗压强度试验用净浆材料的定义、原料要求、一般要求、技术要求、试验方法、验收规则及包装、标志、运输、有效期、使用说明与贮存。

本标准适用于砌墙砖抗压强度试验用净浆材料。

2 规范性引用文件

下列文件对于本文件的应用是必不可少的。凡是注日期的引用文件,仅注日期的版本适用于本文件。凡是不注日期的引用文件,其最新版本(包括所有的修改单)适用于本文件。

GB 178 水泥强度试验用标准砂

GB/T 6003.1 金属丝编织网试验筛

GB/T 17669.4 建筑石膏 净浆物理性能的测定

GB/T 17671 水泥胶砂强度检验方法(ISO 法)

JC/T 1021.2 非金属矿物和岩石化学分析方法 第 2 部分 硅酸盐岩石、矿物及硅质原料化学分析方法

JG/T 3033 试验用砂浆搅拌机

JY/T 016 波长色散型 X 射线荧光光谱方法通则

3 术语和定义

下列术语和定义适用于本文件。

3.1

砌墙砖抗压强度试验用净浆材料 paste for compressive strength test of wall brick

以石膏和细集料为原料,掺入外加剂,再加入适量的水,经砂浆搅拌机搅拌均匀制成,在砌墙砖抗压强度试验中,用于找平受压平面的浆体材料。

4 原料要求

4.1 石膏

4.1.1 主要成分

氧含量(质量分数)在 45.0%～53.0%,钙含量(质量分数)在 25.0%～33.0%,硫含量(质量分数)在 19.0%～27.0%。

4.1.2 抗压强度

石膏(加 24%～26%水)2 h 抗压强度大于 22.0 MPa。

4.1.3 细度

0.1 mm 方孔筛筛余量小于 5%。

4.2 细集料

4.2.1 主要成分

二氧化硅含量(质量分数)在 61.0%～67.0%,烧失量不应超过 1%。

4.2.2 其他要求

粒径小于 1 mm,含泥量不应超过 0.50%。

5 一般要求

5.1 外观

均匀、无明显色差、不含其他杂质。

5.2 有害反应

不应对试样表面及试样的强度性能造成有害影响。

5.3 稳定性

在温度 10 ℃～30 ℃,湿度 55%～75%的规定环境和有效期内,不得出现凝结现象。

6 技术要求

砌墙砖抗压强度试验用净浆材料的各项指标应符合表 1 的要求。

表 1 物理指标

项　　目	指　　标
抗压强度(4 h)/MPa	19.0～21.0
流动度(提桶法)/mm	饼径 160～164
初凝时间/min	15～19
终凝时间/min	<30

7 试验方法

7.1 氧含量、钙含量、硫含量

石膏中氧含量、钙含量、硫含量按照 JY/T 016 的规定进行。

7.2 石膏抗压强度

石膏(加 24%～26%的水)抗压强度按照 GB/T 17671 的规定进行。

7.3 细度

7.3.1 试验设备

7.3.1.1 试验筛

试验筛由圆形筛帮和方孔筛网组成，筛帮直径 ϕ200 mm，试验筛其他技术指标应符合 GB/T 6003.1 的要求。网孔尺寸为 0.1 mm，并在筛顶用筛盖封闭，在筛底用接收盘封闭。

7.3.1.2 天平或电子秤

精度为 0.1 g。

7.3.1.3 干燥器

7.3.2 试验步骤

7.3.2.1 在原料石膏中取出约 210 g，在 40 ℃±4 ℃下干燥至恒重（干燥时间相隔 1 h 的二次称量之差不超过 0.2 g 时，即为恒重），并在干燥器中冷却至室温。

7.3.2.2 将试样按下述步骤连续测定两次。

7.3.2.3 在 0.1 mm 试验筛下部安装上接收盘，称取试样 100 g 后，倒入其中，盖上筛盖。一只手拿住筛子，略微倾斜地摆动筛子，使其撞击另一只手。撞击的速度为 125 次/min。每撞击一次都应将筛子摆动一下，以便使试样始终均匀地撒开。每摆动 25 次后，把试验筛旋转 90°，并对着筛帮重重拍几下，继续进行筛分。当 1 min 的过筛试样质量不超过 0.4 g 时，则认为筛分完成。称量 0.1 mm 试验筛的筛上物，作为筛余量。细度以筛余量与试样原始质量（100 g）之比的百分数形式表示（细度＝筛余量/100×100%），精确至 1%。

7.3.3 结果的表示方法

采用两次测定结果的算术平均值作为试样的细度值，对于两次测定值之差不应大于平均值的 5%，并且当筛余量小于 2 g 时，两次测定值之差不应大于 0.1 g，否则，应再次测定。

7.4 二氧化硅含量

细集料中二氧化硅含量按 JC/T 1021.2 的规定进行。

7.5 烧失量及含泥量

细集料中烧失量及含泥量按照 GB 178 的规定进行。

7.6 净浆材料抗压强度

按照 8.6 条规定配成的净浆材料的抗压强度按照 GB/T 17671 规定进行。

7.7 净浆材料流动度、凝结时间

流动度、凝结时间按照 GB/T 17669.4 的规定进行。

8 验收规则、包装、标志、运输、有效期、使用说明与贮存

8.1 验收规则

净浆出厂为干料，两种原料分别包装，1 t 为一批号，每一批号应取三个有代表性的样品，按照第 8.6 条的规定配成砌墙砖抗压强度试验用净浆材料分别测定抗压强度、流动度，测定结果均应符合表 1 的要

求。石膏和细集料不符合第 4 章、第 5 章、第 6 章要求中规定的，均不得出厂。

8.2 包装

包装袋应结实牢固，具有防潮性，石膏每袋净重 6 kg，细集料每袋净重 4 kg，袋中须附有合格证，注名生产日期及编号。

8.3 标志

产品出厂时，应提供产品质量合格证及防潮标识。合格证主要内容包括：生产厂名、产品标记、批量及编号、证书编号、本批产品实测技术性能、生产日期和有效期，并由检验员和承检单位签章。

8.4 运输

产品运输和装卸时要轻拿轻放，避免碰撞摔打。

8.5 有效期

石膏有效期为三个月。

8.6 使用说明

将掺入外加剂（占总组分 0.1%～0.2%）的石膏（占总组分 60%）和细集料（占总组分 40%）均匀混合后，加入 24%～26%的水，用符合 JG/T 3033 规定的砂浆搅拌机搅拌均匀制成砌墙砖抗压强度试验用净浆材料。

8.7 贮存

贮存环境要求温度 10 ℃～30 ℃，湿度 55%～75%，堆放在防潮隔板上，防止受潮与散漏。

ICS 91.100.30
Q 14

中华人民共和国国家标准

GB 25779—2010

承重混凝土多孔砖

Loadbearing concrete perforated bricks

2010-12-23 发布 2011-11-01 实施

中华人民共和国国家质量监督检验检疫总局
中国国家标准化管理委员会 发布

前　言

本标准第6章(除6.3.4外)为强制性条款,其余为推荐性条款。

本标准的附录A、附录B、附录C为规范性附录。

本标准与美国ASTM C55-06《混凝土建筑用砖》的一致性程度为非等效。

本标准由中国建筑材料联合会提出。

本标准由全国墙体屋面及道路用建筑材料标准化技术委员会(SAC/TC 285)归口。

本标准负责起草单位:河南建筑材料研究设计院有限公司、中国建筑砌块协会、浙江省发展新型墙体材料办公室、建筑材料工业技术监督研究中心。

本标准参加起草单位:西安墙体材料研究设计院、浙江省建筑材料科技有限公司、上海苏科建筑技术发展有限公司、中国建筑材料科学研究总院、卓越(福建)机械制造发展有限公司、江苏腾宇机械制造有限公司、泉州市鸿益机械制造有限公司、西安东方福星机械有限公司、保定市华锐方正机械制造有限公司、泉州市群峰机械制造有限公司、包头新创瑞图环保建材有限公司、南通市恒达机械制造有限公司。

本标准主要起草人:陈红军、杜建东、于献青、周炫、杨斌、蔡小兵、王丽丽、王武祥、吴澄宇、傅志昌、蒋怀同、李仰水、马光辉、张万仓、徐清辉、郭文智、于银龙。

承重混凝土多孔砖

1 范围

本标准规定了承重混凝土多孔砖的术语和定义、规格、等级和标记、原材料、技术要求、试验方法、检验规则及产品合格证、堆放和运输。

本标准适用于工业与民用建筑等承重结构用混凝土多孔砖。

2 规范性引用文件

下列文件中的条款通过本标准的引用而成为本标准的条款。凡是注日期的引用文件，其随后所有的修改单(不包括勘误的内容)或修订版均不适用于本标准，然而，鼓励根据本标准达成协议的各方研究是否可使用这些文件的最新版本。凡是不注日期的引用文件，其最新版本适用于本标准。

GB 175 通用硅酸盐水泥

GB/T 1346 水泥标准稠度用水量、凝结时间、安定性检验方法

GB/T 1596 用于水泥和混凝土中的粉煤灰

GB/T 2542 砌墙砖试验方法

GB/T 4111 混凝土小型空心砌块试验方法

GB 6566 建筑材料放射性核素限量

GB 8076 混凝土外加剂

GB/T 14684 建筑用砂

GB/T 14685 建筑用卵石、碎石

GB/T 17431.1 轻集料及其试验方法 第1部分:轻集料

GB/T 17669.3 建筑石膏 力学性能的测定

GB/T 17671 水泥胶砂强度检验方法(ISO法)

GB/T 18046 用于水泥和混凝土中的粒化高炉矿渣粉

GB/T 18968 墙体材料术语

JGJ 63 混凝土用水标准

YBJ 20584 混凝土用高炉重矿渣碎石技术条件

3 术语和定义

GB/T 18968 确立的以及下列术语和定义适用于本标准。

3.1

承重混凝土多孔砖 loadbearing concrete perforated brick

以水泥、砂、石等为主要原材料，经配料、搅拌、成型、养护制成，用于承重结构的多排孔混凝土砖(以下简称:混凝土多孔砖)，代号 LPB。混凝土多孔砖各部位名称见图1。

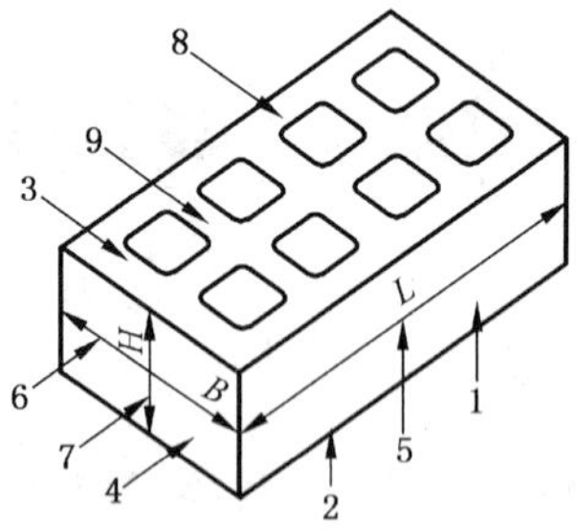

1——条面；
2——坐浆面(外壁、肋的厚度较小的面)；
3——铺浆面(外壁、肋的厚度较大的面)；
4——顶面；
5——长度(L)；
6——宽度(B)；
7——高度(H)；
8——外壁；
9——肋。

图 1　混凝土多孔砖各部位名称

4　规格、等级和标记

4.1　规格

混凝土多孔砖的外型为直角六面体，常用砖型的规格尺寸见表 1。

表 1　规格尺寸

单位为毫米

长　　度	宽　　度	高　　度
360、290、240、190、140	240、190、115、90	115、90

其他规格尺寸可由供需双方协商确定。采用薄灰缝砌筑的块型，相关尺寸可作相应调整。

4.2　等级

按抗压强度分为 MU15、MU20、MU25 三个等级。

4.3　标记

产品按下列顺序标记：代号、规格尺寸、强度等级、标准编号。

示例：规格尺寸为 240 mm×115 mm×90 mm、强度等级 MU15 的混凝土多孔砖，其标记为：

LPB 240×115×90　MU15 GB 25779—2010

5　原材料

5.1　水泥

应符合 GB 175 的规定。

5.2　集料

5.2.1　细集料

应符合 GB/T 14684 的规定。

5.2.2　粗集料

碎石、卵石应符合 GB/T 14685 的规定；重矿渣应符合 YBJ 20584 的规定。粗集料的最大粒径应不大于 9.5 mm。

5.2.3　轻集料

应符合 GB/T 17431.1 的规定。

5.3 粉煤灰

应符合 GB/T 1596 的规定。

5.4 粒化高炉矿渣粉

应符合 GB/T 18046 的规定。

5.5 外加剂

应符合 GB 8076 的规定。

5.6 水

应符合 JGJ 63 的规定。

5.7 其他材料

应符合相关标准的要求，无标准的材料应用前应做相关检验，符合要求方可使用。

6 技术要求

6.1 外观质量

外观质量应符合表 2 的规定。

表 2 外观质量

单位为毫米

项目名称		技术指标
弯曲		≤1
缺棱掉角	个数(个)	≤2
	三个方向投影尺寸的最大值	≤15
裂纹延伸的投影尺寸累计		≤20

6.2 尺寸偏差

尺寸偏差应符合表 3 的规定。

表 3 尺寸偏差

单位为毫米

项目名称	技术指标
长度	+2，−1
宽度	+2，−1
高度	±2

6.3 孔洞率

6.3.1 孔洞率应不小于 25%，不大于 35%。

6.3.2 混凝土多孔砖的开孔方向，应与砖砌筑上墙后承受压力的方向一致。

6.3.3 混凝土多孔砖任何一个孔洞，在砖长度方向的最大值，应不大于砖长度的 1/6；在砖宽度方向的最大值应不大于砖宽度的 4/15。

6.3.4 混凝土多孔砖的铺浆面宜为盲孔或半盲孔。

6.4 最小外壁和最小肋厚

最小外壁厚应不小于 18 mm，最小肋厚应不小于 15 mm。

6.5 强度等级

抗压强度应符合表 4 的规定。

表 4 抗压强度

单位为兆帕

强度等级	抗压强度	
	平均值不小于	单块最小值不小于
MU15	15.0	12.0
MU20	20.0	16.0
MU25	25.0	20.0

6.6 最大吸水率

最大吸水率应不大于12%。

6.7 线性干燥收缩率和相对含水率

线性干燥收缩率和相对含水率应符合表5的规定。

表 5 相对含水率

%

线性干燥收缩率	相对含水率		
	潮湿	中等	干燥
≤0.045	≤40	≤35	≤30

注：使用地区的湿度条件：
潮湿——指年平均相对湿度大于75%的地区；
中等——指年平均相对湿度50%～75%的地区；
干燥——指年平均相对湿度小于50%的地区。

6.8 抗冻性

抗冻性应符合表6的规定。

表 6 抗冻性

%

使用条件	抗冻指标	单块质量损失率	单块抗压强度损失率
夏热冬暖地区	D15	≤5	≤25
夏热冬冷地区	D25		
寒冷地区	D35		
严寒地区	D50		

6.9 碳化系数

碳化系数应不小于0.85。

6.10 软化系数

软化系数应不小于0.85。

6.11 放射性

放射性应符合GB 6566的规定。

7 试验方法

7.1 外观质量

外观质量试验方法按GB/T 2542进行。

7.2 尺寸偏差

尺寸偏差试验方法按GB/T 2542进行。

7.3 孔洞率

7.3.1 孔洞率试验方法按 GB/T 4111 空心率试验方法进行。

7.3.2 在混凝土多孔砖的坐浆面，用卡尺或直尺测量孔洞的孔径或几何尺寸，计算最大开孔尺寸，采用全数值比较法，精确至 0.1 mm。

7.4 最小外壁和最小肋厚

最小外壁和最小肋厚试验方法按 GB/T 4111 进行。

7.5 抗压强度

抗压强度试验方法按附录 A 进行。

7.6 最大吸水率

最大吸水率试验方法按 GB/T 4111 进行。

7.7 线性干燥收缩率和相对含水率

线性干燥收缩率和相对含水率试验方法按 GB/T 4111 进行，其中线性干燥收缩率试验的标距为 150 mm。

7.8 抗冻性

抗冻性试验方法按 GB/T 4111 进行，其中抗压强度试验方法按附录 A 进行。

7.9 碳化系数

碳化系数试验方法按附录 B 进行。

7.10 软化系数

软化系数试验方法按附录 C 进行。

7.11 放射性

放射性按 GB 6566 进行。

8 检验规则

8.1 检验分类

产品检验分为出厂检验和型式检验。

8.1.1 出厂检验

检验项目为：外观质量、尺寸偏差、最小外壁和最小肋厚、强度等级、最大吸水率和相对含水率。

8.1.2 型式检验

检验项目为：第 6 章技术要求的全部项目。有下列之一情况者，应进行型式检验。

a) 新产品的试制定型鉴定；

b) 正常生产后，原材料、配比和生产工艺任何一项发生改变时；

c) 正常生产时，每半年进行一次（放射性每一年进行一次）；

d) 生产线停产三个月以上恢复生产时；

e) 出厂检验与上次型式检验有较大差异时；

f) 国家质量监督机构提出进行型式检验要求时。

8.2 组批规则

以同一批原材料、同一生产工艺生产、同一强度等级和同一龄期的 10 万块混凝土多孔砖为一批，不足 10 万块亦按一批计。

8.3 抽样规则

8.3.1 每批随机抽取 50 块混凝土多孔砖做外观质量和尺寸偏差检验。

8.3.2 从外观质量和尺寸偏差检验合格的混凝土多孔砖中抽取如下数量进行其他项目检验，样品数量见表 7。

表 7　样品数量

单位为块

检验项目	样品数量	
	$(H/B)\geq 0.6$	$(H/B)<0.6$
孔洞率	3	3
最小外壁和最小肋厚	3	3
强度等级	5	10
最大吸水率和相对含水率	3	3
线性干燥收缩率	3	3
抗冻性	10	20
碳化系数	12	22
软化系数	10	20
放射性	3	3

8.4　判定规则

8.4.1　若受检的混凝土多孔砖外观质量和尺寸偏差均符合表 2 和表 3 的技术要求时，则判该块混凝土多孔砖的外观质量和尺寸偏差合格；否则为不合格。

8.4.2　若受检的 50 块混凝土多孔砖中，外观质量和尺寸偏差的不合格块数不超过 7 块时，则判该批混凝土多孔砖的外观质量和尺寸偏差合格；否则为不合格。

8.4.3　当所有项目的检验结果均符合本标准第 6 章各项技术要求时，则判该批混凝土多孔砖合格；否则为不合格。

9　产品合格证、堆放和运输

9.1　混凝土多孔砖龄期不足 28 天不应出厂。

9.2　混凝土多孔砖出厂时，应提供产品质量合格证，内容包括：

a)　厂名和商标；

b)　批量编号和数量；

c)　产品标记、生产和出厂日期；

d)　出厂检验报告和有效期内的型式检验报告；

e)　检验部门和检验人员签章。

9.3　混凝土多孔砖应按规格、龄期、强度等级分批分别码放，不应混杂。

9.4　混凝土多孔砖宜采用塑料薄膜包装，堆放、运输和砌筑时，应采取防雨措施。

9.5　混凝土多孔砖装卸时，严禁碰撞、扔摔，禁止翻斗倾卸。

附 录 A
（规范性附录）
混凝土多孔砖抗压强度试验方法

A.1 仪器设备

A.1.1 材料试验机

材料试验机的示值相对误差不应超过±1%，其量程选择应能使试件的预期破坏荷载落在满量程的20%～80%。试验机的上、下压板应有一端为球铰支座，并可以随意转动。

A.1.2 辅助压板

当试验机的上压板或下压板支撑面不能完全覆盖试件的承压面时，应在试验机压板与试件之间放置一块钢板作为辅助压板。

辅助压板的长度、宽度应分别大于试件的长度、宽度 6 mm，厚度应不小于 20 mm。辅助压板经热处理后的表面硬度应不小于 HRC40。平面度公差为 0.12 mm。

A.1.3 试件制备平台

试件制备平台应平整水平，其长度方向范围内的平面度应不大于 0.1 mm，可用金属或其他材料制作，平面尺寸应不小于 440 mm×240 mm。

A.1.4 玻璃平板

玻璃平板厚度不小于 6 mm，平面尺寸与试件制备平台的要求相同。

A.1.5 水平仪

水平仪规格为 250 mm～400 mm。

A.1.6 直角靠尺

直角靠尺应有一端长度不小于 120 mm，分度值为 1 mm。

A.1.7 钢直尺

钢直尺规格为 400 mm，分度值为 1 mm。

A.2 试件找平和粘结材料

采用 42.5 普通硅酸盐水泥和细砂制备的砂浆，质量比为 1∶3，加水量取值按 GB/T 1346 规定的水泥标准稠度用水量。

如需提前进行抗压强度试验，宜可采用 42.5 快硬硅酸盐水泥或高强石膏粉。不应采用强度较低的模型石膏粉、建筑用熟石膏粉。

仲裁性检验应采用 42.5 普通硅酸盐水泥。

A.2.1 快硬硅酸盐水泥

按 GB/T 17671 规定的方法成型、养护，并测试水泥胶砂试块的抗压强度。水泥胶砂试块 24 h 龄期的抗压强度不应低于 19.0 MPa。

A.2.2 高强石膏粉

A.2.2.1 按 GB/T 17669.3 的规定进行高强石膏粉抗压强度检验，2 h 龄期的湿强度不应低于 24.0 MPa。

A.2.2.2 实验室购入的高强石膏粉，应在三个月内使用；若超出 3 个月贮存期，应重新进行抗压强度检验，合格后方可继续使用。

A.2.2.3 除缓凝剂外，高强石膏粉中不应掺加其他任何填料和外加剂。高强石膏粉的供应商需提供缓凝剂掺量及配合比要求。

A.3 试件

A.3.1 试件数量

混凝土多孔砖抗压强度试件数量为5个。

A.3.2 样品处理

A.3.2.1 混凝土多孔砖样品的侧面应是规则平整的，若有突出的或不规则的肋，则需作切除处理，以保证样品的侧面平整；处理样品的坐浆面和铺浆面，使之成为互相平行的平面；样品所有孔洞四周的混凝土壁或肋应是完全封闭的，所测试件的抗压强度值应视为整块混凝土多孔砖的抗压强度。

A.3.2.2 样品至少在温度(23±5)℃、相对湿度不大于80%的环境下调至恒重后，方可进行试件制作。样品散放在实验室时，可叠层码放，孔应平行于地面，样品之间的间隔应不小于15 mm。如需提前进行抗压强度试验，则可使用电风扇以加快室内空气流动速度。当样品2 h后的质量损失不超过前次质量的0.2%，且在样品表面用肉眼观察见不到有水分或潮湿现象时，可认为样品已恒重。不允许采用烘干箱来干燥样品。

A.3.3 尺寸测量

用钢直尺测量每块样品尺寸，分别在样品两侧的中间位置测量试件宽度(B)和长度(L)，取平均值，精确至1 mm；样品高度(H)则应测取两个长边(L)中间处的两个数值，取平均值，精确至1 mm。

A.3.4 试件制备

计算混凝土多孔砖在实际使用状态下的承压高度(H)与最小水平尺寸(B)之比，即高宽比(H/B)。

A.3.4.1 $H/B \geqslant 0.6$ 的试件制备

采用坐浆法制作试件，处理后直接作为抗压强度试件。

A.3.4.1.1 在试样制备平台上先薄薄地涂一层机油或铺一层湿纸，将搅拌好的找平材料均匀摊铺在试样制备平台上，找平材料层的长度和宽度应略大于样品的长度和宽度。

A.3.4.1.2 选定混凝土多孔砖的铺浆面作为承压面，把样品的承压面压入找平材料层，用直角靠尺来调控样品垂直。坐浆后的承压面至少与两个相邻侧面成90°垂直关系。找平材料层厚度应不大于3 mm。

A.3.4.1.3 当承压面的找平材料终凝后，按上述方法进行另一面的坐浆，样品压入找平材料层后，需用水平仪调控上表面至水平。

A.3.4.1.4 为缩短时间，可在承压面处理后立即在向上的一面铺一层找平砂浆，压上事先涂油的玻璃平板，边压边观察找平砂浆层，将气泡全部排除，并用水平尺调至水平，直至找平砂浆层平面均匀，厚度≤3 mm。

A.3.4.2 $H/B < 0.6$ 的试件制备

采取叠块方法制作抗压强度试件。

A.3.4.2.1 将同批次、同规格尺寸、孔洞结构相同的两块混凝土多孔砖样品，用粘结材料将它们重叠粘结在一起。粘结时，需用水平仪和直角靠尺进行调控，以保持样品的四个侧面中至少有两个相邻侧面是平整的。粘结后的样品应满足：

——粘结层厚度≤3 mm；

——两块样品的孔洞基本对齐；

——当两块样品的壁和肋厚度上下不一致时，重叠粘结时应是壁和肋厚度薄的一面，与另一块壁和肋厚度厚的一面相粘接。

A.3.4.2.2 粘结材料终凝2 h后，再按A.3.4.1.1、A.3.4.1.2、A.3.4.1.3、A.3.4.1.4制备试件。

A.4 试件养护

将制备的试件放置在(20±5)℃的试验室内进行养护。

找平和粘结材料采用普通硅酸盐水泥制备的试件，72 h 后进行抗压强度试验；

找平和粘结材料采用快硬硅酸盐水泥制备的试件，24 h 后进行抗压强度试验；

找平和粘结材料采用高强石膏粉制备的试件，2 h 后进行抗压强度试验。

A.5 试验步骤

A.5.1 将试件放在试验机下压板上，要尽量保证试件的重心与试验机压板中心重合。

注：对于孔型分别对称于长(L)和宽(B)的中心线的试件，其重心和形心重合；对于不对称孔型的试件，可在试件承压面下垫一根直径 10 mm、可自由滚动的圆钢条，分别找出长(L)和宽(B)的平衡轴(重心轴)，两轴的交点即为重心。

A.5.2 试验机加荷应均匀平稳，不应发生冲击或振动。加荷速度以 4 kN/s～6 kN/s 为宜，直至试件破坏为止，记录最大破坏荷载 P。

A.6 结果计算

A.6.1 $H/B \geqslant 0.6$ 的样品制备的试件，试件受压面的长度(L)和宽度(B)，按 A.3.3 取值。

A.6.2 $H/B < 0.6$ 的样品制备的试件，试件受压面的长度(L)和宽度(B)，按 A.3.3 取最大值。

A.6.3 试件的抗压强度(R_p)按式(A.1)计算，精确至 0.1 MPa。

$$R_p = \frac{P}{LB} \qquad \text{(A.1)}$$

式中：

R_p——试件的抗压强度，单位为兆帕(MPa)；

P——最大破坏荷载，单位为牛顿(N)；

L——受压面长度，单位为毫米(mm)；

B——受压面宽度，单位为毫米(mm)。

A.6.4 试验结果以 5 个试件抗压强度的算术平均值和单个试件的最小值来表示，精确至 0.1 MPa。

附 录 B
（规范性附录）
混凝土多孔砖碳化系数试验方法

B.1 仪器设备

B.1.1 抗压强度试验设备同 A.1。

B.1.2 碳化试验箱

容积至少放一组以上的试件。

箱内环境条件为：二氧化碳体积浓度为(20±3)%，相对湿度为(70±5)%，温度为(20±5)℃。

B.2 化学试剂

质量浓度为1%酚酞乙醇溶液，用质量浓度为70%的乙醇配制。

B.3 样品

B.3.1 样品数量

高宽比(H/B)≥0.6 的混凝土多孔砖样品数量为两组 12 块；一组 5 块为抗压强度对比样品。另一组 7 块为碳化试验样品，其中 2 块用于测试碳化情况。

高宽比(H/B)<0.6 的混凝土多孔砖样品数量为 22 块；一组 10 块为抗压强度对比样品。另一组 12 块为碳化试验样品，其中 2 块用于测试碳化情况。

B.3.2 样品处理

样品处理同 A.3.2。

B.4 试验步骤

B.4.1 将碳化试验样品放入碳化箱内进行碳化试验，样品间距应不小于 20 mm；抗压强度对比样品放置的环境条件为：相对湿度(70±5)%，温度(20±5)℃。

B.4.2 碳化 7 d 后，每天将同一个测试碳化情况样品的端部约 50 mm 处劈开，用质量浓度为 1%的酚酞乙醇溶液检查碳化深度，当测试样品剖面中心不显红色时，既测试样品已完全碳化，则认为碳化箱中全部样品已全部碳化，碳化试验结束；若测试样品剖面中心显红色，既测试样品尚未完全碳化，应继续进行碳化试验，直至 28 d 碳化试验结束。

B.4.3 将已完全碳化或已碳化 28 d 仍未完全碳化的全部样品，与抗压强度对比样品同时按 A.3.3、A.3.4、A.4、A.5 进行试件制备、养护和抗压强度试验。

B.5 结果计算

混凝土多孔砖的碳化系数按式(B.1)计算，精确至 0.01。

$$K_C = \frac{R_C}{R} \qquad \cdots\cdots\cdots\cdots (B.1)$$

式中：

K_C——混凝土多孔砖的碳化系数；

R_C——5 个碳化后试件的抗压强度算术平均值，单位为兆帕(MPa)；

R——5 个对比试件的抗压强度算术平均值，单位为兆帕(MPa)。

附 录 C
（规范性附录）
混凝土多孔砖软化系数试验方法

C.1 仪器设备

C.1.1 抗压强度试验设备同 A.1。

C.1.2 水池或水箱。

C.2 样品

C.2.1 样品数量

高宽比(H/B)≥0.6 的混凝土多孔砖试验样品数量为两组 10 块，每组 5 块；高宽比(H/B)<0.6 的混凝土多孔砖试验样品数量为两组 20 块，每组 10 块。

C.2.2 样品处理

样品处理同 A.3.2 。

C.3 试件步骤

C.3.1 按 A.3.4 制备两组试件。试件找平和粘结材料应采用符合 A.2 规定的水泥。

C.3.2 从制备完成后静置 24 h 后的两组试件中，任取一组 5 个试件浸入(20±5)℃的水中，水面高出试件 20 mm 以上，浸泡 4 d 后取出，在铁丝网架上滴水 1 min，再用拧干的湿布拭去试件表面的水。剩余一组 5 个试件按 A.3.2.2 调至恒重，即为气干状态试件。

C.3.3 将五个饱和面干试件和五个气干状态对比试件分别按 A.5 的规定进行抗压强度试验。

C.4 结果计算

混凝土多孔砖软化系数按式(C.1)计算，精确至 0.01。

$$K_f = \frac{R_f}{R} \qquad \cdots\cdots (C.1)$$

式中：

K_f——混凝土多孔砖的软化系数；

R_f——5 个饱和面干状态试件的抗压强度算术平均值，单位为兆帕(MPa)；

R——5 个气干状态对比试件的抗压强度算术平均值，单位为兆帕(MPa)。

前　言

本标准是在JC 239—1991(1996)《粉煤灰砖》标准的基础上，总结近年来生产、使用的经验，参照国内外先进标准，结合国情对部分内容和条款进行了修订。

本标准增加了彩色粉煤灰砖的类别；对尺寸偏差和外观质量、强度等级、干燥收缩等指标及检验规则做了修订；规定了碳化性能和色差要求。

本标准自实施之日起，同时代替JC 239—1991(1996)。

本标准负责起草单位：中国新型建筑材料公司常州建筑材料研究设计所。

本标准参加起草单位：江苏淮阴粉煤灰开发公司、南通市支云硅酸盐制品有限公司、杭州加气混凝土厂、北京红耀峰淮北凌云科贸有限公司海强建材厂。

本标准委托中国新型建筑材料公司常州建筑材料研究设计所负责解释。

本标准主要起草人：鲍俊海、杨世叶、龚君范、荣伟、姜勇、郑华道。

本标准首次发布于1977年，第一次修订于1991年；本次为第二次修订。

中华人民共和国建材行业标准

JC 239—2001

代替 JC 239—1991(1996)

粉 煤 灰 砖

Fly ash brick

1 范围

本标准规定了粉煤灰砖的分类、原材料、技术要求、试验方法、检验规则、标志、使用说明书、包装、运输、贮存等。

本标准适用于以粉煤灰、石灰或水泥为主要原料，掺加适量石膏、外加剂、颜料和集料等，经坯料制备、成型、高压或常压蒸汽养护而制成的实心粉煤灰砖。

2 引用标准

下列标准所包含的条文，通过在本标准中引用而构成为本标准的条文。本标准出版时，所示版本均为有效。所有标准都会被修订，使用本标准的各方应探讨使用下列标准最新版本的可能性。

GB 175—1999 硅酸盐水泥、普通硅酸盐水泥

GB/T 2542—1992 砌墙砖试验方法

GB 6763—2000 建筑材料产品及建材用工业废渣放射性物质控制要求

GB/T 16753—1997 硅酸盐建筑制品术语

JC/T 409—2001 硅酸盐建筑制品用粉煤灰

JC/T 621—1996 硅酸盐建筑制品用生石灰

JC/T 790—1996 砖和砌块名词术语

3 分类

3.1 类别

砖的颜色分为本色(N)和彩色(Co)。

3.2 规格

3.2.1 砖的外形为直角六面体。

3.2.2 砖的公称尺寸为：长 240 mm、宽 115 mm、高 53 mm。

3.3 等级

3.3.1 强度等级分为 MU30、MU25、MU20、MU15、MU10。

3.3.2 质量等级根据尺寸偏差、外观质量、强度等级、干燥收缩分为优等品(A)、一等品(B)、合格品(C)。

3.4 产品标记

粉煤灰砖产品标记按产品名称(FB)、颜色、强度等级、质量等级、标准编号顺序编写。

示例：强度等级为 20 级，优等品的彩色粉煤灰砖标记为：

FB Co 20 A JC 239—2001

3.5 用途

3.5.1 本标准规定的粉煤灰砖可用于工业与民用建筑的墙体和基础，但用于基础或用于易受冻融和干

国家建筑材料工业局2001-02-20批准　　2001-10-01实施

湿交替作用的建筑部位必须使用MU15及以上强度等级的砖。

3.5.2 本标准规定的粉煤灰砖不得用于长期受热(200℃以上)、受急冷急热和有酸性介质侵蚀的建筑部位。

4 原材料

4.1 粉煤灰应符合JC/T 409的规定。

4.2 石灰应符合JC/T 621的规定。

4.3 水泥应符合GB 175的规定。

4.4 集料应符合相应标准规定,放射性物质应符合GB 6763的规定。

4.5 石膏、外加剂和颜料应符合相应标准规定,且不能对砖的性能产生不良影响。

5 技术要求

5.1 尺寸偏差和外观

尺寸偏差和外观应符合表1的规定。

表1 尺寸偏差和外观

mm

项目	指标		
	优等品(A)	一等品(B)	合格品(C)
尺寸允许偏差: 长 宽 高	 ±2 ±2 ±1	 ±3 ±3 ±2	 ±4 ±4 ±3
对应高度差 ≤	1	2	3
缺棱掉角的最小破坏尺寸 ≤	10	15	20
完整面 不少于	二条面和一顶面或二顶面和一条面	一条面和一顶面	一条面和一顶面
裂纹长度 ≤ a. 大面上宽度方向的裂纹(包括延伸到条面上的长度) b. 其他裂纹	 30 50	 50 70	 70 100
层裂	不允许		
注:在条面或顶面上破坏面的两个尺寸同时大于10 mm和20 mm者为非完整面。			

5.2 色差

色差应不显著。

5.3 强度等级

强度等级应符合表2的规定,优等品砖的强度等级应不低于MU15。

表 2 粉煤灰砖强度指标 MPa

强度等级	抗压强度		抗折强度	
	10块平均值≥	单块值≥	10块平均值≥	单块值≥
MU30	30.0	24.0	6.2	5.0
MU25	25.0	20.0	5.0	4.0
MU20	20.0	16.0	4.0	3.2
MU15	15.0	12.0	3.3	2.6
MU10	10.0	8.0	2.5	2.0

5.4 抗冻性

抗冻性应符合表3的规定。

表 3 粉煤灰砖抗冻性

强度等级	抗压强度，MPa 平均值≥	砖的干质量损失，% 单块值≤
MU30	24.0	2.0
MU25	20.0	
MU20	16.0	
MU15	12.0	
MU10	8.0	

5.5 干燥收缩

干燥收缩值：优等品和一等品应不大于0.65 mm/m；合格品应不大于0.75 mm/m。

5.6 碳化性能

碳化系数 K_C≥0.8。

6 试验方法

本标准技术要求中规定的各项指标的试验按GB/T 2542的规定进行；其中色差的试验方法为：取36块粉煤灰砖，平放在地上，在自然光照下，距离样品1.5m处目测，无明显色差。

7 检验规则

7.1 检验分类

检验分出厂检验和型式检验。

7.1.1 出厂检验

出厂检验的项目包括尺寸偏差和外观、色差、强度等级。

7.1.2 型式检验

型式检验项目为本标准技术要求的全部项目。当产品有下列情况之一时应进行型式检验：

a) 新厂生产试制定型鉴定时；

b) 正式生产后原材料、工艺等有较大改变时；

c) 正常生产时，每半年进行一次；

d) 产品停产三个月以上，恢复生产时；

e) 出厂检验结果与上次型式检验有较大差异时；

f) 国家质量监督机构提出进行型式检验时。

7.2 批量

每10万块为一批，不足10万块按一批计。

7.3 抽样

7.3.1 尺寸偏差和外观质量检验的样品用随机抽样法从每一检验批的产品中抽取。其他检验项目的样品用随机抽样法从尺寸偏差和外观质量检验合格的样品中抽取。

7.3.2 抽样数量按表4进行。

表4 抽样数量

检 验 项 目	抽样数量，块
尺寸偏差和外观质量	100($n_1=n_2=50$)
色差	36
强度等级	10
抗冻性	10
干燥收缩	3
碳化性能	15

7.4 判定规则

7.4.1 尺寸偏差和外观质量

尺寸偏差和外观质量采用二次抽样方案。首先抽取第一样本($n_1=50$)，根据表1规定的质量指标，检查出其中不合格品数 d_1，按下列规则判定：

$d_1 \leqslant 5$ 时，尺寸偏差和外观质量合格；

$d_1 \geqslant 9$ 时，尺寸偏差和外观质量不合格；

$d_1 > 5$，且 $d_1 < 9$ 时，需对第二样本($n_2=50$)进行检验，检查出不合格品数 d_2，按下列规定判定；

$(d_1+d_2) \leqslant 12$ 时，尺寸偏差和外观质量合格；

$(d_1+d_2) \geqslant 13$ 时，尺寸偏差和外观质量不合格。

7.4.2 彩色粉煤灰砖的色差符合本标准5.2条规定时判为合格。

7.4.3 强度等级

强度等级符合表2相应规定时判为合格，且确定相应等级；否则判不合格。

7.4.4 抗冻性

抗冻性符合表3相应规定时判为合格，否则判不合格。

7.4.5 干燥收缩

干燥收缩值符合5.4规定时判为合格，且确定相应等级，否则判不合格。

7.4.6 碳化性能

碳化性能符合5.5规定时判为合格，否则判不合格。

7.4.7 总判定

各项检验结果均符合第5章技术要求相应等级时，则判该批产品符合该等级。

8 标志、使用说明书

8.1 标志

出厂产品应有明显的标志。

产品出厂时必须提供产品质量合格证。产品合格证主要包括生产企业名称，产品标记、商标、批量编号、证书编号，并由检验员或承检单位签章。

8.2 使用说明书

为方便使用，供方应提供粉煤灰砖的使用说明书，说明现场施工方法和要求及参考使用数量。

9 包装、贮存和运输

9.1 包装

粉煤灰砖应妥善包装，符合环保有关要求。

9.2 贮存

粉煤灰砖应存放三天后出厂。产品贮存、堆放应做到场地平整、分等分级、整齐稳妥。

9.3 运输

产品运输、装卸时，不得抛、掷、翻斗卸货。

中华人民共和国行业标准

JC 410—91

水 泥 花 砖

1 主题内容与适用范围

本标准规定了水泥花砖的产品分类、技术要求、试验方法、检验规则和标志、包装等。

本标准适用于以水泥、砂和颜料为主要原材料，经分层铺料、压制、养护等工序制成的，面层带有各色图案，主要用于建筑物楼面与地面装饰的水泥花砖。

2 引用标准

GB 175 硅酸盐水泥、普通硅酸盐水泥

GB 1344 矿渣硅酸盐水泥、火山灰质硅酸盐水泥及粉煤灰硅酸盐水泥

GB 1861 氧化铁黑

GB 1862 氧化铁黄

GB 1863 氧化铁红

GB 2015 白色硅酸盐水泥

GB 2828 逐批检查计数抽样程序及抽样表

GB 3763 酞青绿 G

JGJ 52 普通混凝土用砂质量标准及检验方法

3 术语

见附录 A(补充件)。

4 产品分类、规格、等级、标记

4.1 分类

水泥花砖按使用部位不同，分为地面花砖(F)和墙面花砖(W)。

4.1.1 用于建筑物楼面与地面的水泥花砖为地面花砖，简称地砖。

4.1.2 用于建筑物内墙面踢脚部位的水泥花砖，称为墙面花砖，简称墙砖。

4.2 规格

水泥花砖的规格尺寸见表 1。

表 1 mm

品种	规格		
	长	宽	厚
地砖 (F)	200	200	12～16
	200	150	
	150	150	

国家建筑材料工业局1991-03-22批准 1991-12-01实施

续表 1

mm

品种	规格		
	长	宽	厚
墙砖 (W)	200	150	10～14
	150	150	

注：生产其他规格尺寸的花砖，由生产厂与用户协商确定。

4.3 等级

水泥花砖按其外观质量、尺寸偏差与物理力学性能分为一等品(B)和合格品(C)。

4.4 标记

水泥花砖按其产品名称、规格尺寸、质量等级和标准编号顺序进行标记。

标记示例：

规格为 200 mm×200 mm 的一等品地面花砖：

F　200×200　B　JC 410

5 技术要求

5.1 外观质量

5.1.1 水泥花砖的缺棱、掉角、掉底、越线和图案偏差应符合表 2 规定。

表 2

mm

项目		一等品	合格品
正面	缺棱	长×宽>10×2，不允许	长×宽>20×2，不允许
	掉角	长×宽>2×2，不允许	长×宽>4×4，不允许
掉底		长×宽<20×20，深≤$\frac{1}{3}$砖厚允许 1 处	长×宽<30×30，深≤$\frac{1}{3}$砖厚允许 1 处
越线		越线距离<1.0，长度<10.0 允许 1 处	越线距离<2.0，长度<20.0 允许 1 处
图案偏差		≤1.0	≤3.0

5.1.2 水泥花砖不允许有裂纹，露底和起鼓。

5.1.3 水泥花砖不得有明显的色差、污迹和麻面。

5.2 尺寸偏差

5.2.1 尺寸允许偏差应符合表 3 的规定。

表 3

mm

品种	一等品			合格品		
	长	宽	厚	长	宽	厚
F W	±0.5		±1.0	±1.0		±1.5

5.2.2 平度、角度和厚度差不得大于表 4 的规定值。

表 4

mm

品种	平度		角度		厚度差	
	一等品	合格品	一等品	合格品	一等品	合格品
F	0.7	1.0	0.4	0.8	0.5	1.0
W	0.7	1.0	0.5	1.0		

5.3 物理力学性能

5.3.1 抗折破坏荷载不得小于表5中的规定值。

表5

N

品种	规格 mm	一等品		合格品	
		平均值	单块最小值	平均值	单块最小值
F	200×200	900	760	700	600
W		600	500	500	420
F	200×150	680	580	520	440
W		460	380	380	320
F	150×150	1 080	920	840	720
W		720	610	600	500

5.3.2 耐磨性能不得大于表6的规定值。

表6

g

品种	一等品		合格品	
	平均磨耗量	最大磨耗量	平均磨耗量	最大磨耗量
F	5.0	6.0	7.5	9.0

注：墙砖(W)不要求耐磨指标。

5.3.3 吸水率不得大于14%。

5.4 结构性能

5.4.1 地面花砖面层厚度的最小值，一等品应不低于1.6 mm，合格品应不低于1.3 mm。墙面花砖的面层厚度的最小值不低于0.5 mm。

5.4.2 水泥花砖的一等品不允许有分层现象，合格品只允许有不明显的分层现象。

6 试验方法

6.1 量具和仪器

a. 钢直尺：精度为0.5 mm，量程为300 mm。

b. 游标卡尺：精度为0.1 mm，量程为300 mm。

c. 塞尺：精度为2级。

d. 钢制平角尺：精度为2级，内短边大于200 mm。

e. 天平：称量范围0～2 kg，分度值1 g。

f. 工业天平：称量范围0～5 kg，分度值0.01 g。

g. 电热恒温鼓风干燥箱：调温范围50～300℃。

h. 万能材料试验机、压力机或其他抗折试验机：示值精度2%，度盘最小分度值20 N。

i. 无砂钢球式耐磨试验机：

磨头与磨盘的相对速比为35∶1；

磨盘的转速为17～18 r/min；

磨头与磨盘偏心距为40 mm；

钢球5个，直径18 mm；

钢球的滚道直径为33 mm。

6.2 外观质量检查

6.2.1 用钢直尺测量水泥花砖缺棱掉角部分对水泥花砖的长、宽，两个方向的投影尺寸，测量方法如图

1 所示，精确至 1 mm。

6.2.2 用钢直尺测量水泥花砖掉底部分对水泥花砖的长、宽、厚三个方向的投影尺寸，精确至 1 mm。

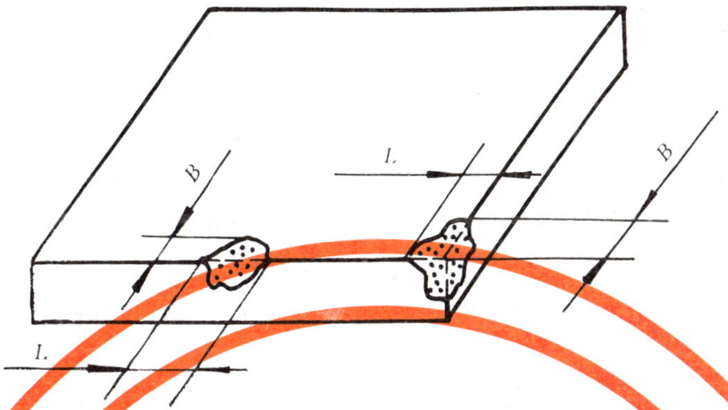

图 1 缺棱掉角测量方法示意图

L—长度；*B*—宽度

6.2.3 将水泥花砖放在光线充足的地方，距水泥花砖 0.5 m 处用肉眼检查自然风干的水泥花砖表面是否有可见裂纹。

6.2.4 在光线充足的地方，距水泥花砖 1.5 m 处，用肉眼检查水泥花砖表面的露底、麻面、色差、污迹、越线和图案偏差，若有越线和图案偏差，用钢直尺测量其越线距离和图案偏差值，精确至 0.5mm。

6.3 **尺寸偏差检验**

6.3.1 外形尺寸

用游标卡尺测量水泥花砖的四个边长和四边中点处厚度，以两对应边的值分别表示长和宽，以四边中点的厚度值表示厚度，精确至 0.1 mm。

6.3.2 角度

将钢制平角尺的短边紧贴水泥花砖的一个侧面，使其长边接触相邻的另一侧面，用塞尺测量它们之间的间隙，以四边实测的最大值作为它的角度偏差，精确至 0.1 mm，测量方法如图 2 所示。

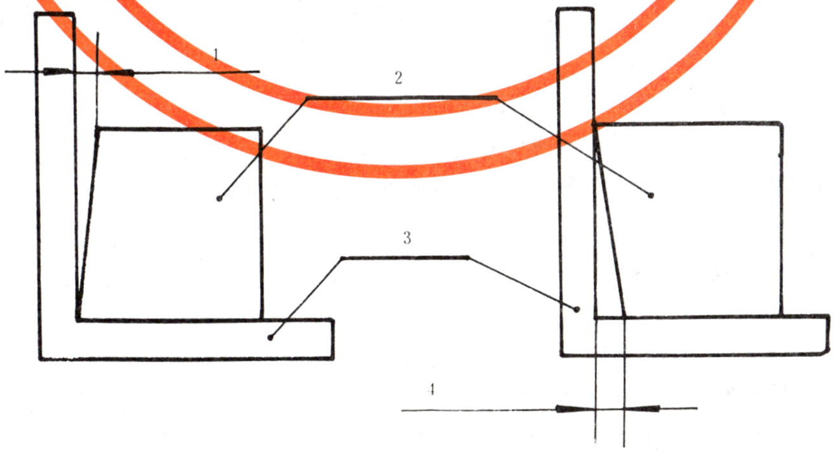

图 2 角度测量方法示意图

1—最大缝隙；2—水泥花砖；3—平角尺；4—最大缝隙

6.3.3 平度

6.3.3.1 先后将钢直尺垂直放在水泥花砖砖面二条对角线上，用塞尺测量它们之间的最大间隙，精确至 0.1 mm。

6.3.3.2 当水泥花砖砖面中部上凸时，从每条对角线的一个端点起，把尺紧贴砖面，测量对角线另一端点与尺的间隙，以实测的最大值的二分之一作为平度偏差。

6.3.3.3 当水泥花砖砖面上凸部位不在花砖中心时，应从每条对角线的两个端点按6.6.3.2的方法测量，取测量值之和中大的一组的四分之一为平度偏差。

6.3.3.4 当水泥花砖砖面下凹时，按6.6.3.1的方法测得的最大值为平度偏差。

6.4 物理力学性能试验

6.4.1 抗折破坏荷载

6.4.1.1 用自然含水状态，龄期为28天的整块花砖进行试验，每组5块。

6.4.1.2 调整试验机的量程，使试件的预期破坏荷载不小于全量程的20%，也不大于全量程的80%。

6.4.1.3 抗折试验架的支承圆柱和荷重压头的圆弧半径为15 mm，长度应大于试件宽度，对于长、宽尺寸为200 mm或长200 mm宽150 mm的试件，支承圆柱中心距L为160 mm；对于长、宽尺寸为150 mm的试件，支承圆柱中心距L为100 mm。

6.4.1.4 用游标卡尺或钢直尺测量试件的宽度，精确至0.5 mm，将试件面层向上，简支于试验架的两个支承圆柱上，试件与支承圆柱、荷重压头之间垫厚为3 mm的邵氏A型橡胶板，加荷方式如图3所示。

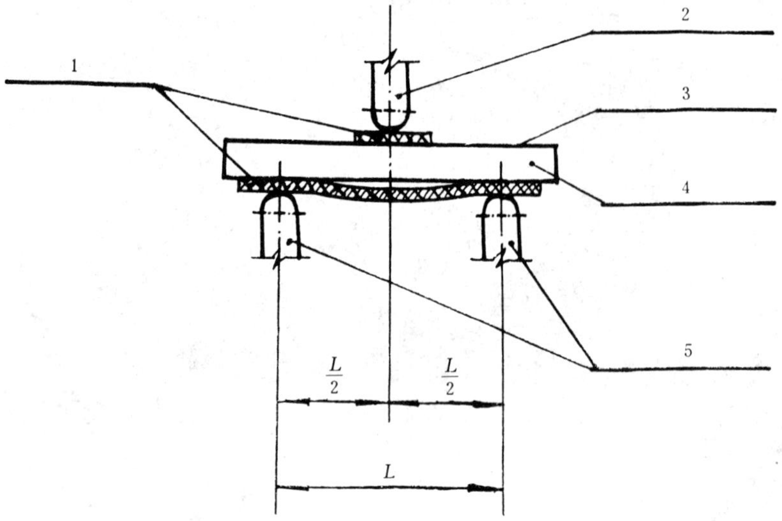

图3 抗折试验加荷方式示意图

1—橡胶板；2—荷重压头；3—花砖面层；4—水泥花砖；5—支承圆柱

6.4.1.5 开动试验机，使试件缓慢受力，以30～50 N/s的速度均匀而连续地加荷，直至试件折断，记录其破坏荷载。

6.4.1.6 抗折破坏荷载用该组试件结果的算术平均值和单块最小值表示，计算结果精确至10 N。

6.4.2 耐磨性能

6.4.2.1 用自然含水状态，龄期28天的整块花砖进行试验，每组5块。

6.4.2.2 调整耐磨试验机的磨头荷重为20 kg，磨头一侧附着一个吸尘器。用以磨损花砖面层的新钢球必须在试件上磨10 min后才能正式使用，钢球和花砖受磨面不得有油污。

6.4.2.3 用工业天平称每块花砖磨前重G_1，精确至0.1 g，将已称重的花砖放在耐磨试验机的磨台上，装入钢球并使钢球与磨头及花砖面紧密接触，将吸尘器吸嘴靠近花砖表面，开动试验机，每块干磨8 min。

6.4.2.4 取下已磨过的花砖，清除表面残留的浮灰，在工业天平上称其质量G_2，精确至0.1 g。

6.4.2.5 磨耗量按式(1)计算：

$$T = G_1 - G_2 \quad \cdots\cdots(1)$$

式中：T ——试件磨耗量，g；

G_1 ——试件磨前质量，g；

G_2 ——试件磨后质量，g。

6.4.2.6 耐磨性能用该组试件磨耗量的算术平均值和单块最大值表示，计算结果精确至 0.1 g。

6.4.3 吸水率

6.4.3.1 用抗折试验后的 5 块水泥花砖进行试验。

6.4.3.2 把水泥花砖直立浸入装有洁净水的容器中，使其彼此间隔不小于 20 mm，保持水面高于试件上部 30 mm，浸水 24 h 后，立即从水中取出，用湿布抹掉表面水分。称其质量 G_s，精确至 1 g。

6.4.3.3 再将试件放入电热鼓风干燥箱，在 105±5℃温度下烘 24 h，冷却至室温后立即称其质量 G_0，精确至 1 g。

6.4.3.4 吸水率按式(2)计算：

$$W = \frac{G_s - G_0}{G_0} \times 100 \quad \cdots\cdots(2)$$

式中：W ——吸水率，%；

G_0 ——试件烘干后质量，g；

G_s ——试件吸水后质量，g。

6.4.3.5 吸水率用该组试件试验结果的算术平均值表示，计算结果取二位有效数字。

6.5 构造检查

6.5.1 面层厚度

在做过抗折试验的 5 块水泥花砖断面上，用游标卡尺测量其最小面层厚度，精确至 0.1 mm。

6.5.2 分层

用做过抗折试验的 5 块水泥花砖，检查其断面处各层之间是否有分离现象。

7 检验规则

7.1 检验分类

产品检验分出厂检验和型式检验。

7.1.1 出厂检验

出厂检验的项目：外观质量、尺寸偏差、抗折破坏荷载和结构性能。

7.1.2 型式检验：对本标准中规定的产品的技术要求全部进行检验。

有下列情况之一时，应进行型式检验：

a. 新产品试制定型鉴定时；

b. 正式生产后，如材料、设备、工艺有较大改变，可能影响产品的性能时；

c. 正常生产时，每 6 个月进行一次周期性检验；

d. 产品长期停产恢复生产时；

e. 出厂检验结果与上次型式检验结果有较大差异时；

f. 国家质量监督机构提出进行型式检验要求时。

7.2 批的构成

7.2.1 出厂检验

由同一规格的水泥花砖构成，批量可与销售批相同或不同。

7.2.2 型式检验

提交检验的批应由同一规格的水泥花砖构成。

7.3 抽样方案

7.3.1 出厂检验和型式检验所需样本在水泥花砖成品库随机抽取。当批量为 3 000～10 000 块时，各项检验按表 7 规定的样品量抽取。

表 7　　块

检验类型 / 检验分类	出厂检验	型式检验
外观质量	80	80
尺寸偏差	32	32
物理力学性能和结构性能	10	15

批量不在 3 000～10 000 块范围内，按附录 C 确定抽样方案。

7.3.2 外观质量检查的样品从整批样品中抽取，尺寸偏差检验的样本从外观质量检查合格的样本中抽取，物理力学性能和结构性能检验的样本从外观和尺寸偏差检验合格的样本中抽取。

7.4 判定规则

出厂检验和型式检验均按以下有关规则判定。

7.4.1 外观质量判定

在 80 块样品中，根据一次检查的不合格样品数 K_1 和加严一次检查的不合格样品数 K_2 进行判定。

一次检查时若 $K_1 \leqslant 10$，可接收；若 $K_1 = 11$，允许加严一次检查；若 $K_1 > 11$，拒绝接收。

加严一次检查时重新从整批样品中随机抽取 80 块进行检查。若 $K_2 \leqslant 8$，可接收；若 $K_2 \geqslant 9$，拒绝接收。

7.4.2 尺寸偏差判定

在 32 块样品中，根据一次检查的不合格样品数 K_1 和加严一次检查的不合格样品数 K_2 进行判定。

一次检查时若 $K_1 \leqslant 3$，可接收；若 $K_1 = 4$，允许加严一次检查；$K_1 > 4$，拒绝接收。

加严一次检查时将 32 块样品放回原处，从 80 块外观质量检查合格的样品中重新抽取 32 块进行检验和判定，若 $K_2 \leqslant 2$，可接收，$K_2 \geqslant 3$，拒绝接收。

7.4.3 物理力学性能判定

任一项检验中有 1 块样品的试验结果不合格时都允许加严一次检查，样品从剩余的外观和尺寸偏差检验合格的样本中抽取，若加严一次检查的每块样品全部合格，则该项性能判为合格；若复检的样品中仍有 1 块不合格，则该项性能不合格，该批水泥花砖判为拒收。

7.5 复验

7.5.1 如订货单位对产品质量提出异议时，可会同生产厂委托质量监督检验单位复验，作为最后判定质量的依据，抽样方案由双方议定，外观质量的复验只能在生产厂内进行。

7.5.2 复验结果合格时，试验费由提出复验要求的一方支付；不合格时由生产厂负担。

8 标志、包装、运输和贮存

8.1 标志

8.1.1 水泥花砖底面应有生产厂的标志。

8.1.2 包装后的水泥花砖应有标签，标明产品的规格和生产厂厂名。

8.1.3 产品质量合格证

产品质量合格证包括下列内容：

a. 合格证编号；

b. 水泥花砖标记；

c. 生产厂厂名或商标；

d. 制造日期或生产批号；

e. 生产厂质量检验部门签章。

8.2 包装

8.2.1 根据运距和道路情况一般分为箱装、草绳密扎和草绳散扎三类包装。

8.2.2 箱装时，将水泥花砖放置在包装箱的中部，花砖与箱体之间用柔软防震材料填充。

8.2.3 草绳密扎时，将水泥花砖光面相对用直径不小于 10 mm 的草绳沿长、宽方向缠绕，不使其外露，捆扎牢固，每捆水泥花砖数量不超过 25 块。

8.2.4 草绳散扎时，将水泥花砖光面相对，用直径不小于 10 mm 的草绳按“井”字形捆扎，每个捆扎点处不应少于 2 道，每捆水泥花砖数量不超过 10 块。

8.3 运输

8.3.1 装卸时应轻拿、轻放，严禁抛摔碰撞。

8.3.2 运途中花砖要保持平稳，防止相互撞击。

8.4 贮存

8.4.1 水泥花砖应在室内贮存，如室外贮存应予以遮盖。

8.4.2 水泥花砖直立码放时，倾斜度不应大于 15°，垛高不超过 1.6 m，层与层之间，可用无污染的弹性材料支垫。水泥花砖平放时，地面应平整，堆放高度不得高于 0.8 m。

附 录 A
名 词 术 语
（补充件）

A1 裂纹

主要指水泥花砖表面那些肉眼可见的细小裂纹和龟裂。

A2 露底

主要指基层水泥浆直接暴露，或隐约可见的现象。

A3 麻面

主要指水泥花砖表面局部存在的针状气孔、凹坑。

A4 色差

主要指相同色调的颜色，在不同的水泥花砖表面上，或同一块水泥花砖表面的不同部位上所出现的浓淡差别。

A5 污迹

污迹又称杂色，是在图案规定的颜色区域中出现其他颜色的现象，呈点块状或云状。

A6 越线

在两种或两种以上颜色的交界处，一种颜色超出图案规定的线条侵入相邻颜色区的现象。

A7 图案偏差

指由两块或两块以上的花砖组成图案时，每块砖之间线条不相吻合，即线条彼此偏离的程度，包括边角部分某种颜色料浆不足造成的缺浆现象。

A8 分层

就是在水泥花砖断面上，面层与基底、或者基层之间出现的明显的结构分离现象。

A9 起鼓

在水泥花砖面层上出现的小面积圆形鼓起，形似泡状。

附 录 B
原材料技术要求
（补充件）

B1 用于水泥花砖面层的水泥应符合 GB 2015 或 GB 175 的规定；用于底层的水泥应符合 GB 175 或 GB 1344中矿渣硅酸盐水泥的规定。

B2 砂应符合 JGJ 52 的规定。

B3 着色材料不得损害花砖的力学强度及耐久性，而且不溶于水，分散性好及耐光性优良，应符合下列标准和技术条件的规定：

GB 1861、GB 1862、GB 1863、GB 3763 等。

B4 拌合水应用自来水、洁净水。

附 录 C
水泥花砖抽样用的有关参数
（参考件）

C1 水泥花砖抽样按照 GB 2828 规定进行。

C2 检查水平

检查水平是用来决定批量与样本大小之间关系的等级。

外观质量检查采用一般检查水平 I。

尺寸偏差检验采用特殊检查水平 S-4。

物理力学性能和面层厚度检验采用特殊检查水平 S-1。

C3 合格质量水平

合格质量水平(AQL)是在连续检查过程中，认为可以接收的检查批的平均不合格率。本标准规定：

外观质量检查的合格质量水平为 6.5。

尺寸偏差检验的合格质量水平为 4.0。

物理力学性能和面层厚度检验的合格质量水平为 2.5。

附加说明：

本标准由国家建筑材料工业局苏州混凝土水泥制品研究院提出并归口。

本标准由国家建筑材料工业局苏州混凝土水泥制品研究院负责起草。

本标准主要起草人赵玉屏、薛万银。

本标准委托国家建筑材料工业局苏州混凝土水泥制品研究院负责解释。

ICS
Q
备案号:22903—2008

JC

中华人民共和国建材行业标准

JC/T 422—2007
代替 JC/T 422—1991

非烧结垃圾尾矿砖

Non-fired rubbish gangue brick

2007-09-22 发布　　　2008-04-01 实施

中华人民共和国国家发展和改革委员会　发布

前　言

本标准是对 JC/T 422—1991(1996)《非烧结普通粘土砖》进行了修订。

本标准与 JC/T 422—1991(1996)《非烧结普通粘土砖》相比，主要变化如下：

——产品名称由非烧结普通粘土砖改为非烧结垃圾尾矿砖。

——取消了尺寸偏差与外观质量中一等品的技术指标。

——取消了抗折强度，取消了强度为 10.0 以下等级的砖；增加 25.0 等级的砖。

——取消了耐水性。

——将抗冻试验后的强度损失率改为冻后抗压强度指标。

——增加了干燥收缩率。

——增加了碳化、软化性能和放射性的技术要求。

本标准自实施之日起代替 JC/T 422—1991(1996)《非烧结普通粘土砖》。

本标准由中国建筑材料工业协会提出。

本标准由全国墙体屋面及道路用建筑材料标准化技术委员会归口。

本标准负责起草单位：中国建材西安墙体材料研究设计院。

本标准参加起草单位：苏州混凝土水泥制品研究院、建筑材料工业技术情报研究所、浙江省建筑材料产品质量监督检验站、福建泉州鸿昌机械制造有限公司。

本标准主要起草人：常豪、奚飞达、徐洛屹、蔡小兵、傅志昌、孙星寿、周炫。

本标准委托全国墙体屋面及道路用建筑材料标准化技术委员会负责解释。

本标准所代替标准的历次版本发布情况为：

——JC/T 422—1991(1996)。

非烧结垃圾尾矿砖

1 范围

本标准规定了非烧结垃圾尾矿砖的分类、技术要求、试验方法、检验规则、标志、包装、运输、贮存、装卸及其它要求等。

本标准适用于以淤泥、建筑垃圾、焚烧垃圾等为主要原料，掺入少量水泥、石膏、石灰、外加剂、胶结剂等胶凝材料，经粉碎、搅拌、压制成型、蒸压、蒸养或自然养护而成的一种实心非烧结垃圾尾矿砖。

非烧结垃圾尾矿砖可作为一般房屋建筑墙体的材料。

2 规范性引用文件

下列文件中的条款通过本标准的引用而成为本标准的条款。凡是注日期的引用文件，其随后所有的修改单(不包括勘误的内容)或修订版均不适用于本标准，然而，鼓励根据本标准达成协议的各方研究是否可使用这些文件的最新版本。凡是不注日期的引用文件，其最新版本适用于本标准。

GB 175　硅酸盐水泥、普通硅酸盐水泥

GB 1344　矿渣硅酸盐水泥、火山灰质硅酸盐水泥及粉煤灰硅酸盐水泥

GB 6566　建筑材料放射性核素限量

GB 12958　复合硅酸盐水泥

GB/T 2542　砌墙砖试验方法

GB/T 4111　普通混凝土小型空心砌块试验方法

GB/T 5483　石膏和硬石膏

GB/T 18968　墙体材料名词术语

JC/T 466　砌墙砖检验规则

JC/T 621　硅酸盐建筑制品用生石灰

3 分类

本产品按抗压强度分为 MU25、MU20、MU15 三个等级。

3.1 产品规格

本产品的外形为矩形体，砖的公称尺寸为：长 240 mm，宽 115 mm，厚 53 mm。其它规格尺寸由供需双方协商确定。

3.2 产品标记

按产品名称(UFB)、强度等级以及标准编号顺序进行标记。

示例：强度等级为 MU20 的非烧结垃圾尾矿砖标记为

UFB　MU20　JC/T 422—2007。

4 技术要求

4.1 尺寸偏差

尺寸偏差应符合表 1 规定。

表 1　尺寸偏差

单位为毫米

项目名称	合　格　品
长度	±2.0
宽度	±2.0
高度	±2.0

4.2　外观质量

外观质量应符合表 2 规定。

表 2　外观质量

单位为毫米

项　目　名　称		合　格　品
弯曲		不大于 2.0
缺棱掉角	个数/个	≤1
	三个方向投影尺寸的最小值	≤10
完整面		不少于一条面和一顶面
裂缝长度 a. 大面上宽度方向及其延伸到条面的长度 b. 大面上长度方向及其延伸到顶面上的长度或条、顶面水平裂纹的长度		 不大于 30 不大于 50
层裂		不允许
颜色		基本一致

4.3　强度

强度等级应符合表 3 的规定。

表 3　强度等级

单位为兆帕

强度等级	抗压强度平均值 $\bar{f}$≥	变异系数 δ≤0.21	变异系数 δ≥0.21
		强度标准值 f_k≥	单块最小抗压强度 f_{min}≥
MU25	25.0	19.0	20.0
MU20	20.0	14.0	16.0
MU15	15.0	10.0	12.0

4.4　抗冻性

抗冻性应符合表 4 的规定。

表 4　抗冻性

强度等级	冻后抗压强度平均值/MPa　不小于	单块砖的干质量损失/%　不大于
MU25	22.0	2.0
MU20	16.0	2.0
MU15	12.0	2.0

4.5　干燥收缩率

干燥收缩率平均值不应大于 0.06%。

4.6　吸水率

吸水率单块值不大于 18%。

4.7　碳化性能和软化性能

4.7.1　碳化性能应符合表 5 的规定。

表 5　碳化性能

单位为兆帕

强度等级	碳化后强度平均值不小于
MU25	22.0
MU20	16.0
MU15	12.0

4.7.2　软化性能平均值 $K_f \geqslant 0.80$。

4.8　放射性

放射性应符合 GB 6566 的要求。

5　试验方法

5.1　尺寸偏差

按 GB/T 2542 的规定进行。其中每一尺寸测量不足 0.5 mm 按 0.5 mm 计，每一方向尺寸以两个测量值的算术平均值表示。

5.2　外观质量

按照 GB/T 2542 的规定进行。颜色的检验：20 块试样条面朝上随机分两排并列，在自然光下距离试样 2 米处目测。

5.3　强度等级

按 GB/T 2542 的规定进行。

5.4　抗冻性、干燥收缩率、吸水率、碳化性能和软化性能

按 GB/T 4111—1997 的规定进行干燥收缩试验，两个测长头间距为 150 mm。

5.5　放射性

按 GB 6566 的规定进行。

6　检验规则

6.1　检验分类

产品检验分出厂检验和型式检验。

6.1.1　出厂检验

产品必须进行出厂检验。出厂检验项目包括尺寸偏差、外观质量和强度等级，每批产品经出厂检验合格后方可出厂。

6.1.2　型式检验

型式检验项目包括本标准技术要求的全部项目。有下列之一情况者，应进行型式检验。

a.　新厂生产试制定型检验；

b.　正式生产后，原材料、工艺等发生较大的改变，可能影响产品性能时；

c.　正常生产时，每半年进行一次（放射性检验一年进行一次）；

d.　产品停产三个月以上恢复生产时；

e.　出厂检验结果与上次型式检验结果有较大差异时；

f.　国家质量监督机构提出进行型式检验时。

6.2　组批规则

检验批的构成原则和批量大小按 JC/T 466 规定，用同一种原材料、同一工艺生产、相同质量等级的 10 万块为一批，不足 10 万块亦按一批计。

6.3　抽样

6.3.1　尺寸偏差和外观质量检验的试样采用随机抽样法，在检验批的产品堆垛中抽取 50 块进行检验。

6.3.2 其它检验项目的样品用随机抽样法从外观质量检验合格的样品中抽取如下数量的砖进行其它项目检验，如样品数量不足时，再在该批砖中补抽砖样(外观质量和尺寸偏差检验合格)进行项目检验。

6.3.3 抽样数量按表6进行。

6.4 判定规则

6.4.1 尺寸偏差

样本平均偏差符合表1规定，判尺寸偏差为合格。否则，判不合格。

6.4.2 外观质量

外观质量采用JC/T 466二次抽样方案，根据表2规定的质量指标，检查出其中不合格品数 d_1，按下列规则判定：

表6 抽样数量

单位为块

序号	检验项目	抽样数量/块
1	外观质量	50($n_1=n_2=50$)(从中随机抽20块检测)
2	尺寸偏差	20
3	强度等级	10
4	抗冻性	5
5	干燥收缩率	5
6	吸水率	5
7	碳化性能	5
8	软化性能	5
9	放射性	4

$d_1 \leqslant 7$ 时，尺寸偏差和外观质量合格；

$d_1 \geqslant 11$ 时，尺寸偏差和外观质量不合格；

$d_1 > 7$，且 $d_1 < 11$ 时，需再次从该产品批中抽样50块检验，检查出不合格品数 d_2，按下列规则判定：

$(d_1 + d_2) \leqslant 18$ 时，尺寸偏差和外观质量合格；

$(d_1 + d_2) \geqslant 19$ 时，尺寸偏差和外观质量不合格。

6.4.3 抽检样品的颜色符合表2的规定。

6.4.4 强度的试验结果符合表3的规定，判强度合格，且定相应等级。否则，判不合格。

6.4.5 抗冻性应符合表4的规定。

6.4.6 干燥收缩率应符合4.5的规定。

6.4.7 吸水率应符合4.6的规定。

6.4.8 碳化性能和软化性能应符合4.7和表5的规定。

6.4.9 放射性应符合GB/T 6566规定的要求。

6.4.10 总判定

6.4.10.1 每一批出厂产品的质量等级按出厂检验项目的检验结果和上次型式检验结果综合判定。

6.4.10.2 每一型式检验的质量等级按全部检验项目的检验结果综合判定。

6.4.10.3 尺寸偏差、外观质量、抗冻性、干燥收缩率、吸水率、碳化和软化性能、放射性和颜色合格，按强度等级判定，其中有一项不合格判该批产品不合格。

7 标志、包装、运输、贮存、装卸及其它要求

7.1 标志

砖出厂时，应适当包装，并应提供产品质量合格证书，内容包括：

a. 厂名和商标；

b. 批量编号和砖数量(块)；

c. 产品标记和检验结果；

d. 产品质量合格证书编号；

e. 生产日期；

f. 检验部门和检验人员签章。

7.2 包装

按产品品种、强度等级、颜色分别包装，包装应牢固，保证运输时不会摇晃碰坏。

7.3 贮存

产品应按品种、强度等级、质量等级分别整齐堆放，不得混杂。

7.4 装卸

装卸时，严禁碰撞、扔摔，应轻码轻放，禁止翻斗倾卸。

7.5 其它要求

砖龄期不足 28 天不得出厂。

备案号：15195—2005

JC

中华人民共和国建材行业标准

JC/T 424—2005
代替 JC/T 424—1991(1996)

耐酸耐温砖

Acid and heat resisting bricks

2005-02-14 发布　　2005-07-01 实施

中华人民共和国国家发展和改革委员会　发布

前 言

本标准是对 JC 424—1991(1996)《耐酸耐温砖》进行的修订。

本标准参照日本 JIS R 1536—1991(1996)《耐酸耐温砖》。

本标准自实施之日起代替 JC 424—1991(1996)。

本标准对 JC 424—1991 标准内容作了如下修订：

——增加了耐酸耐温砖的定义；

——砖的规格形状按 GB/T 8488—2001；补充了端面楔型砖；

——产品分类由按吸水率分改为按理化指标分；

——吸水率、耐酸度、急冷急热试验方法随 GB/T 8488—2001 的规定修改；

——对检验规则作了修改。

本标准由中国建筑材料工业协会提出。

本标准由全国工业陶瓷标准化技术委员会归口。

本标准负责起草单位：山东工业陶瓷研究设计院。

本标准参加起草单位：萍乡市工业陶瓷实业发展有限公司。

本标准主要起草人：韩乃红、袁继发、李东升、李海舰、沈帅冰、王浩、马燕。

本标准首次发布为 1991 年，本次为第一次修订。

耐 酸 耐 温 砖

1 范围

本标准规定了耐酸耐温砖的术语和定义、品种和规格形状、技术要求、试验方法、检验规则以及标志、包装、运输和贮存。

本标准适用于有一定温度要求的耐腐蚀内衬及地面所用的耐酸耐温砖(以下简称砖)。其他异型产品可参照本标准。

2 规范性引用文件

下列文件中的条款通过本标准的引用而成为本标准的条款。凡是注日期的引用文件,其随后所有的修改单(不包括勘误的内容)或修订版均不适用于本标准,然而,鼓励根据本标准达成协议的各方研究是否可使用这些文件的最新版本。凡是不注日期的引用文件,其最新版本适用于本标准。

GB/T 8488—2001 耐酸砖

3 术语和定义

GB/T 8488—2001 中 2.1～2.12 确立的以及下列术语和定义适用于本标准。

耐酸耐温砖

由粘土或其它无机非金属原料,经加工成型、烧结等工艺处理,适用于一定温度要求的耐酸腐蚀内衬及地面的砖或板状的耐酸制品。

4 砖的品种和规格形状

4.1 砖的分类

砖按理化指标分为 NSW-1 和 NSW-2 两种牌号。

4.2 砖的规格

砖的规格形状见表 1。

表 1

单位为毫米

砖的形状及名称	规格			
	长(a)	宽(b)	厚(h)	厚(h_i)
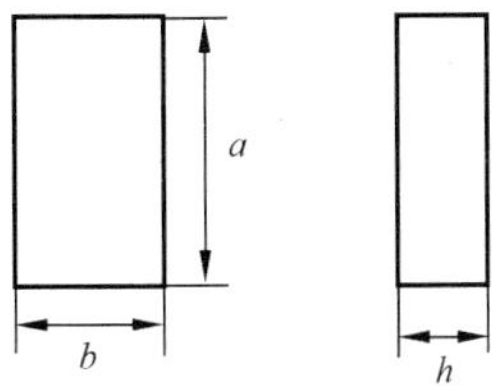 标型砖	230	113	65 40 30	— — —

表 1（续）　　　　单位为毫米

砖的形状及名称	规格			
	长(a)	宽(b)	厚(h)	厚(h_i)
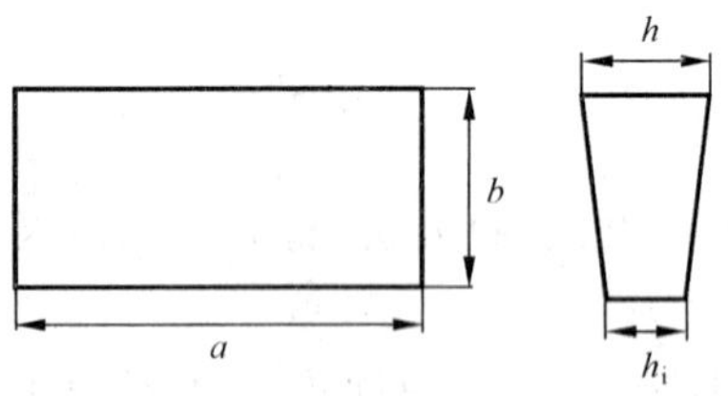 侧面楔型砖	230	113	65 65 55 65	55 45 45 35
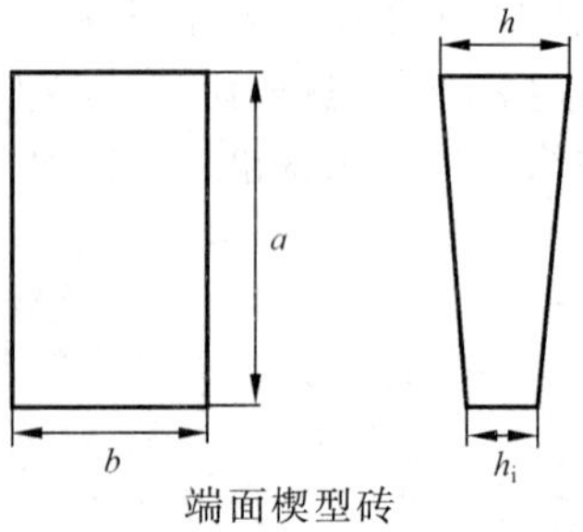 端面楔型砖	230	113	65 65 55 65	55 45 45 35
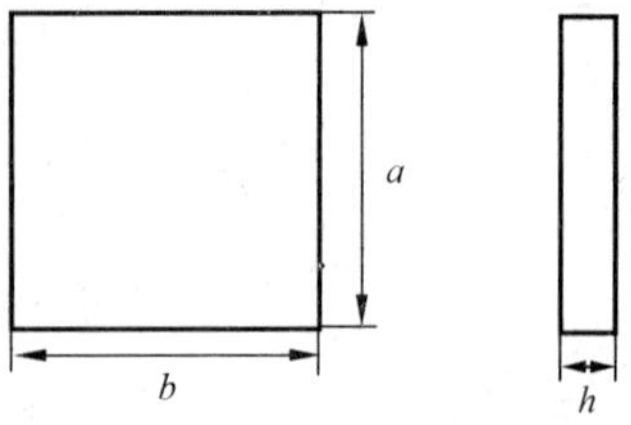 平板型砖	150 150 100 100 125	150 75 100 50 125	15～30 15～30 10～20 10～20 15	— — — — —

4.3　产品标记

产品标记由产品名称、牌号、规格和标准代号组成。

示例：长 230 mm，宽 113 mm，厚 65 mm/55 mm 牌号为 NSW-1 的侧面楔形耐酸耐温砖：

耐酸耐温砖侧楔 NSW-1　230×113×65/55　JC 424—2005

4.4　其它规格

其它规格形状的产品由供需双方协商。

5　技术要求

5.1　外观质量

砖的外观质量应符合表 2 的要求。

表 2

单位为毫米

缺陷类别		要　　求	
		优等品	合格品
裂纹	工作面	长 3～5，允许 3 条	长 5～10，允许 3 条
	非工作面	长 5～10，允许 3 条	长 5～15，允许 3 条
磕碰	工作面	伸入工作面 1～3，深不大于 5，总长不大于 30	伸入工作面 1～4，深不大于 8，总长不大于 40
	非工作面	长 5～20，允许 5 处	长 10～20，允许 5 处
开裂		不　允　许	
疵点	工作面	最大尺寸 1～3，允许 3 个	最大尺寸 2～3，允许 3 个
	非工作面	最大尺寸 2～3，每面允许 3 个	最大尺寸 2～4，每面允许 4 个

注 1：缺陷不允许集中，10 cm^2 正方形内不得多于五处。

注 2：标形砖应有一个大面(230 mm×113 mm)达到表 2 对于工作面的要求。如订货时需方指定工作面，则该面应符合表 2 的要求。

5.2　尺寸偏差及变形

5.2.1　砖的尺寸偏差及变形应符合表 3 要求。

表 3

单位为毫米

项　　目		允许偏差	
		优等品	合格品
尺寸偏差	尺寸≤30	±1	±2
	30<尺寸≤150	±2	±3
	150<尺寸≤230	±3	±4
	尺寸>230	供需双方协商	
变形：翘曲 大小头	尺寸≤150	≤2	≤2.5
	150<尺寸≤230	≤2.5	≤3
	尺寸>230	供需双方协商	

5.2.2　异型产品的变形由供需双方协商确定。

5.3　物理化学性能

砖的物理化学性能应符合表 4 的要求。

表 4

项　　目		要　　求	
		NSW 1	NSW 2
吸水率/%	≤	5.0	8.0
压缩强度/MPa	≥	80	60
耐酸度/%	≥	99.7	99.7
耐急冷急热性/℃		试验温差 200 ℃	试验温差 250 ℃
		试验一次后，试样不得有新生裂纹、剥落等破损现象。	

6 试验方法

6.1 尺寸偏差和变形的测量

按 GB/T 8488—2001 中 5.1 规定进行。

6.2 外观质量检查

按 GB/T 8488—2001 中 5.2 规定进行。

6.3 压缩强度试验方法

6.3.1 试验机

所用试验机应具有足够载荷量程，并能以一定的速度连续均匀地增加载荷。精度为±1%。

6.3.2 夹具

试样支座和压头应具有足够的刚性，在试验过程中不会发生塑性变形。

6.3.3 试样

6.3.3.1 试样应从检验用砖上切取，边长为 20 mm±1 mm 的正方体或直径为 25 mm±1 mm，高 25 mm±1 mm 的圆柱体。

6.3.3.2 试样上下两面应平整，且互相平行，以保证试样与压头接触良好。

注：经供需双方协商，出厂检验中也可以用与产品相同工艺制作的试样。

6.3.4 试验步骤

6.3.4.1 切取的试样应在 110 ℃±5 ℃的电热干燥箱中烘干至恒重，并自然冷却至室温。

6.3.4.2 用游标卡尺测量试样受压面尺寸，精确至 0.02 mm。

6.3.4.3 将试样正中放在试样支座上，以每秒 1 MPa～1.5 MPa 的速率对试样均匀加荷，直至试样破坏，记录最大载荷。

6.3.5 结果计算

6.3.5.1 压缩强度按式(1)计算：

$$R_c = \frac{P}{A} \qquad \cdots\cdots(1)$$

式中：

R_c——压缩强度，单位为兆帕(MPa)；

P——试样破坏时的最大载荷，单位为牛顿(N)；

A——试样受压面积，单位为平方毫米(mm^2)。

6.3.5.2 结果计算精确至小数点后一位。按 GB/T 8488—2001 附录 A 进行数据处理，至少以五个有效数据计算平均值和标准偏差，作为试验结果。

6.4 吸水率试验

按 GB/T 8488—2001 中 5.4 规定进行。

6.5 耐酸度试验

按 GB/T 8488—2001 中 5.5 规定进行。

6.6 耐急冷急热性试验

按 GB/T 8488—2001 中 5.6 规定进行。

7 检验规则

7.1 检验分类

7.1.1 型式检验

检验项目包括本标准技术要求规定的所有项目。工艺技术改变时应进行型式检验，不改变工艺技术的情况下，应每半年一次。

7.1.2 **出厂检验**

检验项目包括:外观质量、尺寸偏差。

7.2 组批和抽样

7.2.1 **组批**

以相同工艺条件生产的同一规格、同一牌号的5 000至30 000块砖为一批。不足5 000块时由供需双方协商。

7.2.2 **抽样**

用随机抽样方法抽取表5中各检验项目所需的样本。非破坏性试验的试样,检验后可用作其它项目的检验。

表5

检验项目	样本大小		第一次		第一次+第二次	
	第一次	第二次	合格判定数	不合格判定数	合格判定数	不合格判定数
	n_1	n_2	A_1	R_1	A_2	R_2
外观质量	20	20	1	3	3	4
尺寸偏差	20	20	1	3	3	4
变形	10	10	0	2	1	2
耐急冷急热性	3	3	0	2	1	2
吸水率	3	3	平均值应符合表4的要求			
压缩强度	5	5				
耐酸度	2	2				

7.3 判定规则

7.3.1 产品检验时的样本大小及合格判定数应按表5规定进行判定。

7.3.2 各检验项目全部合格时,判该批产品合格。否则,判该批产品不合格。

7.3.3 第一次检验若有不合格项或不合格品数未达到不合格判定数时,应按表5规定进行复验,复验合格,判该项目合格,否则,判该项目不合格。若砖的物理化学性能有三项以上不符合表5的要求时,判该批产品不合格,不予复检。

7.3.4 凡因外观质量和尺寸偏差拒收的产品,允许供方逐块检验,检选补齐后再交付验收。

8 标志、包装、运输和贮存

8.1 标志

8.1.1 在产品的包装上用适当方式标明产品名称、商标或生产厂名、等级和牌号。

8.1.2 发货时,应出具产品合格证,其中应载明下列内容:

a) 合格证编号;

b) 生产企业名称、地址;

c) 产品名称、规格、等级和牌号;

d) 产品数量和生产日期;

e) 依据标准编号;

f) 检验部门及检验人员签章。

8.2　包装

产品包装按供需双方协议。使用草绳捆扎包装时应防止砖角、棱碰撞受损。包装上应有易碎品标志。

8.3　运输

运输时应有防雨设施，产品应稳固挤紧以防震动碰撞。装卸时应小心轻放，严禁抛掷。

8.4　贮存

产品应按不同规格、等级和牌号分别堆放。产品应贮存在室内。室外贮存时，应有防雨设施。

中华人民共和国建材行业标准

JC 466—92

砌墙砖检验规则

1 主题内容与适用范围

本标准规定了砌墙砖验收检验中检验批的构成、检验项目、抽样方案、抽样方法和检验批的处理。

本标准适用于由各种原材料以不同生产工艺制造的不同规格尺寸的实心砖、多孔砖和空心砖。

2 引用标准

GB/T 2542 砌墙砖试验方法

GB 2828 逐批检查计数抽样程序及抽样表(适用于连续批的检查)

GB 3358 统计学名词及符号

GB 5348 砖和砌块名词术语

GB 8053 不合格品率的计量标准型一次抽样检查程序及表

GB 8054 平均值的计量标准型一次抽样检查程序及表

3 术语

本标准采用 GB 3358 和 GB 5348 的术语。

3.1 空心砖

孔洞率大于或等于 35% 作填充非承重用的砖。

3.2 多孔砖

孔洞率大于或等于 15% 作结构承重用的砖。

3.3 验收检验

为确定一批砌墙砖的质量而进行的检验。

3.4 检验规则

实施验收检验时应严格执行的技术细则。

3.5 检验批

在一致条件下生产而为实施验收检验汇集起来的砌墙砖，简称批。

3.6 批量

检验批中砌墙砖的数量。

3.7 抽样方案

为实施验收检验而作出的样本大小和判断(质量)准则的具体规定。

3.8 计数抽样方案

以样本中不合格产品数作为判断依据的抽样方案。

3.9 计量抽样方案

以产品质量特征值的样本统计量作为判断依据的抽样方案。

3.10 计点抽样方案

以样本中产品检查出的缺陷数作为判断依据的抽样方案。

国家建筑材料工业局 1992-05-23 批准　　　　1993-01-01 实施

3.11 标准型抽样方案

为保护生产、使用双方的利益，把生产方风险和使用方风险固定为某个特定数值(通常分别为 0.05 和 0.10)的抽样方案。

3.12 s 法抽样方案

计量抽样检验中，批标准差未知时，利用样本标准差或由样本标准差与其他样本统计量构成的函数来判断批合格或不合格的抽样方案。

3.13 抽样砖垛

根据抽样规定，以随机方法确定的需从中抽取砖样的砖垛。

3.14 随机数

由随机化工具确定的数码。

3.15 样本标准差(s)

样品(n 个)测定值 X_i 距离样本平均值 $\overline{X}$ 的偏差和被 ($n-1$) 所除得商的正平方根值。由式(1)计算：

$$s=\sqrt{\frac{1}{n-1}\sum_{i=1}^{n}(X_i-\overline{X})^2} \quad \cdots\cdots(1)$$

3.16 极差

计量抽样检验的样本中，最大测定值与最小测定值之差数。

3.17 强度标准值(f_k)

具有 95%保证概率的强度。本标准中，样本量 $n=10$ 时的强度标准值由式(2)计算：

$$f_k=\overline{X}-2.1s \quad \cdots\cdots(2)$$

3.18 尺寸平均偏差

砌墙砖规格尺寸的样本平均值对其公称尺寸的偏离程度。

4 检验批的构成

4.1 构成原则

构成检验批的基本原则是尽可能使得批内砖质量分布均匀，具体实施中应做到：

a. 不正常生产与正常生产的砌墙砖不能混批；

b. 原料变化或不同配料比例的砌墙砖不能混批；

c. 不同质量等级的砌墙砖不能混批。

4.2 批量大小

砌墙砖检验批的批量宜在 3.5～15 万块范围内，但不得超过一条生产线的日产量。

5 检验项目

5.1 共性项目

建筑结构与施工对各类砌墙砖都要求检验的项目：

a. 尺寸偏差；

b. 强度等级；

c. 外观质量；

d. 抗冻性能。

5.2 特性项目

仅对某类砌墙砖由于原料、工艺、结构不同而特设的检验项目：

a. 吸水率；

b. 饱和系数；

c. 泛霜；

d. 石灰爆裂；

e. 干燥收缩；

f. 碳化系数；

g. 体积密度；

h. 孔洞率。

6 抽样方案

6.1 共性项目的抽样方案

6.1.1 尺寸偏差抽样方案

抽取砖样 20 块，按 GB/T 2542 规定的方法，分别测定长度、宽度、高度三个尺寸的平均偏差和极差，根据不同公称尺寸由表 1 的合格判定值判断规格尺寸是否合格。

表 1　　mm

公称尺寸	允许平均偏差	极差 ≤
290	±2.0	8
240	±2.0	8
190	±2.0	7
180	±2.0	7
140	±1.5	6
115	±1.5	6
90	±1.5	6
65	±1.5	5
53	±1.5	4

6.1.2 强度等级抽样方案

抽取砖样 10 块，按 GB/T 2542 规定的方法，测定抗压强度的标准值和平均值。根据工程设计要求的强度等级，由表 2 的合格判定值判断强度等级是否符合设计要求。

表 2　　MPa

强度等级	强度平均值 ≥	强度标准值 ≥
MU30	30.0	23.0
MU25	25.0	19.0
MU20	20.0	14.0
MU15	15.0	10.0
MU10	10.0	6.5
MU7.5	7.5	5.0
MU5.0	5.0	3.5
MU3.0	3.0	2.0
MU2.0	2.0	1.3

注：MU5.0 及其以下等级仅限空心砖使用。

6.1.3 外观质量抽样方案

抽取砖样 50 块，根据产品标准规定的外观质量指标，按 GB/T 2542 规定的方法，检查出其中的不合格品数 d_1 。按下列规则判断：

$d_1 \leqslant 7$ 时，外观质量合格；

$d_1 \geqslant 11$ 时，外观质量不合格；

$d_1 > 7$，且 $d_1 < 11$ 时，需再次抽样检验。

如判为再次抽样检验，从批中再抽取砖样 50 块，检查出其中的不合格品数 d_2 后，按下列规则判断：

$(d_1 + d_2) \leqslant 18$ 时，外观质量合格；

$(d_1 + d_2) \geqslant 19$ 时，外观质量不合格。

6.1.4　抗冻性能抽样方案

抽取砖样 10 或 5 块，按 GB/T 2542 规定的方法，经 15 次冻融循环试验后，根据产品标准规定的评定指标，判断其抗冻性能是否合格。

6.2　特性项目的抽样方案

各类砌墙砖产品需检验的特性项目及其抽样方案，由其产品标准按表 3 规定的导则制定后执行。

表 3

产品种类	检验项目	抽样方案导则	适用标准
烧结砖	吸水率	不合格品率计量标准型 s 法抽样方案	GB 8053
	饱和系数		
	石灰爆裂	不合格缺陷计点抽样方案	GB 2828
	泛霜	—	—
非烧结砖	干燥收缩	平均值计量标准型 s 法抽样方案	GB 8054
	碳化系数		
多孔砖、空心砖	孔洞率	不合格品率计数抽样方案	GB 2828
空心砖	体积密度	平均值计量标准型 s 法抽样方案	GB 8054

7　抽样方法

7.1　一般规定

a.　验收检验的抽样应在供方堆场上由供需双方人员会同进行。

b.　检验批应以堆垛形式合理堆放，使得能从任何一个指定的砖垛中抽样。若砖垛堆放紧密到只能从其周围去获得样品时，只有在周围砖垛数量大于抽样砖垛数量，并可信其质量的代表性均匀时，允许在周围砖垛中抽样。否则应由需方指定搬走无代表性的砖垛后进行；或经供需双方商定检验批不合格时的处理规定后，在需方装车过程中按预先规定的抽样位置从露出的砖垛中抽样。

c.　确定抽样位置的同时，还必须规定该样品的检验内容。不论抽样位置上砌墙砖质量如何，不允许以任何理由以别的砖替代。抽取样品后，在样品上标志表示检验内容的编号，检验时也不允许变更检验内容。

7.2　确定抽样数量

抽样数量由检验项目确定(必要时，可增加适量备用样品)两个以上检验项目时，下列非破坏性检验项目的砖样允许在检验后继续用作其他检验，抽样数量可不包括重复使用的样品数：

a.　外观质量；

b.　尺寸偏差；

c.　体积密度；

d.　孔洞率。

7.3 编定产品位置顺序

7.3.1 从砖垛中抽样

对检验批中可抽样的砖垛(全部砖垛或周围的砖垛)、砖垛中砖层和砖层中的砖块位置各依一定顺序编号。编号不需标志在实体上,只作到明确起点位置和编号顺序即可。

7.3.2 从砖样中抽样

凡安排需从检验后的样品中继续抽样供其他检验使用的非破坏性检验项目,应在其从砖垛中抽样的过程中按抽样先后顺序给予编号,并标志顺序号于砖样上,作为继续抽样的位置顺序。

7.4 决定抽样位置

7.4.1 从砖垛中抽样

7.4.1.1 确定抽样砖垛及垛中抽样数量

根据批中可抽样砖垛数量和抽样数量由表4决定抽样砖垛数和垛中抽取的砖样数量。

表 4

抽样数量,块	可抽样砖垛数,垛	抽样砖垛数,垛	垛中抽样数,块
50	≥250	50	1
	125～<250	25	2
	<125	10	5
20	≥100	20	1
	<100	10	2
10或5	任意	10或5	1

7.4.1.2 确定抽样砖垛位置

以抽样砖垛数除可抽样砖垛数得到整数商 a 和余数 b。从 1～b 的数值范围内(若 $b=0$ 时,按 $b=a$ 计数)确定一个随机数码 R_{an}〔方法见附录A(参考件)〕。抽样砖垛位置即从第 R_{an} 垛开始,以后每隔 $a-1$ 垛为抽样砖垛。

7.4.1.3 确定抽样砖垛中的抽样位置

砖样在砖垛中的抽样位置由砖垛中层数范围内和砖层中砖块数量范围内的一对随机数码所确定。垛中需要抽取几块样品时,则相应确定几对随机数码即可。

7.4.2 从检验过的样品中抽样

每一检验项目由其所需抽样数量先从表5中查出抽样起点范围及抽样间隔。然后从其规定的范围内确定一个随机数码,即得到抽样起点的位置。按起点位置和抽样间隔实施抽样。若有两个以上检验项目时,应分别按各自所需的抽样数量从表7查出相应的抽样起点范围和抽样间隔,与单个项目时的步骤一样实施抽样。各个随机数码中不允许出现相同数码,出现时应舍去重新确定。

表 5　　块

检验过的砖样数	抽样数量	抽样起点范围	抽样间隔
50	20	1～10	1
	10	1～5	4
	5	1～10	9
20	10	1～2	1
	5	1～4	3

8 检验批的处理

8.1 合格批的处理

全部检验项目判定为合格的检验批,称为合格批。需方必须整批接收。

8.2 不合格批的处理

全部检验项目中有一项或一项以上判定为不合格的检验批,称为不合格批。需方有权拒收,退回供方。

对外观质量不合格的检验批,允许供方进行全数检查、剔除不合格品后,再次提交检验,其他的不合格品由供方按实际质量水平予以降等或降级后另行处理。

附 录 A
随机数码求取方法
（参考件）

随机数码的求取有计算机或计算器随机发生器、随机数码表、机械随机化装置、骰子、随机卡片等方法。可由供需双方选择使用，但仲裁性检验只能采用计算机、计算器或随机数码表。本标准推荐使用随机数码表（见表A1）法。

表 A1 随机数码表

03 47 43 73 86	36 96 47 36 61	46 98 53 71 62	33 26 16 80 45	60 14 14 10 95
97 74 24 67 62	42 81 14 57 20	42 53 32 37 32	27 07 36 07 51	24 51 79 89 73
16 76 62 27 66	56 50 26 71 07	32 90 79 78 53	13 55 38 58 59	88 97 54 14 10
12 96 85 99 26	96 96 68 27 31	05 03 72 93 15	57 12 10 14 21	88 26 49 81 76
55 59 56 35 64	38 54 82 46 72	31 62 43 09 09	06 18 44 32 53	23 83 01 30 30
15 22 77 94 39	49 54 43 54 82	17 37 93 23 78	87 35 20 96 43	84 26 34 91 64
84 42 17 53 31	57 24 55 06 88	77 04 74 47 67	21 76 33 50 25	83 92 12 06 76
63 01 63 78 59	16 95 55 67 19	98 10 50 71 75	12 86 73 58 07	44 39 52 38 79
33 21 12 34 29	78 64 56 07 82	52 42 07 44 38	15 51 00 13 42	99 66 02 79 54
57 60 86 32 44	09 47 27 96 54	49 17 46 09 62	90 52 84 77 27	08 02 73 43 28
18 18 07 92 45	44 17 16 58 09	79 83 86 19 62	06 76 50 03 10	55 23 64 05 05
26 62 38 97 75	84 16 07 44 99	83 11 46 32 24	20 14 85 88 45	10 93 72 88 71
23 42 40 64 74	82 97 77 77 81	07 45 32 14 08	32 98 94 07 72	93 85 79 10 75
52 36 28 19 95	50 92 26 11 97	00 56 76 31 38	80 22 02 53 53	86 60 42 04 53
37 85 94 35 12	83 39 50 08 30	42 34 07 96 88	54 42 06 87 98	35 85 29 48 39
70 29 17 12 13	40 33 20 38 26	13 98 51 03 74	17 76 37 13 04	07 74 21 19 30
56 62 18 37 35	96 83 50 87 75	97 12 25 93 47	70 33 24 03 54	97 77 46 44 80
99 49 57 22 77	88 42 95 45 72	16 64 36 16 00	04 43 18 66 79	94 77 24 21 90
16 08 15 04 72	33 27 14 34 09	45 59 34 68 49	12 72 07 34 45	99 27 72 95 14
31 16 93 32 3	50 27 29 87 19	20 15 37 00 9	52 85 66 60 44	38 68 88 11 80
68 34 30 13 70	55 74 30 77 40	44 22 78 84 26	04 33 46 09 52	68 07 97 06 57
74 57 25 65 76	59 29 97 68 60	71 91 38 67 54	13 58 18 24 76	15 54 55 95 52
27 42 37 86 53	48 55 90 65 72	96 57 69 36 10	96 46 92 42 45	97 60 49 04 91
00 39 68 29 61	66 37 32 20 30	77 84 57 03 29	10 45 65 04 26	11 04 96 67 24
29 94 98 94 24	68 49 69 10 82	53 75 91 93 30	34 25 20 57 27	40 48 73 51 92
16 90 82 66 59	83 62 64 11 12	67 19 00 71 74	60 47 21 29 68	02 02 37 03 31
11 27 94 75 06	06 09 19 74 66	02 94 37 34 02	76 70 90 30 86	38 45 94 30 38
35 24 10 16 20	33 32 51 26 38	79 78 45 04 91	16 92 53 56 16	02 75 50 95 98
38 23 16 86 38	42 38 97 01 50	87 75 66 81 41	40 01 74 91 62	48 51 84 08 32
31 96 25 91 47	96 44 33 49 13	34 86 82 53 91	00 52 43 48 85	27 55 26 89 62
66 67 40 67 14	64 05 71 95 86	11 05 65 09 68	76 83 20 37 90	57 16 00 11 66
14 90 84 45 11	75 73 88 05 90	52 27 41 14 86	22 98 12 22 08	07 52 74 95 80
68 05 51 18 00	33 96 02 75 19	07 60 62 93 55	59 33 82 43 90	49 37 38 44 59
20 46 78 73 90	97 51 40 14 02	04 02 33 31 08	39 54 16 49 36	47 95 93 13 30
64 19 58 97 79	15 06 15 93 20	01 90 10 75 06	40 78 78 89 62	02 67 74 17 33
05 26 93 70 60	22 35 85 15 13	92 03 51 59 77	59 56 78 06 83	52 91 05 70 74
07 97 10 88 23	09 98 42 99 64	61 71 62 99 15	06 51 29 16 93	58 05 77 09 51
68 71 86 85 85	54 87 66 47 54	73 32 08 11 12	44 95 92 63 16	29 56 24 29 48
26 99 61 65 53	58 37 78 80 70	42 10 50 67 42	32 17 55 85 74	94 44 67 16 94
14 65 52 68 75	87 59 36 22 41	26 78 63 06 55	13 08 27 01 50	15 29 39 39 43
17 53 77 58 71	71 41 61 50 72	12 41 94 96 26	44 95 27 36 99	02 96 74 30 83
90 26 59 21 19	23 52 23 33 12	96 93 02 18 39	07 02 18 36 07	25 99 32 70 23
41 23 52 55 99	31 04 49 69 96	10 47 48 45 88	13 41 43 89 20	97 17 14 49 17
60 20 50 81 69	31 99 73 68 68	35 81 33 03 76	24 30 12 48 60	18 99 10 72 34
91 25 38 05 90	94 58 28 41 36	45 37 59 03 09	90 35 57 29 12	82 62 54 65 60
34 50 57 74 37	98 80 33 00 91	09 77 93 19 82	74 94 80 04 04	45 07 31 66 49
85 22 04 39 43	73 81 53 94 79	33 62 46 86 28	08 31 54 46 81	53 94 13 38 47
09 79 13 77 48	43 82 97 22 21	05 03 27 24 83	72 89 44 05 60	35 80 39 94 88
88 75 80 18 14	22 95 75 42 49	39 32 82 22 49	02 48 07 70 37	16 04 61 67 87
90 96 23 70 00	39 00 03 06 90	55 85 78 38 36	94 37 30 69 32	90 89 00 76 33

A1　单个随机数的决定

先以针状物或笔尖在随机数码表上随意指点，其所指处附近的两位数即为查取随机数码的行号。再次随意指点得到的两位数则为列号。当两位数大于50时，取减去50后的余数。余数为0时当作50。然后依行号从随机数表上端向下数出需要的随机数行位置。再从此行从左向右以1位数码为1个单位，数出随机数码的所在列，该位置的数码即为决定的随机数码。需要1位数时，以该位置读数，需要两位数时，则以该位置所在的两位数读数。

A2　数个随机数码的决定

要求1个以上随机数时，可从A1决定的随机数码位置向上、向下、向左或向右（事前商定，一般向右）顺序读取。舍去出现过的重复数码，直到取够为止。

A3　随机数码修正

实际使用时，决定的随机数码有可能出现超出要求范围（大于 b ）的数码，此时，以 b 除随机数码得到的余数即为修正后符合要求范围的随机数码。若余数为0时，则随机数码修正为 b 。

A4　示例

试决定1～5范围内的3个随机数码的数列。

假定铅笔尖随意指点得到2个数码分别为88和26。88修正为38。随机数码即在第38行的第26列的位置上，从随机数码表上查得为8。由此向右读得数字串为811124……，舍去重复出现的1后得8，1，2三个随机数码。随机数码8修正为3。

故得到随机数码的数列为3，1，2。

附　录　B
抽　样　示　例
（参考件）

某厂的烧结普通砖，批量为2.6万块，供需双方商定的检验项目及抽样数量见表B1。

表 B1

序　号	检验项目	样品数量，块
1	尺寸偏差	20
2	强度等级	10
3	抗冻性能	10
4	吸水率	5
5	石灰爆裂	5
6	泛霜	5
7	外观质量	50
8	备用砖样	5

B1　实施抽样步骤如下：

由于外观质量和尺寸偏差检验后的样品可用于其他检验项目，故决定外观检验50块砖样检验后继续用作其他项目检验。具体安排如下：50块外观质量检验后的砖样中抽取35块砖样供2，3，4，5，6，8项目之用，并决定2,3二个项目的20块砖样兼用于尺寸偏差检验，具体安排列于表B2。

表 B2

序　号	检验项目	检验数量，块	指定的随机数码
1	尺寸偏差	20	第1,2,3,4随机数
2	强度等级	10	尺寸检验后的第1,2随机数
3	抗冻性能	10	尺寸检验后的第3,4随机数
4	吸水率	5	第5随机数
5	石灰爆裂	5	第6随机数
6	泛霜	5	第7随机数
7	备用砖样	5	第8随机数

B2　检验批中砖垛共130垛(每垛200块)，抽样数量为50块砖样，查表5得到抽样砖垛数为25垛，每垛需抽取2块砖样。

B3　检验批的砖垛堆放形式为10垛×13垛方阵，经观察检查可信其四周砖垛具有代表性，可供抽样的周围三条边界上的砖垛共有31垛，超过了抽样砖垛数量，可同意从四周的31垛砖垛中抽样。

B4　以25除31得到整数商1及余数6，从1～6范围内确定1个随机数码，并从1～10(垛中砖层数)和1～20(层中砖块数)范围内各确定2个随机数码。假定这5个随机数码依次为3,8,1,2,5则表示50块外观质量检验用砖样从第3垛开始，抽样间隔为0，每垛从第8层的第1块和第2层的第5块取2块砖样，直到取够50块为止。

B5　由于此批砖样尚需供其他检验使用，抽样的同时依先后顺序编上1～50顺序号，并进一步决定从砖样中抽样的位置。考虑到2,3,4,5,6,8项目的各样本量都是5或5的倍数，为便于安排抽样，决定以5块砖样编为一个基本抽样单位，共取8个随机数码，按表B2的指定分配给各项目。

B6　按抽样数量为5，从50块砖样中再抽样，根据表5规定，从1～10范围内随机定出8个不相同的随机数码，譬如为3,8,10,4,2,7,5,6则编号为3,13,23,33,43的5块砖样和8,18,28,38,48的5块砖样用于强度等级检验。10,20,30,40,50的5块和6,16,26,36,46的5块用于冻融试验。4,14,24,34,44的5块用于吸水率试验。2,12,22,32,42的5块用于石灰爆裂试验。7,17,27,37,47的5块用于泛霜试验，5,15,25,35,45的5块作备用砖样。其中强度等级和抗冻性能的20块砖样应先检验尺寸偏差后再进行试验。

附加说明：

本标准由西北建筑工程学院和国家建筑材料工业局标准化研究所负责起草。

本标准主要起草人陈剑光、刘殿文、赵秋辉、陈伟良。

ICS
Q
备案号:22909—2008

JC

中华人民共和国建材行业标准

JC/T 525—2007
代替 JC/T 525—1993

炉　　渣　　砖

Cinder brick

2007-09-22 发布　　2008-04-01 实施

中华人民共和国国家发展和改革委员会　　发布

前　言

本标准是对JC/T 525—1993《煤渣砖》进行了修订。

本标准与JC/T 525—1993《煤渣砖》相比，主要变化如下：

——产品名称由煤渣砖改为炉渣砖并增加了炉渣定义。

——适用范围增加了炉渣砖可用于建筑基础。

——取消了抗折强度，取消了强度为10.0以下等级的砖；增加25.0等级的砖。

——增加了干燥收缩率。

——增加了耐火极限。

本标准自实施之日起代替JC/T 525—1993《煤渣砖》。

本标准由中国建筑材料工业协会提出。

本标准由全国墙体屋面及道路用建筑材料标准化技术委员会归口。

本标准负责起草单位：湖南郴州市墙体材料改革办公室。

本标准参加起草单位：西安墙体材料研究设计院，建筑材料工业技术情报研究所，福建泉州鸿昌机械制造有限公司，湖南衡阳市墙体材料改革办公室。

本标准主要起草人：黄如柏、徐洛屹、傅志昌、陈海平、曾志强、孙星寿、周炫。

本标准代替标准的历次版本发布情况为：

——JC/T 525—1993。

炉 渣 砖

1 范围

本标准规定了炉渣砖的术语和定义、分类、技术要求、试验方法、检验规则、标志、包装、运输和贮存等。

本标准适用于以炉渣为主要原料，掺入适量(水泥、电石渣)石灰、石膏、经混合、压制成型、蒸养或蒸压养护而成的实心炉渣砖。炉渣砖主要用于一般建筑物的墙体和基础部位。

2 规范性引用文件

下列文件中的条款通过本标准的引用而成为本标准的条款。凡是注日期的引用文件，其随后所有的修改单(不包括勘误的内容)或修订版均不适用于本标准，然而，鼓励根据本标准达成协议的各方研究是否可使用这些文件的最新版本。凡是不注日期的引用文件，其最新版本适用于本标准。

GB 175 硅酸盐水泥、普通硅酸盐水泥

GB 1344 矿渣硅酸盐水泥、火山灰质硅酸盐水泥及粉煤灰硅酸盐水泥

GB/T 2542 砌墙砖试验方法

GB/T 4111 混凝土小型空心砌块试验方法

GB 5101 烧结普通砖

GB/T 5483 石膏和硬石膏

GB 6566 建筑材料放射性核素限量

GB/T 9978 建筑构件耐火实验方法

GB 12958 复合硅酸盐水泥

GB/T 18968 墙体材料名词术语

GB 50045 高层民用建筑防火设计规范

JC/T 466 砌墙砖检验规则

JC/T 621 硅酸盐建筑制品用生石灰

3 术语和定义

GB/T 18968 和 JC/T 466 确立的以及下列术语和定义适用于本标准。

3.1

炉渣 cinder

煤燃烧后的残渣。

4 分类

本产品按抗压强度分为 MU25、MU20、MU15 三等级。

4.1 产品规格

4.1.1 砖的外型为直角六面体。

4.1.2 砖的公称尺寸为：长度 240 mm，宽度 115 mm，高度 53 mm。其它规格尺寸由供需双方协商确定。

4.2 **产品标记**

按产品名称(LZ)、强度等级以及标准编号顺序进行编写。

示例：强度等级为 MU20 的炉渣砖标记为：

LZ　MU20　JC/T 525—2007。

5 技术要求

5.1 **尺寸允许偏差**

尺寸允许偏差应符合表 1 的规定。

5.2 **外观质量**

外观质量应符合表 2。

表 1　尺寸允许偏差

单位为毫米

项目名称	合格品
长度	±2.0
宽度	±2.0
高度	±2.0

表 2　外观质量

单位为毫米

项目名称		合格品
弯曲		≤2.0
缺棱掉角	个数/个	≤1
	三个方向投影尺寸的最小值	≤10
完整面		不少于一条面和一顶面
裂缝长度 a. 大面上宽度方向及其延伸到条面的长度 b. 大面上长度方向及其延伸到顶面上的长度或条、顶面水平裂纹的长度		 ≤30 ≤50
层裂		不允许
颜色		基本一致

5.3 **强度**

强度应符合表 3 的规定。

表 3　强度等级

单位为兆帕

强度等级	抗压强度平均值 $f \geqslant$	变异系数 $\delta \leqslant 0.21$	变异系数 $\delta \geqslant 0.21$
		强度标准值 $f_k \geqslant$	单块最小抗压强度 $f_{min} \geqslant$
MU25	25.0	19.0	20.0
MU20	20.0	14.0	16.0
MU15	15.0	10.0	12.0

5.4 **抗冻性**

抗冻性应符合表 4 的规定。

表 4 抗冻性

强度等级	冻后抗压强度平均值/MPa ≥	单块砖的干质量损失/% ≤
MU25	22.0	2.0
MU20	16.0	2.0
MU15	12.0	2.0

5.5 碳化性能

碳化性能应符合表 5 的规定。

表 5 碳化性能

强度等级	碳化后强度平均值/MPa ≥
MU25	22.0
MU20	16.0
MU15	12.0

5.6 干燥收缩率

干燥收缩率应不大于 0.06%。

5.7 耐火极限

耐火极限不小于 2.0 h。

5.8 抗渗性

用于清水墙的砖，其抗渗性应满足表 6 的规定。

表 6 抗渗性 单位为毫米

项目名称	指标
水面下降高度	三块中任一块不大于 10

5.9 放射性

放射性应符合 GB 6566 的要求。

6 试验方法

6.1 尺寸允许偏差

按 GB/T 2542 的规定进行。其中每一尺寸测量不足 0.5 mm 按 0.5 mm 计，每一方向尺寸以两个测量值的算术平均值表示。

6.2 外观质量

按 GB/T 2542 的规定进行。颜色的检验：20 块试样条面朝上随机分两排并列，在自然光下距离试样 2 米处目测。

6.3 强度等级

按 GB/T 2542 的规定进行。

6.4 干燥收缩率、抗冻性、碳化性能与抗渗性

按 GB/T 4111 的规定进行。

6.5 耐火极限

按 GB/T 9978 的规定进行。

6.6 放射性

按 GB 6566 的规定进行。

7 检验规则

7.1 检验分类

7.1.1 出厂检验

产品必须进行出厂检验。出厂检验项目包括尺寸偏差、外观质量和强度等级，每批产品经出厂检验合格后方可出厂。

7.1.2 型式检验

型式检验项目包括木标准技术要求的全部项目。有下列之一情况者，应进行型式检验。

a) 新厂生产试制定型检验；

b) 正式生产后，原材料、工艺等发生较大的改变，可能影响产品性能时；

c) 正常生产时，每半年进行一次；

d) 出厂检验结果与上次型式检验结果有较大差异时；

e) 国家质量监督机构提出进行型式检验时。

7.2 批量

检验批的构成原则和批量大小按 JC/T 466 规定。3.5 万～1.5 万块为一批，当天产量不足 1.5 万块按一批计。

7.3 抽样

7.3.1 外观质量检验的试样采用随机抽样法，在每一检验批的产品堆垛中抽取。

7.3.2 尺寸允许偏差和其他检验项目的样品用随机抽样法从外观质量检验合格的样品中抽取。

7.3.3 抽样数量按表 7 的规定进行。

7.4 判定规则

7.4.1 尺寸允许偏差

样本平均偏差符合表 1 规定，判尺寸允许偏差为合格。否则，判不合格。

7.4.2 外观质量

外观质量采用 JC/T 466 二次抽样方案，根据表 2 规定的质量指标，检查出其中不合格品数 d_1，按下列规则判定：

表 7 抽样数量

序 号	检验项目	抽样数量(块)
1	外观质量	50($n_1=n_2=50$)(从中随机抽 20 块检测)
2	尺寸允许偏差	20
3	强度等级	10
4	干燥收缩率	5
5	抗冻性	5
6	碳化性能	5
7	耐火极限	按 GB/T 9978 要求
8	抗渗性	3
9	放射性	4

$d_1 \leqslant 7$ 时，外观质量合格；

$d_1 \geqslant 11$ 时，外观质量不合格；

$d_1 > 7$ 且 $d_1 < 11$ 时，需再次从该产品批中抽样 50 块检验，检查出不合格品数 d_2，按下列规则判定：

$(d_1 + d_2) \leqslant 18$ 时，外观质量合格；

$(d_1+d_2)\geqslant 19$ 时，外观质量不合格。

7.4.3 抽检样品的颜色基本一致，判为合格。

7.4.4 强度的试验结果符合表 3 的规定，判强度合格，且定相应等级。否则，判不合格。

7.4.5 干燥收缩率应符合 5.6 的规定。

7.4.6 抗冻性应符合表 4 的规定。

7.4.7 碳化性能应符合表 5 的规定。

7.4.8 用于清水墙的砖，其抗渗性应符合表 6 的规定。

7.4.9 放射性应符合 GB 6566 的规定。

7.4.10 总判定

7.4.10.1 每一批出厂产品的质量等级按出厂检验项目的检验结果和上次型式检验结果综合判定。

7.4.10.2 每一型式检验的质量等级按全部检验项目的检验结果综合判定。

7.4.10.3 干燥收缩率、抗冻性、碳化性能、抗渗性、放射性、尺寸偏差、外观质量和颜色合格，按强度判定强度等级，其中有一项不合格判该批产品不合格。

8 标志、包装、运输、贮存及其他要求

8.1 标志

产品出厂时，必须提供产品质量合格证。产品质量合格证主要内容包括：生产厂名、产品标记、批量及编号、证书编号、本批产品实测技术性能和生产日期等，并由检验员和承检单位签章。

8.2 包装

按品种、强度等级、颜色分别包装，包装应牢固，保证运输时不会摇晃碰坏。

8.3 运输

产品运输和装卸时要轻拿轻放，避免碰撞摔打。

8.4 贮存

产品应按品种、强度等级分别整齐堆放，不得混杂。

8.5 其他要求

砖龄期不足 28 天不得出厂。

ICS 91.100.10
Q 27
备案号：27678—2010

JC

中华人民共和国建材行业标准

JC/T 620—2009
代替 JC/T 620—1996

石灰取样方法

Sampling method of lime

2009-12-04 发布　　2010-06-01 实施

中华人民共和国工业和信息化部　发布

前　　言

本标准是对 JC/T 620—1996《石灰取样方法》进行的换版。

本标准代替 JC/T 620—1996《石灰取样方法》。

本标准与 JC/T 620—1996 相比，主要变化如下：

——增加了前言；

——增加了规范性引用文件(见第 2 章)；

——取消了术语和定义中的生石灰、生石灰粉、消石灰粉、石灰(1996 年版的 3.1)；

——规范了标准中图的结构和图中所用字母符号(1996 年版及本版的 5.1.1 和 5.1.2)；

——规范了标准中表示长度的符号(1996 年版及本版的 5.1.1 和 5.1.2)。

本标准由中国建筑材料联合会提出。

本标准由全国墙体屋面及道路用建筑材料标准化技术委员会(SAC/TC 285)归口。

本标准负责起草单位：河南建筑材料研究设计院有限责任公司。

本标准参加起草单位：河南同力水泥股份有限公司。

本标准主要起草人：李淑玲、段爱萍、孔德强、曹晓润、边华英、李继富。

本标准由河南建筑材料研究设计院有限责任公司负责解释。

本标准所代替标准的历次版本发布情况为：

——JC/T 620—1996。

石灰取样方法

1 范围

本标准规定了石灰取样的批量、工具、地点、部位、方法及样品的数量、制备、包装、贮存等。

2 规范性引用文件

下列文件中的条款通过本标准的引用而成为本标准的条款。凡是注日期的引用文件，其随后所有的修改单(不包括勘误的内容)或修订版均不适用于本标准，然而，鼓励根据本标准达成协议的各方研究是否可使用这些文件的最新版本。凡是不注日期的引用文件，其最新版本适用于本标准。

JC/T 619　石灰术语

3 术语和定义

JC/T 619确立的以及下列术语和定义适用于本标准。

3.1

手工取样　manual sampling

用人力操作取样工具采集石灰样品的方法。

3.2

批　lot

在相同条件下加工或生产的一定质量的石灰。

3.3

批量　batch

为实施取样检查而构成的一批石灰质量。

3.4

编号　numbering

代表被取样检查批的代号。

3.5

份样　increment

由每批石灰中的一个点或一个部位按规定量取出的样品。

3.6

混合样　blended sample

从一个编号内取得的全部石灰份样，经充分混合后按规定缩分而得的样品。

3.7

试样和封存样　testing sample and sealed sample

将混合样均分为二。一份为试验样，用作质量检验或质量监督；一份为封存样，密封贮存以备复验仲裁。

4 批量

受检石灰的批量应符合相应产品标准的规定。

5 取样

5.1 取样工具

5.1.1 取样管

取样管见图 1。

5.1.2 取样铲

取样铲见图 2;分 1 号及 2 号两种型号,规格见表 1。

5.1.3 普通尖头钢锹

单位为毫米

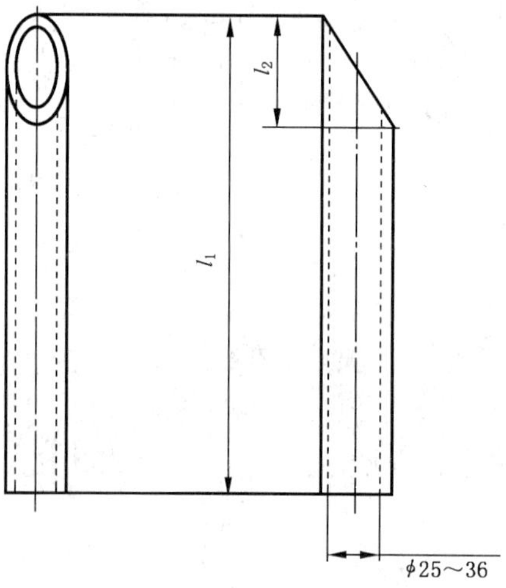

材料:不锈钢或其他与石灰不起反应的材料;

壁厚:自定;

长度:袋装石灰 l_1=800 mm,散装石灰自定;l_2=85 mm。

图 1 石灰取样管

单位为毫米

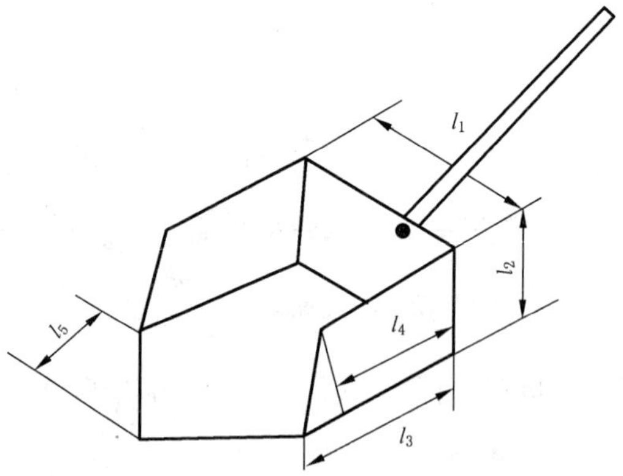

图 2 取样铲

表 1 取样铲规格

单位为毫米

型 号	尺寸				
	l_1	l_2	l_3	l_4	l_5
1	300	110	300	220	100
2	60	35	60	50	25

5.2 取样地点

取样地点可在生产厂内或供需双方协商的其他指定地点。如果试样取自厂外，取样时间由供需双方协商确定。

5.3 取样部位

5.3.1 出料口

石灰窑出料口、生石灰堆场、仓库、运输车(船)、输送带或料仓出料口。

5.3.2 仓库

袋装的生石灰粉或消石灰粉的仓库。

5.3.3 其他

散装的生石灰粉或消石灰粉的输送机口、包装机出料口、散装车等。

5.4 取样总量

生石灰取样总量不少于24 kg，生石灰粉或消石灰粉取样总量不少于5 kg。

5.5 取样方法

5.5.1 生石灰

5.5.1.1 堆场、仓库、车(船)取样法

用普通尖头钢锹抽取份样。在每批量石灰的不同部位随机选取12个取样点，取样点应均匀或循环分布在堆场、仓库、车(船)的对角线或四分线上，并应在表层100 mm下或底层100 mm上取样。每个点的取样量不少于2 000 g。取样点内如有最大尺寸大于150 mm的大块，应将其砸碎，取能代表大块质量的部分碎块。取得的份样经破碎，并通过20 mm的圆孔筛后，立即装入干燥、密闭、防潮的容器中。

5.5.1.2 输送带或料仓出料口取样法

采用表1、图2所示的1号取样铲取份样。从一批流动的生石灰中，有规律地间隔取12个份样，每一份样不少于2 000 g。取得的份样按5.5.1.1处理后，立即装入干燥、密闭、防潮的容器中。

5.5.1.3 石灰窑出料口取样法

根据石灰窑出料口的卸料方式，按5.5.1.1或5.5.1.2取样法进行取样。

5.5.2 生石灰粉或消石灰粉

5.5.2.1 袋装取样法

采用图1所示的袋装取样管抽取份样。从每批袋装的生石灰粉或消石灰粉中随机抽取10袋(袋应完好无损)，将取样管从袋口斜插到袋内适当深度，取出一管芯石灰。每袋取样量不少于500 g。取得的份样应立即装入干燥、密闭、防潮的容器中。

5.5.2.2 散装车取样法

采用图1所示的散装取样管抽取份样。在整批散装生石灰粉的不同部位随机选取10个取样点，将取样管插入石灰适当深度，取出一管芯石灰，每份不少于500 g。取得的份样应立即装入干燥、密闭、防潮的容器中。

5.5.2.3 输送机口或包装机出料口取样法

采用表1、图2所示的2号取样铲取份样。从一批流动的生石灰粉或消石灰粉中，有规律地间隔取10个份样，每份不少于500 g。取得的份样应立即装入干燥、密闭、防潮的容器中。

5.6 试样制备

5.6.1 混合样

将所取份样均匀混合好后，采用四分法将其缩分到：生石灰不少于9 kg，生石灰粉或消石灰粉不少于1 kg。

5.6.2 **取样单试样与封存样**

将缩分后的混合样均分为试样及封存样。

5.7 **包装与贮存**

5.7.1 将试样及封存样分别迅速装入容器中，并加密封。容器应洁净、干燥、防潮、密闭。容器上应加盖清晰、不易擦掉的标有产品名称、编号的密封条。

5.7.2 封存样应密封保管，保管期限由供需双方协商确定。

5.8 **取样单**

试样取得后，负责取样的操作人员应填写如表 2 所示的取样单。

表 2 取样单

编号	石灰品种	批量	取样日期	取样地点	取样数量	取样人签字	备注

ICS 91.100.10
Q 27
备案号：27679—2010

JC

中华人民共和国建材行业标准

JC/T 621—2009
代替 JC/T 621—1996

硅酸盐建筑制品用生石灰

Lime for silicate building products

2009-12-04 发布　　2010-06-01 实施

中华人民共和国工业和信息化部　发布

前　言

本标准是对 JC/T 621—1996《硅酸盐建筑制品用生石灰》进行的修订。
本标准代替 JC/T 621—1996《硅酸盐建筑制品用生石灰》。
本标准与 JC/T 621—1996 相比，主要变化如下：
——增加了前言；
——增加了规范性引用文件(见第 2 章)；
——增加了滴定管的分类和最小分度值的要求(1996 年版及本版的附录 A.2.3)；
——规范了质量浓度的写法(1996 年版及本版的附录 A.2.8)；
——规范了计算公式及式中各代数符号的含义(1996 年版及本版的附录 A.5)；
——规范了附录的性质为规范性附录(1996 年版及本版的附录 A)；
——规范了标准的结构(1996 年版及本版的第 6 章)；
——取消了检验人员和检验单位(1996 年版 8.2 中的 f)；
——取消了出厂一项(1996 年版的 7.2)。
本标准的附录 A 为规范性附录。
本标准由中国建筑材料联合会提出。
本标准由全国墙体屋面及道路用建筑材料标准化技术委员会(SAC/TC 285)归口。
本标准负责起草单位：河南建筑材料研究设计院有限责任公司。
本标准参加起草单位：河南同力水泥股份有限公司。
本标准主要起草人：李淑玲、段爱萍、陈红军、马挺、李玉花、杨旭。
本标准由河南建筑材料研究设计院有限责任公司负责解释。
本标准所代替标准的历次版本发布情况为：
——JC/T 621—1996。

硅酸盐建筑制品用生石灰

1 范围

本标准规定了硅酸盐建筑制品用生石灰的术语、等级、技术要求、试验方法、检验规则、运输与贮存等。

本标准主要适用于蒸压加气混凝土(以下简称加气混凝土)、蒸压灰砂砖(以下简称灰砂砖)、粉煤灰砖及粉煤灰砌块等硅酸盐建筑制品用的生石灰。

2 规范性引用文件

下列文件中的条款通过本标准的引用而成为本标准的条款。凡是注日期的引用文件,其随后所有的修改单(不包括勘误的内容)或修订版均不适用于本标准,然而,鼓励根据本标准达成协议的各方研究是否可使用这些文件的最新版本。凡是不注日期的引用文件,其最新版本适用于本标准。

GB 601 化学试剂 滴定分析(容量分析)用标准溶液的制备

GB 602 化学试剂 杂质测定用标准溶液的制备

JC/T 478 建筑石灰试验方法

JC/T 619 石灰术语

JC/T 620 石灰取样方法

3 术语

生石灰的定义见 JC/T 619《石灰术语》。

4 等级

硅酸盐建筑制品用生石灰按其技术要求,分为优等品、一等品、合格品 3 个等级。

5 技术要求

5.1 硅酸盐建筑制品用生石灰的技术要求应符合表 1 规定。

表 1 硅酸盐建筑制品用生石灰的技术要求

项目		等级		
		优等品	一等品	合格品
A($CaO+MgO$)质量分数/%	≤	90	75	65
MgO 质量分数/%	≤	2	5	8
SiO_2 质量分数/%	≤	2	5	8
CO_2 质量分数/%	≤	2	5	7
消化速度/min	≤	15		
消化温度/℃	≥	60		
未消化残渣质量分数/%	≤	5	10	15
磨细生石灰细度(0.080 mm 方孔筛筛余量)/%	≤	10	15	20

5.2 灰砂砖用生石灰的 MgO 含量的要求。

灰砂砖用生石灰的 MgO 含量应不大于 5%。

5.3 加气混凝土用生石灰的消化速度及消化温度的要求。

加气混凝土用生石灰的消化速度应为 5 min～15 min，消化温度应为 60 ℃～90 ℃。

6 试验方法

6.1 生石灰化学成分和物理性能试验按 JC/T 478 的规定进行。

测定消化速度时，试样细度不大于 20%（0.080 mm 方孔筛筛余量）。消化时达到的最高温度为消化温度。消化速度精确到 1 min，消化温度精确至 1 ℃。

测定细度时，采用 0.080 mm 方孔筛进行筛分，计算结果修约至 1%。

6.2 生石灰 A(CaO+MgO)含量试验方法。

生石灰 A(CaO+MgO)含量试验方法按附录 A（规范性附录）的规定进行。

7 检验规则

7.1 型式检验

7.1.1 有下列情况之一时，应对生石灰进行型式检验：

a) 新厂投产或老厂技术改造后；

b) 石灰厂的原料、燃料或煅烧工艺发生较大变化时；

c) 停产一个月，恢复生产时；

d) 出厂检验结果与上次型式检验有较大差异时；

e) 国家质量监督机构提出进行型式检验的要求时；

f) 正常生产时，每月应进行一次。

7.1.2 型式检验项目包括 A(CaO+MgO)、MgO、SiO_2、CO_2 含量及消化速度、消化温度、未消化残渣含量、磨细生石灰细度。

7.2 出厂检验

7.2.1 每批生石灰出厂时，应进行出厂检验。

7.2.2 出厂检验的取样地点，按合同的规定确定。

7.2.3 出厂检验项目包括 A(CaO+MgO)、MgO、CO_2 含量及消化速度、消化温度、磨细生石灰细度。

7.3 批量

以一次交货的 100 t 同一等级的生石灰为一批，不足 100 t 按一批计。

7.4 取样

生石灰的取样按 JC/T 620 的规定进行。

7.5 判定

7.5.1 受检生石灰按规定项目检验，其质量符合第 5 章相应等级的各项指标时，判定为该等级产品。

7.5.2 在 JC/T 620 规定的封存样保管期之内，购货单位对生石灰质量有异议时，可提出复验要求。复验时，将封存样送交有关质量监督部门，对需要复验的项目进行复验，以复验结果进行判定。

8 运输与贮存

8.1 符合第 4 章等级的生石灰才能出厂。

8.2 生石灰质量证书内容包括：

a) 生产厂名；

b) 产品名称、等级与批号；

c) 标准代号；

d) 出厂日期；

e) 检验日期与检验结果。

8.3 生石灰应分批、分等级堆放。

8.4 生石灰在运输、装卸、堆放过程中应防止混入杂质，并应符合环保部门的有关规定。

附 录 A
（规范性附录）
生石灰 A(CaO+MgO)含量试验方法

A.1 方法提要

本方法基于将 CaO 与 MgO 水化成氢氧化物，用盐酸标准滴定溶液滴定。

A.2 仪器与试剂

A.2.1 试验筛：0.080 mm 方孔筛。
A.2.2 量筒：200 mL。
A.2.3 酸式滴定管：50 mL，分度值 0.1 mL。
A.2.4 锥形瓶：500 mL。
A.2.5 分析天平：称量 200 g，分度值 0.1 mg。
A.2.6 表面皿。
A.2.7 盐酸标准滴定溶液：$c(HCl)=1$ mol/L。
A.2.8 酚酞指示剂溶液：5 g/L。
以上两种溶液配制按 GB 601 及 GB 602 的规定进行。

A.3 试样制备

取 500 g 生石灰，磨细至细度小于 20%(0.080 mm 方孔筛筛余量)，充分混匀后，按四分法缩分，取试样 50 g，立即装入磨口瓶内，并密封备用。

A.4 分析步骤

称取试样 0.5 g(精确至 0.000 2 g)，置于 500 mL 锥形瓶中，加入 200 mL 新煮沸并已冷却的蒸馏水，盖上表面皿，加热煮沸，保持 5 min，冷却后用蒸馏水冲洗表面皿，加入 3 滴～5 滴酚酞指示剂溶液，然后用 1 mol/L 盐酸标准滴定溶液缓慢滴定，并不断摇动锥形瓶，直到溶液粉红色消失，加入最后一滴盐酸标准滴定溶液后，5 min 内不再重现粉红色，即为终点。

A.5 结果计算

以 CaO 表示的 A(CaO+MgO)质量分数 w，数值以百分数(%)表示，按式(A.1)计算：

$$w=\frac{VcM}{m\times 1\ 000}\times 100 \qquad \cdots\cdots(A.1)$$

式中：
V——盐酸标准滴定溶液的体积，单位为毫升(mL)；
c——盐酸标准滴定溶液的准确浓度值，单位为摩尔每升(mol/L)；
M——氧化钙的摩尔质量，单位为克每摩尔(g/mol)[$M(1/2\ CaO)=28.04$]；
m——试料的质量，单位为克(g)。
以两次平行试验结果的算术平均值为测定值，计算结果修约至小数点后两位。

ICS 91.100.15
Q 13
备案号：27680—2010

JC

中华人民共和国建材行业标准

JC/T 622—2009
代替 JC/T 622—1996

硅酸盐建筑制品用砂

Sand for silicate building products

2009-12-04 发布　　2010-06-01 实施

中华人民共和国工业和信息化部　发布

前　言

本标准是在JC/T 622—1996《硅酸盐建筑制品用砂》的基础上进行的修订。

本标准代替JC/T 622—1996《硅酸盐建筑制品用砂》。

本标准与JC/T 622—1996相比，主要变化如下：

——增加了前言；

——增加了规范性引用文件(见第2章)；

——规范了标准的结构(1996年版及本版的第6章)；

——规范了标准中质量分数数值以百分数(%)表示(1996年版及本版的4.1中的表1)；

——规范了标准中化学符号和文字两种表述方式不一致，统一改为文字表示(1996年版及本版的4.1)；

——规范了颗粒级配用方孔筛及相应的方孔筛尺寸(1996版及本版4.3中的表2)；

——规范了套筛孔径单位(1996年版及本版5.3)；

——取消了质量证书内容中对检验人员和检验单位的要求(1996年版的7.2中e和f)。

本标准由中国建筑材料联合会提出。

本标准由全国墙体屋面及道路用建筑材料标准化技术委员会(SAC/TC 285)归口。

本标准负责起草单位：河南建筑材料研究设计院有限责任公司。

本标准参加起草单位：河南同力水泥股份有限公司。

本标准主要起草人：段爱萍、张浩云、李淑玲、边华英、胡学成。

本标准由河南建筑材料研究设计院有限责任公司负责解释。

本标准所代替标准的历次版本发布情况为：

——JC/T 622—1996。

硅酸盐建筑制品用砂

1 范围

本标准规定了硅酸盐建筑制品用砂的等级、技术要求、试验方法、检验规则、运输与贮存等。

本标准主要适用于蒸压加气混凝土(以下简称加气混凝土)、蒸压灰砂砖(以下简称灰砂砖)用砂。其他硅酸盐建筑制品用砂亦可参照采用。

2 规范性引用文件

下列文件中的条款通过本标准的引用而成为本标准的条款。凡是注日期的引用文件,其随后所有的修改单(不包括勘误的内容)或修订版均不适用于本标准,然而,鼓励根据本标准达成协议的各方研究是否可使用这些文件的最新版本。凡是不注日期的引用文件,其最新版本适用于本标准。

GB/T 176 水泥化学分析方法

GB/T 14684 建筑用砂

3 等级

硅酸盐建筑制品用砂按其技术要求,分为优等品、一等品、合格品3个等级。

4 技术要求

4.1 硅酸盐建筑制品用砂技术要求应符合表1的规定。

表1 硅酸盐建筑制品用砂技术要求

项目		等级		
		优等品	一等品	合格品
二氧化硅质量分数/%	≥	85	75	65
氧化钾+氧化钠质量分数/%	≤	1.5	3.0	5.0
有机物		合格		
云母质量分数/%	≤	0.5		1.0
硫化物与硫酸盐(以 SO_3 计)质量分数/%	≤	1.0		2.0
泥含量/%	≤	3.0	5.0	8.0
含水率/%	≤	8		
夹杂物(树皮、草根等)		无		

4.2 生产加气混凝土板时对氯化物(以 NaCl 计)含量的要求。

生产加气混凝土板时,优等品砂的氯化物(以 NaCl 计)含量应不大于0.02%,一等品和合格品应不大于0.03%。

4.3 生产灰砂砖时对砂的颗粒级配的要求。

生产灰砂砖时砂的颗粒级配应符合表2的规定。

5 试验方法

5.1 二氧化硅、氧化钾、氧化钠

二氧化硅、氧化钾、氧化钠的测定按 GB/T 176 进行。

5.2 有机物、云母、硫化物与硫酸盐、氯化物

有机物、云母、硫化物与硫酸盐、氯化物的测定按 GB/T 14684 进行。

有机物含量测定，当溶液颜色深于标准溶液时，即认为有机物含量不合格。砂中夹杂物用目测，若有，则为不合格。

5.3 泥含量、含水率、颗粒级配

泥含量、含水率、颗粒级配按 GB/T 14684 进行。

颗粒级配试验时，套筛的孔径为 0.15 mm、1.18 mm、2.36 mm、4.75 mm，试样质量为 200 g，计算结果修约至 1%。

表 2　生产灰砂砖时砂的颗粒级配

方筛孔尺寸/mm	含量/%		
	优等品	一等品	合格品
2.36～4.75	0		0
1.18～2.36　≤	10		10
0.15～1.18　≥	60		45
<0.15　≤	30		45

6　检验规则

6.1　检验分类

检验分为出厂检验和型式检验两类。

6.1.1　型式检验

6.1.1.1　有下列情况之一时，应进行型式检验：

a)　新厂投产或老厂技术改造后；

b)　使用新产源的砂；

c)　出厂检验结果与上次型式检验结果有较大差异时；

d)　国家质量监督机构提出型式检验的要求时；

e)　正常生产时，每季度进行一次。

6.1.1.2　型式检验项目包括二氧化硅、氧化钾＋氧化钠、有机物、云母、硫化物与硫酸盐（以 SO_3 计）及泥含量、含水率、夹杂物。颗粒级配及氯化物（以 NaCl 计）含量根据产品技术要求进行。

6.1.2　出厂检验

6.1.2.1　每批砂出厂时，应进行出厂检验。

6.1.2.2　出厂检验项目包括二氧化硅含量、泥含量、含水率及夹杂物。颗粒级配及氯化物（NaCl 计）含量根据产品技术要求进行。

6.2　批量

以同一等级的砂 200 t 为一批，不足 200 t 按一批计。

6.3　取样

6.3.1　取样工具

普通钢锹。

6.3.2　料堆、汽车、货船、火车上取样法

每批砂选择 12 个取样点，取样点应均匀分布。取样前，先将取样点表层 50 mm 的砂铲掉，用普通钢锹在每个取样点铲取一个份样，每个份样不少于 2 000 g。

注：若一批砂装在数辆汽车或数辆货船或数辆火车中，其质量存在明显差异时，则应按上述取样方法，每辆汽车、每艘货船或每节火车分别取样检验。

6.3.3 **皮带输送机取样法**

用普通钢锹取样。在用皮带输送机输送的一批砂中，有规律地、间隔取 12 个份样，每份样不少于2 000 g。

6.4 **试样制备**

将所取 12 个份样均匀混合后，采用四分法将其缩分到 6 000 g。

6.5 **判定**

6.5.1 受检砂按规定项目检验，其质量符合第 4 章中相应等级的各项指标时，判定为该等级产品。

6.5.2 购砂单位对供方提出的砂质量检验结果有异议时，可提出复验要求。复验的项目应重新取样，送交有关质量监督部门进行复验，以复验结果进行判定。

7 运输与贮存

7.1 符合第 4 章技术要求的砂才能出厂。

7.2 砂质量证书内容包括：

a） 生产厂名；

b） 产品名称、等级与批号；

c） 标准代号；

d） 出厂日期；

e） 检验日期与检验结果。

7.3 砂应分批、分等级堆放。

7.4 砂在运输、装卸、堆放过程中应防止混入杂质，并应符合环保部门的有关规定。

ICS 91.100.30
Q 15
备案号：27681—2010

JC

中华人民共和国建材行业标准

JC/T 637—2009
代替 JC/T 637—1996

蒸压灰砂多孔砖

Autoclaved sand-lime perforated brick

2009-12-04 发布　　2010-06-01 实施

中华人民共和国工业和信息化部　发布

前　言

本标准是对 JC/T 637—1996《蒸压灰砂空心砖》进行了修订。

本标准与 JC/T 637—1996《蒸压灰砂空心砖》相比，主要变化如下：

——产品名称由蒸压灰砂空心砖改为蒸压灰砂多孔砖；

——取消一等品，提高了合格品的要求；

——对制品外观质量提出更高的要求，规定了缺棱掉角个数和裂纹条数；

——修改了孔型孔洞结构要求；

——增加碳化性能指标要求；

——增加软化性能指标要求；

——增加干燥收缩率指标要求；

——修订了强度等级级别，强度等级由 MU 25、MU 20、MU 15、MU 10、MU 7.5 修订为 MU 30、MU 25、MU 20、MU 15 四个等级；

——增加放射性检验要求；

——外观质量检验采用二次抽样方案。

本标准由中国建筑材料联合会提出。

本标准由全国墙体屋面及道路用建筑材料标准化技术委员会(SAC/TC 285)归口。

本标准负责起草单位：中国砖瓦工业协会、中国新型建筑材料公司常州建材研究设计所。

本标准参加起草单位：国家建筑材料工业硅酸盐建筑制品质量监督检验测试中心、德国凯莱建材有限公司北京代表处、中节能龙腾(天津)机械制造有限公司、福建海源自动化机械设备有限公司、河北省固安县永丰新型建材有限公司、江阴市矿山机械有限公司。

本标准主要起草人：鲍俊海、许彦明、徐白露、李从典、易庆睦、黄华大、高泽江、周炫、雷志强。

本标准委托中国新型建筑材料公司常州建材研究设计所负责解释。

本标准所代替标准的历次版本发布情况为：

——JC/T 637—1996。

蒸压灰砂多孔砖

1 范围

本标准规定了蒸压灰砂多孔砖的分类、原材料一般要求、技术要求、检验方法、检验规则、产品质量合格证、贮存和运输。

本标准适用于以砂、石灰为主要原材料，允许掺入颜料和外加剂，经坯料制备、压制成型、高压蒸汽养护而制成的多孔砖。

本标准规定的蒸压灰砂多孔砖可用于防潮层以上的建筑承重部位。不得用于受热 200 ℃以上、受急冷急热和有酸性介质侵蚀的建筑部位。

2 规范性引用文件

下列文件中的条款通过本标准的引用而成为本标准的条款。凡是注日期的引用文件，其随后所有的修改单(不包括勘误的内容)或修订版均不适用于本标准，然而，鼓励根据本标准达成协议的各方研究是否可使用这些文件的最新版本。凡是不注日期的引用文件，其最新版本适用于本标准。

GB/T 2542 砌墙砖试验方法

GB/T 4111 混凝土小型空心砌块试验方法

GB 6566 建筑材料放射性核素限量

GB/T 18968 墙体材料术语

JGJ 63 混凝土用水标准

JC/T 466 砌墙砖检验规则

JC/T 621 硅酸盐建筑制品用生石灰

JC/T 622 硅酸盐建筑制品用砂

3 分类

3.1 产品规格

3.1.1 蒸压灰砂多孔砖规格及公称尺寸列于表1。

表 1 产品规格

单位为毫米

公称尺寸		
长	宽	高
240	115	90
240	115	115
注 1：经供需双方协商可生产其他规格的产品； 注 2：对于不符合表 1 尺寸的砖，用长×宽×高的尺寸来表示。		

3.1.2 孔洞采用圆形或其他孔形。孔洞应垂直于大面。

3.2 产品等级

3.2.1 按抗压强度分为 MU 30、MU 25、MU 20、MU 15 四个等级。

3.2.2 按尺寸允许偏差和外观质量将产品分为优等品(A)和合格品(C)。

3.3 产品标记

按产品名称、规格、强度等级、产品等级、标准编号的顺序标记。

示例：强度等级为 15 级，优等品，规格尺寸为 240 mm×115 mm×90 mm 的蒸压灰砂多孔砖，标记为蒸压灰砂多孔砖 240×115×90 15 A JC/T 637—2009。

4 原材料一般要求

4.1 原材料的放射性应符合 GB 6566 的规定。

4.2 生石灰应符合 JC/T 621 的规定。

4.3 砂应符合 JC/T 622 的规定。

4.4 拌和用水应符合 JGJ 63 的规定。

4.5 掺用其他原材料应符合相应标准的规定。

5 技术要求

5.1 尺寸允许偏差

尺寸允许偏差应符合表 2 的规定。

表 2 尺寸允许偏差

单位为毫米

尺寸	优等品		合格品	
	样本平均偏差	样本极差≤	样本平均偏差	样本极差≤
长度	±2.0	4	±2.5	6
宽度	±1.5	3	±2.0	5
高度	±1.5	2	±1.5	4

5.2 外观质量

外观质量应符合表 3 的规定。

表 3 外观质量

项目		指标	
		优等品	合格品
缺棱掉角	最大尺寸/mm ≤	10	15
	大于以上尺寸的缺棱掉角个数/个 ≤	0	1
裂纹长度	大面宽度方向及其延伸到条面的长度/mm ≤	20	50
	大面长度方向及其延伸到顶面或条面长度方向及其延伸到顶面的水平裂纹长度/mm ≤	30	70
	大于以上尺寸的裂纹条数/条 ≤	0	1

5.3 孔型、孔洞率及孔洞结构

孔洞排列上下左右应对称，分布均匀；圆孔直径不大于 22 mm；非圆孔内切圆直径不大于 15 mm；孔洞外壁厚度不小于 10 mm；肋厚度不小于 7 mm；孔洞率不小于 25%。

5.4 强度等级

强度等级应符合表 4 的规定。

表 4 强度等级

单位为兆帕

强度等级	抗压强度	
	平均值≥	单块最小值≥
MU 30	30.0	24.0
MU 25	25.0	20.0
MU 20	20.0	16.0
MU 15	15.0	12.0

5.5 抗冻性

5.5.1 抗冻性应符合表 5 的规定。

表 5 抗冻性

强度等级	冻后抗压强度平均值/MPa≥	单块砖的干质量损失/%≤
MU 30	24.0	2.0
MU 25	20.0	
MU 20	16.0	
MU 15	12.0	

5.5.2 冻融循环次数应符合以下规定:夏热冬暖地区 15 次,夏热冬冷地区 25 次,寒冷地区 35 次,严寒地区 50 次。

5.6 碳化性能

碳化系数应不小于 0.85。

5.7 软化性能

软化系数应不小于 0.85。

5.8 干燥收缩率

干燥收缩率应不大于 0.050%。

5.9 放射性

放射性应符合 GB 6566 的规定。

6 检验方法

6.1 尺寸允许偏差和外观质量

按 GB/T 2542 的规定进行。

6.2 孔型、孔洞率及孔洞结构

按 GB/T 2542 的规定进行。

6.3 抗压强度

6.3.1 试样数量和要求

取 10 块整砖,以单块整砖沿竖孔方向加压。

6.3.2 试样处理和检验步骤

按 GB/T 2542 的规定进行。

6.4 抗冻性

6.4.1 试样数量和要求

取 10 块整砖,以单块整砖沿竖孔方向加压,检验冻后抗压强度。

6.4.2 试样处理和检验步骤

按 GB/T 2542 的规定进行。

6.5 干燥收缩率

按 GB/T 2542 的规定进行。

6.6 软化性能

6.6.1 试样数量和要求

取 5 块整砖,以单块整砖沿竖孔方向加压。

6.6.2 试样处理和检验步骤

按 GB/T 4111 的规定进行。对比试样的抗压强度采用 6.3 抗压强度的试验结果。

6.7 碳化性能

6.7.1 试样数量和要求

取 5 块整砖,以单块整砖沿竖孔方向加压。

6.7.2 试样处理和检验步骤

按 GB/T 4111 的规定进行。对比试样的抗压强度采用 6.3 抗压强度的试验结果。

6.8 放射性

按 GB 6566 的规定进行。

7 检验规则

7.1 检验分类

产品检验分出厂检验和型式检验。

7.1.1 出厂检验

产品出厂应进行出厂检验。出厂检验的项目包括尺寸允许偏差、外观质量、孔洞率和强度等级。每批产品经出厂检验合格后方可出厂。

7.1.2 型式检验

7.1.2.1 检验条件

有下列情况之一时,应进行型式检验:

a) 新厂生产试制定型鉴定;

b) 正式生产后,如原材料、工艺等发生较大改变,可能影响产品性能时;

c) 正常生产时,每半年应进行一次;

d) 停产 3 个月以上,恢复生产时;

e) 出厂检验结果与上次型式检验结果有较大差异时;

f) 国家质量监督机构提出进行型式检验要求时。

7.1.2.2 检验项目

型式检验项目包括本标准技术要求的全部项目。

7.2 批量

7.2.1 同规格、同等级、同类别的砖,每 10 万块为一批,不足 10 万块按一批计。

7.3 抽样

7.3.1 外观质量的检验样品采用随机抽样法从每一检验批中抽取。尺寸允许偏差和其他检验项目的样品,用随机抽样法从外观质量检验后的样品中抽取。

7.3.2 非破坏性检验项目的样品可用于其他检验项目。

7.3.3 抽样数量按表 7 进行。

表 7 抽样数量

检验项目	抽样数量/块
外观质量	50($n_1=n_2=50$)
尺寸允许偏差	20
孔型、孔洞率及孔洞结构	5
强度等级	10
抗冻性	10
碳化性能	7
软化性能	5
干燥收缩率	3
放射性	2

7.4 判定规则

7.4.1 外观质量

外观质量采用二次抽样方案。首先抽取第一样本($n_1=50$),根据表 3 规定的质量指标,检查出其中不合格品数 d_1,按下列规则判定:

$d_1\leqslant5$ 时,外观质量合格;

$d_1\geqslant7$ 时,外观质量不合格;

$d_1>5$,且 $d_1<7$ 时,需再次从该产品批中抽取第二样本($n_2=50$)进行检验,检查出不合格品数 d_2,按下列规则判定:

$d_1+d_2\leqslant12$ 时,外观质量合格;

$d_1+d_2\geqslant13$ 时,外观质量不合格。

7.4.2 尺寸允许偏差

尺寸允许偏差符合表 2 相应等级规定,判尺寸允许偏差为该等级;否则判不合格。

7.4.3 强度等级

强度等级符合表 4 的规定时判为合格,且确定相应等级;否则判不合格。

7.4.4 抗冻性

抗冻性应符合表 5 的规定,否则判不合格。

7.4.5 孔型及孔洞结构

孔型及孔洞结构应符合 5.3 的规定,否则判不合格。

7.4.6 碳化性能

碳化性能应符合 5.6 的规定,否则判不合格。

7.4.7 软化性能

软化性能应符合 5.7 的规定,否则判不合格。

7.4.8 干燥收缩率

干燥收缩率应符合 5.8 的规定,否则判不合格。

7.4.9 放射性

放射性应符合 5.9 的规定,否则判不合格。

7.4.10 总判定

各项检验结果均合格时,按检验项目中的最低等级进行判定;检验结果有一项不合格,则判该批产品不合格。

8 产品质量合格证、贮存和运输

8.1 出厂产品应有产品质量合格证，主要内容包括：

a) 生产厂名；

b) 商标；

c) 产品标记；

d) 本批产品实测技术性能指标和生产日期。

8.2 包装

8.2.1 产品按品种、规格尺寸、质量等级分别包装。

8.2.2 包装应牢固、捆紧，保证运输时不会摇晃碰坏。特殊产品可按照用户需求包装。

8.3 贮存

产品应存放3 d以后出厂。产品贮存应做到：场地平整、分级、分等、整齐稳妥。

8.4 运输

产品运输、装卸时，严禁摔、掷、翻斗卸货。

前　　言

GB/T 5101—1998《烧结普通砖》修订后，原 JC/T 796—1989(1996)《回弹仪评定烧结普通砖标号的方法》标准已不适应烧结普通砖强度的评定，本标准根据专题研究成果，结合新的强度结构设计理论及评定要求，并根据结构用建筑材料的各种性能应采用随机变量概率模型描述，对烧结普通砖强度等级的回弹仪评定指标进行了修订，使标准的评定方法更趋合理。

本标准自实施之日起，同时代替 JC/T 796—1989(1996)。

本标准的附录 A 是标准的附录。

本标准的附录 B、附录 C、附录 D 是提示的附录。

本标准由国家建筑材料工业局西安墙体材料研究设计院提出并归口。

本标准负责起草单位：国家建筑材料工业局西安墙体材料研究设计院。

本标准参加起草单位：浙江竞远机械设备有限公司、浙江省武义俞源砖瓦厂、浙江省衢州五石埂砖瓦厂、浙江省江山平瓦厂。

本标准主要起草人：姜忠霄、肖花婷、路晓斌。

本标准于 1989 年首次发布，1998 年第一次修订。

中华人民共和国建材行业标准

JC/T 796—1999

代替 JC/T 796—1989(1996)

回弹仪评定烧结普通砖强度等级的方法

The method of evaluating the fired common brick strength grading by rebound hammer

1 范围

本标准规定了回弹仪评定烧结普通砖强度等级的仪器设备、试样、试验步骤、结果计算与评定等。

本标准适用于不具备 GB/T 2542 规定试验条件下烧结普通砖(以下简称砖)检验批强度等级的评定;当评定结果有争议时,按 GB/T 5101 和 GB/T 2542 中的规定进行强度等级仲裁检验。

2 引用标准

下列标准所包含的条文,通过在本标准中引用而构成为本标准的条文。本标准出版时,所示版本均为有效。所有标准都会被修订,使用本标准的各方应探讨使用下列标准最新版本的可能性。

GB/T 2542—1992 砌墙砖试验方法

GB/T 5101—1998 烧结普通砖

3 仪器设备

3.1 回弹仪

3.1.1 用于评定砖强度等级的仪器,示值系统为直读式、冲击能量为 0.735J 的小型回弹仪(以下简称回弹仪),其技术要求应符合国家有关标准和本标准附录 A 的规定。

3.1.2 回弹仪必须具有制造厂的产品质量合格证及专业检定单位的检定合格证。

3.2 测试装置

测试装置可参照附录 B 砌筑和加工。砖墩应紧靠墙角砌筑,保证搁置砖样的凹角部位尺寸准确,三个面相互垂直和平整。杠杆加压机构应使重锤施加在砖样上的压力为 500^{+50}N,保证在测试时不致引起砖样移动或跳动。

4 试样

4.1 砖样按 GB/T 5101—1998 中 7.2 和 7.3 的规定抽取,试样数量为 10 块。所抽砖样有下列情况之一者,应抽与其相邻的下一块砖样替补。

a) 欠火砖、酥砖和螺旋纹砖;

b) 外观质量不合格的砖;

c) 因焦花而无法测够 10 个回弹值的砖。

4.2 遇到下列情况应在试验前予以处理:

a) 如遇雨淋或水泡,应进行烘干处理;

b) 砖样的表面应平整,否则应用砂轮磨平,用毛刷刷去粉尘。

国家建筑材料工业局1999-06-15批准 2000-01-01实施

5 试验步骤

5.1 回弹值测点位置和数量

5.1.1 测点位置宜均匀分布于砖样条面的中间部位，使各测点的水平间距为 30mm，见图 1 所示，每块砖样在两个条面上各测 5 点回弹值。

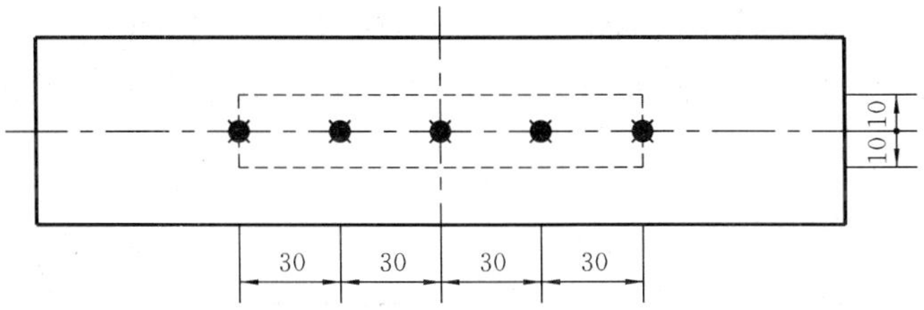

图 1 测点位置

5.1.2 当砖样测点位置出现下列情况之一时应避开，在其旁边另选择测点位置：

a) 焦花；

b) 裂纹；

c) 粘底；

d) 凹坑及石灰爆裂点等。

5.2 回弹值的测试步骤

5.2.1 将 10 块砖样按顺序编号，将其中 1～5 号砖样先放置于砖墩凹角处，放置时应使每块砖样的条面和顶面紧贴砖墩，放上木垫板和杠杆，挂上重锤。

5.2.2 在测试过程中，回弹仪的轴线应始终垂直于砖样条面，具体操作应符合下列要求：

a) 将回弹仪的弹击杆顶住砖样表面，轻压仪器，使按钮松开，弹击杆徐徐伸出，使仪器处于使用状态；

b) 测试时，应使回弹仪垂直对准砖样条面，缓慢均匀施压。弹击后，在刻度尺上读取回弹值，取整数，不足 1 分度格者按 1 分度格计。并参照附录 D 的格式记录；

c) 每一测点只允许弹击一次。

5.2.3 当五块砖样外露的条面测试完毕后，再测试另一条面。

5.2.4 测试完毕 1～5 号后取下砖样，按 5.2.1～5.2.3 的顺序，再测试 6～10 号砖样。

6 回弹值的计算与强度等级的评定

6.1 回弹值的计算

6.1.1 单块砖样的平均回弹值按式(1)计算：

$$\overline{N}_j=\frac{1}{10}\sum_{i=1}^{10}N_i \qquad (1)$$

式中：$\overline{N}_j$——第 j 块砖样的平均回弹值($j=1,2,\cdots\cdots,10$)精确至 0.1；

N_i——第 i 个测点的回弹值。

6.1.2 10 块砖样的平均回弹值按式(2)计算：

$$\overline{N}=\frac{1}{10}\sum_{j=1}^{10}N_j \qquad (2)$$

式中：$\overline{N}$——10 块砖样的平均回弹值，精确至 0.1；

N_j——第 j 块砖样的平均回弹值。

6.1.3 10 块砖样的回弹标准值按式(3)、(4)计算：

$$\overline{N}_f=\overline{N}-1.8S_f \qquad (3)$$

$$S_f=\sqrt{\frac{1}{9}\sum_{j=1}^{10}(\overline{N}_j-\overline{N})^2} \quad \cdots\cdots (4)$$

式中：$\overline{N}_f$——10 块砖样的回弹标准值，精确至 0.1；

S_f——10 块砖样平均回弹值的标准差，精确至 0.01。

6.1.4 计算结果表示：

6.1.4.1 $S_f \leqslant 3.00$ 时，计算结果以 10 块砖样的平均回弹值和回弹标准值结果表示。

6.1.4.2 $S_f > 3.00$ 时，计算结果以 10 块砖样的平均回弹值和单块最小平均回弹值表示。

6.2 强度等级的评定

6.2.1 砖的强度等级按表 1 确定。

表 1

强度等级	10 块砖样平均回弹值 $\overline{N}$ ≥	$S_f \leqslant 3.00$	$S_f > 3.00$
		10 块砖样回弹标准值 $\overline{N}_f$ ≥	单块最小平均回弹值 $N_{j\min}$ ≥
MU30	47.5	43.0	44.0
MU25	43.5	39.0	40.0
MU20	39.0	35.0	36.0
MU15	34.0	30.0	31.0
NU10	28.0	24.0	25.0

6.2.2 用原生粘土(俗称“山土”)生产的砖，其强度等级按表 2 确定。

表 2

强度等级	10 块砖样平均回弹值 $\overline{N}$ ≥	$S_f \leqslant 3.00$	$S_f > 3.00$
		10 块砖样回弹标准值 $\overline{N}_f$ ≥	单块最小平均回弹值 $N_{j\min}$ ≥
MU30	54.0	49.5	50.5
MU25	50.0	45.5	46.5
MU20	45.5	41.5	42.5
MU15	40.5	36.5	37.5
NU10	34.0	30.0	31.0

6.2.3 凡有必要、有条件的地区和企业，应参照附录 C 制定地区测强曲线或专用测强曲线及确定砖强度等级的评定指标，并使其标准化后实施，报本地区质量监测部门备案。各地区和企业应优先选用本地区的砖强度等级评定指标方案。

7 试验报告

砖强度等级的检测报告应包括下列主要内容：

a) 砖样委托单位及送样日期；

b) 检测依据(所用标准名称及编号)；

c) 回弹仪生产厂、型号、出厂编号及检定证号；

d) 砖样的平均回弹值、标准差、回弹标准值或单块最小平均回弹值；

e) 出具报告的单位名称(盖章)、审核人、检测负责人、试验人员的姓名及资质；

f) 检测及出具报告的日期；

g) 其他需要说明的事项。

附 录 A
（标准的附录）
回弹仪的技术要求、校验及保养

A1 技术要求

A1.1 回弹仪必须具有制造工厂的产品合格证及专业检定单位的检定合格证。

A1.2 质量合格的回弹仪，应符合下列标准状态的要求：

a）回弹仪水平弹击时，弹击瞬间的冲击能量应为0.735J；

b）弹击锤与弹击杆碰撞的瞬间，弹击拉簧应处于不受拉或不受压状态，此时弹击锤应在相应于刻度尺零的位置上起跳；

c）指针滑块与指针导杆之间的摩擦力应为0.5N±0.1N；

d）弹击杆前端球面的曲率半径应为25mm；

e）在洛氏硬度HRC>53的钢砧上，回弹仪的率定值应为74±2。

A2 校验

A2.1 回弹仪有下列情况之一时，应送专业检定单位检定：

a）新回弹仪启用前；

b）超过检定有效期限(有效期为一年)；

c）累计弹击超过600块砖样；

d）经常规保养后钢砧率定值不合格；

e）遭受严重撞击或其他损害。

A2.2 回弹仪在测试前后应在钢砧上进行率定试验；连续测试时，应在50块砖样测试完毕后率定一次。

A2.3 回弹值率定试验宜在环境温度20℃±5℃的条件下进行。率定时，钢砧应稳固地平放在刚度大的混凝土实体上。回弹仪向下弹击时，取连续弹击三次的稳定回弹值进行平均，弹击杆应分四次旋转，每次旋转约90°，弹击杆每旋转一次的率定平均值均应符合74±2的要求。

A3 保养

A3.1 回弹仪有下列情况之一时，应进行常规保养：

a）弹击超过150块砖样；

b）对检测值有怀疑时；

c）在钢砧上的率定值不合格。

A3.2 常规保养应符合下列要求：

a）使弹击锤脱钩后，取出机芯，然后卸下零部件，用清洗剂进行清洗；

b）经清洗后的零部件，除中心导杆薄薄地抹上一层钟表油或其他无腐蚀性的轻油外，其他零部件均不得抹油；

c）保养时，不得改变仪器的装配尺寸，不得自制或更换零部件；

d）保养后应按A2.3的要求进行率定试验。

A3.3 回弹仪使用完毕后和不用时，应清除表面污垢和尘土，然后将弹击杆压入仪器内，并使弹击锤与挂钩脱开后，锁住机芯，装入套筒，水平放置在干燥阴凉处。

附　录　B
（提示的附录）
回弹值测试装置

回弹值测试装置的砌筑和加工尺寸如图 B1。

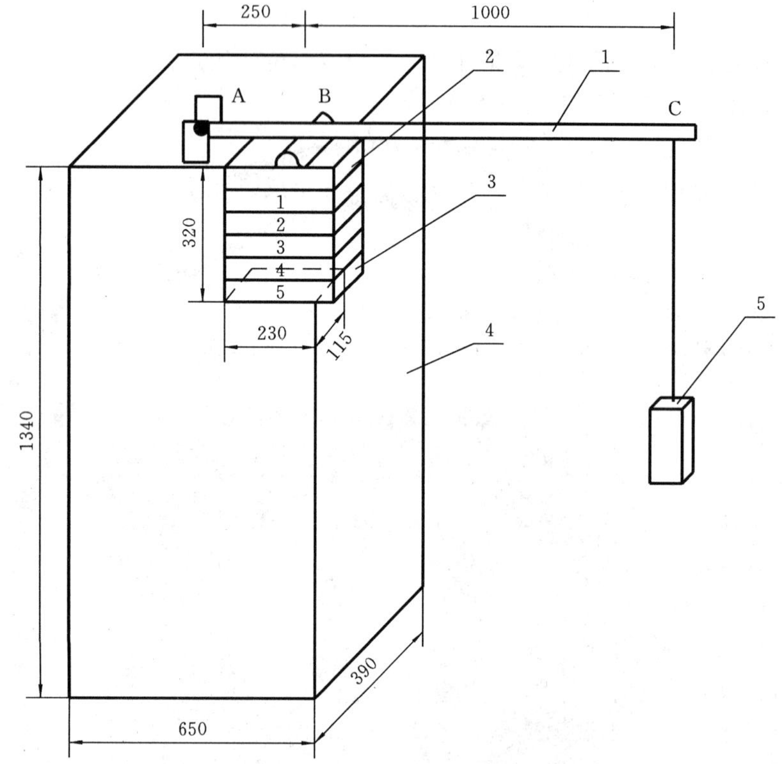

1—杠杆；2—木垫板；3—砖样；4—砖墩；5—重锤（100N）

图 B1　回弹值测试装置

附　录　C
（提示的附录）
回弹仪评定砖强度等级（地区或企业）测强曲线的使用规定及制定方法

C1　使用规定

凡有必要、有条件的地区及企业，应建立地区及企业测强曲线评定砖的强度等级。但地区测强曲线需经国家建筑材料工业局墙体屋面材料质量监测中心审定批准后方能使用。

C2　制定方法

C2.1　测强曲线是通过砖样的抗压强度和回弹值之间的相互关系，按最小二乘法原理和数理统计学的方法而制定的。有关抗压强度的试验方法按 GB/T 2542 进行。

C2.2　抽样及测试应符合下列要求：

a）抽取代表本地区原料种类、工艺条件特点的砖样 50 组以上，每组 10 块。所抽砖样应符合本标准的规定，并参考有关质量记录，使符合 GB/T 5101 每个强度等级平均抗压强度指标的砖样不低于 10 组为宜；

b）用符合本标准规定的回弹仪和本标准的有关规定，测定砖样的回弹值，并计算每组10块砖样的平均回弹值 $\overline{N}$ 和标准差 S_f，分别精确至0.1和0.01；

c）将每组砖样按GB/T 2542进行抗压强度平行试验，并计算每组10块砖样的抗压强度平均值 $\overline{R}$，精确至0.1MPa；

d）统计C2.2c）中的 $\overline{R}$ 的分布情况，不符合C2.2a）则按该要求补足砖样组数为宜，并顺次进行C2.2b）、C2.2c）的测试和计算。受本地区砖强度等级水平所限，较高等级的砖样组数无法满足C2.2a）的要求，则下述测强曲线的建立及回弹值指标的确立限于该较高等级以下所试验的等级范围，不得外推。

C2.3 测强曲线的建立

a）用以表达测强曲线的回归方程式，应采用每10块砖样成对的 $\overline{N}$、$\overline{R}$ 数据，按最小二乘法的原理求得。

b）建议采用的回归方程如下：

直线式：
$$\overline{R}_N = A + B\,\overline{N} \qquad (C1)$$

幂函数式：
$$\overline{R}_N = A\,\overline{N}^B \qquad (C2)$$

双曲线式：
$$\frac{1}{\overline{R}_N} = A + \frac{B}{\overline{N}} \qquad (C3)$$

指数函数式：
$$\overline{R}_N = Ae^{BN} \qquad (C4)$$

式中：$\overline{R}_N$——换算的10块砖样的抗压强度平均值，MPa；

$\overline{N}$——10块砖样的平均回弹值；

A、B——经验系数。

c）用 $\overline{N}$、$\overline{R}$ 成对数据按不同形式的回归方程式进行计算强度的平均相对误差 $\overline{\delta}$(%)和均方相对误差 V(%)，如式(C5)、(C6)所示：

$$\overline{\delta} = \frac{1}{n}\sum_{i=1}^{n}\left|\frac{\overline{R}_{Ni}}{\overline{R}_i} - 1\right| \times 100 \qquad (C5)$$

$$V = \sqrt{\frac{1}{n-1}\sum_{i=1}^{n}\left(\frac{\overline{R}_{Ni}}{\overline{R}_i} - 1\right)^2} \times 100 \qquad (C6)$$

式中：$\overline{\delta}$——回归方程的抗压强度平均相对误差，精确至0.1%；

V——回归方程的抗压强度均方相对误差，精确至0.1%；

$\overline{R}_i$——由第 i 组10块砖样抗压试验得出的抗压强度平均值，精确至0.1MPa；

$\overline{R}_{Ni}$——由同一组砖样的平均回弹值 $\overline{N}$ 按回归方式换算的抗压强度平均值，精确至0.1MPa；

n——用以制定回归方程式的砖样组数。

C2.4 回弹仪地区及企业测强曲线的抗压强度误差值应符合下列规定：

a）平均相对误差 $\overline{\delta}$ 不大于13%，均方相对误差 V 不大于16%；

b）某些丘陵地区用原生粘土（俗称“山土”）生产的砖，平均相对误差 $\overline{\delta}$ 不大于16%，均方相对误差 V 不大于20%。

C2.5 根据选定的测强曲线回归方程式，按下列方法确定平均回弹值和回弹标准值或单块最小平均回弹值指标。

a）按C2.2d）确定的强度等级范围，将GB/T 5101中强度等级的平均抗压强度指标值代入该地区测强曲线，倒算其平均回弹值指标；

b）按C2.2d）确定的强度等级范围，计算每个强度等级对应所抽砖样组的回弹值标准差平均值 $\overline{S}_f$ 乘以1.0837的系数，然后利用平均回弹值和回弹标准值在保证95%概率的接收关系式 $\overline{N}_f = \overline{N} -$

1.8S_f，逐级确定回弹标准值指标。在确定的回弹标准值指标上加1，即为对应各强度等级的单块最小平均回弹值指标；

c）按C2.2d）确定的强度等级范围，计算所有强度等级对应所抽砖样组的回弹值标准差平均值$\overline{S}_f$，当$\overline{S}_f \leqslant 1.468\overline{S}_f$时选用“平均值－标准值”评定方法；$S_f > 1.468\overline{S}_f$时选用“平均值－最小值”评定方法。

C2.6 地区质量检验机构应每年积累对比试验数据50组以上进行校验，发现$\overline{\delta}$和V达不到C2.4的规定时，应重新建立地区测强曲线。

附 录 D

（提示的附录）

回弹仪评定砖强度等级原始记录及计算表

委托单位： 年 月 日

<table>
<tr><td>砖样编号</td><td colspan="10">回 弹 值</td><td>$\overline{N}_j$</td></tr>
<tr><td>1</td><td></td><td></td><td></td><td></td><td></td><td></td><td></td><td></td><td></td><td></td><td></td></tr>
<tr><td>2</td><td></td><td></td><td></td><td></td><td></td><td></td><td></td><td></td><td></td><td></td><td></td></tr>
<tr><td>3</td><td></td><td></td><td></td><td></td><td></td><td></td><td></td><td></td><td></td><td></td><td></td></tr>
<tr><td>4</td><td></td><td></td><td></td><td></td><td></td><td></td><td></td><td></td><td></td><td></td><td></td></tr>
<tr><td>5</td><td></td><td></td><td></td><td></td><td></td><td></td><td></td><td></td><td></td><td></td><td></td></tr>
<tr><td>6</td><td></td><td></td><td></td><td></td><td></td><td></td><td></td><td></td><td></td><td></td><td></td></tr>
<tr><td>7</td><td></td><td></td><td></td><td></td><td></td><td></td><td></td><td></td><td></td><td></td><td></td></tr>
<tr><td>8</td><td></td><td></td><td></td><td></td><td></td><td></td><td></td><td></td><td></td><td></td><td></td></tr>
<tr><td>9</td><td></td><td></td><td></td><td></td><td></td><td></td><td></td><td></td><td></td><td></td><td></td></tr>
<tr><td>10</td><td></td><td></td><td></td><td></td><td></td><td></td><td></td><td></td><td></td><td></td><td></td></tr>
<tr><td colspan="3">回弹仪型号</td><td colspan="2"></td><td rowspan="5">计算结果</td><td colspan="3">$S_f=$</td><td rowspan="5">评定结果</td><td colspan="2" rowspan="5"></td></tr>
<tr><td colspan="3">回弹仪编号</td><td colspan="2"></td><td colspan="3" rowspan="4">$\overline{N}=$
$\overline{N}_f=$
$\overline{N}_{j\min}=$</td></tr>
<tr><td colspan="3">回弹仪率定值</td><td colspan="2"></td></tr>
<tr><td colspan="3">回弹仪检定证号</td><td colspan="2"></td></tr>
<tr><td colspan="3">测试人员资格证号</td><td colspan="2"></td></tr>
<tr><td colspan="3">备 注</td><td colspan="9"></td></tr>
</table>

复核： 计算： 记录： 测试

ICS 91.100.30
Q 14
备案号：14335—2004

JC

中华人民共和国建材行业标准

JC 943—2004

混凝土多孔砖

Concrete perforated bricks

2004-07-03 发布　　2004-11-01 实施

中华人民共和国国家发展和改革委员会　发 布

前　言

本标准第6.1.3、6.3—6.9条是强制性的，其余为推荐性的。

本标准是根据生产与使用实际的需要，参考美国ASTM C 55—97a《混凝土砖》、GB 8239—1997《普通混凝土小型空心砌块》、GB 13544—2000《烧结多孔砖》等国家标准，在试验验证的基础上制订的。

本标准由中国建筑材料工业协会提出。

本标准由中国建筑材料西安墙体材料研究设计院归口。

本标准负责起草单位：浙江省新型墙体材料行业协会、建筑材料工业技术监督研究中心。

本标准参加起草单位：浙江省建筑材料科学研究所、上海市建筑科学研究院、浙江省德清迪飞达建材有限公司、上海积能建筑材料科技有限公司、江阴新世纪新型建材有限公司、上海中大紫来建材设备有限公司、杭州南方电工机械厂、江阴市华而特新型建材有限公司。

本标准主要起草人：于献青、杨斌、黄辛猗、董晓峰、叶惠定、施德麟、李仰水、鞠松、肖绪军、傅志昌。

本标准为首次发布。

混凝土多孔砖

1 范围

本标准规定了混凝土多孔砖的术语和定义、等级和标记、一般要求、技术要求、试验方法、检验规则、产品合格证、运输和堆放等。

本标准适用于工业与民用建筑用的混凝土多孔砖，主要用于承重部位。

2 规范性引用文件

下列文件中的条款通过本标准的引用而成为本标准的条款。凡是注日期的引用文件，其随后所有的修改单(不包括勘误的内容)或修订版本均不适用于本标准，然而，鼓励根据本标准达成协议的各方研究是否可使用这些文件的最新版本。凡是不注日期的引用文件，其最新版本适用于本标准。

GB 175—1999 硅酸盐水泥、普通硅酸盐水泥

GB/T 2542—2003 砌墙砖试验方法

GB/T 4111—1997 混凝土小型空心砌块试验方法

GB 6566—2001 建筑材料放射性核素限量

GB 8076—1997 混凝土外加剂

GB/T 14684—2001 建筑用砂

GB/T 14685—2001 建筑用卵石、碎石

GB/T 18968—2003 墙体材料术语

YBJ 20584—1984 混凝土用高炉重矿渣碎石技术条件

3 术语和定义

3.1

混凝土多孔砖 concrete perforated bricks

以水泥为胶结材料，以砂、石等为主要集料，加水搅拌、成型、养护制成的一种多排小孔的混凝土砖。

3.2 其他术语和定义见 GB/T 18968。

3.3 混凝土多孔砖各部位名称见示意图 1。

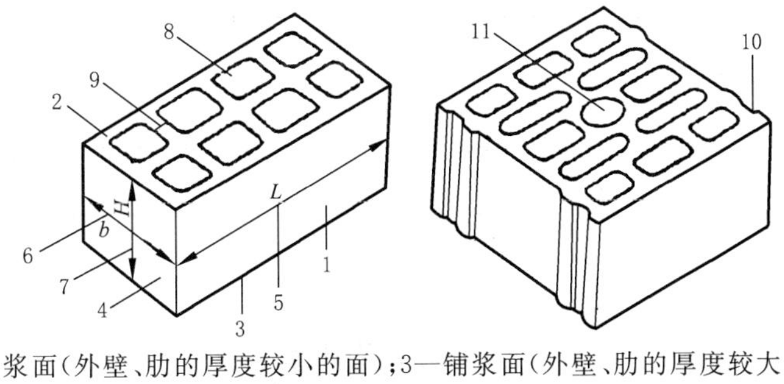

1—条面；2—坐浆面(外壁、肋的厚度较小的面)；3—铺浆面(外壁、肋的厚度较大的面)；4—顶面；5—长度(L)；6—宽度(b)；7—高度(H)；8—外壁；9—肋；10—槽；11—手抓孔

图 1 混凝土多孔砖各部位名称

4 等级和标记

4.1 等级

4.1.1 按其尺寸偏差、外观质量分为：一等品(B)及合格品(C)。

4.1.2 按其强度等级分为：MU10，MU15，MU20，MU25，MU30。

4.2 标记

产品按下列顺序标记：名称（代号 CPB）、强度等级、外观质量等级、标准编号。

示例：强度等级为 MU10，外观质量为一等品的混凝土多孔砖，其标记为：

CPB MU10 B JC 943—2004

5 一般要求

5.1 原材料

5.1.1 水泥：应采用符合 GB 175 规定的水泥。

5.1.2 细集料：应符合 GB/T 14684 的规定。

5.1.3 粗集料：碎石、卵石应符合 GB/T 14685 的规定，重矿渣应符合 YBJ 20584 的规定。粗集料的最大粒径不应大于最小肋厚。如采用石屑等破碎石材，小于 0.15 mm 的细石粉含量不应大于 20%。

5.1.4 外加剂：应符合 GB 8076 的规定。

5.2 孔洞结构

5.2.1 孔长（L）与孔宽（b）之比 $L/b \geqslant 3$ 为矩形条孔。

5.2.2 矩形孔或矩形条孔的 4 个角应为半径（r）大于 8 mm 的圆角。

5.2.3 铺浆面应为半盲孔。

5.3 养护工艺及场地

5.3.1 鼓励生产企业使用规范的蒸压或蒸养工艺

5.3.2 生产企业应具备与生产能力相匹配的满足 28 天自然养护要求的场地。

6 技术要求

6.1 规格

6.1.1 规格尺寸：混凝土多孔砖的外型为直角六面体，其长度、宽度、高度应符合下列要求：

290，240，190，180；240，190，115，90；115，90。

6.1.2 最小外壁厚不应小于 15 mm，最小肋厚不应小于 10 mm。

6.1.3 尺寸允许偏差应符合表 1 的规定。

表 1 尺寸允许偏差 单位为毫米

项目名称	一等品(B)	合格品(C)
长 度	±1	±2
宽 度	±1	±2
高 度	±1.5	±2.5

6.2 外观质量

外观质量应符合表 2 的规定。

表 2 外观质量 单位为毫米

项 目 名 称			一等品(B)	合格品(C)
弯曲		≤	2	2
掉角缺棱	个数，个	≤	0	2
	三个方向投影尺寸的最小值	≤	0	20
裂纹延伸投影尺寸累计		≤	0	20

6.3 孔洞排列

孔洞排列应符合表 3 的规定。

表 3 孔洞排列

孔 型	孔洞率	孔 洞 排 列
矩形孔或矩形条孔	≥30%	多排、有序交错排列
矩形孔或其他孔形		条面方向至少 2 排以上

6.4 强度等级

强度等级应符合表 4 的规定。

表 4 强度等级

单位为兆帕

强度等级	抗压强度	
	平均值≥	单块最小值≥
MU10	10.0	8.0
MU15	15.0	12.0
MU20	20.0	16.0
MU25	25.0	20.0
MU30	30.0	24.0

6.5 干燥收缩率

干燥收缩率不应大于 0.045%。

6.6 相对含水率

相对含水率应符合表 5 的规定。

表 5 相对含水率

%

干燥收缩率	相对含水率		
	潮湿	中等	干燥
<0.03	45	40	35
0.03～0.045	40	35	30

注 1：相对含水率即混凝土多孔砖含水率与吸水率之比：

$$W=\frac{w_1}{w_2}\times 100$$

式中：

W——混凝土多孔砖的相对含水率(%)；

w_1——混凝土多孔砖的含水率(%)；

w_2——混凝土多孔砖的吸水率(%)。

注 2：使用地区的湿度条件：

潮湿——系指年平均相对湿度大于 75%的地区；

中等——系指年平均相对湿度 50%～75%的地区；

干燥——系指年平均相对湿度小于 50%的地区。

6.7 抗冻性

抗冻性应符合表 6 的规定。

表 6　抗冻性

<table>
<tr><th colspan="2">使　用　环　境</th><th>抗冻标号</th><th>指　　标</th></tr>
<tr><td colspan="2">非采暖地区</td><td>D15</td><td rowspan="3">强度损失≤25%
质量损失≤5%</td></tr>
<tr><td rowspan="2">采暖地区</td><td>一般环境</td><td>D15</td></tr>
<tr><td>干湿交替环境</td><td>D25</td></tr>
<tr><td colspan="4">注 1：非采暖地区指最冷月份平均气温高于－5℃的地区；
注 2：采暖地区指最冷月份平均气温低于或等于－5℃的地区。</td></tr>
</table>

6.8　抗渗性

用于外墙的混凝土多孔砖，其抗渗性应满足表 7 规定。

表 7　抗渗性　　单位为毫米

项目名称	指　　标
水面下降高度	3 块中任一块不大于 10

6.9　放射性

放射性应符合 GB 6566 的规定。

7　试验方法

7.1　尺寸偏差、外观质量、孔洞排列及其结构、壁厚、肋厚的试验按 GB/T 2542 进行，其中孔洞率试验时，试件体积计算精确到 0.000 1 m^3；矩形圆角试验采用半径为 8 mm 的标准检测板。

7.2　强度等级、干燥收缩率、相对含水率、抗冻性与抗渗性试验按 GB/T 4111 进行，其中干燥收缩率试验的测定标距为 150 mm；抗渗性试验用的抗渗装置的玻璃管直径为 30 mm，测定标距为 150 mm。

7.3　放射性按 GB 6566 进行。

8　检验规则

8.1　检验分类

8.1.1　出厂检验

检验项目为：尺寸偏差、外观质量、强度等级、相对含水率。

8.1.2　型式检验

第 6 章中要求的全部项目。有下列情况之一者，必须进行型式检验：

a）新产品的试制定型鉴定；

b）正常生产后，原材料、配比及生产工艺改变时；

c）正常生产时，半年至少进行一次；

d）产品停产三个月以上恢复生产时；

e）出厂检验结果与上次型式检验有较大差异时；

f）放射性物质在产品投产前或原材料发生重大变化时进行一次；

g）国家质量监督机构提出进行型式检验要求时。

8.2　组批规则

混凝土多孔砖按外观质量等级和强度等级分批验收。以用同一种原材料配制成，同一工艺生产的相同外观质量等级、强度等级的 35 000～150 000 块混凝土多孔砖为一批，不足 35 000 块的按一批计。

8.3　抽样规则

8.3.1　每批随机抽取 50 块做尺寸偏差和外观质量检验。

8.3.2　从尺寸偏差和外观质量检验合格的混凝土多孔砖中抽取如下数量进行其他项目检验：

a）强度等级：10 块；

b）干燥收缩率：3 块；

c）相对含水率：3 块；

d）抗冻性：10 块；

e）孔洞率：3 块；

f）抗渗性：3 块；

g）放射性：3 块。

8.4 判定规则

8.4.1 若受检的混凝土多孔砖的尺寸偏差和外观质量均符合表 1 和表 2 的相应指标时，则判该块混凝土多孔砖符合相应等级。

8.4.2 若受检的 50 块混凝土多孔砖中，尺寸偏差和外观质量不符合表 1 和表 2 的试件数不超过七块时，则判该批混凝土多孔砖符合相应等级。

8.4.3 当所有项目的检验结果均符合本标标准第 6 章各项技术要求的等级时，则判该批砖为相应等级。

8.4.4 原材料与产品中的放射性超过 GB 6566 规定时，应停止生产与销售。

9 产品合格证、堆放和运输

9.1 混凝土多孔砖出厂时，宜适当包装，并应提供产品质量合格证书，内容包括：

a）厂名和商标；

b）批量编号和混凝土多孔砖数量（块）；

c）产品标记和检验结果；

d）产品质量合格证书编号；

e）生产日期；

f）检验部门和检验人员签章。

9.2 混凝土多孔砖应按规格、等级分批分别堆放，不得混堆。

9.3 混凝土多孔砖在堆放、运输时，应采取防雨水措施。

9.4 混凝土多孔砖装卸时，严禁碰撞、扔摔，应轻码轻放，禁止翻斗倾卸。

ICS 93.080.20
Q 34
备案号：17335—2006

JC

中华人民共和国建材行业标准

JC/T 994—2006

微晶玻璃陶瓷复合砖

Glass-ceramics & Ceramics combined tile

2006-03-07 发布　　2006-08-01 实施

中华人民共和国国家发展和改革委员会　发布

前　言

请注意本标准的某些内容有可能涉及专利。本标准的发布机构不应承担识别这些专利的责任。

本标准附录A为资料性附录。

本标准由中国建筑材料工业协会提出。

本标准由全国建筑卫生陶瓷标准化技术委员会归口。

本标准负责起草单位:咸阳陶瓷研究设计院、中国建筑卫生陶瓷协会、佛山欧神诺陶瓷有限公司、佛山市嘉俊陶瓷有限公司。

本标准参加起草单位:广东蒙娜丽莎陶瓷(集团)有限公司、广东新中源陶瓷有限公司、杭州诺贝尔集团有限公司。

本标准主要起草人:刘幼红、缪斌、郑树龙、王常德、张旗康、潘荣、李莹、林福春。

本标准为首次发布。

微晶玻璃陶瓷复合砖

1 范围

本标准规定了微晶玻璃陶瓷复合砖的术语和定义、分类、技术要求、试验方法、检验规则、标志、使用说明书、包装、运输及贮存。

本标准适用于建筑物内、外墙及地面装饰用微晶玻璃陶瓷复合砖。

2 规范性引用文件

下列文件中的条款通过本标准的引用而成为本标准的条款。凡是注日期的引用文件，其随后所有的修改单(不包括勘误的内容)或修订版均不适用于本标准，然而，鼓励根据本标准达成协议的各方研究是否可使用这些文件的最新版本。凡是不注日期的引用文件，其最新版本适用于本标准。

GB/T 3810.1 陶瓷砖试验方法 第1部分:抽样和接收条件

GB/T 3810.2 陶瓷砖试验方法 第2部分:尺寸和表面质量的检验

GB/T 3810.3 陶瓷砖试验方法 第3部分:吸水率、显气孔率、表观相对密度和容重的测定

GB/T 3810.4 陶瓷砖试验方法 第4部分:断裂模数和破坏强度的测定

GB/T 3810.5 陶瓷砖试验方法 第5部分:用测恢复系数确定砖的抗冲击性

GB/T 3810.6 陶瓷砖试验方法 第6部分:无釉砖耐磨深度的测定

GB/T 3810.7 陶瓷砖试验方法 第7部分:有釉砖表面耐磨性的测定

GB/T 3810.11 陶瓷砖试验方法 第11部分:有釉砖抗釉裂性的测定

GB/T 3810.12 陶瓷砖试验方法 第12部分:抗冻性的测定

GB/T 3810.13 陶瓷砖试验方法 第13部分:耐化学腐蚀性的测定

GB/T 3810.14 陶瓷砖试验方法 第14部分:耐污染性的测定

GB/T 3810.15 陶瓷砖试验方法 第15部分:有釉砖铅和镉溶出量的测定

GB/T 3810.16 陶瓷砖试验方法 第16部分:小色差的测定

GB/T 4100—2006 陶瓷砖 附录M(规范性附录)摩擦系数的测定 GB 6566—2001 建筑材料放射性核素限量

GB/T 9195—1999 陶瓷砖和卫生陶瓷分类及术语

GB/T 13891 建筑饰面材料镜向光泽度测定方法

3 术语和定义

GB/T 9195—1999中确立的以及下列术语和定义适用于本标准，若本标准中所列术语和定义与GB/T 9195—1999中不同，以本标准为准。

3.1

微晶玻璃陶瓷复合砖 Glass-ceramics & Ceramics combined tile

将微晶玻璃熔块粒施于陶瓷坯体表面，经高温晶化烧结，使微晶玻璃面层和陶瓷基体复合而成的建筑装饰用饰面材料。

3.2

标准面 pottery square

边长为50 mm的正方形面。

3.3

棕眼　pinholes

饰面上尺寸不大于1.5 mm的小孔。

3.4

熔洞　pit

饰面上尺寸大于1.5 mm的孔。

3.5

色斑　discoloration

产品表面呈现的异色斑点。

4　分类

按表面加工程度分为镜面砖和亚光砖。

4.1　镜面砖

表面呈镜面光泽的产品。

4.2　亚光砖

表面具有均匀细腻光漫反射能力的产品。

5　技术要求

5.1　外观质量

5.1.1　表面缺陷最大允许范围

至少产品装饰面的95%区域无明显缺陷，且下列表面缺陷的最大允许范围应符合表1的规定。

表1　产品表面缺陷最大允许范围

缺陷名称	最大允许范围
缺棱	不允许，但长度小于3 mm宽度小于1 mm的可不计
缺角	不允许，但小于2 mm×2 mm×2 mm的可不计
棕眼	直径(0.5～1.5)mm≤8个/m^2，且不多于2个/标准面 直径小于(0.3～0.5)mm的足以引起色变的密集不允许
熔洞	不允许；
色斑	直径大于3 mm的不允许 直径(1.5～3.0)mm≤4个/m^2，且不多于1个/标准面 直径(0.5～1.5)mm≤8个/m^2，且不多于2个/标准面 0.5 mm以下的足以引起色变的密集不允许
裂纹、漏磨、抛痕	不允许

5.1.2　色差

同一批产品应无明显可见色差ΔE_{max}。有特殊要求时，可由供需双方协议商定。假如未事先达成协议，对于纯色饰面产品，则应使用通用的工业宽容度(cf)，ΔE_{max}为0.75。

注：本条款不适用于在砖的表面有意制造的装饰色差，用于装饰目的的斑点或色斑不能看作为缺陷。

5.1.3　夹层

不允许。

5.2　尺寸偏差

产品的厚度由制造商确定。产品的尺寸允许偏差应符合表2的规定。特殊要求的尺寸偏差可由供需双方协商。

表 2 产品允许尺寸偏差

尺 寸 类 别		允许尺寸偏差	试验方法
长度和宽度	每块砖(2 条或 4 条边)的平均尺寸相对于工作尺寸(*W*)的允许偏差	±1.0 mm	GB/T 3810.2
	制造商应选用以下尺寸： a. 模数砖名义尺寸连接宽度允许在(2～5)mm之间 b. 非模数砖工作尺寸与名义尺寸之间的偏差不大于±2%，最大 5 m		
厚度	每块砖厚度的平均值相对于工作尺寸厚度的允许偏差，%	±5	GB/T 3810.2
边直度[b](正面) 相对于工作尺寸的最大允许偏差，%		±0.20 且最大偏差≤2.0 mm	GB/T 3810.2
直角度[b] 相对于工作尺寸的最大允许偏差，% (适用于最大边长 *L*≤600 mm 的产品)		±0.20；且最大偏差≤2.0 mm；	GB/T 3810.2
对边长度差，mm(适用于最大边长 *L*>600 mm 的产品)		≤1.0	GB/T 3810.2
对角线长度差，mm(适用于最大边长 *L*>600 mm 的产品)		600 mm<*L*≤800 mm 时：≤1.5 800 mm<*L*≤1 000 mm 时：≤2.0 *L*>1 000 mm 时：≤3.0	GB/T 3810.2
表面平整度 最大允许偏差，%		±0.20，且最大偏差≤2.0 mm	GB/T 3810.2

a 以非公制尺寸为基础的习惯用法也可用在同类型砖的连接宽度上；

b 不适用于有弯曲形状的砖。

5.3 吸水率

微晶玻璃陶瓷复合砖的吸水率平均值不大于 0.5%，单个值不大于 0.6%。

5.4 破坏强度和断裂模数

5.4.1 破坏强度

破坏强度的平均值≥3 000N。

5.4.2 断裂模数

断裂模数的平均值≥35 N/mm^2(MPa)；

单值≥32 N/mm^2(MPa)。

5.5 地砖耐磨性

用作地砖的产品，耐磨损体积不大于 150 mm^3；

用作地砖的产品，制造商应报告表面耐磨级别和转数。

5.6 抗热震性

经抗热震性试验应无裂纹或破损。

5.7 抗裂性

经抗裂性试验后，应无裂纹、无剥落、无破损。需要制样时，应将五块样品切割为 100 mm×100 mm 的试样。

5.8 抗冻性

用于冷冻环境下的产品，应进行抗冻性试验。经试验应无裂纹、无剥落、无破损。

5.9 抗冲击性

经抗冲击性试验后应无破损，且报告所测恢复系数。

5.10 镜面砖光泽度

镜面砖的光泽度平均值不小于90光泽单位，单值不小于85光泽单位。

5.11 地砖摩擦系数

用作地砖时，制造商应报告其摩擦系数和试验方法。

5.12 化学性能

5.12.1 耐化学腐蚀性

5.12.1.1 耐低浓度酸和碱

制造商应报告耐化学腐蚀性等级。

5.12.1.2 耐高浓度酸和碱

若准备将产品在有可能受强腐蚀性的环境下使用时，应进行高浓度酸和碱的耐化学腐蚀性试验。经试验后应不低于GHB级。

5.12.1.3 耐家庭化学试剂和游泳池盐类

经试验后，应不低于GA级。

5.12.2 耐污染性

经耐污染试验后应不低于4级。

5.12.3 铅和镉的溶出量

产品用于加工食品的操作台或墙面与食品有可能直接接触的场所时，制造商应报告产品表面铅和镉的溶出量，由供需双方协商确定应符合的食品卫生相关规定。

5.13 放射性核素限量

应符合GB 6566—2001中的A类产品要求。

6 试验方法

6.1 表面质量检验方法

6.1.1 表面缺陷

缺棱和缺角：用游标卡尺测定缺棱或缺角的最大尺寸；

将试样平铺成不小于$3m^2$的正方形，按GB/T 3810.2中第8章规定的方法检查其他表面缺陷。

6.1.2 色差

将不少于10块的试样平铺成不小于$1m^2$的正方形，在产品表面的漫射光线至少为1 100lx的光照条件下，距产品约2m处目测，观察是否有明显可见色差。

6.1.3 夹层

对试样的侧面进行目测检验，观察有无分层现象。

6.2 尺寸偏差测定

按GB/T 3810.2的规定进行测定。

6.3 吸水率测定方法

按GB/T 3810.3规定的真空法进行测定。

6.4 破坏强度和断裂模数测定方法

对于边长不大于600 mm的产品不需制样，对于边长大于600 mm的产品应制成至少带有一个非切割边的600 mm×600 mm的试样。试验方法按GB/T 3810.4的规定进行测定。

6.5 耐磨性

耐磨损体积按GB/T 3810.6的规定进行测定；

耐磨级别及转数按GB/T 3810.7的规定进行测定。

6.6 抗热震性试验方法

6.6.1 试样

由随机抽取的五块产品上制取5块100 mm×100 mm的试样。

6.6.2 试验方法

在试验前应用有色液对试样进行目测检查，所有试验用试样应无裂纹等缺陷。

测定水槽中冷水的温度；将烘箱温度升至高于水温(110±2)℃的温度后，将试样放入烘箱中保温20 min，将试样取出，立即垂直浸没冷水中，并使试样互不接触，冷却5 min后，再将试样放入烘箱中。如此循环，进行10次。

第10次由水中取出试样，目测观察试样表面有无裂纹、掉边掉角等缺陷，为帮助检查，可用合适的染色液刷在试样表面后，用湿布擦去染色液。甩铁锤轻轻敲击试样各部位听其声音是否变哑。有上述情况之一表明试样已损坏。

记录试验现象并报告。

6.7 抗裂性试验方法

按GB/T 3810.11的规定进行测定。

6.8 抗冻性试验方法

对于边长大于600 mm的产品应制成带有两个非切割边的600 mm×600 mm的试样。按GB/T 3810.12的规定进行测定。

6.9 抗冲击性试验方法

按GB/T 3810.5的规定进行测定。

6.10 光泽度测定方法

按GB/T 13891的规定进行测定。

6.11 摩擦系数测定方法

按GB/T 4100附录M的规定进行测定。

6.12 化学性能

6.12.1 耐低浓度酸和碱

按GB/T 3810.13的规定进行测定。

6.12.2 耐高浓度酸和碱

按GB/T 3810.13的规定进行测定。

6.12.3 耐家庭化学试剂和游泳池盐类

按GB/T 3810.13的规定进行测定。

6.12.4 耐污染性试验方法

按GB/T 3810.14的规定进行测定。

6.12.5 铅和镉的溶出量

按GB/T 3810.15的规定进行。

6.13 放射性核素限量测定方法

按GB 6566—2001的规定进行。

7 检验规则

7.1 检验分类

检验分出厂检验和型式检验。

7.1.1 出厂检验

出厂检验项目包括外观质量、尺寸偏差、吸水率、抗热震性、破坏强度和断裂模数、光泽度。

7.1.2 型式检验

型式检验包括本标准技术要求的全部项目。

有下列情况之一时，应进行型式检验：

（1） 新产品试制定型鉴定；

（2） 生产工艺发生较大改变，可能影响产品性能时；

（3） 正常生产时，每年至少进行一次；

（4） 出厂检验结果与上次型式检验结果有较大差异时；

（5） 有合同要求时。

7.2 检验批

应按 GB/T 3810.1 的规定进行。

7.3 抽样和接收

各项检验的抽样样本量及接收应按 GB/T 3810.1 的规定进行。

8 标志、使用说明书

8.1 标志

8.1.1 产品应有清晰的商标，包装箱上应有企业名称和地址、产地、产品名称、商标、规格（名义尺寸和工作尺寸）、数量、生产日期、执行标准。

8.1.2 产品质量合格证

产品出厂时，应有产品质量合格证，主要包括生产企业名称、产品名称、产品类别、规格、生产日期、执行标准。

8.2 使用说明书

为方便使用，供货方应提供产品的铺贴安装说明书，合同有要求时应提供相关检验报告。

9 包装运输及贮存

9.1 包装

产品包装应保证产品在搬运过程中不破损，并符合相关包装标准的要求。特殊要求的包装可由供需双方协商。

9.2 运输

产品装、卸应轻拿轻放，严禁抛、掷。运输时应避免碰撞。包装后在室外存放时应有防雨措施。

9.3 贮存

产品贮存场地应平整、坚实。应按品种、规格分别堆放。

附 录 A
（资料性附录）
有釉地砖耐磨性分级使用范围的指导性建议

本附录仅提供了各级地砖耐磨性（见 GB/T 3810.7）使用范围的指导性建议，对有特殊要求的产品不作为准确的技术要求。

0 级　该级地砖不适用于铺贴地面。

1 级　该级地砖适用于柔软的鞋袜或不带有划痕灰尘的光脚使用的地面（例如：没有直接通向室外通道的卫生间或卧室使用的地面）。

2 级　该级地砖适用于柔软的鞋袜或普通鞋袜使用的地面。大多数情况下，偶尔有少量划痕灰尘（例如：家中起居室，但不包括厨房、入口处和其他有较多来往的房间），该等级的砖不能用特殊的鞋，例如带平头钉的鞋。

3 级　该级地砖适用于平常的鞋袜，带有少量划痕灰尘的地面（例如：家庭的厨房、客厅、走廊、阳台、凉廊和平台）。该等级的砖不能用特殊的鞋，例如带平头钉的鞋。

4 级　该级地砖适用于有划痕灰尘，来往行人频繁的地面，使用条件比 3 级地砖恶劣（例如：入口处、饭店的厨房、旅店、展览馆和商店等）。

5 级　该级地砖适用于行人来往非常频繁并能经受划痕灰尘的地面，甚至于在使用环境较恶劣的场所（例如：公共场所如商务中心、机场大厅、旅馆门厅、公共过道和工业应用场所等）。

一般情况下，所给的使用分类是有效的，考虑到所穿的鞋袜、交通的类型和清洁方式，建筑物的地板清洁装置在进口处适当地防止划痕灰尘进入。

ICS
Q
备案号：22923—2008

JC

中华人民共和国建材行业标准

JC/T 1053—2007

烧结砖瓦产品中废渣掺加量测定方法

Test methods of waste dregs mixing amount in fired bricks and tiles

2007-09-22 发布　　2008-04-01 实施

中华人民共和国国家发展和改革委员会　发 布

前　言

本标准采用实测法与化学分析法测定废渣掺加量，以化学分析法为仲裁法。

烧结砖瓦产品中所掺加的废渣的种类执行国家有关部门的规定。

本标准的附录A、附录B为规范性附录。

本标准由中国建筑材料工业协会提出。

本标准由全国墙体屋面及道路用建筑材料标准化技术委员会(SAC/TC 285)归口。

本标准起草单位：西安墙体材料研究设计院、贵州省建材行业产品质量监督检验站。

本标准主要起草人：蒋德勇、林玲、夏莉娜、秦世景、周炫。

本标准委托贵州省建材行业产品质量监督检验站负责解释。

本标准为首次发布。

烧结砖瓦产品中废渣掺加量测定方法

1 范围

本标准规定了烧结砖瓦产品中废渣掺加量的测定方法。

本标准适用于烧结砖瓦产品中掺加的粉煤灰、煤矸石、石煤、煤泥、磷渣、烧煤锅炉的炉底渣及其它工业废渣掺加量(干基质量比)的测定。

2 规范性引用文件

下列文件中的条款通过本标准的引用而成为本标准的条款。凡是注日期的引用文件,其随后所有的修改单(不包括勘误的内容)或修订版均不适用于本标准,然而,鼓励根据本标准达成协议的各方研究是否可使用这些文件的最新版本。凡是不注日期的引用文件,其最新版本适用于本标准。

GB/T 176 水泥化学分析方法

GB/T 1871.1 磷矿石和磷精矿中五氧化二磷含量的测定 磷钼酸喹啉重量法和容量法

GB/T 8170 数值修约规则

GB/T 212 煤的工业分析方法

3 仪器设备

3.1 分析天平:不应低于四级,测量范围 0.2 mg～200 g,精确至 0.000 1 g。

3.2 案秤:不应低于六级,测量范围 5～10 000 g,精确至 5 g。

3.3 马弗炉:工作温度范围为常温～1 000 ℃。

3.4 电热鼓风干燥箱

3.5 火焰光度计

3.6 分光光度计

3.7 测氟仪

3.8 磁力搅拌器

3.9 方孔筛:孔径 0.08 mm。

3.10 银、铂、瓷坩埚:容量 15～30 mL。

3.11 铂皿:容量 50～100 mL。

3.12 玻璃容量器皿:滴定管、容量瓶、移液管。

4 废渣掺加量现场实测法

4.1 方法原理

废渣掺加量现场实测法的原理是通过在相同的时间内测定各组分的湿基质量和水分,换算成各组分的干基质量,计算出各组分的掺加量。

4.2 用于测定水分的试样的制备

用于测定水分的试样的取样和制样方法按附录 A 进行。

4.3 测定步骤

4.3.1 各组份湿基质量的测定

在配料处按相同的时间间隔对组成坯体的各组份分别称量,用 3.2 中规定的案秤,精确至 5 g,称量时间间隔为 10～20 min/次,每次称量时间为 5～120 s(具体称量时间根据工艺情况确定)。每一种组分的测定次数不少于2次，取其中某一种组份各次测定结果的算术平均值作为该组分的湿基质量，记为 $m_{i湿}$。

4.3.2 **各组份水分的测定**

按GB/T 212的规定进行。

4.3.3 **各组份干基质量的计算**

各组份干基质量的计算见式(1)：

$$m_{i干} = (1 - W_i) \times m_{i湿} \quad \cdots\cdots(1)$$

式中：

$m_{i干}$——组成坯体的组分 i 的干基质量($i=1,2,3,\cdots\cdots,n$)，单位为千克(kg)；

W_i——组成坯体的组分 i 的水分($i=1,2,3,\cdots\cdots,n$)，单位为百分比(%)；

$m_{i湿}$——组成坯体的组分 i 的湿基质量($i=1,2,3,\cdots\cdots,n$)，单位为千克(kg)。

4.3.4 **各组分掺加量的计算**

组成坯体的各组分掺加量的计算见式(2)：

$$X_i = \frac{m_{i干}}{\sum_{i=1}^{n} m_{i干}} \quad \cdots\cdots(2)$$

式中：

X_i——组成坯体的组分 i 的掺加量($i=1,2,3,\cdots\cdots,n$)，单位为百分比(%)。

4.4 **废渣掺加量的计算**

烧结砖瓦产品中废渣掺加量的计算见式(3)：

$$P = \sum_{i=1}^{n} P_i \quad \cdots\cdots(3)$$

式中：

P——烧结砖瓦产品中废渣掺加量，单位为百分比，单位为百分比(%)；

P_i——为坯体中根据4.3.4条计算出的各废渣组分掺加量($i=1,2,3,\cdots\cdots,n$)，单位为百分比(%)。

5 废渣掺加量化学分析法(仲裁法)

5.1 方法原理

废渣掺加量化学分析法原理是通过测定烧结砖瓦坯体及各组分中各种氧化物[1)]的质量百分数，根据各组分的掺加量与各组分中氧化物的质量百分数的相关性，计算出各组分的掺加量；若烧结砖瓦产品中含有特征组分时，可采用特征值法测定该特征组分的掺加量。特征值法见附录B。

5.2 废渣掺加量化学分析法所用试样的取样、制备

废渣掺加量化学分析法所用试样的取样、制备方法按附录A进行。

5.3 组成坯体的各组分掺加量的测定

5.3.1 **组成坯体的各组分及坯体中氧化物质量百分数的测定**

组成坯体的各组分及坯体中氧化物质量百分数的测定按GB/T 176进行。

5.3.2 **组成坯体的各组分掺加量的计算**

组成坯体的各组分掺加量的计算见式(4)：

$$X = A^{-1} \times B \quad \cdots\cdots(4)$$

---

1) 烧结砖瓦坯体各组分中的氧化物包括 SiO_2、Fe_2O_3、Al_2O_3、CaO、MgO、LOSS等。

式中：

X——组成坯体的各组分掺加量组成的列阵；

A^{-1}——组成坯体的各组分中氧化物的质量百分数组成的方阵 A 的逆阵；

B——坯体中氧化物的质量百分数组成的列阵。

$$A=\begin{Bmatrix} C_{1,1} & C_{1,2} & \cdots & C_{1,j} & \cdots & C_{1,n} \\ C_{2,1} & C_{2,2} & \cdots & C_{2,j} & \cdots & C_{2,n} \\ \cdots & \cdots & \cdots & \cdots & \cdots & \cdots \\ C_{i,1} & C_{i,2} & \cdots & C_{i,j} & \cdots & C_{i,n} \\ \cdots & \cdots & \cdots & \cdots & \cdots & \cdots \\ C_{n-1,1} & C_{n-1,2} & \cdots & C_{n-1,j} & \cdots & C_{n-1,n} \\ 1 & 1 & \cdots & 1 & \cdots & 1 \end{Bmatrix}$$

$$X=\begin{Bmatrix} X_1 \\ X_2 \\ \cdots \\ X_j \\ \cdots \\ X_{n-1} \\ X_n \end{Bmatrix} \qquad B=\begin{Bmatrix} C_1 \\ C_2 \\ \cdots \\ C_j \\ \cdots \\ C_{n-1} \\ C_n \end{Bmatrix}$$

矩阵 X 中：X_j——组成坯体的组分 j 的掺加量（j=1，2，3，……，n），单位为百分比（%）；

矩阵 A 中：$C_{i,j}$——组成坯体的组分 j 中氧化物 i 的质量百分数，单位为百分比（%）；

矩阵 B 中：C_i——坯体中氧化物 i 的质量百分数（i=1，2，3，……，n），单位为百分比（%）；且有 $C_1 \geqslant C_2 \geqslant \cdots\ \cdots \geqslant C_{n-1}$。

5.3.2.1　当组成坯体的组分为两组分（其中一种组分为废渣）时，废渣掺加量的计算见式（5）：

$$X_1=\frac{C_1-C_{1,1}}{C_{1,2}-C_{1,1}}\times 100\% \qquad \cdots\cdots(5)$$

式中：

X_1——坯体中的废渣掺加量（%）；

C_1——坯体中某一种氧化物的质量百分数（%）；

$C_{1,1}$——组成坯体的非废渣组分中某一种氧化物的的质量百分数（%）；

$C_{1,2}$——组成坯体的废渣中某一种氧化物的的质量百分数（%）。

5.3.2.2　当组成坯体的组分为三组分（其中有两种组分为废渣）时，废渣掺加量的计算见式（6）、（7）

$$X_2=\frac{(C_{2,3}-C_{2,1})(C_1-C_{1,1})-(C_2-C_{2,1})(C_{1,3}-C_{1,1})}{(C_{2,3}-C_{2,1})(C_{1,2}-C_{1,1})-(C_{2,2}-C_{2,1})(C_{1,3}-C_{1,1})}\times 100\% \qquad \cdots\cdots(6)$$

$$X_3=\frac{(C_2-C_{2,1})-X_2(C_{2,2}-C_{2,1})}{(C_{2,3}-C_{2,1})}\times 100\% \qquad \cdots\cdots(7)$$

式中：

X_2——坯体中第一种废渣的掺加量，单位为百分比（%）；

X_3——坯体中第二种废渣的掺加量，单位为百分比（%）；

C_1——坯体中某一种氧化物的质量百分数，单位为百分比（%）；

$C_{1,1}$——组成坯体的非废渣组分中某一种氧化物的质量百分数，单位为百分比（%）；

$C_{1,2}$——坯体中第一种废渣中某一种氧化物的的质量百分数，单位为百分比（%）；

$C_{1,3}$——坯体中第二种废渣中某一种氧化物的的质量百分数，单位为百分比（%）；

C_2——坯体中另一种氧化物的的质量百分数，单位为百分比（%）；

$C_{2,1}$——组成坯体的非废渣组分中另一种氧化物的的质量百分数，单位为百分比(%)；

$C_{2,2}$——坯体中第一种废渣中另一种氧化物的的质量百分数，单位为百分比(%)；

$C_{2,3}$——坯体中第二种废渣中另一种氧化物的的质量百分数，单位为百分比(%)。

5.4 废渣掺加量的计算

烧结砖瓦产品中废渣掺加量的计算见式(8)：

$$S = \sum_{i=1}^{n} S_i \quad \cdots\cdots\cdots\cdots(1)$$

式中：

S——烧结砖瓦产品中废渣掺加量，单位为百分比(%)；

S_i——坯体中根据5.3.2条计算出的各废渣组分掺加量($i=1,2,3,\cdots\cdots,n$)，单位为百分比(%)。

6 废渣掺加量测定结果数据处理

6.1 废渣掺加量现场实测法以一次现场测定的结果为准。

6.2 废渣掺加量化学分析法每个样品的测定次数为两次，分别计算出各次测定的废渣掺加量结果，若两次测定结果之差小于或等于0.8%，则取两次测定结果的平均值为最终结果；若两次测定结果之差大于0.8%，应进行第三次测定；若第三次测定结果分别与前两次测定结果之差均小于0.8%，则取三次测定结果的平均值为最终结果；若第三次的测定结果只与前两次中某一次测定结果之差小于0.8%，则取第三次和该次测定结果的平均值为最终结果。否则，按5.3重新测定。

6.3 数值修约按GB/T 8170进行。

6.4 废渣掺加量以百分比表示，修约到个位。

附　录　A
（规范性附录）
样品的取样、制备方法

本附录规定了废渣掺加量测定涉及的各种物料的取样方法和制样方法。

A.1　取样

A.1.1　用于废渣掺加量化学分析法的样品取样

A.1.1.1　堆场物料取样

存放于堆场的各种物料，在料堆的四周和顶端按一定的距离划成取样点（一般情况下，以 1 m 左右的距离为一点，并不得少于 10 个点），在取样点将表层物料剥去，在 0.3～0.5 m 深处用铁铲取 0.5 kg 左右样品（如有块状物料需用铁锤砸取一小块），每个取样点抽取等量样品，将各点取得的样品混匀后按四分法缩分至 0.5 kg。

A.1.1.2　坯体取样

在坯体堆场（或切坯机处）按相同的间距（或相同的间隔时间，一般为 10～20 min）取 1 块样品，共抽取 10 块，破碎至最大粒度小于 5 mm 后混匀，按四分法缩分至 0.5 kg。

A.1.2　用于测定水分的样品取样

将废渣掺加量现场实测法中取得的各种物料各自混匀后，按四分法缩分至 0.5 kg，用塑料食品包装袋或其他能防止水分蒸发的容器盛装。

A.2　制样

用于废渣掺加量化学分析和测定水分的样品均按 GB/T 176 的规定进行制样。

附 录 B
（规范性附录）
特征组分掺加量的测定方法（特征值法）

B.1 方法原理

通过测定烧结砖瓦坯体及原料中某些特征氧化物的质量百分数，计算出烧结砖瓦产品中含该特征氧化物的组分掺加量的方法，称为特征值法。

特征氧化物指烧结砖瓦产品中某一组分中所特有的某一种氧化物或离子。特征氧化物或离子有五氧化二磷、氟离子、重金属等。

烧结砖瓦产品中唯一一种含有某一种特征氧化物或离子的组分称为特征组分。

特征值法只适用于含有某种特征组分的烧结砖瓦产品中该特征组分掺加量的测定。

B.2 烧结砖瓦产品特征组分掺加量的测定

B.2.1 特征氧化物或离子质量百分数的测定

氟离子的测定按 GB/T 176 进行，五氧化二磷的测定按 GB/T 1871 进行。

B.2.2 特征组分掺加量的计算

特征组分掺加量的计算见式(B1)：

$$X_A = \frac{C}{C_A} \qquad \text{(B1)}$$

式中：

X_A——烧结砖瓦坯体中该特征组分的掺加量(%)；

C——烧结砖瓦坯体中特征氧化物 A 的质量百分数(%)；

C_A——烧结砖瓦坯体中某特征组分中特征氧化物 A 的质量百分数(%)。

二、建筑砌块

中华人民共和国国家标准

GB/T 4111—1997

代替 GB 4111—83

混凝土小型空心砌块试验方法

Test methods for the small concrete hollow block

1 范围

本标准规定了混凝土小型空心砌块的尺寸、外观、抗压强度、抗折强度、块体密度、空心率、含水率、吸水率、相对含水率、干燥收缩、软化系数、碳化系数、抗冻性和抗渗性的试验方法。

本标准适用于墙体用的以各种混凝土制成的小型空心砌块(以下简称砌块)。

2 尺寸测量和外观质量检查

2.1 量具

2.1.1 钢直尺或钢卷尺:分度值 1 mm。

2.2 尺寸测量

2.2.1 长度在条面的中间,宽度在顶面的中间,高度在顶面的中间测量。每项在对应两面各测一次,精确至 1 mm。

2.2.2 壁、肋厚在最小部位测量,每选两处各测一次,精确至 1 mm。

2.3 外观质量检查

2.3.1 弯曲测量:将直尺贴靠坐浆面、铺浆面和条面,测量直尺与试件之间的最大间距(见图 1),精确至 1 mm。

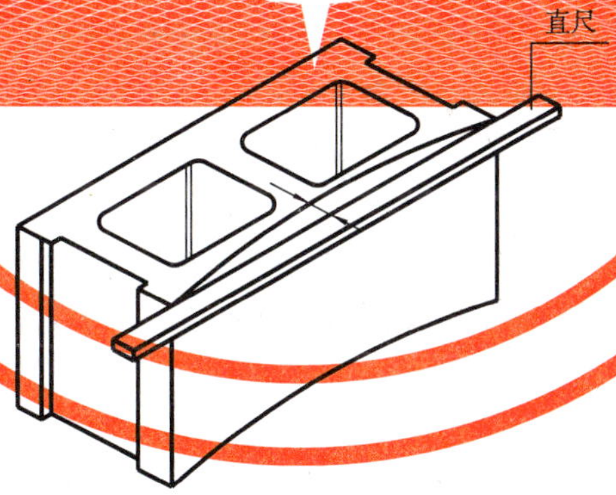

图 1 弯曲测量法

2.3.2 缺棱掉角检查:将直尺贴靠棱边,测量缺棱掉角在长、宽、高度三个方向的投影尺寸(见图 2),精确至 1 mm。

国家技术监督局 1997-05-06 批准　　　　1997-11-01 实施

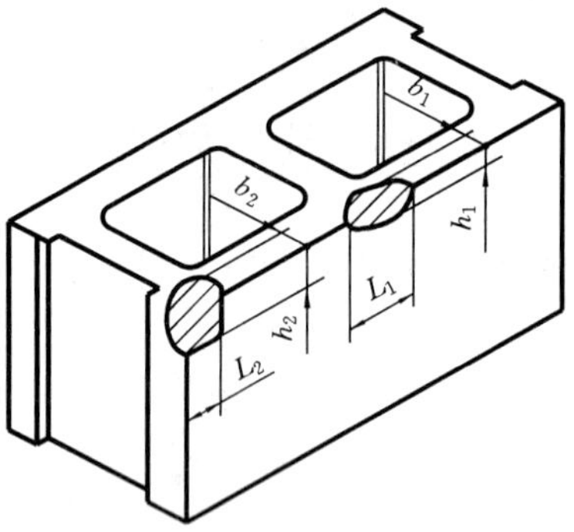

L—缺棱掉角在长度方向的投影尺寸;b—缺棱掉角在宽度方向的投影尺寸;

h—缺棱掉角在高度方向的投影尺寸

图 2　缺棱掉角尺寸测量法

2.3.3　裂纹检查:用钢直尺测量裂纹在所在面上的最大投影尺寸(如图 3 中的 L_2 或 h_3),如裂纹由一个面延伸到另一个面时,则累计其延伸的投影尺寸(如图 3 中的 b_1+h_1),精确至 1 mm。

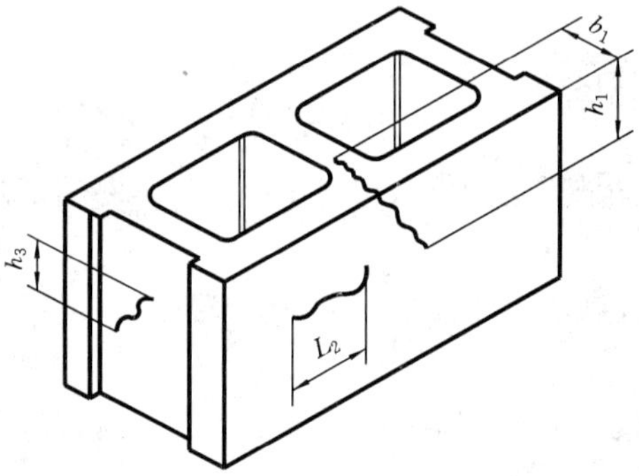

L—裂纹在长度方向的投影尺寸;b—裂纹在宽度方向的投影尺寸;

h—裂纹在高度方向的投影尺寸

图 3　裂纹长度测量法

2.4　测量结果

2.4.1　试件的尺寸偏差以实际测量的长度、宽度和高度与规定尺寸的差值表示。

2.4.2　弯曲、缺棱掉角和裂纹长度的测量结果以最大测量值表示。

3　抗压强度试验

3.1　设备

3.1.1　材料试验机:示值误差应不大于 2%,其量程选择应能使试件的预期破坏荷载落在满量程的 20%～80%。

3.1.2　钢板:厚度不小于 10 mm,平面尺寸应大于 440 mm×240 mm。钢板的一面需平整,精度要求在长度方向范围内的平面度不大于 0.1 mm。

3.1.3　玻璃平板:厚度不小于 6 mm,平面尺寸与钢板的要求同。

3.1.4　水平尺。

3.2　试件

3.2.1　试件数量为五个砌块。

3.2.2　处理试件的坐浆面和铺浆面,使之成为互相平行的平面。将钢板置于稳固的底座上,平整面向上,用水平尺调至水平。在钢板上先薄薄地涂一层机油,或铺一层湿纸,然后铺一层以 1 份重量的 325 号以上的普通硅酸盐水泥和2份细砂，加入适量的水调成的砂浆，将试件的坐浆面湿润后平稳地压入砂浆层内，使砂浆层尽可能均匀，厚度为3 mm～5 mm。将多余的砂浆沿试件棱边刮掉，静置24 h以后，再按上述方法处理试件的铺浆面。为使两面能彼此平行，在处理铺浆面时，应将水平尺置于现已向上的坐浆面上调至水平。在温度10℃以上不通风的室内养护3 d后做抗压强度试验。

3.2.3 为缩短时间，也可在坐浆面砂浆层处理后，不经静置立即在向上的铺浆面上铺一层砂浆、压上事先涂油的玻璃平板，边压边观察砂浆层，将气泡全部排除，并用水平尺调至水平，直至砂浆层平而均匀，厚度达3 mm～5 mm。

3.3 试验步骤

3.3.1 按2.2.1的方法测量每个试件的长度和宽度，分别求出各个方向的平均值，精确至1 mm。

3.3.2 将试件置于试验机承压板上，使试件的轴线与试验机压板的压力中心重合，以10 kN/s～30 kN/s的速度加荷，直至试件破坏。记录最大破坏荷载P。

若试验机压板不足以覆盖试件受压面时，可在试件的上、下承压面加辅助钢压板。辅助钢压板的表面光洁度应与试验机原压板同，其厚度至少为原压板边至辅助钢压板最远角距离的三分之一。

3.4 结果计算与评定

3.4.1 每个试件的抗压强度按式(1)计算，精确至0.1 MPa。

$$R = \frac{P}{LB} \qquad \cdots\cdots(1)$$

式中：R——试件的抗压强度，MPa；

P——破坏荷载，N；

L——受压面的长度，mm；

B——受压面的宽度，mm。

3.4.2 试验结果以五个试件抗压强度的算术平均值和单块最小值表示，精确至0.1 MPa。

4 抗折强度试验

4.1 设备

4.1.1 材料试验机的技术要求同3.1.1。

4.1.2 钢棒：直径35 mm～40 mm，长度210 mm，数量为三根。

4.1.3 抗折支座：由安放在底板上的两根钢棒组成，其中至少有一根是可以自由滚动的(见图4)。

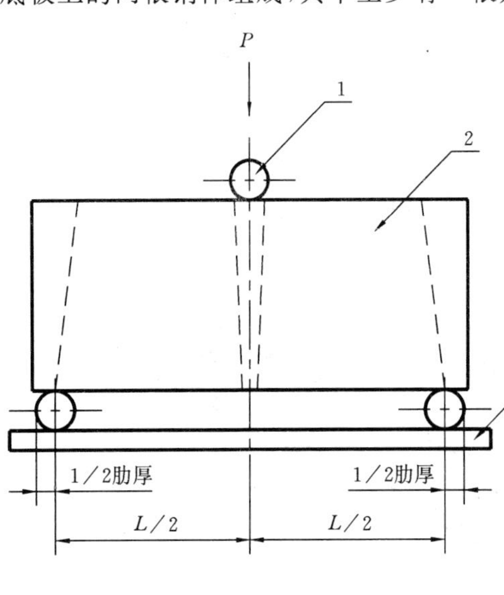

1—钢棒；2—试件；3—抗折支座

图4 抗折强度示意图

4.2 试件

4.2.1 试件数量为五个砌块。

4.2.2 按2.2.1的方法测量每个试件的高度和宽度,分别求出各个方向的平均值。

4.2.3 试件表面处理按3.2.2、3.2.3的规定进行。表面处理后应将试件孔洞处的砂浆层打掉。

4.3 试验步骤

4.3.1 将抗折支座置于材料试验机承压板上,调整钢棒轴线间的距离,使其等于试件长度减一个坐浆面处的肋厚,再使抗折支座的中线与试验机压板的压力中心重合。

4.3.2 将试件的坐浆面置于抗折支座上。

4.3.3 在试件的上部二分之一长度处放置一根钢棒(见图4)。

4.3.4 以250 N/s的速度加荷直至试件破坏。记录最大破坏荷载P。

4.4 结果计算与评定

4.4.1 每个试件的抗折强度按式(2)计算,精确至0.1 MPa。

$$R_Z = \frac{3PL}{2BH^2} \qquad \cdots\cdots(2)$$

式中:R_Z——试件的抗折强度,MPa;

P——破坏荷载,N;

L——抗折支座上两钢棒轴心间距,mm;

B——试件宽度,mm;

H——试件高度,mm。

4.4.2 试验结果以五个试件抗折强度的算术平均值和单块最小值表示,精确至0.1 MPa。

5 块体密度和空心率试验

5.1 设备

5.1.1 磅秤:最大称量50 kg,感量0.05 kg。

5.1.2 水池或水箱。

5.1.3 水桶:大小应能悬浸一个主规格的砌块。

5.1.4 吊架:见图5。

5.1.5 电热鼓风干燥箱。

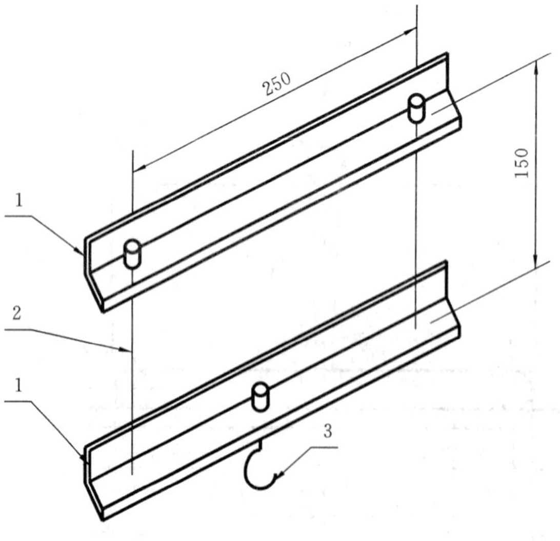

1—角钢(30 mm×30 mm);2—拉筋;3—钩子(与两端拉筋等距离)

图5 吊架　　单位:mm

5.2　试件数量

试件数量为三个砌块。

5.3　试验步骤

5.3.1　按 2.2.1 的方法测量试件的长度、宽度、高度、分别求出各个方向的平均值，计算每个试件的体积 V，精确至 0.001 m^3。

5.3.2　将试件放入电热鼓风干燥箱内，在(105±5)℃温度下至少干燥 24 h，然后每间隔 2 h 称量一次，直至两次称量之差不超过后一次称量的 0.2%为止。

5.3.3　待试件在电热鼓风干燥箱内冷却至与室温之差不超过 20℃后取出，立即称其绝干质量 m，精确至 0.05 kg。

5.3.4　将试件浸入室温 15～25℃的水中，水面应高出试件 20 mm 以上，24 h 后将其分别移到水桶中，称出试件的悬浸质量 m_1，精确至 0.05 kg。

5.3.5　称取悬浸质量的方法如下：将磅秤置于平稳的支座上，在支座的下方与磅秤中线重合处放置水桶。在磅秤底盘上放置吊架，用铁丝把试件悬挂在吊架上，此时试件应离开水桶的底面且全部浸泡在水中。将磅秤读数减去吊架和铁丝的质量，即为悬浸质量。

5.3.6　将试件从水中取出，放在铁丝网架上滴水 1 min，再用拧干的湿布拭去内、外表面的水，立即称其面干潮湿状态的质量 m_2，精确至 0.05 kg。

5.4　结果计算与评定

5.4.1　每个试件的块体密度按式(3)计算，精确至 10 kg/m^3。

$$\gamma = \frac{m}{V} \qquad \cdots\cdots(3)$$

式中：γ——试件的块体密度，kg/m^3；

m——试件的绝干质量，kg；

V——试件的体积，m^3。

块体密度以三个试件块体密度的算术平均值表示。精确至 10 kg/m^3。

5.4.2　每个试件的空心率按式(4)计算，精确至 1%：

$$K_\gamma = \left(1 - \frac{\frac{m_2 - m_1}{d}}{V}\right) \times 100 \qquad \cdots\cdots(4)$$

式中：K_γ——试件的空心率，%；

m_1——试件的悬浸质量，kg；

m_2——试件面干潮湿状态的质量，kg；

V——试件的体积，m^3；

d——水的密度，1 000 kg/m^3。

砌块的空心率以三个试件空心率的算术平均值表示。精确至 1%。

6　含水率、吸水率和相对含水率试验

6.1　设备

6.1.1　电热鼓风干燥箱。

6.1.2　磅秤：最大称量 50 kg，感量 0.05 kg。

6.1.3　水池或水箱。

6.2　试件数量

试件数量为三个砌块。试件如需运至远离取样处试验，则在取样后应立即用塑料袋包装密封。

6.3　试验步骤

6.3.1　试件取样后立即称取其质量 m_0。如试件用塑料袋密封运输，则在拆袋前先将试件连同包装袋一

起称量，然后减去包装袋的质量(袋内如有试件中析出的水珠，应将水珠拭干)，即得试件在取样时的质量，精确至 0.05 kg。

6.3.2 按 5.3.2、5.3.3 的方法将试件烘干至恒重，称取其绝干质量 m。

6.3.3 将试件浸入室温 15～25 ℃的水中，水面应高出试件 20 mm 以上。24 h 后取出，按 5.3.6 的规定称量试件面干潮湿状态的质量 m_2，精确至 0.05 kg。

6.4 结果计算与评定

6.4.1 每个试件的含水率按式(5)计算，精确至 0.1%。

$$W_1 = \frac{m_0 - m}{m} \qquad \cdots\cdots(5)$$

式中：W_1——试件的含水率，%；

m_0——试件在取样时的质量，kg；

m——试件的绝干质量，kg。

砌块的含水率以三个试件含水率的算术平均值表示。精确至 0.1%。

6.4.2 每个试件的吸水率按式(6)计算，精确至 0.1%：

$$W_2 = \frac{m_2 - m}{m} \times 100 \qquad \cdots\cdots(6)$$

式中：W_2——试件的吸水率，%；

m_2——试件面干潮湿状态的质量，kg；

m——试件的绝干质量，kg。

砌块的吸水率以三个试件吸水率的算术平均值表示。精确至 0.1%。

6.4.3 砌块的相对含水率按式(7)计算，精确至 0.1%：

$$W = \frac{\overline{W}_1}{\overline{W}_2} \times 100 \qquad \cdots\cdots(7)$$

式中：W——砌块的相对含水率，%；

$\overline{W}_1$——砌块出厂时的含水率，%；

$\overline{W}_2$——砌块的吸水率，%。

7 干燥收缩试验

7.1 设备和仪器

7.1.1 手持应变仪，标距 250 mm。

7.1.2 电热鼓风干燥箱。

7.1.3 水池或水箱。

7.1.4 测长头：由不锈钢或黄铜制成，见图 6。

7.1.5 冷却干燥箱：可用铁皮焊接，尺寸应为 650 mm×600 mm×220 mm(长×宽×高)，盖子宜紧密。

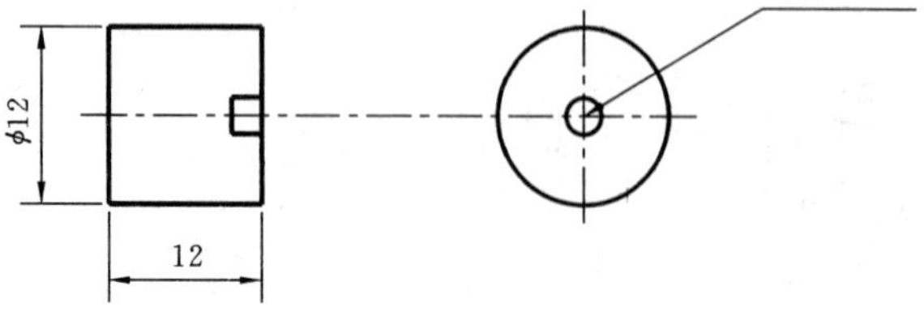

图 6 测长头

7.2 试件

7.2.1 试件每组为三个砌块。

7.2.2 用硅酸盐水泥;水泥-水玻璃浆或环氧树脂在每个试件任一条面的二分之一高度处沿水平方向粘上两个测长头。间距为 250 mm。

7.3 试验步骤

7.3.1 将测长头粘结牢固后的试件浸入室温 15～25℃的水中,水面高出试件 20 mm 以上,浸泡 4 d。但在测试前 4 h 水温应保持为(20±3)℃。

7.3.2 将试件从水中取出,放在铁丝网架上滴水 1 min,再用拧干的湿布拭去内外表面的水,立即用手持应变仪测量两个测长头之间的初始长度 L,精确至 0.001 mm。手持应变仪在测长前需用标准杆调整或校核,要求每组试件在 15 min 内测完。

7.3.3 将试件静置在室内,2 d 后放入温度(50±3)℃的电热鼓风干燥箱内,湿度用放在浅盘中的氯化钙过饱和溶液控制,当电热鼓风干燥箱容量为 1 m^3 时,溶液暴露面积应不小于 0.3 m^2,氯化钙固体应始终露出液面。

7.3.4 试件在电热鼓风干燥箱中干燥 3 d 后取出,放入室温为(20±3)℃的冷却干燥箱内,冷却 3 h 后用手持应变仪测长一次。

7.3.5 将试件放回电热鼓风干燥箱进行第二周期的干燥。第二周期的干燥及以后各周期的干燥延续时间均为 2 d。干燥结束后再按 7.3.4 的规定冷却和测长。为保证干燥均匀,试件在冷却和测长后再放入电热鼓风干燥箱时,应变换一下位置。

反复进行烘干和测长,直到试件长度达到稳定。长度达到稳定系指试件在上述温、湿度条件下连续干燥三个周期后,三个试件长度变化的平均值不超过 0.005 mm。此时的长度即为干燥后的长度 L_0。

7.4 结果计算与评定

7.4.1 每个试件的干燥收缩值,按式(8)计算,精确至 0.01 mm/m。

$$S = \frac{L - L_0}{L_0} \times 1\,000 \qquad \cdots\cdots(8)$$

式中:S——试件干燥收缩值,mm/m;

L——试件的初始长度,mm;

L_0——试件干燥后的长度,mm。

7.4.2 砌块的干燥收缩值以三个试件干燥收缩值的算术平均值表示,精确至 0.01 mm/m。

8 软化系数试验

8.1 设备

8.1.1 抗压强度试验设备同 3.1。

8.1.2 水池或水箱。

8.2 试件

8.2.1 试件数量为两组十个砌块。

8.2.2 试件表面处理按 3.2.2、3.2.3 的规定进行。

8.3 试验步骤

8.3.1 从经过表面处理和静置 24 h 后的两组试件中,任取一组五个试件浸入室温 15～25℃的水中,水面高出试件 20 mm 以上,浸泡 4 d 后取出,在铁丝网架上滴水 1 min,再用拧干的湿布拭去内、外表面的水。

8.3.2 将五个饱和面干的试件和其余五个气干状态的对比试件按 3.3 的规定进行抗压强度试验。

8.4 结果计算与评定

8.4.1 砌块的软化系数按式(9)计算,精确至 0.01;

$$K_f = \frac{R_f}{R} \qquad \cdots\cdots(9)$$

式中：K_f——砌块的软化系数；

R_f——五个饱和面干试件的平均抗压强度，MPa；

R——五个气干状态的对比试件的平均抗压强度，MPa。

9 碳化系数试验

9.1 设备、仪器和试剂

9.1.1 二氧化碳钢瓶。

9.1.2 碳化箱：可用铁板制作，大小应能容纳分两层放置七个试件，盖子宜紧密。

9.1.3 二氧化碳气体分析仪。

9.1.4 1%酚酞乙醇溶液：用浓度为70%的乙醇配制。

9.1.5 抗压强度试验设备同3.1。

9.1.6 碳化装置的连接见图7。

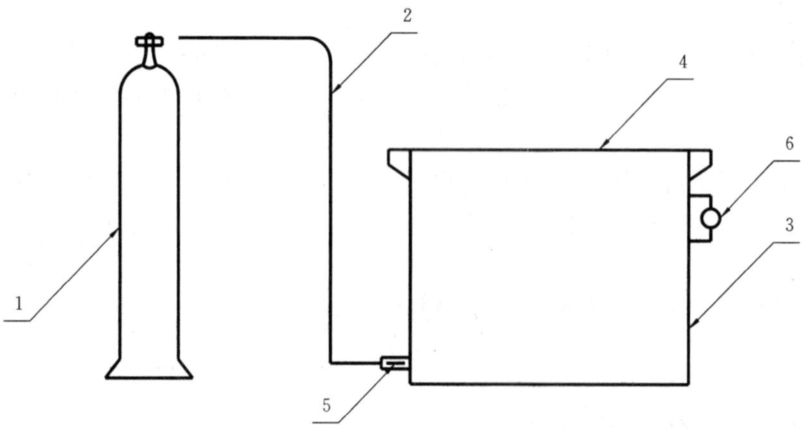

1—二氧化碳钢瓶；2—通气橡皮管；

3—碳化箱；4—箱盖；5—进气口；6—接气体分析仪

图7 碳化装置示意图

9.2 试件

9.2.1 试件数量为两组12个砌块。一组五块为对比试件，一组七块为碳化试件，其中两块用于测试碳化情况。

9.2.2 试件表面处理按3.2.2和3.2.3的规定进行。表面处理后应将试件孔洞处的砂浆层打掉。

9.3 试验步骤

9.3.1 将七个碳化试件放入碳化箱内，试件间距不得小于20 mm。

9.3.2 将二氧化碳气体通入碳化箱内，用气体分析仪控制箱内的二氧化碳浓度在(20±3)%。碳化过程中如箱内湿度太大，应采取排湿措施。

9.3.3 碳化7 d后，每天将同一个试件的局部劈开，用1%的酚酞乙醇溶液检查碳化深度，当试件中心不显红色时，则认为箱中所有试件全部碳化。

9.3.4 将已全部碳化的五个试件和五个对比试件按3.3的规定进行抗压强度试验。

9.4 结果计算与评定

9.4.1 砌块的碳化系数按式(10)计算，精确至0.01。

$$K_c = \frac{R_c}{R} \qquad \cdots\cdots(10)$$

式中：K_c——砌块的碳化系数；

R_c——五个碳化后试件的平均抗压强度，MPa；

R——五个对比试件的平均抗压强度，MPa。

10 抗冻性试验

10.1 设备

10.1.1 冷冻室或低温冰箱：最低温度能达到－20℃。

10.1.2 水池或水箱。

10.1.3 抗压强度试验设备同3.1。

10.2 试件

试件数量为两组十个砌块。

10.3 试验步骤

10.3.1 分别检查十个试件的外表面，在缺陷处涂上油漆，注明编号，静置待干。

10.3.2 将一组五个冻融试件浸入10～20℃的水池或水箱中，水面应高出试件20 mm以上，试件间距不得小于20 mm。另一组五个试件作对比试验。

10.3.3 浸泡4 d后从水中取出试件，在支架上滴水1 min，再用拧干的湿布拭去内、外表面的水，立即称量试件饱和面干状态的质量m_3，精确至0.05 kg。

10.3.4 将五个冻融试件放入预先降至－15℃的冷冻室或低温冰箱中，试件应放置在断面为20 mm×20 mm的木条制作的格栅上，孔洞向上，间距不小于20 mm。当温度再次降至－15℃时开始计时。冷冻4 h后将试件取出，再置于水温为10～20℃的水池或水箱中融化2 h。这样一个冷冻和融化的过程即为一个冻融循环。

10.3.5 每经5次冻融循环，检查一次试件的破坏情况，如开裂、缺棱、掉角、剥落等，并做出记录。

10.3.6 在完成规定次数的冻融循环后，将试件从水中取出，按10.3.3的方法称量试件冻融后饱和面干状态的质量m_4。

10.3.7 冻融试件静置24 h后与对比试件一起按3.2.2、3.2.3的方法作表面处理，在表面处理完24 h后，按10.3.2、10.3.3和3.3的方法进行泡水和抗压强度试验。

10.4 结果计算与评定

10.4.1 报告五个冻融试件的外观检查结果。

10.4.2 砌块的抗压强度损失率按式(11)计算，精确至1%。

$$K_R = \frac{R_f - R_R}{R_f} \times 100 \qquad \cdots\cdots(11)$$

式中：K_R——砌块的抗压强度损失率，%；

R_f——五个未冻融试件的平均抗压强度，MPa；

R_R——五个冻融试件的平均抗压强度，MPa。

10.4.3 每个试件冻融后的质量损失率按式(12)计算，精确至0.1%。

$$K_m = \frac{m_3 - m_4}{m_3} \times 100 \qquad \cdots\cdots(12)$$

式中：K_m——试件的质量损失率，%；

m_3——试件冻融前的质量，kg；

m_4——试件冻融后的质量，kg。

砌块的质量损失率以五个冻融试件质量损失率的算术平均值表示，精确至0.1%。

10.4.4 抗冻性以冻融试件的抗压强度损失率、质量损失率和外观检验结果表示。

11 抗渗性试验

11.1 设备

11.1.1 抗渗装置见图8。

11.1.2 水池或水箱。

11.2 试件

11.2.1 试件数量为三个砌块。

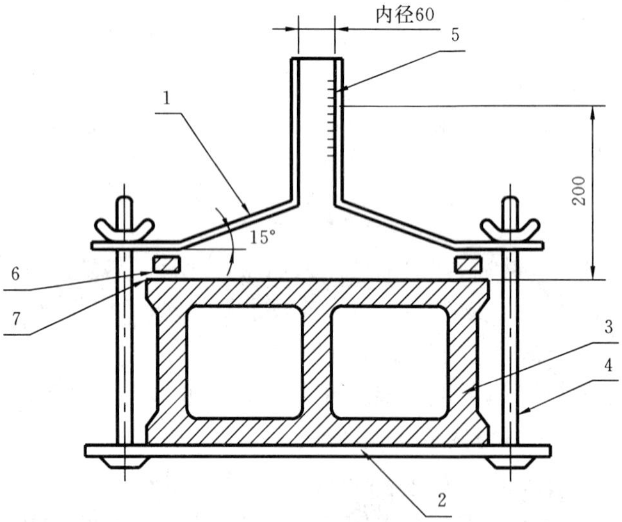

1—上盖板；2—下托板；3—试件；4—紧固螺栓；5—带有刻度的玻璃管；

6—橡胶海棉或泡沫橡胶条，厚 100 mm，宽 20 mm；7—20 mm 周边处涂黄油或其他密封材料

图 8 抗渗装置示意图

11.2.2 将试件浸入室温 15～25℃的水中，水面应高出试件 20 mm 以上，2 h 后将试件从水中取出，放在铁丝网架上滴水 1 min，再用拧干的湿布拭去内、外表面的水。

11.3 试验步骤

11.3.1 将试件放在抗渗装置中，使孔洞成水平状态（见图 8）。在试件周边 20 mm 宽度处涂上黄油或其他密封材料，再铺上橡胶条，拧紧紧固螺栓，将上盖板压紧在试件上，使周边不漏水。

11.3.2 在 30 s 内往玻璃筒内加水，使水面高出试件上表面 200 mm。

11.3.3 自加水时算起 2 h 后测量玻璃筒内水面下降的高度。

11.4 结果评定

11.4.1 按三个试件上玻璃筒内水面下降的最大高度来评定。

12 试验报告

试验报告内容应包括

a）受检单位；

b）试样名称、编号、数量及规格尺寸；

c）送（抽）样日期；

d）检验项目；

e）依据标准；

f）检验类别；

g）试验结果与评定；

h）报告编号及报告日期；

i）检验单位与试验审核人员和单位技术负责人签章。

中华人民共和国国家标准

GB 8239—1997

普通混凝土小型空心砌块

代替 GB 8239—87

Normal concrete small hollow block

1 范围

本标准规定了普通混凝土小型空心砌块的产品分类、技术要求、试验方法、检验规则、运输和堆放等。

本标准适用于工业与民用建筑用普通混凝土小型空心砌块(以下简称砌块)。

2 引用标准

下列标准所包含的条文,通过在本标准中引用而构成为本标准的条文。本标准出版时,所示版本均为有效,所有标准都会被修订,使用本标准的各方应探讨使用下列标准最新版本的可能性。

GB/T 175—92　硅酸盐水泥,普通硅酸盐水泥

GB/T 1344—92　矿渣硅酸盐水泥、火山灰质硅酸盐水泥及粉煤灰硅酸盐水泥

GB/T 4111—1997　混凝土小型空心砌块试验方法

GB 8076—1997　混凝土外加剂

GB 12958—91　复合硅酸盐水泥

GB/T 14684—93　建筑用砂

GB/T 14685—93　建筑用卵石碎石

YBJ 20584—84　混凝土用高炉重矿渣碎石技术条件

3 砌块各部位名称

砌块各部位名称见图1。

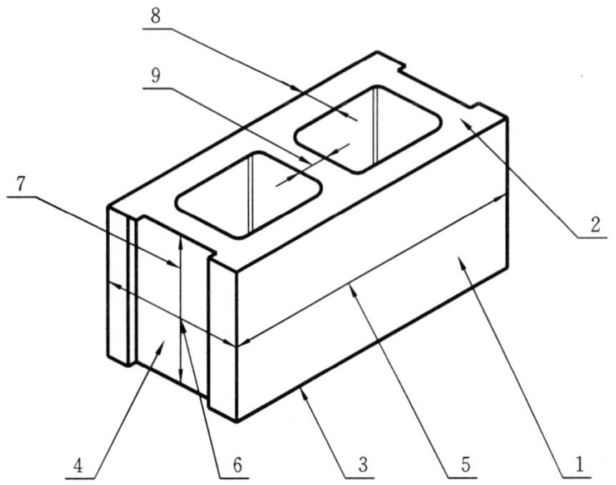

1—条面;2—坐浆面(肋厚较小的面);3—铺浆面(肋厚较大的面);
4—顶面;5—长度;6—宽度;7—高度;8—壁;9—肋

图1　砌块各部位的名称

国家技术监督局1997-05-06批准　　1997-11-01实施

4 等级和标记

4.1 等级

4.1.1 按其尺寸偏差,外观质量分为:优等品(A),一等品(B)及合格品(C)。

4.1.2 按其强度等级分为:MU3.5,MU5.0,MU7.5,MU10.0,MU15.0,MU20.0。

4.2 标记

4.2.1 按产品名称(代号NHB)、强度等级、外观质量等级和标准编号的顺序进行标记。

4.2.2 标记示例

强度等级为MU7.5,外观质量为优等品(A)的砌块,其标记为:

NHB MU7.5A GB 8239

5 原材料

5.1 水泥:宜采用符合GB/T 175、GB/T 1344、GB 12958规定的水泥。

5.2 细集料:应符合GB/T 14684的规定。

5.3 粗集料:可采用碎石、卵石和重矿渣,碎石、卵石应符合GB/T 14685的规定,重矿渣应符合YBJ 20584的规定,其最大粒径为10 mm。如采用石屑等破碎石材,小于0.15 mm的细石粉含量不应大于20%。

5.4 外加剂:应符合GB 8076的规定。

6 技术要求

6.1 规格:

6.1.1 规格尺寸

主规格尺寸为390 mm×190 mm×190 mm,其他规格尺寸可由供需双方协商。

6.1.2 最小外壁厚应不小于30 mm,最小肋厚应不小于25 mm。

6.1.3 空心率应不小于25%。

6.1.4 尺寸允许偏差应符合表1要求

表1 尺寸允许偏差 mm

项目名称	优等品(A)	一等品(B)	合格品(C)
长度	±2	±3	±3
宽度	±2	±3	±3
高度	±2	±3	+3 −4

6.2 外观质量应符合表2规定。

表2 外观质量

项目名称		优等品(A)	一等品(B)	合格品(C)
弯曲,mm 不大于		2	2	3
掉角缺棱	个数,个 不多于	0	2	2
掉角缺棱	三个方向投影尺寸的最小值,mm 不大于	0	20	30
裂纹延伸的投影尺寸累计,mm 不大于		0	20	30

6.3 强度等级应符合表3的规定。

表 3 强度等级

MPa

强度等级	砌块抗压强度	
	平均值不小于	单块最小值不小于
MU3.5	3.5	2.8
MU5.0	5.0	4.0
MU7.5	7.5	6.0
MU10.0	10.0	8.0
MU15.0	15.0	12.0
MU20.0	20.0	16.0

6.4 相对含水率应符合表 4 规定。

表 4 相对含水率

%

使用地区	潮湿	中等	干燥
相对含水率不大于	45	40	35
注：潮湿——系指年平均相对湿度大于 75%的地区； 中等——系指年平均相对湿度 50%～75%的地区； 干燥——系指年平均相对湿度小于 50%的地区			

6.5 抗渗性：用于清水墙的砌块，其抗渗性应满足表 5 的规定。

表 5 抗渗性

mm

项目名称	指 标
水面下降高度	三块中任一块不大于 10

6.6 抗冻性：应符合表 6 的规定。

表 6 抗冻性

使用环境条件		抗冻标号	指 标
非采暖地区		不规定	—
采暖地区	一般环境	D15	强度损失≤25% 质量损失≤5%
	干湿交替环境	D25	
注：非采暖地区指最冷月份平均气温高于－5℃的地区； 采暖地区指最冷月份平均气温低于或等于－5℃的地区			

7 试验方法

试验方法按 GB/T 4111 进行。

8 检验规则

8.1 检验分类

8.1.1 出厂检验：检验项目为：尺寸偏差、外观质量、强度等级、相对含水率，用于清水墙的砌块尚应检验抗渗性。

8.1.2 型式检验:检验项目为技术要求中的全部项目

有下列情况之一者,必须进行型式检验:

——新产品的试制定型鉴定;

——正常生产后,原材料、配比及生产工艺改变时;

——正常生产经过半年时;

——产品停产三个月以上恢复生产时;

——出厂检验结果与上次型式检验有较大差异时;

——国家质量监督机构提出进行型式检验要求时。

8.2 组批规则

砌块按外观质量等级和强度等级分批验收。它以同一种原材料配制成的相同外观质量等级、强度等级和同一工艺生产的10 000块砌块为一批,每月生产的块数不足10 000块者亦按一批。

8.3 抽样规则

8.3.1 每批随机抽取32块做尺寸偏差和外观质量检验。

8.3.2 从尺寸偏差和外观质量检验合格的砌块中抽取如下数量进行其他项目检验。

a) 强度等级　　5块;

b) 相对含水率　　3块;

c) 抗渗性　　3块;

d) 抗冻性　　10块;

e) 空心率　　3块。

8.4 判定规则

8.4.1 若受检砌块的尺寸偏差和外观质量均符合表1和表2的相应指标时,则判该砌块符合相应等级。

8.4.2 若受检的32块砌块中,尺寸偏差和外观质量的不合格数不超过7块时,则判该批砌块符合相应等级。

8.4.3 当所有项目的检验结果均符合本标准中第6章各项技术要求的等级时,则判该批砌块为相应等级。

9 产品合格证、堆放和运输

9.1 砌块出厂时,生产厂应提供产品质量合格证书,其内容包括:

a) 厂名和商标;

b) 批量编号和砌块数量(块);

c) 产品标记和检验结果;

d) 合格证编号;

e) 检验部门和检验人员签章。

9.2 砌块应按规格、等级分批分别堆放,不得混杂。

9.3 砌块堆放运输及砌筑时应有防雨措施。

9.4 砌块装卸时,严禁碰撞、扔摔;应轻码轻放,不许翻斗倾卸。

ICS 91.100.30
Q 14

中华人民共和国国家标准

GB 11968—2006
代替 GB/T 11968—1997

蒸压加气混凝土砌块

Autoclaved aerated concrete blocks

2006-02-20 发布　　2006-12-01 实施

中华人民共和国国家质量监督检验检疫总局
中国国家标准化管理委员会　发布

前　言

本标准的第6章为强制性的,其余为推荐性的。

本标准参考了德国DIN 4165:1996-11《蒸压加气混凝土砌块和精密砌块》、日本JIS A 5416:1997《蒸压加气混凝土板》、英国BS EN 771-4:2003《蒸压加气混凝土建筑砌块》、俄罗斯ГОСТ 25485《多孔混凝土技术条件》、ГОСТ 21520《多孔混凝土小型墙砌块》、法国NFP 14-306《蒸压加气混凝土墙砌块》等相关标准。

本标准代替GB/T 11968—1997《蒸压加气混凝土砌块》。本标准与GB/T 11968—1997相比,主要差异在于:

——取消了一等品等级,相应提高了优等品和合格品的尺寸允许偏差要求。

——对砌块外观质量提出更高的要求,规定了缺棱掉角个数和裂纹条数,同时不允许砌块出现平面弯曲缺陷。

——提高了优等品的抗冻性要求。

本标准由中国建筑材料工业协会提出。

本标准由全国水泥制品标准化技术委员会归口。

本标准负责起草单位:中国新型建筑材料公司常州建筑材料研究设计所、中国加气混凝土协会。

本标准参加起草单位:北京市建筑设计研究院、国家建筑材料工业硅酸盐建筑制品质量监督检验测试中心、北京市加气混凝土厂、北京市现代建筑材料公司、上海伊通有限公司、南通市支云硅酸盐制品有限公司、东莞虎门摩天建材实业公司、新疆建工集团红雁建材有限责任公司、武汉市春笋新型墙体材料有限公司。

本标准主要起草人:陶有生、鲍俊海、齐子刚、程安宁、姜勇、徐白露、郑华道。

本标准所代替标准的历次版本发布为:

——GB 11968—1989、GB/T 11968—1997。

本标准委托中国新型建筑材料公司常州建筑材料研究设计所负责解释。

蒸压加气混凝土砌块

1 范围

本标准规定了蒸压加气混凝土砌块的术语和定义、产品分类、原材料、要求、检验方法、检验规则及产品质量说明书、堆放、运输。

本标准适用于民用与工业建筑物承重和非承重墙体及保温隔热使用的蒸压加气混凝土砌块(以下简称砌块、代号为 ACB)。

2 规范性引用文件

下列标准包含的条款,通过在本标准中引用而成为本标准的条款。凡是注明日期的引用文件,其随后所有的修改单(不包括勘误的内容)或修订版均不适用于本标准,然而,鼓励根据本标准达成协议的各方,研究是否可使用这些文件的最新版本。凡是不注明日期的引用文件,其最新版本均适用于本标准。

GB 175 硅酸盐水泥、普通硅酸盐水泥

GB 6566 建筑材料放射性核素限量

GB/T 10294 绝热材料稳态热阻及有关特性的测定 防护热板法

GB/T 11969—1997 加气混凝土性能试验方法总则

GB/T 11970—1997 加气混凝土体积密度、含水率和吸水率试验方法

GB/T 11971—1997 加气混凝土力学性能试验方法

GB/T 11972—1997 加气混凝土干燥收缩试验方法

GB/T 11973—1997 加气混凝土抗冻性试验方法

JC/T 407 加气混凝土用铝粉膏

JC/T 409 硅酸盐建筑制品用粉煤灰

JC/T 621 硅酸盐建筑制品用生石灰

JC/T 622 硅酸盐建筑制品用砂

3 术语和定义

下列术语及标准定义适用于本标准。

干密度 dry density

砌块试件在 105℃温度下烘至恒质测得的单位体积的质量。

4 产品分类

4.1 规格

砌块的规格尺寸见表 1。

表 1 砌块的规格尺寸

单位为毫米

长度 L	宽度 B	高度 H
600	100 120 125 150 180 200 240 250 300	200 240 250 300
注:如需要其他规格,可由供需双方协商解决。		

4.2 砌块按强度和干密度分级。

强度级别有：A1.0，A2.0，A2.5，A3.5，A5.0，A7.5，A10 七个级别。

干密度级别有：B03，B04，B05，B06，B07，B08 六个级别。

4.3 砌块等级

砌块按尺寸偏差与外观质量、干密度、抗压强度和抗冻性分为：优等品(A)、合格品(B)二个等级。

4.4 砌块产品标记

示例：强度级别为 A3.5、干密度级别为 B05、优等品、规格尺寸为 600 mm×200 mm×250 mm 的蒸压加气混凝土砌块，其标记为：

ACB　A3.5　B05　600×200×250A　GB 11968

5 原材料

5.1 水泥应符合 GB 175 的规定。

5.2 生石灰应符合 JC/T 621 的规定。

5.3 粉煤灰应符合 JC/T 409 的规定。

5.4 砂应符合 JC/T 622 的规定。

5.5 铝粉应符合 JC/T 407 的规定。

5.6 石膏、外加剂应符合相应标准规定。

5.7 掺用工业废渣时，废渣的放射性水平应符合 GB 6566 的规定。

6 要求

6.1 砌块的尺寸允许偏差和外观质量应符合表 2 的规定。

6.2 砌块的抗压强度应符合表 3 的规定。

6.3 砌块的干密度应符合表 4 的规定。

6.4 砌块的强度级别应符合表 5 的规定。

6.5 砌块的干燥收缩、抗冻性和导热系数(干态)应符合表 6 的规定。

表 2 尺寸偏差和外观

项目				指标	
				优等品(A)	合格品(B)
尺寸允许偏差/mm		长度	L	±3	±4
		宽度	B	±1	±2
		高度	H	±1	±2
缺棱掉角	最小尺寸不得大于/mm			0	30
	最大尺寸不得大于/mm			0	70
	大于以上尺寸的缺棱掉角个数，不多于/个			0	2
裂纹长度	贯穿一棱二面的裂纹长度不得大于裂纹所在面的裂纹方向尺寸总和的			0	1/3
	任一面上的裂纹长度不得大于裂纹方向尺寸的			0	1/2
	大于以上尺寸的裂纹条数，不多于/条			0	2
爆裂、粘模和损坏深度不得大于/mm				10	30
平面弯曲				不允许	
表面疏松、层裂				不允许	
表面油污				不允许	

表 3　砌块的立方体抗压强度

单位为兆帕斯卡

强度级别	立方体抗压强度	
	平均值不小于	单组最小值不小于
A1.0	1.0	0.8
A2.0	2.0	1.6
A2.5	2.5	2.0
A3.5	3.5	2.8
A5.0	5.0	4.0
A7.5	7.5	6.0
A10.0	10.0	8.0

表 4　砌块的干密度

单位为千克每立方米

干密度级别		B03	B04	B05	B06	B07	B08
干密度	优等品(A)≤	300	400	500	600	700	800
	合格品(B)≤	325	425	525	625	725	825

表 5　砌块的强度级别

干密度级别		B03	B04	B05	B06	B07	B08
强度级别	优等品(A)	A1.0	A2.0	A3.5	A5.0	A7.5	A10.0
	合格品(B)			A2.5	A3.5	A5.0	A7.5

表 6　干燥收缩、抗冻性和导热系数

干密度级别			B03	B04	B05	B06	B07	B08
干燥收缩值[a]	标准法/(mm/m) ≤		0.50					
	快速法/(mm/m) ≤		0.80					
抗冻性	质量损失/% ≤		5.0					
	冻后强度/MPa ≥	优等品(A)	0.8	1.6	2.8	4.0	6.0	8.0
		合格品(B)			2.0	2.8	4.0	6.0
导热系数(干态)/[W/(m·K)] ≤			0.10	0.12	0.14	0.16	0.18	0.20

[a] 规定采用标准法、快速法测定砌块干燥收缩值，若测定结果发生矛盾不能判定时，则以标准法测定的结果为准。

7　检验方法

7.1　尺寸、外观检测方法

7.1.1　量具：采用钢直尺、钢卷尺、深度游标卡尺，最小刻度为 1 mm。

7.1.2　尺寸测量：长度、高度、宽度分别在两个对应面的端部测量，各量二个尺寸(见图 1)。测量值大于规格尺寸的取最大值，测量值小于规格尺寸的取最小值。

7.1.3　缺棱掉角：缺棱或掉角个数，目测；测量砌块破坏部分对砌块的长、高、宽三个方向的投影面积尺寸(见图 2)。

7.1.4　裂纹：裂纹条数，目测；长度以所在面最大的投影尺寸为准，如图 3 中 l。若裂纹从一面延伸至另一面，则以两个面上的投影尺寸之和为准，如图 3 中$(b+h)$和$(l+h)$。

7.1.5　平面弯曲:测量弯曲面的最大缝隙尺寸(见图 4)。

7.1.6　爆裂、粘模和损坏深度:将钢直尺平放在砌块表面,用深度游标卡尺垂直于钢直尺,测量其最大深度。

7.1.7　砌块表面油污、表面疏松、层裂:目测。

7.2　物理力学性能试验方法

7.2.1　立方体抗压强度的试验按 GB/T 11971—1997 的规定进行。

7.2.2　干密度的试验按 GB/T 11970—1997 的规定进行。

7.2.3　干燥收缩值的试验按 GB/T 11972—1997 的规定进行。

7.2.4　抗冻性的试验按 GB/T 11973—1997 的规定进行。

7.2.5　导热系数的试验按 GB/T 10294 的规定进行。取样方法按 GB/T 11969—1997 的规定进行。

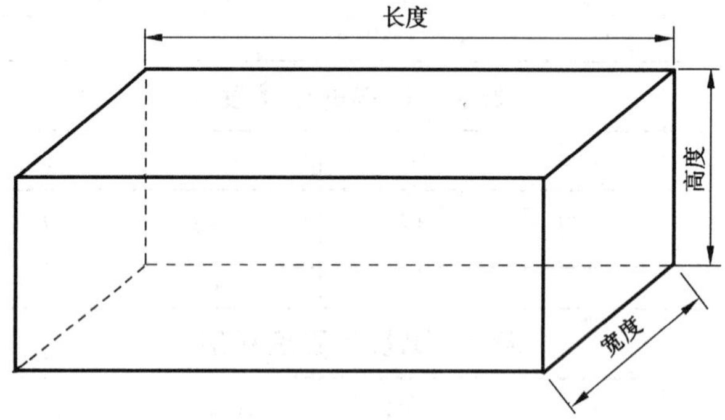

图 1　尺寸测量示意图

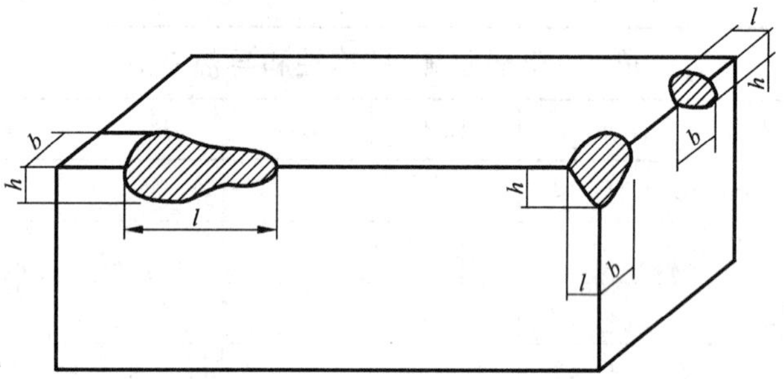

l——长度方向的投影尺寸;
h——高度方向的投影尺寸;
b——宽度方向的投影尺寸。

图 2　缺棱掉角测量示意图

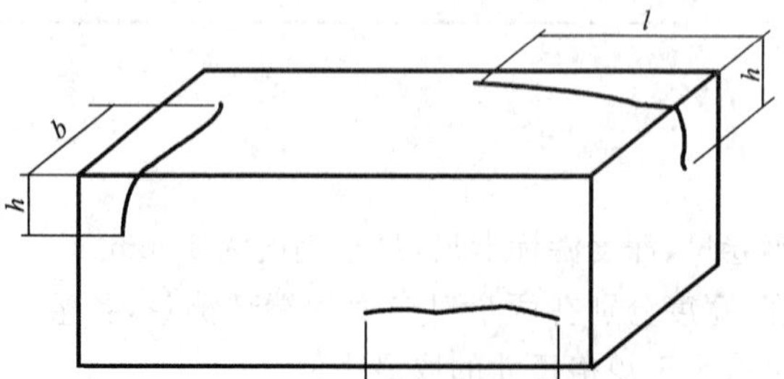

l——长度方向的投影尺寸;
h——高度方向的投影尺寸;
b——宽度方向的投影尺寸。

图 3　裂纹长度测量示意图

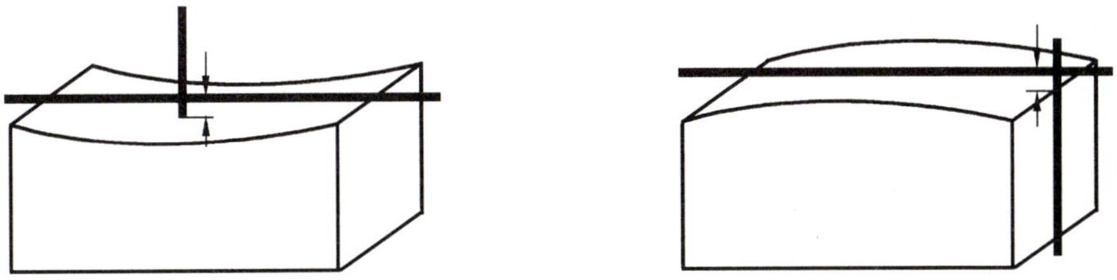

图 4 平面弯曲测量示意图

8 检验规则

8.1 检验分类

检验分为出厂检验和型式检验。

8.2 出厂检验

8.2.1 检验项目

出厂检验的项目包括:尺寸偏差、外观质量、立方体抗压强度、干密度。

8.2.2 抽样规则

8.2.2.1 同品种、同规格、同等级的砌块,以 10 000 块为一批,不足 10 000 块亦为一批,随机抽取 50 块砌块,进行尺寸偏差、外观检验。

8.2.2.2 从外观与尺寸偏差检验合格的砌块中,随机抽取 6 块砌块制作试件,进行如下项目检验:

a) 干密度　　　　　3 组 9 块;

b) 强度级别　　　　3 组 9 块。

8.2.3 判定规则

8.2.3.1 若受检的 50 块砌块中,尺寸偏差和外观质量不符合表 2 规定的砌块数量不超过 5 块时,判定该批砌块符合相应等级;若不符合表 2 规定的砌块数量超过 5 块时,判定该批砌块不符合相应等级。

8.2.3.2 以 3 组干密度试件的测定结果平均值判定砌块的干密度级别,符合表 4 规定时则判定该批砌块合格。

8.2.3.3 以 3 组抗压强度试件测定结果按表 3 判定其强度级别。当强度和干密度级别关系符合表 5 规定,同时,3 组试件中各个单组抗压强度平均值全部大于表 5 规定的此强度级别的最小值时,判定该批砌块符合相应等级;若有 1 组或 1 组以上此强度级别的最小值时,判定该批砌块不符合相应等级。

8.2.3.4 出厂检验中受检验产品的尺寸偏差、外观质量、立方体抗压强度、干密度各项检验全部符合相应等级的技术要求规定时,判定为相应等级;否则降等或判定为不合格。

8.3 型式检验

8.3.1 有下列情况之一时,进行型式检验:

a) 新厂生产试制定型鉴定;

b) 正式生产后,原材料、工艺等有较大改变,可能影响产品性能时;

c) 正常生产时,每年应进行一次检查;

d) 产品停产三个月以上,恢复生产时;

e) 出厂检验结果与上次型式检验有较大差异时;

f) 国家质量监督机构提出进行型式检验的要求时。

8.3.2 型式检验项目包括:第 6 章中的所有指标。

8.3.3 抽样规则

8.3.3.1 在受检验的一批产品中,随机抽取 80 块砌块,进行尺寸偏差和外观检验。

8.3.3.2 从外观与尺寸偏差检验合格的砌块中,随机抽取 17 块砌块制作试件,进行如下项目检验:

a) 干密度 3 组 9 块；
b) 强度级别 5 组 15 块；
c) 干燥收缩 3 组 9 块；
d) 抗冻性 3 组 9 块；
e) 导热系数 1 组 2 块。

8.3.4 判定规则

8.3.4.1 若受检的 80 块砌块中，尺寸偏差和外观质量不符合表 2 规定的砌块数量不超过 7 块时，判定该批砌块符合相应等级；若不符合表 2 规定的砌块数量超过 7 块时，判定该批砌块不符合相应等级。

8.3.4.2 以 3 组干密度试件的测定结果平均值判定砌块的干密度级别，符合表 4 规定时则判定该批砌块合格。

8.3.4.3 以 5 组抗压强度试件测定结果按表 3 判定其强度级别。当强度和干密度级别关系符合表 5 规定，同时，5 组试件中各个单组抗压强度平均值全部大于表 5 规定的此强度级别的最小值时，判定该批砌块符合相应等级；若有 1 组或 1 组以上此强度级别的最小值时，判定该批砌块不符合相应等级。

8.3.4.4 干燥收缩测定结果，当其单组最大值符合表 6 规定时，判定该项合格。

8.3.4.5 抗冻性测定结果，当质量损失单组最大值和冻后强度单组最小值符合表 6 规定的相应等级时，判定该批砌块符合相应等级，否则判定不符合相应等级。

8.3.4.6 导热系数符合表 6 的规定，判定此项指标合格，否则判定该批砌块不合格。

8.3.4.7 型式检验中受检验产品的尺寸偏差、外观质量、立方体抗压强度、干密度、干燥收缩值、抗冻性、导热系数各项检验全部符合相应等级的技术要求规定时，判定为相应等级；否则降等或判定为不合格。

9 产品质量证明书

出厂产品应有产品质量证明书。证明书应包括：生产厂名、厂址、商标、产品标记、本批产品主要技术性能和生产日期。

10 堆放和运输

10.1 砌块应存放 5 天以上方可出厂。砌块贮存堆放应做到：场地平整，同品种、同规格、同等级，做好标记，整齐稳妥，宜有防雨措施。

10.2 产品运输时，宜成垛绑扎或有其他包装。保温隔热用产品必须捆扎加塑料薄膜封包。运输装卸时，宜用专用机具，严禁摔、掷、翻斗车自翻自卸货。

ICS 91.100.30
Q 14

中华人民共和国国家标准

GB/T 11969—2008
代替 GB/T 11969～11975—1997

蒸压加气混凝土性能试验方法

Test methods of autoclaved aerated concrete

2008-07-30 发布　　　　2009-03-01 实施

中华人民共和国国家质量监督检验检疫总局
中国国家标准化管理委员会　发布

前　言

本标准代替GB/T 11969—1997《加气混凝土性能试验方法总则》、GB/T 11970—1997《加气混凝土体积密度、含水率和吸水率试验方法》、GB/T 11971—1997《加气混凝土力学性能试验方法》、GB/T 11972—1997《加气混凝土干燥收缩试验方法》、GB/T 11973—1997《加气混凝土抗冻性试验方法》、GB/T 11974—1997《加气混凝土碳化试验方法》、GB/T 11975—1997《加气混凝土干湿循环试验方法》。

本标准与GB/T 11969～11975—1997相比，主要变化如下：

——修改了抗压强度试验的含水率要求。

——增加了干燥收缩特性曲线绘制方法。

本标准由中国建筑材料联合会提出。

本标准由全国水泥制品标准化技术委员会归口。

本标准主要起草单位：中国加气混凝土协会、中国新型建筑材料公司常州建材研究设计所。

本标准参加起草单位：上海伊通有限公司、北京市现代建筑材料有限公司、浙江开元新型墙体材料有限公司、爱舍(上海)新型建材有限公司、北京市加气混凝土有限公司。

本标准主要起草人：姜勇、苏宇峰、鲍俊海、齐子刚、程安宁、郑华道。

本标准委托中国加气混凝土协会解释。

本标准所代替标准的历次版本发布情况为：

——GB 11969—1989、GB/T 11969—1997；

——GB 11970—1989、GB/T 11970—1997；

——GB 11971—1989、GB/T 11971—1997；

——GB 11972—1989、GB/T 11972—1997；

——GB 11973—1989、GB/T 11973—1997；

——GB 11974—1989、GB/T 11974—1997；

——GB 11975—1989、GB/T 11975—1997。

蒸压加气混凝土性能试验方法

1 范围

本标准规定了蒸压加气混凝土的干密度、含水率、吸水率、力学性能(抗压强度、劈裂抗拉强度、抗折强度、轴心抗压强度、静力受压弹性模量)、干燥收缩、抗冻性、碳化、干湿循环的试验方法、结果评定和试验报告。

本标准适用于蒸压加气混凝土。

2 干密度、含水率和吸水率

2.1 仪器设备

2.1.1 电热鼓风干燥箱:最高温度 200 ℃。

2.1.2 托盘天平或磅秤:称量 2 000 g,感量 1 g。

2.1.3 钢板直尺:规格为 300 mm,分度值为 0.5 mm。

2.1.4 恒温水槽:水温 15 ℃～25 ℃。

2.2 试件

2.2.1 试件的制备,采用机锯或刀锯,锯切时不得将试件弄湿。

2.2.2 试件应沿制品发气方向中心部分上、中、下顺序锯取一组,“上”块上表面距离制品顶面 30 mm,“中”块在制品正中处,“下”块下表面离制品底面 30 mm。制品的高度不同,试件间隔略有不同,以高度 600 mm 的制品为例,试件锯取部位如图 1。

单位为毫米

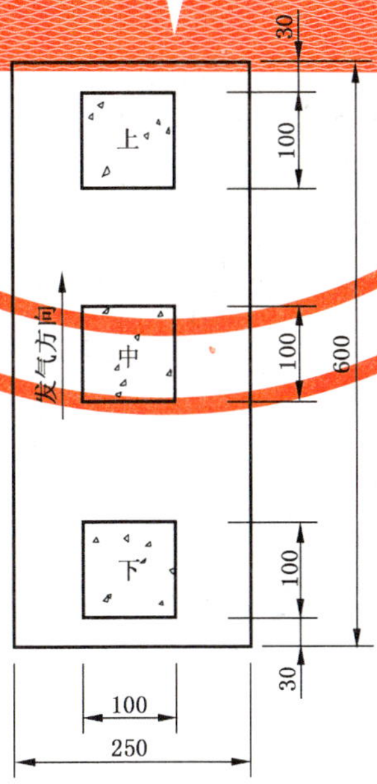

图 1 立方体试件锯取示意图(1)

2.2.3 试件表面必须平整,不得有裂缝或明显缺陷,尺寸允许偏差为±2 mm;试件应逐块编号,标明锯取部位和发气方向。

2.2.4 试件为 100 mm×100 mm×100 mm 正立方体,共二组 6 块。

2.3 干密度和含水率试验步骤

2.3.1 取试件一组3块，逐块量取长、宽、高三个方向的轴线尺寸，精确至1 mm，计算试件的体积；并称取试件质量M，精确至1 g。

2.3.2 将试件放入电热鼓风干燥箱内，在(60±5)℃下保温24 h，然后在(80±5)℃下保温24 h，再在(105±5)℃下烘至恒质(M_0)。恒质指在烘干过程中间隔4 h，前后两次质量差不超过试件质量的0.5%。

2.4 吸水率试验步骤

2.4.1 取另一组3块试件放入电热鼓风干燥箱内，在(60±5)℃下保温24 h，然后在(80±5)℃下保温24 h，再在(105±5)℃下烘至恒质(M_0)。

2.4.2 试件冷却至室温后，放入水温为(20±5)℃的恒温水槽内，然后加水至试件高度的1/3，保持24 h，再加水至试件高度的2/3，经24 h后，加水高出试件30 mm以上，保持24 h。

2.4.3 将试件从水中取出，用湿布抹去表面水分，立即称取每块质量(M_g)，精确至1 g。

2.5 结果计算与评定

2.5.1 干密度按式(1)计算：

$$r_0 = \frac{M_0}{V} \times 10^6 \qquad \cdots\cdots(1)$$

式中：

r_0——干密度，单位为千克每立方米(kg/m³)；

M_0——试件烘干后质量，单位为克(g)；

V——试件体积，单位为立方毫米(mm³)。

2.5.2 含水率按式(2)计算：

$$W_S = \frac{M - M_0}{M_0} \times 100 \qquad \cdots\cdots(2)$$

式中：

W_S——含水率，%；

M_0——试件烘干后质量，单位为克(g)；

M——试件烘干前质量，单位为克(g)。

2.5.3 吸水率按式(3)计算(以质量分数表示)：

$$W_R = \frac{M_g - M_0}{M_0} \times 100 \qquad \cdots\cdots(3)$$

式中：

W_R——吸水率，%；

M_0——试件烘干后质量，单位为克(g)；

M_g——试件吸水后质量，单位为克(g)。

2.5.4 结果按3块试件试验的算术平均值进行评定，干密度的计算精确至1 kg/m³，含水率和吸水率的计算精确至0.1%。

3 力学性能

3.1 仪器设备

3.1.1 材料试验机：精度(示值的相对误差)不应低于±2%，其量程的选择应能使试件的预期最大破坏荷载处在全量程的20%～80%范围内。

3.1.2 托盘天平或磅秤：称量2 000 g，感量1 g。

3.1.3 电热鼓风干燥箱：最高温度 200 ℃。

3.1.4 钢板直尺：规格为 300 mm，分度值为 0.5 mm。

3.1.5 劈裂抗拉钢垫条的直径为 75 mm，如图 2 所示。钢垫条与试件之间应垫以木质三合板垫层，垫层宽度应为(15～20)mm，厚(3～4)mm，长度不应短于试件边长，垫层不得重复使用。

单位为毫米

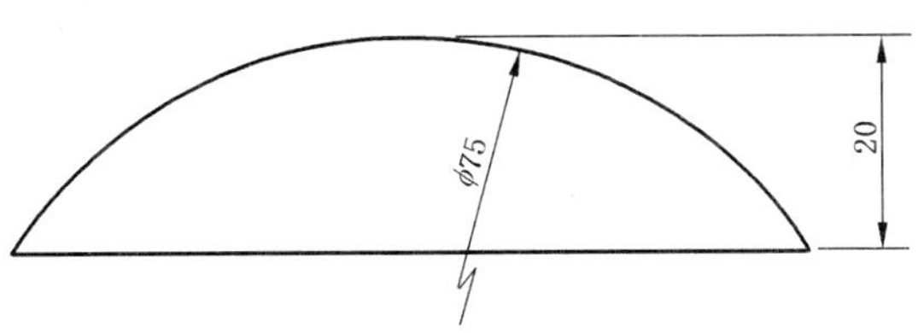

图 2 劈裂抗拉钢垫条

3.1.6 变形测量仪表：精度不应低于 0.001 mm，当使用镜式引伸仪时，允许精度不低于 0.002 mm。

3.2 试件

3.2.1 抗压、劈裂抗拉试件制备按 2.2.1、2.2.2 和 2.2.3 进行。

3.2.2 抗折试件制备按 2.2.1 和 2.2.3 在制品中心部分平行于制品发气方向锯取，试件锯取部位如图 3。

3.2.3 轴心抗压、弹性模量试件制备按 2.2.1、2.2.2 和 2.2.3 进行，试件锯取部位如图 4。

单位为毫米

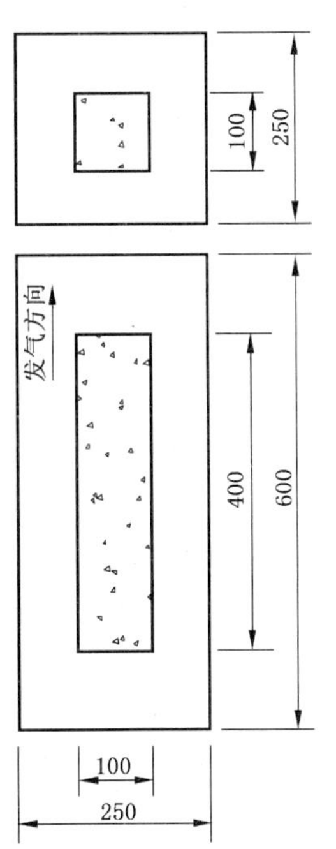

图 3 抗折强度试件锯取示意图

单位为毫米

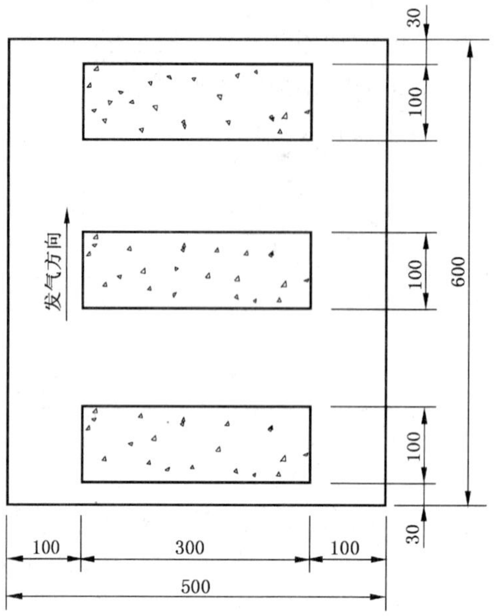

图 4 轴心抗压、弹性模量试件锯取示意图

3.2.4 试件承压面的不平度应为每 100 mm 不超过 0.1 mm，承压面与相邻面的不垂直度不应超过 ±1°。

3.2.5 试件数量

抗压强度：100 mm×100 mm×100 mm 立方体试件一组 3 块；

劈裂抗拉强度：100 mm×100 mm×100 mm 立方体试件一组 3 块；

抗折强度：100 mm×100 mm×400 mm 棱柱体试件一组 3 块；

轴心抗压强度：100 mm×100 mm×300 mm 棱柱体试件一组 3 块；

静力受压弹性模量：100 mm×100 mm×300 mm 棱柱体试件二组 6 块。

3.2.6 试件含水状态

3.2.6.1 试件在含水率 8%～12%下进行试验。

3.2.6.2 如果含水率超过上述规定范围，则在(60±5)℃下烘至所要求的含水率。

3.3 试验步骤

3.3.1 抗压强度

3.3.1.1 检查试件外观。

3.3.1.2 测量试件的尺寸，精确至 1 mm，并计算试件的受压面积(A_1)。

3.3.1.3 将试件放在材料试验机的下压板的中心位置，试件的受压方向应垂直于制品的发气方向。

3.3.1.4 开动试验机，当上压板与试件接近时，调整球座，使接触均衡。

3.3.1.5 以(2.0±0.5)kN/s 的速度连续而均匀地加荷，直至试件破坏，记录破坏荷载(p_1)。

3.3.1.6 将试验后的试件全部或部分立即称取质量，然后在(105±5)℃下烘至恒质，计算其含水率。

3.3.2 劈裂抗拉强度(劈裂法)

3.3.2.1 检查试件外观。

3.3.2.2 在试件中部划线定出劈裂面的位置，劈裂面垂直于制品发气方向，测量尺寸，精确至 1 mm，计算劈裂面面积(A_2)。

3.3.2.3 将试件放在试验机下压板的中心位置，在上、下压板与试件之间垫以劈裂抗拉钢垫条及垫层各一条。钢垫条与试件中心线重合，如图 5 所示。

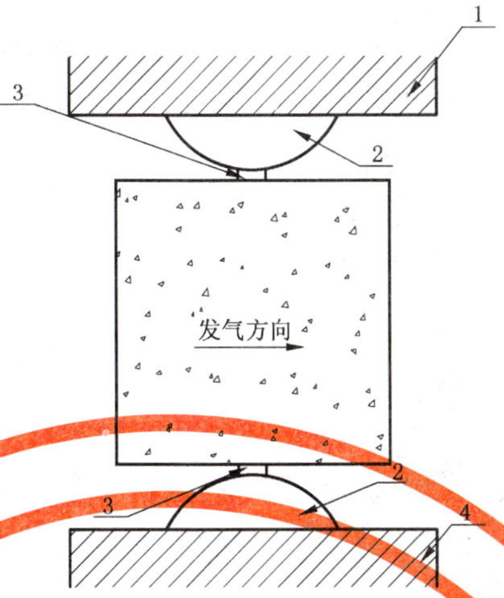

1——试验机上压板；

2——劈裂抗拉钢垫条；

3——垫层；

4——试验机下压板。

图 5 劈裂抗拉试验示意图

3.3.2.4 开动试验机，当上压板与试件接近时，调整球座，使接触均衡。

3.3.2.5 以(0.20±0.05)kN/s 的速度连续而均匀地加荷，直至试件破坏，记录破坏荷载(p_2)。

3.3.2.6 将试验后的试件全部或部分称取质量，然后在(105±5)℃下烘至恒质，计算其含水率。

3.3.3 抗折强度

3.3.3.1 检查试件外观。

3.3.3.2 在试件中部测量其宽度和高度，精确至 1 mm。

3.3.3.3 将试件放在抗弯支座辊轮上，支点间距为 300 mm，开动试验机，当加压辊轮与试件接近时，调整加压辊轮及支座辊轮，使接触均衡，其所有间距的尺寸偏差不应大于±1 mm。加荷方式如图 6 所示。

单位为毫米

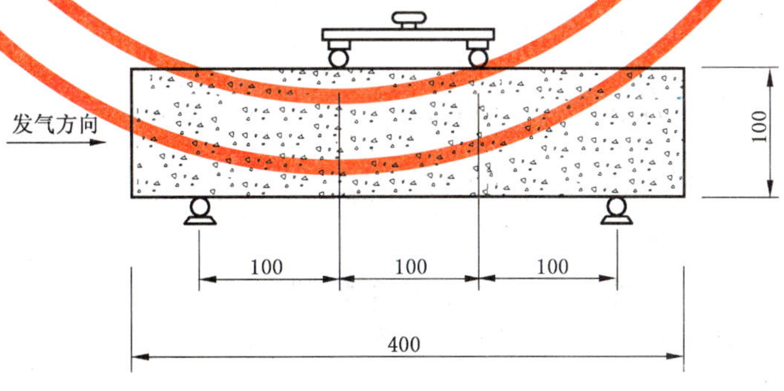

图 6 抗折强度试验示意图

3.3.3.4 试验机与试件接触的两个支座辊轮和两个加压辊轮应具有直径为 30 mm 的弧形顶面，并应至少比试件的宽度长 10 mm。其中 3 个(一个支座辊轮及两个加压辊轮)尽量做到能滚动并前后倾斜。

3.3.3.5 以(0.20±0.05) kN/s 的速度连续而均匀地加荷，直至试件破坏，记录破坏荷载(p)及破坏位置。

3.3.3.6 将试验后的短半段试件，立即称取质量，然后在(105±5)℃下烘至恒质，计算其含水率。

3.3.4 **轴心抗压强度**

3.3.4.1 检查试件外观。

3.3.4.2 在试件中部测量试件的边长精确至 1 mm，并计算试件的受压面积(A_3)。

3.3.4.3 将试件直立放置在材料试验机的下压板上，试件的轴心与材料试验机下压板的中心对准。

3.3.4.4 开动材料试验机，当上压板与试件接近时，调整球座，使接触均衡。

3.3.4.5 以(2.0±0.5)kN/s 的速度连续而均匀地加荷。

3.3.4.6 当试件接近破坏而开始迅速变形时，停止调整材料试验机油门，直至试件破坏，记录破坏荷载(p_3)。

3.3.4.7 取试验后试件的一部分，立即称取质量，然后在(105±5)℃下烘至恒质，计算其含水率。

3.3.5 **静力受压弹性模量**

3.3.5.1 本方法测定的蒸压加气混凝土弹性模量是指应力为轴心抗压强度 40%时的加荷割线模量。

3.3.5.2 取一组试件，按 3.3.4 规定测定轴心抗压强度(f_{cp})。

3.3.5.3 取另一组试件，作静力弹性模量试验，其步骤如下：

3.3.5.3.1 检查试件外观。

3.3.5.3.2 在试件中部测量试件的边长精确至 1 mm，并计算试件的横截面面积(A)。

3.3.5.3.3 将测量变形的仪表安装在供弹性模量测定的试件上，仪表应精确地安在试件的两对应大面的中心线上。

3.3.5.3.4 试件的测量标距为 150 mm。

3.3.5.3.5 将装有变形测量仪表的试件置于材料试验机的下压板上，使试件的轴心与材料试验机下压板的中心对准。

3.3.5.3.6 启动材料试验机，当上压板与试件接近时，调整球座，使之接触均衡。

3.3.5.3.7 以(2.0±0.5)kN/s 的速度连续而均匀地加荷。当达到应力为 0.1 MPa 的荷载 p_{b1} 时，保持该荷载 30 s，然后以同样的速度加荷至应力为 $0.4f_{cp}$ 的荷载 p_{a1}，保持该荷载 30 s，然后以同样的速度卸荷至应力为 0.1 MPa 的荷载 p_{b2}，保持该荷载 30 s。如此反复预压 3 次(图 7)。

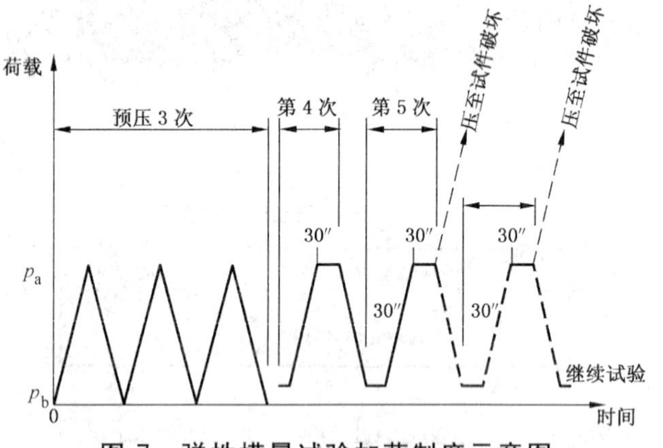

图 7 弹性模量试验加荷制度示意图

3.3.5.3.8 按上述加荷和卸荷方法，分别读取第 4 次荷载循环，以 p_{b4} 与 p_{a4} 时试件两侧相应的变形读数 δ_{b4} 与 δ_{a4}，计算两侧变形值的平均值 δ_4，按同样方法进行第 5 次荷载循环，并计算 δ_5。

3.3.5.3.9 如果 δ_4 与 δ_5 之差不大于 0.003 mm，则卸除仪表，以同样速度加荷至试件破坏，并计算轴心抗压强度 f_{cp}。

3.3.5.3.10 如果 δ_4 与 δ_5 之差大于 0.003 mm，继续按上述方法加荷与卸荷，直至相邻两次两侧变形平均值之差不大于 0.003 mm 为止。并按最后一次的变形平均值计算弹性模量值。但在试验报告中应注明计算时的次数。

3.3.5.3.11 取试验后试件的一部分立即称取质量，然后在(105±5)℃下烘至恒质，计算其含水率。

3.4 结果计算与评定

3.4.1 抗压强度按式(4)计算：

$$f_{cc}=\frac{p_1}{A_1} \qquad \cdots\cdots(4)$$

式中：

f_{cc}——试件的抗压强度，单位为兆帕(MPa)；

p_1——破坏荷载，单位为牛(N)；

A_1——试件受压面积，单位为平方毫米(mm^2)。

3.4.2 抗折强度按式(5)计算：

$$f_f=\frac{p\cdot L}{b\cdot h^2} \qquad \cdots\cdots(5)$$

式中：

f_f——试件的抗折强度，单位为兆帕(MPa)；

p——破坏荷载，单位为牛(N)；

b——试件宽度，单位为毫米(mm)；

h——试件高度，单位为毫米(mm)；

L——支座间距即跨度(mm)，精确至 1 mm。

3.4.3 劈裂抗拉强度按式(6)计算：

$$f_{ts}=\frac{2p_2}{\pi A_2}\approx 0.637\frac{p_2}{A_2} \qquad \cdots\cdots(6)$$

式中：

f_{ts}——试件的劈裂抗拉，单位为兆帕(MPa)；

p_2——破坏荷载，单位为牛(N)；

A_2——劈裂面面积，单位为平方毫米(mm^2)。

3.4.4 轴心抗压强度按式(7)计算：

$$f_{cp}=\frac{p_3}{A_3} \qquad \cdots\cdots(7)$$

式中：

f_{cp}——轴心抗压强度，单位为兆帕(MPa)；

p_3——破坏荷载，单位为牛(N)；

A_3——试件中部截面面积，单位为平方毫米(mm^2)。

3.4.5 静力弹性模量按式(8)计算：

$$E_c=\frac{p_a-p_b}{A}\times\frac{l}{\delta_5} \qquad \cdots\cdots(8)$$

式中：

E_c——试件静力弹性模量，单位为兆帕(MPa)；

p_a——应力为 $0.4f_{cp}$ 时的荷载，单位为牛(N)；

p_b——应力为 0.1 MPa 时的荷载，单位为牛(N)；

A——试件的横截面面积，单位为平方毫米(mm^2)；

δ_5——第五次荷载循环时试件两侧变形平均值，单位为毫米(mm)；

l——测点标距，150 mm。

3.4.6 抗压强度和轴心抗压强度的计算精确至 0.1 MPa；抗拉强度和抗折强度的计算精确至 0.01 MPa；静力弹性模量的计算精确至 100 MPa。

3.4.7 结果评定

静力弹性模量按3块试件测试值的算术平均值计算，如果其中一个试件的轴心抗压强度 f'_{cp} 与 f_{cp} 之差超过 f_{cp} 的20%，则弹性模量值按另二个试件测值的算术平均值计算；如有两个试件与 f_{cp} 之差超过 f_{cp} 的20%，则试验结果无效。其他按3块试件试验值的算术平均值进行评定，精确至0.1 MPa。

4 干燥收缩

4.1 仪器设备

4.1.1 立式收缩仪：精度为0.01 mm。

4.1.2 收缩头：采用黄铜或不锈钢制成，如图8所示：

单位为毫米

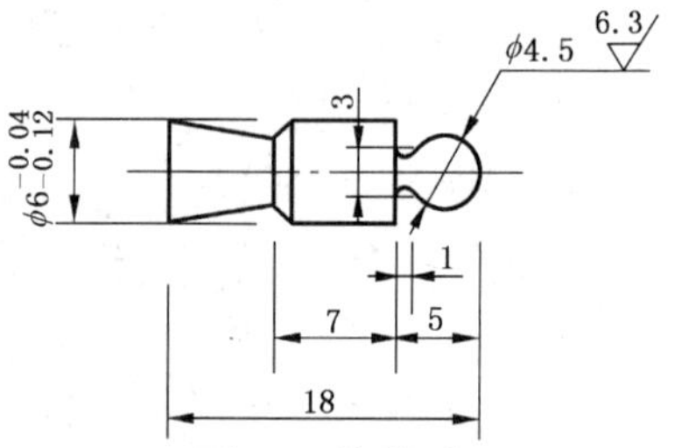

图8 收缩头

4.1.3 电热鼓风干燥箱：最高温度200 ℃。

4.1.4 调温调湿箱：最高工作温度150 ℃，最高相对湿度(95±3)%。

4.1.5 天平：称量500 g，感量0.1 g。

4.1.6 干燥器。

4.1.7 干湿球温度计：最高温度100 ℃

4.1.8 恒温水槽：水温(20±2)℃。

4.2 试件

4.2.1 试件按2.2.1从当天出釜的制品中部锯取，试件长度方向平行于制品的发气方向，其锯取部位如图9所示。锯好后立即将试件密封，以防碳化。

单位为毫米

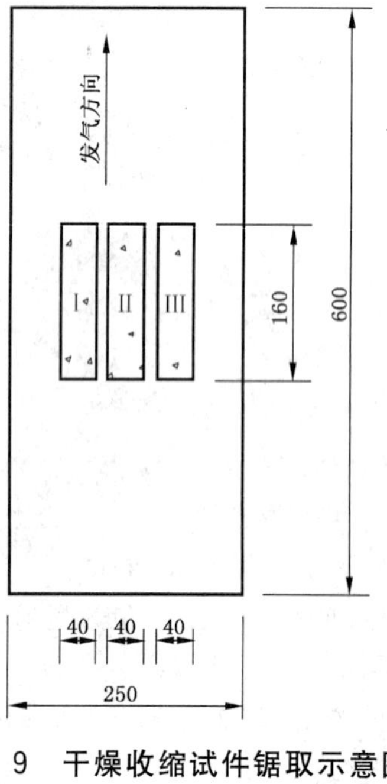

图9 干燥收缩试件锯取示意图

4.2.2　试件尺寸和数量

40 mm×40 mm×160 mm 一组 3 块；尺寸允许偏差为$_{-1}^{\ 0}$ mm。

4.2.3　试件处理

4.2.3.1　在试件的两个端面中心，各钻一个直径 6 mm～10 mm，深度 13 mm 孔洞。

4.2.3.2　在孔洞内灌入水玻璃水泥浆（或其他粘结剂），然后埋置收缩头，收缩头中心线应与试件中心线重合，试件端面必须平整。2 h 后，检查收缩头安装是否牢固，否则重装。

4.3　试验步骤

4.3.1　标准试验方法

4.3.1.1　试件放置 1 d 后，浸入水温为（20±2）℃恒温水槽中，水面应高出试件 30 mm，保持 72 h。

4.3.1.2　将试件从水中取出，用湿布抹去表面水分，并将收缩头擦干净，立即称取试件的质量。

4.3.1.3　用标准杆调整仪表原点（一般取 5.00 mm），然后按标明的测试方向立即测定试件初始长度，记下初始百分表读数。

4.3.1.4　试件长度测试误差为±0.01 mm，称取质量误差为±0.1 g。

4.3.1.5　将试件放在温度为（20±2）℃，相对湿度为（43±2）%的调温调湿箱中。

4.3.1.6　试验的前五天每天将试件在（20±2）℃的房间内测长度一次，以后每隔 4 d 测长度一次，直至质量变化小于 0.1%为止，测前需校准仪器原点，要求每组试件在 10 min 内测完。

4.3.1.7　每测一次长度，应同时称取试件的质量。

4.3.1.8　试验结束，将试件按 2.3.2 烘至恒质，并称取质量。

4.3.2　快速试验法

4.3.2.1　同 4.3.1.1。

4.3.2.2　同 4.3.1.2。

4.3.2.3　同 4.3.1.3。

4.3.2.4　同 4.3.1.4。

4.3.2.5　将试件置于调温调湿箱内，控制箱内温度为（50±1）℃，相对湿度为（30±2）%（当箱内湿度至 35%左右时，放入盛有氯化钙饱和溶液的瓷盘，用以调节箱内湿度；如果湿度不易下降时，用无水氯化钙调节）。

4.3.2.6　试验的前二天每 4 h 从箱内取出试件测长度一次，以后每天测长度一次。当试件取出后应立即放入无吸湿剂的干燥器中，在（20±2）℃的房间内冷却 3 h 后进行测试。测前须校准仪器的百分表原点，要求每组试件在 10 min 内测完。

4.3.2.7　按 4.3.2.5、4.3.2.6 所述反复进行干燥、冷却和测试，直到质量变化小于 0.1%为止。

4.3.2.8　每测一次长度，应同时称取试件的质量。

4.3.2.9　试验结束，将试件按 2.3.2 烘至恒质，并称取质量。

4.4　结果处理与评定

4.4.1　干燥收缩值按式（9）计算：

$$\Delta = \frac{s_1 - s_2}{s_0 - (y_0 - s_1) - s} \times 1\,000 \qquad \cdots\cdots(9)$$

式中：

Δ——干燥收缩值，单位为毫米每米（mm/m）；

s_0——标准杆长度，单位为毫米（mm）；

y_0——百分表的原点，单位为毫米（mm）；

s_1——试件初始长度（百分表读数），单位为毫米（mm）；

s_2——试件干燥后长度（百分表读数），单位为毫米（mm）；

s——二个收缩头长度之和，单位为毫米（mm）。

4.4.2　收缩值以3块试件试验值的算术平均值进行评定，精确至0.01 mm/m。

4.4.3　含水率按式(2)计算。

4.4.4　干燥收缩特性曲线绘制

干燥收缩特性曲线是反映蒸压加气混凝土在不同含水状态下至干燥后收缩曲线，由各测试点的计算干燥收缩值绘制。

4.4.4.1　各测试点的含水率按式(2)计算。

4.4.4.2　各测试点的干燥收缩值按式(10)计算：

$$\Delta_i = \frac{s_i - s_2}{s_0 - (y_0 - s_i) - s} \times 1\,000 \quad \cdots\cdots (10)$$

式中：

Δ_i——各测试点干燥收缩值，单位为毫米每米(mm/m)；

s_0——标准杆长度，单位为毫米(mm)；

y_0——百分表的原点，单位为毫米(mm)；

s_i——试件在各测试点长度(百分表读数)，单位为毫米(mm)；

s_2——试件干燥后长度(百分表读数)，单位为毫米(mm)；

s——二个收缩头长度之和，单位为毫米(mm)。

4.4.4.3　以三块试件在各测试点的收缩值和含水率的算术平均值(精确至0.01 mm/m)，在图10中描绘出对应于含水率的干燥收缩曲线。

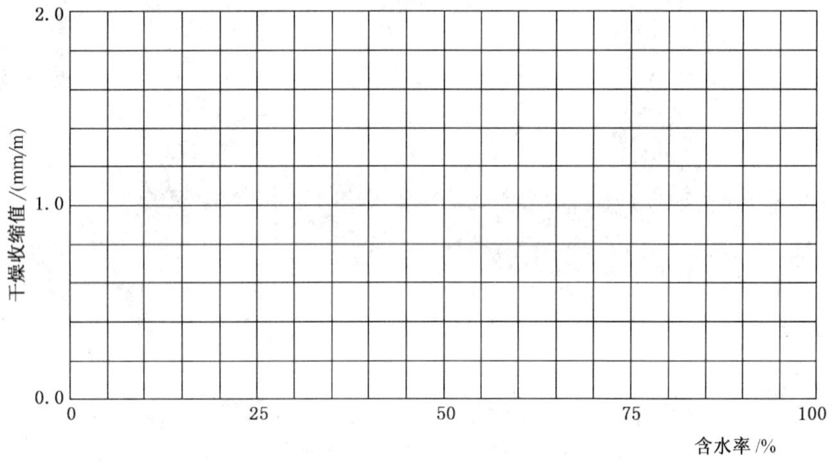

图10　干燥收缩特性曲线绘制格式

5　抗冻性

5.1　仪器设备

5.1.1　低温箱或冷冻室：最低工作温度−30 ℃以下。

5.1.2　恒温水槽：水温(20±5)℃。

5.1.3　托盘天平或磅秤：称量2 000 g，感量1 g。

5.1.4　电热鼓风干燥箱：最高温度200 ℃。

5.2　试件

5.2.1　试件按试件制备按2.2.1、2.2.2和2.2.3进行。

5.2.2　试件尺寸和数量

100 mm×100 mm×100 mm立方体试件一组3块。

5.3 试验步骤

5.3.1 将冻融试件放在电热鼓风干燥箱内，在(60±5)℃下保温 24 h，然后在(80±5)℃下保温 24 h，再在(105±5)℃下烘至恒质。

5.3.2 试件冷却至室温后，立即称取质量，精确至 1 g，然后浸入水温为(20±5)℃恒温水槽中，水面应高出试件 30 mm，保持 48 h。

5.3.3 取出试件，用湿布抹去表面水分，放入预先降温至－15 ℃以下的低温箱或冷冻室中，其间距不小于 20 mm，当温度降至－18 ℃时记录时间。在(－20±2)℃下冻 6 h 取出，放入水温为(20±5)℃的恒温水槽中，融化 5 h 作为一次冻融循环，如此冻融循环 15 次为止。

5.3.4 每隔 5 次循环检查并记录试件在冻融过程中的破坏情况。

5.3.5 冻融过程中，发现试件呈明显的破坏，应取出试件，停止冻融试验，并记录冻融次数。

5.3.6 将经 15 次冻融后的试件，放入电热鼓风干燥箱内，按 5.3.1 规定烘至恒质。

5.3.7 试件冷却至室温后，立即称取质量，精确至 1 g。

5.3.8 将冻融后试件按 3.3.1 有关规定，进行抗压强度试验。

5.4 结果计算与评定

5.4.1 质量损失率按式(11)计算：

$$M_m = \frac{M_0 - M_s}{M_0} \times 100 \qquad \cdots\cdots(11)$$

式中：

M_m——质量损失率，%；

M_0——冻融试件试验前的干质量，单位为克(g)；

M_s——经冻融试验后试件的干质量，单位为克(g)。

5.4.2 冻后试件的抗压强度按式(4)计算。

5.4.3 抗冻性按冻融试件的质量损失率平均值和冻后的抗压强度平均值进行评定。质量损失率精确至 0.1%。

6 碳化

6.1 仪器设备和试剂

6.1.1 碳化箱：下部设有进气孔，上部设有排气孔，且有湿度观察装置，盖(门)必须严密。

6.1.2 二氧化碳钢瓶。

6.1.3 转子流量计。

6.1.4 气体分析仪。

6.1.5 电热鼓风干燥箱：最高温度 200 ℃。

6.1.6 托盘天平或磅秤：称量 2 000 g，感量 1 g。

6.1.7 干湿球温度计：最高温度 100 ℃。

6.1.8 二氧化碳气体：浓度(质量分数)大于 80%。

6.1.9 钠石灰。

6.1.10 工业用硝酸镁(保湿剂)。

6.1.11 质量分数 1%酚酞溶液：用浓度(质量分数)为 70%的乙醇配制。

6.1.12 质量分数 30%氢氧化钾溶液。

6.2 试件

6.2.1 试件制备按 2.2.1 和 2.2.3 进行。

6.2.2 试件在同一块制品中心部分，沿制品发气方向中心部分的上、中、下顺序相邻部位锯取两组试件。相邻对应两组试件锯取部位如图 11 所示。

单位为毫米

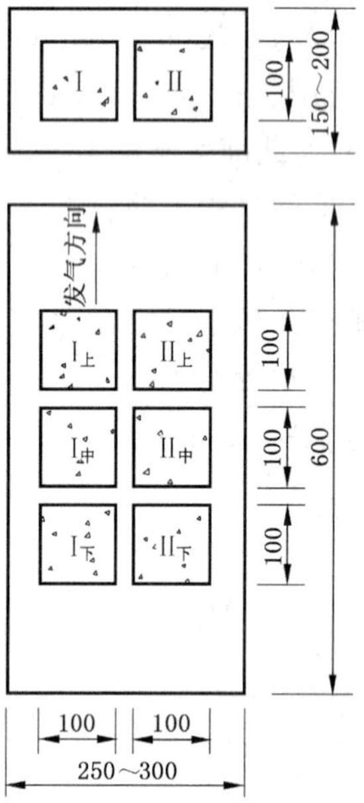

图 11　立方体试件锯取示意图(2)

6.2.3　试件数量

100 mm×100 mm×100 mm 立方体试件五组共 15 块。一组 3 块为对比试件;四组 12 块为碳化试件,其中三组 9 块用于碳化深度检查,一组 3 块用于测定碳化后强度。

6.3　试验条件

6.3.1　湿度

碳化过程的相对湿度为(55±5)%。

空气和二氧化碳分别通过盛有硝酸镁(保湿剂)过饱和溶液(以 1 kg 工业纯硝酸镁,200 mL 水的比例配制)的广口瓶,以控制介质湿度。应经常保持溶液中有硝酸镁固相存在。

6.3.2　二氧化碳浓度

6.3.2.1　二氧化碳浓度的测定

每隔一定时期对箱内的二氧化碳浓度作一次测定,一般在第一、二天每隔 2 h 测定一次,以后每隔 4 h 测定一次。并根据测得的二氧化碳浓度,随时调节其流量,保湿剂也应经常予以更换。

二氧化碳浓度采用气体分析仪测定,精确至 1%(质量分数)。

6.3.2.2　二氧化碳浓度的调节和控制

如图 12 所示,装配人工碳化装置,分别调节二氧化碳钢瓶和空气压缩机上的针形阀,通过流量计控制二氧化碳浓度为(20±3)%(质量分数)。

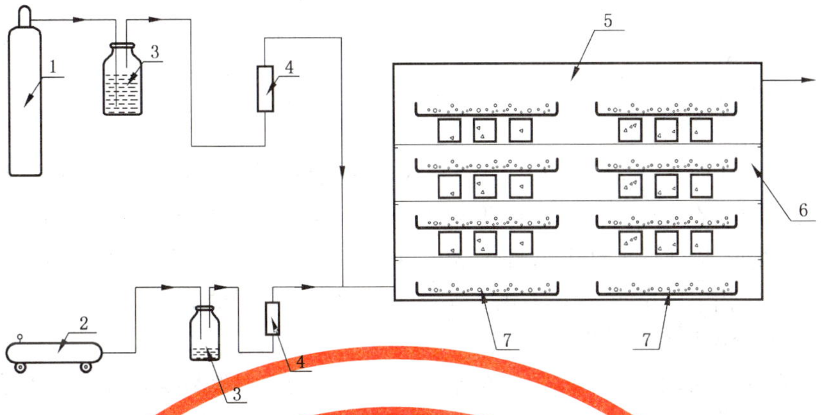

1——二氧化碳钢瓶；

2——空气压缩机；

3——保湿剂瓶；

4——转子流量计；

5——碳化箱；

6——干湿球温度计；

7——内盛保湿剂的搪瓷盘。

图 12 人工碳化装置示意图

6.4 试验步骤

6.4.1 试件放入温度(60±5)℃的电热鼓风干燥箱内，烘至恒质。电热鼓风干燥箱内需放入适量的钠石灰，以吸收箱内的二氧化碳。

6.4.2 取一组试件，按 3.3.1 有关规定测定抗压强度(f_{cc})。

6.4.3 其余四组试件放入碳化箱进行碳化，试件间隔不得小于 20 mm。4 d 后，每天取一块试件劈开，用 1%(m/m)酚酞溶液测定碳化深度，直至试件中心不显红色，则认为试件已完全碳化。此时，取一组试件按 3.3.1 有关规定测定其碳化后的抗压强度(f_c)。

6.5 结果计算与评定

6.5.1 碳化系数按式(12)计算：

$$K_c = \frac{f_c}{f_{cc}} \qquad \cdots\cdots(12)$$

式中：

K_c——碳化系数；

f_c——碳化后试件抗压强度平均值，单位为兆帕(MPa)；

f_{cc}——对比试件抗压强度平均值，单位为兆帕(MPa)。

6.5.2 试验结果按 3 块试件试验的算术平均值进行评定，精确至 0.01。

7 干湿循环

7.1 仪器设备

7.1.1 电热鼓风干燥箱：最高温度 200 ℃。

7.1.2 恒温水槽或水箱：水温(20±5)℃。

7.1.3 托盘天平或磅秤：称量 2 000 g，感量 1 g。

7.1.4 钢板直尺：规格为 300 mm，精度为 0.5 mm。

7.2 试件

7.2.1 试件制备按6.2.1和6.2.2进行。

7.2.2 试件尺寸和数量

100 mm×100 mm×100 mm立方体试件二组6块。

7.3 试验步骤

7.3.1 将二组试件,其中一组为对比试件,一起放入电热鼓风干燥箱内,在(60±5)℃下烘至恒质。

7.3.2 取其中一组3块,在(20±5)℃的室内冷却20 min,然后放入钢丝网箱(恒温水槽或水箱)内,并浸入水温为(20±5)℃的水中。水高出试件上表面30 min,保持5 min后取出,放在室内晾干30 min。再放入电热鼓风干燥箱内,在(60±5)℃下烘7 h,即在(60±5)℃下烘7 h,冷却20 min,放入(20±5)℃水中5 min作为一次干湿循环。如此反复15次为止。

7.3.3 经15次干湿循环后的试件,继续在(60±5)℃下烘至恒质,然后关闭电源,打开干燥箱,使试件冷却至室温。

7.3.4 将干湿循环后试件和另一组对比试件按3.3.2的有关规定,分别进行劈裂抗拉强度试验,并计算其3块试件劈裂抗拉强度平均值f'_{ts}和f_{ts}。

7.4 结果计算与评定

7.4.1 干湿循环性能以干湿强度系数表示,干湿强度系数按式(13)计算:

$$K = \frac{f'_{ts}}{f_{ts}} \qquad (13)$$

式中:

K——干湿强度系数;

f'_{ts}——经15次干湿循环后的一组3块试件劈裂抗拉强度平均值,单位为兆帕(MPa);

f_{ts}——对比试件劈裂抗拉强度平均值,单位为兆帕(MPa)。

7.4.2 试验结果按3块试件试验的算术平均值进行评定,精确至0.01。

8 试验报告

a) 产品名称;

b) 标准编号、试验项目;

c) 试件编号、尺寸及数量;

d) 试验条件;

e) 所用的主要试验仪器;

f) 试验结果:每项性能试验的单个值和每组的算术平均值。同时给出相应的含水率和体积密度,干燥收缩试验还应给出干燥收缩曲线图;

g) 试验单位、试验人、报告审核人、日期及其他。

前　　言

本标准在GB 15229—1994《轻集料混凝土小型空心砌块》的基础上修订而成。本次修订的主要内容如下：

根据新修订的相关标准，对引用标准、原材料等作了相应修改；同时，对产品质量等级作了调整。新增了砌块的最低密度等级和砌块的干缩率等指标；提高了对掺粉煤灰砌块抗冻性要求；对砌块的某些试验方法和检验规则也相应作了调整。

本标准自实施之日起，代替GB 15229—1994。

本标准由国家建筑材料工业局提出。

本标准负责起草单位：中国建筑科学研究院建筑工程材料及制品研究所、国家建筑材料工业局标准化研究所。

本标准参加起草单位：黑龙江省寒地建筑科学研究院、同济大学材料科学与工程学院、辽宁省建设科学研究院、陕西省建筑科学研究设计院、河南建筑材料研究设计院、北京格恩特新型建材公司、云南可保煤矿陶粒厂和大连亨通建材有限公司。

本标准主要起草人：丁威、龚洛书、周运灿、刘巽伯、沈玄、宋淑敏、陈烈芳、计亦奇、邓玉玲、尤志杰、申国权等。

本标准首次发布时间为1994年，第一次修订时间为2001年。

中华人民共和国国家标准

GB/T 15229—2002

代替 GB 15229—1994

轻集料混凝土小型空心砌块

Lightweight aggregate concrete small hollow block

1 范围

本标准规定了轻集料混凝土小型空心砌块的术语、分类、技术要求、试验方法、检验规则、堆放和运输等。

本标准适用于工业与民用建筑用的轻集料混凝土小型空心砌块。

2 引用标准

下列标准所包含的条文，通过在本标准中引用而构成为本标准的条文。本标准出版时，所示版本均为有效。所有标准都会被修订，使用本标准的各方应探讨使用下列标准最新版本的可能性。

GB 175—1999 硅酸盐水泥、普通硅酸盐水泥

GB 1344—1999 矿渣硅酸盐水泥、火山灰质硅酸盐水泥及粉煤灰硅酸盐水泥

GB/T 1596—1991 用于水泥和混凝土中的粉煤灰

GB/T 4111—1997 混凝土小型空心砌块试验方法

GB 6566—2000 建筑材料放射性核素限量

GB 8076—1997 混凝土外加剂

GB 12958—1999 复合硅酸盐水泥

GB/T 17431.1—1998 轻集料及其试验方法 第一部分:轻集料

GB/T 18046—2000 用于水泥和混凝土中的粒化高炉矿渣粉

JC/T 790—1985(1996) 砖和砌块名词术语

JC/T 209—1992(1996) 膨胀珍珠岩

JGJ 28—1986 粉煤灰在混凝土和砂浆中应用技术规程

JGJ 51—1990 轻集料混凝土技术规程

JGJ 52—1992 普通混凝土用砂质量标准及检验方法

3 术语

本标准所采用的术语见 JC/T 790 和 JGJ 51。

4 分类

4.1 类别

按砌块孔的排数分为五类：实心(0)、单排孔(1)、双排孔(2)、三排孔(3)和四排孔(4)。

4.2 等级

4.2.1 按砌块密度等级分为八级：500、600、700、800、900、1 000、1 200、1 400。

注：实心砌块的密度等级不应大于 800。

4.2.2 按砌块强度等级分为六级：1.5、2.5、3.5、5.0、7.5、10.0。

中华人民共和国国家质量监督检验检疫总局 2002-05-30 批准　　2002-12-01 实施

4.2.3 按砌块尺寸允许偏差和外观质量，分为两个等级：一等品(B)、合格品(C)。

4.3 标记

4.3.1 产品标记：轻集料混凝土小型空心砌块(LHB)按产品名称、类别、密度等级、强度等级、质量等级和标准编号的顺序进行标记。

4.3.2 标记示例：密度等级为600级、强度等级为1.5级、质量等级为一等品的轻集料混凝土三排孔小砌块。其标记为：

LHB(3)600 1.5B GB/T 15229。

5 原材料

5.1 水泥

符合GB 175、GB 1344、GB 12958的要求。

5.2 轻集料

5.2.1 最大粒径不宜大于10 mm。

5.2.2 粉煤灰陶粒、粘土陶粒、页岩陶粒，天然轻集料、超轻陶粒、自燃煤矸石轻集料和煤渣应符合GB/T 17431.1的要求；其中，煤渣的含碳量不大于10%；煤渣在陶粒混凝土中的掺量，不应大于轻粗集料总量的30%。

5.2.3 膨胀珍珠岩符合JC/T 209，但膨胀珍珠岩的堆积密度不宜低于80 kg/m³。

5.2.4 非煅烧粉煤灰轻集料除符合GB/T 17431.1的要求外，SO_3含量应小于1%；烧失量小于15%。

5.3 普通砂

符合JGJ 52的要求。

5.4 掺合料

5.4.1 粉煤灰符合JGJ 28、GB/T 1596的要求。

5.4.2 磨细矿渣粉应符合GB/T 18046的要求。

5.5 外加剂

符合GB 8076的要求。

6 技术要求

6.1 规格尺寸

6.1.1 主规格尺寸为390 mm×190 mm×190 mm。其他规格尺寸可由供需双方商定。

6.1.2 尺寸允许偏差应符合表1要求。

表1 规格尺寸偏差 mm

项目名称	一等品	合格品
长度	±2	±3
宽度	±2	±3
高度	±2	±3

注

1. 承重砌块最小外壁厚不应小于30 mm，肋厚不应小于25 mm。
2. 保温砌块最小外壁厚和肋厚不宜小于20 mm。

6.2 外观质量

外观质量应符合表2要求。

表 2 外观质量

项目名称	一等品	合格品
缺棱掉角		
个数		
不多于	0	2
3 个方向投影的最小尺寸/mm		
不大于	0	30
裂缝延伸投影的累计尺寸/mm		
不大于	0	30

6.3 密度等级

密度等级应符合表 3 要求。

表 3 密度等级 kg/m³

密度等级	砌块干燥表观密度的范围
500	≤500
600	510～600
700	610～700
800	710～800
900	810～900
1 000	910～1 000
1 200	1 010～1 200
1 400	1 210～1 400

6.4 强度等级

强度等级符合表 4 要求者为一等品；密度等级范围不满足要求者为合格品。

表 4 强度等级 MPa

强度等级	砌块抗压强度		密度等级范围
	平均值	最小值	
1.5	≥1.5	1.2	≤600
2.5	≥2.5	2.0	≤800
3.5	≥3.5	2.8	≤1 200
5.0	≥5.0	4.0	
7.5	≥7.5	6.0	≤1 400
10.0	≥10.0	8.0	

6.5 吸水率、相对含水率和干缩率

6.5.1 吸水率不应大于 20%。

6.5.2 干缩率和相对含水率应符合表 5 的要求。

表 5　干缩率和相对含水率

干缩率/%	相对含水率/%		
	潮湿	中等	干燥
<0.03	45	40	35
0.03~0.045	40	35	30
>0.045~0.065	35	30	25

注

1. 相对含水率即砌块出厂含水率与吸水率之比。

$$W = \frac{\omega_1}{\omega_2} \times 100$$

式中 W——砌块的相对含水率/%；

ω_1——砌块出厂时的含水率/%；

ω_2——砌块的吸水率/%。

2. 使用地区的湿度条件：

潮湿——系指年平均相对湿度大于 75%的地区；

中等——系指年平均相对湿度 50%~75%的地区；

干燥——系指年平均相对湿度小于 50%的地区。

6.6　碳化系数和软化系数

加入粉煤灰等火山灰质掺合料的小砌块，其碳化系数不应小于 0.8；软化系数不应小于 0.75。

6.7　抗冻性

应符合表 6 的要求。

6.8　放射性

掺工业废渣的砌块其放射性应符合 GB 6566 要求。

表 6　抗冻性

使用条件	抗冻标号	质量损失/%	强度损失/%
非采暖地区	F15	≤5	≤25
采暖地区： 相对湿度≤60% 相对湿度>60%	 F25 F35		
水位变化、干湿循环或 粉煤灰掺量≥取代水泥量 50%时	≥F50		

注

1. 非采暖地区指最冷月份平均气温高于－5℃的地区；采暖地区系指最冷月份平均气温低于或等于－5℃的地区。
2. 抗冻性合格的砌块的外观质量也应符合 6.2 条的要求。

7　试验方法

砌块各项性能指标的试验，按 GB/T 4111 有关规定进行。其中，按第 7 章进行干燥收缩试验时，试件浸水时间应为 48 h。

放射性试验按 GB 6566 进行。

8 检验规则

8.1 检验分类

8.1.1 出厂检验的检验项目为:尺寸偏差、外观质量、密度、强度、吸水率和相对含水率。

8.1.2 型式检验的检验项目除 8.1.1 条外,尚应进行干缩率、抗冻性、放射性、碳化系数和软化系数等项目。

有下列之一情况者,必须进行型式检验:

a) 所采用的轻集料品种或产地变化时;

b) 正常生产 3 个月时(抗冻性、放射性和干缩率检验每年一次);

c) 砌块用的轻集料混凝土的强度等级或密度等级改动时;

d) 砌块的生产工艺变化时;

e) 产品停产 3 个月以上恢复生产时;

f) 国家监督检验机构提出检验要求时。

8.2 组批规则

砌块按密度等级和强度等级分批验收。以同一品种轻集料配制成的相同密度等级、相同强度等级、质量等级和同一生产工艺制成的 10 000 块砌块为一批;每月生产的砌块数不足 10 000 块者亦以一批论。

8.3 抽样规则

抽检数量:每批随机抽取 32 块做尺寸偏差和外观质量检验;再从尺寸偏差和外观质量检验合格的砌块中,随机抽取如下数量进行其他项目的检验:

a) 强度:5 块;

b) 密度、含水率、吸水率和相对含水率:3 块;

c) 干缩率:3 块;

d) 抗冻性:10 块;

e) 放射性:按 GB 6566。

8.4 判定规则

8.4.1 判定所有检验结果均符合本标准第 6 章各项技术要求中某一等级指标时,则为该等级。

8.4.2 检验后,如有以下情况者可进行复检:

a) 按表 1、2 检验的尺寸偏差和外观质量各项指标,32 个砌块中有 7 块不合格者;

b) 除表 1、2 指标外的其他性能指标有一项不合格者;

c) 用户对生产厂家的出厂检验结果有异议时。

8.4.3 复检的抽检数量和检验项目应与前一次检验相同。

8.4.4 复检后,若符合相应等级指标要求时,则可判定为该等级;若不符合标准要求时,则判定该批产品为不合格。

9 产品合格证、堆放和运输

9.1 产品合格证

砌块出厂时,生产厂应提供产品质量合格证书,其内容包括:

a) 厂名与商标;

b) 合格证编号及出厂日期;

c) 产品标记;

d) 性能检验结果;

e）批量编号与砌块数量（块）；

f）检验部门与检验人员签字盖章。

9.2　产品堆放和运输

9.2.1　砌块应按密度等级和强度等级、质量等级分批堆放，不得混杂。

9.2.2　砌块装卸时，严禁碰撞、扔摔，应轻码轻放，不许用翻斗车倾卸。

9.2.3　砌块堆放和运输时应有防雨、防潮和排水措施。

中华人民共和国行业标准

JC 238—91

粉 煤 灰 砌 块

代替 JC 238—78

1 主题内容与适用范围

本标准规定了粉煤灰砌块(以下简称砌块)的使用范围、产品分类、技术要求、试验方法、检验规则、标志、贮存和运输。

本标准适用于以粉煤灰、石灰、石膏和骨料等为原料,加水搅拌、振动成型、蒸汽养护而制成的密实砌块。

本标准规定的砌块适用于民用和工业建筑的墙体和基础。

2 引用标准

GBJ 81 普通混凝土力学性能的试验方法

3 产品规格、等级和标记

3.1 规格

砌块的主规格外形尺寸为 880 mm×380 mm×240 mm,880 mm×430 mm×240 mm。

砌块端面应加灌浆槽,坐浆面宜设抗剪槽。

注:生产其他规格砌块,可由供需双方协商确定。

3.2 等级

3.2.1 砌块的强度等级按其立方体试件的抗压强度分为 10 级和 13 级。

3.2.2 砌块按其外观质量、尺寸偏差和干缩性能分为一等品(B)和合格品(C)。

3.3 标记

砌块按其产品名称、规格、强度等级、产品等级和标准编号顺序进行标记。

示例:

砌块的规格尺寸为 880 mm×380 mm×240 mm,强度等级为 10 级、产品等级为一等品(B)时,标记为:

FB 880×380×240-10 B-JC 238

砌块的规格尺寸为 880 mm×430 mm×240 mm,强度等级为 13 级,产品等级为合格品(C)时,标记为:

FB 880×430×240-13 C-JC 238

4 技术要求

4.1 砌块的外观质量和尺寸偏差应符合表 1 的规定。

4.2 砌块的立方体抗压强度、碳化后强度、抗冻性能和密度应符合表 2 的规定。

4.3 砌块的干缩值应符合表 3 的规定。

国家建筑材料工业局 1991-03-22 批准　　　　1991-12-01 实施

表 1　砌块的外观质量和尺寸允许偏差　　mm

项目			指标	
			一等品(B)	合格品(C)
外观质量	表面疏松		不允许	
	贯穿面棱的裂缝		不允许	
	任一面上的裂缝长度,不得大于裂缝方向砌块尺寸的		1/3	
	石灰团、石膏团		直径大于 5 的,不允许	
	粉煤灰团、空洞和爆裂		直径大于 30 的不允许	直径大于 50 的不允许
	局部突起高度 ≤		10	15
	翘曲 ≤		6	8
	缺棱掉角在长、宽、高三个方向上投影的最大值 ≤		30	50
	高低差	长度方向	6	8
		宽度方向	4	6
尺寸允许偏差		长度	+4,−6	+5,−10
		高度	+4,−6	+5,−10
		宽度	±3	±6

表 2　砌块的立方体抗压强度、碳化后强度、抗冻性能和密度

项目	指标	
	10 级	13 级
抗压强度 MPa	3 块试件平均值不小于 10.0 单块最小值 8.0	3 块试件平均值不小于 13.0 单块最小值 10.5
人工碳化后强度 MPa	不小于 6.0	不小于 7.5
抗冻性	冻融循环结束后,外观无明显疏松、剥落或裂缝;强度损失不大于 20%	
密度 kg/m³	不超过设计密度 10%	

表 3　砌块的干缩值　　mm/m

一等品(B)	合格品(C)
≤0.75	≤0.90

5　检验方法

5.1　外观检查和尺寸测量

5.1.1　工具

5.1.1.1　钢尺和钢卷尺、直角尺:精度 1 mm。

5.1.1.2　钢尺或木直尺:长度超过 1 m,精度 1 mm。

5.1.1.3　小锤。

5.1.2　外观检查

5.1.2.1 砌块各部位的名称如图 1 所示。

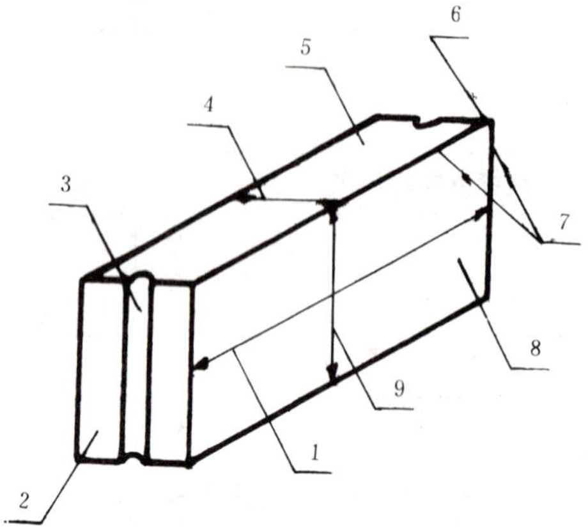

图 1

1—长度；2—端面；3—灌浆槽；4—宽度；5—坐浆面(或铺浆面)；6—角；7—棱；8—侧面；9—高度

5.1.2.2 表面疏松

目测或用小锤检查砌块表面有无膨胀、结构松散等现象。

5.1.2.3 裂缝

a. 肉眼检查有无贯穿一面二棱的裂缝。如图 2a 中的任一条；

b. 用尺测量各面上的裂缝长度。精确至 1 mm，如图 2b。

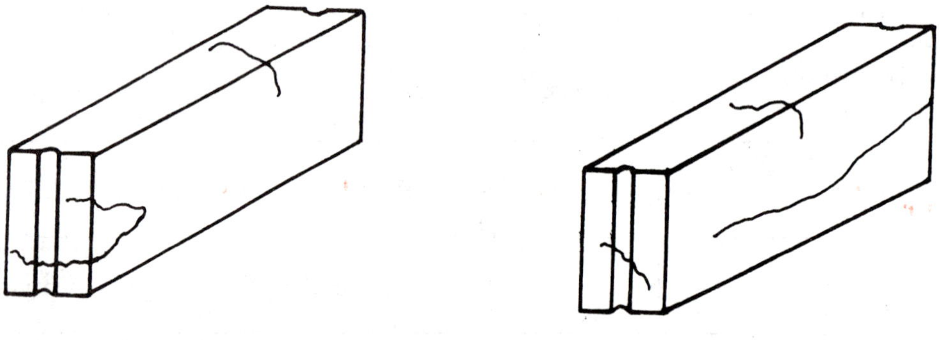

a　　b

图 2

5.1.2.4 石灰团、石膏团、粉煤灰团、空洞、爆裂、局部突起

用肉眼观察，并用尺测量其直径的大小。

5.1.2.5 翘曲

将直尺沿棱边贴放，量出最大弯曲或突出处尺寸。精确至 1 mm，如图 3。

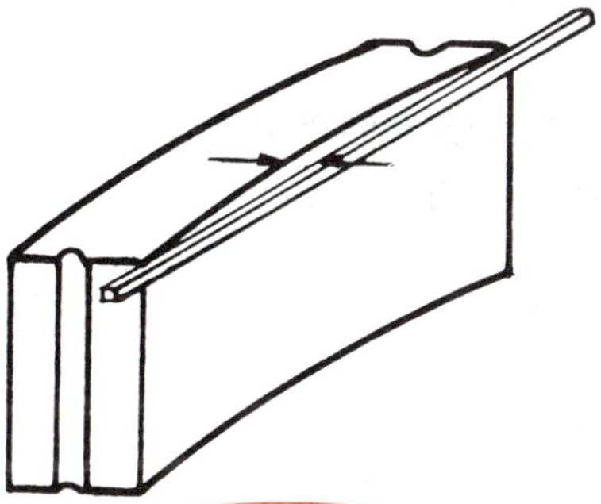

图 3

5.1.2.6　缺棱掉角

测量砌块破坏部分对砌块长、高、宽三个方向的投影尺寸，精确至 1 mm，如图 4。

图 4

L—长度方向的投影尺寸；*h*—高度方向的投影尺寸；*b*—宽度方向的投影尺寸

5.1.2.7　高低差

砌块长度方向的高低差值：测某一端面两棱边与相对应的端面两棱边的高低差值，如图 5a；

砌块宽度方向的高低差值：测某一侧面两棱边与相对应的侧面两棱边的高低差值，如图 5b。

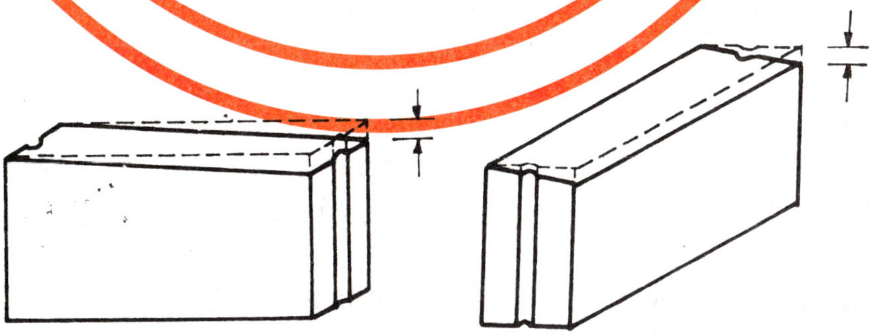

a　　　　b

图 5

5.1.3　尺寸测量

长度：立模砌块在侧面的中间测量，平模砌块在坐浆面或铺浆面的中间测量；高度：在端面的两侧测量；宽度：在端面的中间测量。每项在对应两面各测一次，取最大值，精确至1 mm。

5.2　密度

5.2.1 设备

台秤：最大称量10 kg，感量1 g。

5.2.2 试验步骤

5.2.2.1 取做抗压强度试验的3块试件，经蒸养结束出池后，称其质量，精确至0.01 kg。

5.2.2.2 测量试件尺寸，精确至1 mm，计算试件体积。

5.2.3 结果计算与评定

密度 r(kg/m³)按式(1)计算：

$$r=\frac{W}{v} \qquad \cdots\cdots(1)$$

式中：W——试件质量，kg；

v——试件体积，m³。

取3个试件计算结果的算术平均值，精确至1 kg。

5.3 抗压强度

5.3.1 试验设备

5.3.1.1 压力试验机：精度(示值的相对误差)应小于2%，其量程应能使试件的预期破坏荷载值不小于全量程的20%，也不大于全量程的80%。

5.3.1.2 试模：边长为200 mm(或150 mm，或100 mm)的立方体试模3个，试模的质量要求应符合GBJ 81第2.0.4条的规定。

注：当骨料最大粒径≤30 mm时，用边长为100 mm试模；当骨料最大粒径≤40 mm时，用边长为150 mm试模或200 mm试模。

5.3.2 试件制作

在生产过程中，每一蒸养池按随机抽样方法，抽取混合料，制作3个立方体试件与砌块同池养护。

5.3.3 试验步骤

抗压试验时，将试件置于压力机加压板的中央，承压面应与成型时的顶面垂直，以每秒0.2～0.3 MPa的加荷速度加荷至试件破坏。

5.3.4 结果计算与评定

5.3.4.1 每块试件的抗压强度(R)按式(2)计算，精确至0.1 MPa。

$$R=\frac{P}{F} \qquad \cdots\cdots(2)$$

式中：P——破坏荷载，N；

F——承压面积，mm²。

5.3.4.2 抗压强度取3个试件的算术平均值。以边长为200 mm的立方体试件为标准试件，当采用边长为150 mm立方体试件时，结果须乘以0.95折算系数；采用边长为100 mm立方体试件时，结果须乘以0.90折算系数。

5.3.4.3 试件须在蒸养结束后24～36 h内进行抗压试验。如在热池揭盖半小时内进行抗压试验(热压)，其结果须乘以1.12折算系数。

5.4 人工碳化后强度

5.4.1 试验仪器设备及试剂。

a. 二氧化碳气瓶：盛压缩二氧化碳气用；

b. 碳化箱：采用常压密封容器，内部有多层放试块的搁板；

c. 二氧化碳气体分析仪；

d. 1%酚酞乙醇溶液：用浓度为70%的乙醇配制；

e. 碳化试验装置:如图6所示;

f. 抗压强度检验设备同5.3.1,取边长为100 mm的立方体试模15个。

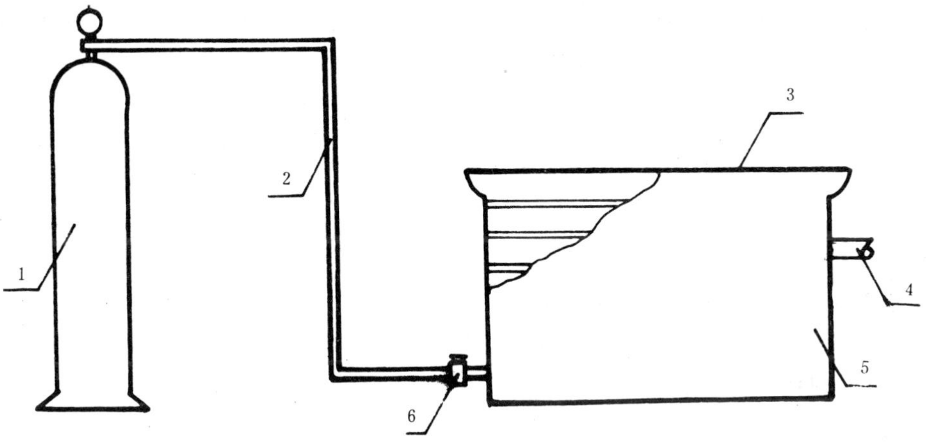

图 6

1—二氧化碳钢瓶;2—橡皮管;3—箱盖;4—接气体分析仪;
5—碳化箱;6—进气口

5.4.2 试验步骤

5.4.2.1 取实际生产的混合料,制作边长为100 mm的立方体试件15块。

5.4.2.2 蒸养拆模后24～36 h内取5块试件做抗压试验。

5.4.2.3 其余10块试件在室内放置7天,然后放入二氧化碳(CO_2)浓度为60%以上的碳化箱内,试验期间,碳化箱内的湿度始终控制在90%以下。

5.4.2.4 从第4周开始,每周取1块试件劈开,用1%酚酞乙醇溶液检查碳化程度,当试件中心不呈现红色时,则认为试件已全部碳化。

5.4.2.5 将已全部碳化的5个试件,于室内放置24～36 h,按第5.3.3条的规定作抗压试验,并按第5.3.4条的规定计算。

5.4.3 结果计算与评定

5.4.3.1 人工碳化系数 K_c 按式(3)计算:

$$K_c = \frac{R_c}{R_1} \qquad \cdots\cdots(3)$$

式中:R_c——试件人工碳化后强度,取5块碳化后试件强度的算术平均值,MPa;

R_1——对比试件强度,取5块碳化前试件强度的算术平均值,MPa。

5.4.3.2 砌块的人工碳化后强度,是用人工碳化系数 K_c,乘以每蒸养池试件的抗压强度,取3块试件的平均值,精确至0.1 MPa。

5.5 抗冻性

5.5.1 设备

a. 冷藏室或冰箱,最低温度需达－20℃;

b. 水池或水箱;

c. 试模:边长为100 mm的立方体试模10个。

5.5.2 试验步骤

5.5.2.1 取实际生产的混合料,制作边长为100 mm的立方体试件10块。

5.5.2.2 蒸养拆模后24 h后将试件放入10～20℃的水中,其间距20 mm,水面高出试件20 mm以上。

5.5.2.3 试件浸泡48 h后取出，检查并记录外观情况，然后将5块做冻融试验，5块进行抗压强度试验。

5.5.2.4 试件应在冰箱或冷冻室达到－15℃以下时放入，其间距不小于20 mm，试件在－15℃以下冻8 h，然后取出放入10～20℃的水中融化4 h，作为一次冻融循环，反复进行15次。

5.5.2.5 冻融循环结束后，取出试件检查并记录外观情况，按本标准第5.3.3条的规定进行抗压强度试验。

5.5.3 结果计算

抗压强度损失率K_m(%)按式(4)计算：

$$K_m = \frac{R_2 - R_m}{R_2} \times 100 \quad \cdots\cdots(4)$$

式中：R_2——浸泡48 h的5块对比试件抗压强度平均值，MPa；

R_m——冻融循环15次后的5块试件抗压强度平均值，MPa。

5.6 干缩值(快速试验方法)

5.6.1 仪器、设备

a. 收缩试模：卧式收缩膨胀仪；

b. 收缩头：见图7；

c. 水池、带鼓风的烘箱；

d. 无水氯化钙。

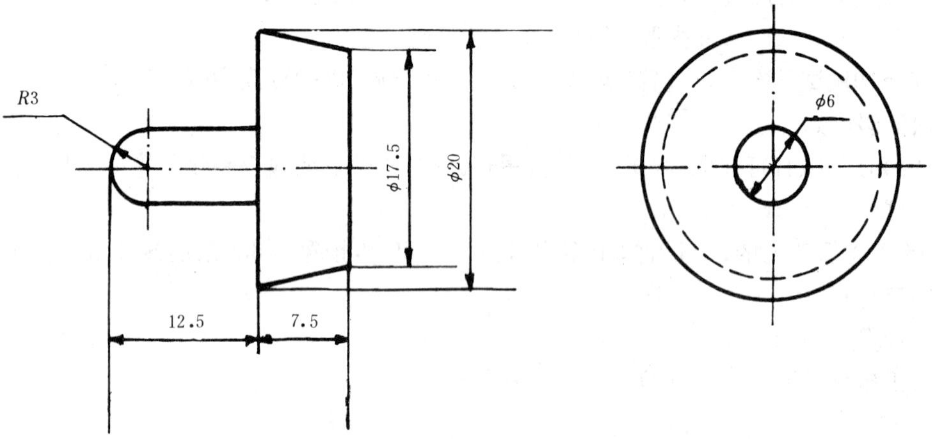

图7 收缩头

5.6.2 试验步骤

5.6.2.1 在收缩试模两端设埋收缩头的预留孔。

5.6.2.2 取实际生产的混合料，制作尺寸为100 mm×100 mm×515 mm的试件3块。

5.6.2.3 蒸养拆模后，检查收缩头预留孔位置是否准确，如果不符合要求，须作修理，或重新制作试件。用水泥净浆或合成树脂将收缩头固定在预留孔中。

5.6.2.4 24 h后将试件放入20±2℃的水池中，浸泡48 h后取出，用湿布擦去表面水，擦净收缩头上的水分，立即用收缩膨胀仪测定初始长度，记下初始百分表读数，精确至0.01 mm。

5.6.2.5 将上述试件放入温度为50±2℃的带鼓风的烘箱中，干燥2天；然后在此烘箱中放入盛有氯化钙饱和溶液的瓷盘(3块试件需放无水氯化钙1 kg，水500 mL，溶液的暴露面积为0.2 m^2以上)，并应保持瓷盘内溶液中有氯化钙固相存在，烘箱内温度应保持50±2℃，相对湿度达到30%±2%。10天后，每隔1天取出试件一次，于20±3℃的室内放置2 h后，用收缩膨胀仪测定其长度，记下百分表读数，直至两次所测长度变化值小于0.01 mm为止，此值即为试件干燥后长度(百分表读数)。

5.6.2.6 在每次测量前后，收缩膨胀仪必须用标准杆校对零位读数。标准杆和试件放入收缩膨胀仪的位置，在每次测量时应保持一致。

5.6.3 结果计算与评定

干缩值 S(mm/m)按式(5)计算：

$$S=\frac{L_1-L_2}{500}\times 1\,000 \quad \cdots\cdots(5)$$

式中：L_1——试件初始长度(百分表读数)，mm；

L_2——试件干燥后长度(百分表读数)，mm；

500——试件长度，mm。

取3个试件计算结果的算术平均值，精确至0.01 mm/m。

6 检验规则

6.1 型式检验

6.1.1 检验条件

有下列情况之一时，进行型式检验：

a. 新产品或老产品转厂生产的试制定型鉴定；

b. 正式生产后，原材料、工艺等有较大改变，可能影响产品性能时；

c. 正常生产时，每半年应进行一次检验；人工碳化后强度，每季度测一次；

d. 产品停产3个月以上恢复生产时；

e. 出厂检验结果与上次型式检验有较大差异时；

f. 国家质量监督机构提出型式检验的要求时。

6.1.2 检验项目

型式检验项目包括尺寸偏差、外观质量、密度、抗压强度、人工碳化后强度、抗冻性和干缩值。

6.1.3 抽样与判定

在受检的砌块中，随机抽取100块砌块，进行外观质量检验与尺寸偏差测量，其中不符合表1规定的砌块数量不超过10块时，判受检产品外观和尺寸偏差检验合格，若不符合表1规定的砌块数量超过10块时，判受检产品不合格。

立方体抗压强度、碳化后强度、抗冻性能、密度、干缩值的检验按本标准第5章规定，并按表2、表3进行判定。

6.2 出厂检验

6.2.1 检验项目

出厂检验项目包括尺寸偏差、外观质量、密度、抗压强度。

6.2.2 抽样与判定

6.2.2.1 砌块在出池时应逐块检查。砌块的外观和尺寸偏差符合表1的相应等级时，判为相应等级，有一项不符合规定时，判为不符合相应等级。

6.2.2.2 以每一蒸养池为一批，制作3块立方体试件。

6.2.2.3 按第5.2条测定立方体试件的密度，作为该池砌块的密度。

按第5.3.3条进行抗压强度试验，所得3块试件的立方体强度符合表2中13级规定的要求时，判该批砌块的强度等级为13级；如果符合10级规定的要求，判该批砌块的强度等级为10级；如果不符合10级规定的要求，则判该批砌块不合格。

6.3 复验

6.3.1 当用户对生产厂的出厂检验结果有异议时，可会同生产厂委托产品质量监督检验机构进行复验，复验项目可以是表1、表2和表3所列的全部或一部分。

6.3.2 产品性能的复验，是以200 m^3为一批，抽样检测。

6.3.3 外观和规格尺寸偏差的复验，按随机抽样法抽取50块砌块，按表1中的各项逐块进行检验。若其中不符合一等品的砌块少于5块时，判该批砌块为一等品；如果不符合合格品规定要求的砌块少于5块，判该批砌块为合格品；若超过5块，判该批砌块为不合格品。

6.3.4 砌块的立方体抗压强度、碳化后强度、干缩值和抗冻性的复验，有三种方法：

a. 立方体抗压强度每池留3块试件；碳化后强度、干缩值和抗冻性在每次型式检验时，留下与型式检验数量相同的试件；在所留的试件上注明成型日期，以便复验时进行检验；试样保存半年；

b. 从外观检验合格的砌块中随机抽取砌块，按本标准中上述各项的规定切割成所需要的试件，进行相应的试验；

c. 直接用外观检验合格的砌块进行抗压强度试验。

复验采用哪一种方法由厂方、用户和质量检测监督站共同协商决定。

复验结果符合表2和表3中该项规定的判为该项合格，反之则判该项不合格。

6.3.5 已出厂砌块的缺棱、掉角、断裂，不予复验。

7 产品质量合格证、贮存和运输

7.1 砌块应有产品质量合格证。合格证应注明：生产厂名、商标、产品标记、产品等级、强度等级、生产日期等。

7.2 砌块必须有等级标记、生产厂标志和生产日期。

7.3 砌块从出池之日算起，须存放20天方能出厂。

7.4 砌块装卸、运输时，应避免碰撞、摔打，不许翻斗倾卸。

附加说明：

本标准由上海市建筑科学研究所、上海市民用建筑设计院、上海市硅酸盐制品厂负责起草。

本标准主要起草人李玉华、徐强、周鹰、顾梦煦、陈树荣。

本标准委托上海市建筑科学研究所负责解释。

ICS 91.100.30
Q 14
备案号：24224—2008

JC

中华人民共和国建材行业标准

JC/T 641—2008
代替 JC/T 641—1996

装饰混凝土砌块

Decorative concrete block

2008-06-16 发布　　2008-12-01 实施

中华人民共和国国家发展和改革委员会　发布

前　　言

本标准是对 JC/T 641—1996《装饰混凝土砌块》进行的修订。

本标准与 JC/T 641—1996 相比，主要变化如下：

——增减了引用标准；

——增补和修订了术语；

——取消了砌体装饰砌块分类和产品按外观质量分级；

——取消了砌体装饰砌块的 MU 1.5、MU 2.5、MU 3.5、MU 5 和 MU 7.5 五个强度等级，增加了 MU 35 和 MU 40 两个强度等级；

——调整了规格尺寸和尺寸允许偏差，提高了相对含水率、抗冻性等要求；

——新增了干燥收缩率、软化系数、放射性等指标；

——增加了规范性附录“抗折强度试验方法”(见附录 A)；

——增加了规范性附录“抗渗性试验方法”(见附录 B)。

本标准由中国建筑材料联合会提出。

本标准由全国水泥制品标准化技术委员会归口。

本标准负责起草单位：中国建筑材料科学研究总院、中国建筑砌块协会、昆山通海建材科技有限公司。

本标准参加起草单位：扬州利众建业机械有限公司、包头新创瑞图环保建材有限公司、四川绵竹太极机械有限公司、扬州大学、江苏省恒达建材机械有限公司、北京金阳新建材有限公司、福建泉州鸿昌机械制造有限公司、泉州市鸿益机械制造有限公司。

本标准主要起草人：王武祥、杜建东、姚峰元、陈生明、张吉富、曹蓓月、于银龙、杨鼎宜、郭文智、陈小钢、傅志昌、李仰水、翁跃进。

本标准委托中国建筑材料科学研究总院负责解释。

本标准所代替标准的历次版本发布情况为：

——JC/T 641—1996。

装饰混凝土砌块

1 范围

本标准规定了装饰混凝土砌块的术语和定义、分类、一般规定、要求、试验方法、检验规则及产品合格证、堆放和运输。

本标准主要适用于工业与民用建筑、市政、景观等工程使用的装饰混凝土砌块(以下简称装饰砌块),如彩色、劈裂、凿毛、条纹、磨光、鼓形、模塑、露集料和仿旧等预先经过饰面加工的装饰砌块。不适用于表面涂敷着色的装饰砌块。

2 规范性引用文件

下列文件中的条款通过本标准的引用而成为本标准的条款。凡是注日期的引用文件,其随后所有的修改单(不包括勘误的内容)或修订版均不适用于本标准,然而,鼓励根据本标准达成协议的各方研究是否可使用这些文件的最新版本。凡是不注日期的引用文件,其最新版本适用于本标准。

GB 175 通用硅酸盐水泥

GB/T 1596 用于水泥和混凝土中的粉煤灰

GB/T 2015 白色硅酸盐水泥

GB/T 4111 混凝土小型空心砌块试验方法

GB 6566 建筑材料放射性核素限量

GB 8076 混凝土外加剂

GB/T 14684 建筑用砂

GB/T 14685 建筑用卵石、碎石

GB/T 17431 轻集料及其试验方法

GB/T 18046 用于水泥和混凝土中的粒化高炉矿渣粉

GB/T 18968 墙体材料术语

JC 474 砂浆、混凝土防水剂

JC/T 539 混凝土和砂浆用颜料及其试验方法

JGJ 63 混凝土用水标准

YBJ 20584 混凝土用高炉重矿渣碎石技术条件

3 术语和定义

GB/T 18968 确立的术语和定义适用于本标准。

3.1

彩色砌块 colored block

用彩色混凝土制成的装饰砌块。

3.2

劈裂砌块 split block

具有一定强度的砌块,用劈裂机沿特定的面劈开为两部分,劈裂面带有纹理并呈凹凸形貌的装饰砌块。

3.3

凿毛砌块　spot blast block

用高速喷砂或机械冲击砌块表面，使水泥砂浆脱落成露出一个个小坑的装饰砌块。

3.4

条纹砌块　fluted block

通过特制模箱制成，或在具有一定强度的砌块表面用机械方式加工出横的、竖的或交叉装饰线条的砌块。

3.5

磨光砌块　ground face block

经研磨加工使表面平整光滑并露出集料的装饰砌块。

3.6

鼓形砌块　slumped block

刚成型好的砌块，在自重或适当垂直压力作用下产生变形，外形呈鼓胀状的装饰砌块。

3.7

模塑砌块　moulding face block

用带沟、槽、肋、块、弧形和角形等特制模箱制成的装饰砌块。这些砌块及其组合将构成不同的图案和外形。

3.8

露集料砌块　aggregate-exposed block

表面裸露集料的装饰砌块。

3.9

仿旧砌块　antique block

将具有一定强度的砌块，采用特定工艺加工制作，使砌块呈现缺棱掉角、类似天然石材、旧建筑制品的装饰砌块。

4　分类

4.1　分类

按装饰效果分为彩色砌块、劈裂砌块、凿毛砌块、条纹砌块、磨光砌块、鼓形砌块、模塑砌块、露集料砌块、仿旧砌块。

按用途分为砌体装饰砌块（代号 M_q）和贴面装饰砌块（代号 F_q）。

4.2　等级

4.2.1　砌体装饰砌块按抗压强度分为 MU 10、MU 15、MU 20、MU 25、MU 30、MU 35、MU 40 七个等级。

4.2.2　装饰砌块按抗渗性分为普通型（P）和防水型（F）。

4.3　规格

装饰砌块的基本尺寸见表 1。

表 1　基本尺寸

单位为毫米

长度 L	390,290,190	
宽度 B	砌体装饰砌块 M_q	290,240,190,140,90
	贴面装饰砌块 F_q	30～90
高度 H	190,90	
注：其他规格尺寸可由供需双方商定。		

4.4 标记

产品按下列顺序进行标记：产品装饰效果名称、类型、规格尺寸($L\times B\times H$)、强度等级、抗渗性、标准编号。

示例：

a) 规格尺寸 390 mm×190 mm×190 mm、强度等级为 MU 10、防水型劈裂砌体装饰砌块的标记为：

劈裂砌块 M_q　390×190×190　MU 10　F　JC/T 641—2008

b) 规格尺寸 390 mm×240 mm×50 mm、普通型凿毛贴面装饰砌块的标记为：

凿毛砌块 F_q　390×240×50　P　JC/T 641—2008

5 一般规定

5.1 材料

5.1.1 水泥

应符合 GB 175、GB/T 2015 的规定。

5.1.2 细集料

应符合 GB/T 14684 的规定。

5.1.3 粗集料

5.1.3.1 碎石、卵石应符合 GB/T 14685 的规定。

5.1.3.2 重矿渣应符合 YBJ 20584 的规定。

5.1.4 轻集料

应符合 GB/T 17431 的规定。

5.1.5 色质集料

可采用天然或人工的色质集料。

5.1.6 掺合料

粉煤灰应符合 GB/T 1596 的规定，高炉矿渣粉应符合 GB/T 18046 的规定。

5.1.7 外加剂

应符合 GB 8076 和 JC 474 的规定。

5.1.8 颜料

应符合 JC/T 539 的规定。

5.1.9 水

应符合 JGJ 63 的规定。

5.2 装饰砌块采用分层布料工艺生产时，加工后饰面层的最小厚度不宜小于 10 mm。

5.3 装饰砌块含有孔洞时，表面经过二次加工后，外壁最薄处应不小于 20 mm。最小肋厚应不小于 25 mm。

6 要求

6.1 外观质量

外观质量应符合表 2 的规定。

6.2 尺寸偏差

尺寸允许偏差应符合表 3 的规定。

6.3 颜色、花纹

6.3.1 单色装饰砌块的装饰面颜色应基本一致，无明显色差。

6.3.2 双色或多色装饰砌块装饰面的颜色、花纹，应满足供需双方预先约定的要求。色质饱和度、混色程度等，应基本一致。

6.4 强度等级

6.4.1 砌体装饰砌块的抗压强度应符合表 4 的规定。

表 2 外观质量

项目			指标
弯曲,不大于/mm			2
裂纹	装饰面		无
	其他面	裂纹延伸的投影长度累计不超过长度尺寸的百分数/%	5.0
		条数,不多于/条	1
缺棱掉角	装饰面	长度不超过边长的百分数/%	1.5
		棱个数,不多于/个	1
		相邻两边长度不超过边长百分数/%	0.77
		角个数,不多于/个	1
	其他面	长度不超过边长的百分数/%	5.0
		棱角个数,不多于/个	2
注:经两次饰面加工和有特殊装饰要求的装饰砌块,不受此规定限制。			

表 3 尺寸允许偏差

单位为毫米

项目	指标
长度、高度和宽度	±2.0
注:经两次饰面加工和有特殊装饰要求的装饰砌块,不受此规定限制。	

表 4 抗压强度

单位为兆帕

强度等级	抗压强度	
	平均值不小于	单块最小值不小于
MU 10	10.0	8.0
MU 15	15.0	12.0
MU 20	20.0	16.0
MU 25	25.0	20.0
MU 30	30.0	24.0
MU 35	35.0	28.0
MU 40	40.0	32.0

6.4.2 贴面装饰砌块强度以抗折强度表示,平均值应不小于 4.0 MPa,单块最小值应不小于 3.2 MPa。

6.5 干燥收缩率

干燥收缩率应不大于 0.045%。

6.6 相对含水率

砌体装饰砌块相对含水率应符合表 5 的规定。

6.7 抗渗性

装饰砌块的抗渗性应符合表 6 的规定。

表 5 相对含水率

单位为百分比

使用地区	潮　湿	中　等	干　燥
相对含水率不大于	40	35	30

注 1：相对含水率即装饰砌块含水率与吸水率之比：

$$W=100\times w_1/w_2$$

式中：

W——装饰砌块的相对含水率，单位为百分比(%)；

w_1——装饰砌块的含水率，单位为百分比(%)；

w_2——装饰砌块的吸水率，单位为百分比(%)。

注 2：使用地区的湿度条件：

潮湿——指年平均相对湿度大于 75%的地区；

中等——指年平均相对湿度 50%～75%的地区；

干燥——指年平均相对湿度小于 50%的地区。

表 6 抗渗性

单位为毫米

项　目	指　标	
	普通型(P)	防水型(F)
水面下降高度	—	≤10

6.8 抗冻性

抗冻性应符合表 7 的规定。

表 7 抗冻性

单位为百分比

使用条件	抗冻指标	质量损失率	强度损失率
夏热冬暖地区	F_{15}	≤5	≤20
夏热冬冷地区	F_{35}		
寒冷地区	F_{50}		
严寒地区	F_{75}		

6.9 软化系数

软化系数不应小于 0.80。

6.10 放射性

放射性应符合 GB 6566 的规定。

7 试验方法

7.1 外观质量、尺寸偏差、抗压强度、干燥收缩率、相对含水率、抗冻性、软化系数等试验按 GB/T 4111 进行。

7.2 色泽、花纹

从批量中随机抽取装饰砌块，组成 1 m^2 的装饰面，在自然光照下，距离样品 1.5 m 处目测，观察有无明显色差。将订货时商定样品与产品并列放置，观察颜色、花纹差异。

7.3 抗折强度

抗折强度试验按本标准附录 A 进行。

7.4 抗渗性

抗渗性试验按本标准附录B进行。

7.5 放射性

放射性试验按GB 6566进行。

8 检验规则

8.1 检验分类

装饰砌块的检验分出厂检验和型式检验。

8.1.1 出厂检验

出厂检验项目:外观质量、尺寸偏差、强度等级和相对含水率。对防水型装饰砌块,还须检验抗渗性。

8.1.2 型式检验

检验项目:第6章要求中的全部项目。有下列情况之一者,必须进行型式检验:

a) 新产品的试制定型鉴定;

b) 正常生产后,原材料、配比及生产工艺改变时;

c) 正常生产时,每半年至少进行一次(放射性一年进行一次);

d) 产品停产三个月以上恢复生产时;

e) 出厂检验结果与上次型式检验有较大差异时;

f) 国家质量监督机构提出进行型式检验要求时。

8.2 组批规则

以用同一批原材料、同一生产工艺生产的同一强度等级和花色品种的5 000块装饰砌块为一批,不足5 000块者亦按一批计。

8.3 抽样规则

8.3.1 每批随机抽取50块做尺寸偏差、外观质量、颜色和花纹检验。

8.3.2 从尺寸偏差和外观质量检验合格的装饰砌块中抽取如下数量进行其他项目检验:

a) 强度等级:5块;

b) 干缩率:3块;

c) 相对含水率:3块;

d) 抗冻性:10块;

e) 抗渗性:3块;

f) 软化系数:10块;

g) 放射性:3块。

8.4 判定规则

8.4.1 若受检的50块装饰砌块中,外观质量和尺寸偏差不符合表2和表3规定的试件数量不超过7块时,则判该批装饰砌块尺寸偏差和外观质量合格。否则为不合格。

8.4.2 当受检装饰砌块的颜色、花纹符合6.3要求时,则判该批装饰砌块颜色和花纹合格。否则为不合格。

8.4.3 当所有项目的检验结果均符合本标准第6章各项要求时,则判该批装饰砌块合格。

8.4.4 产品的放射性超过GB 6566规定时,应停止生产与销售。

9 产品合格证、堆放和运输

9.1 装饰砌块应在厂内养护28天龄期后方可出厂,并应提供产品质量合格证书,内容包括:

a) 厂名和商标;

b) 合格证编号、生产和出厂日期；

c) 产品标记；

d) 性能检验结果；

e) 批量编号与装饰砌块数量(块)；

f) 检验部门与检验人员签字盖章。

9.2 装饰砌块应按规格、花色、强度等级分批分别堆放，不得混杂。堆放期间，不得弄脏饰面。

9.3 砌块宜采用塑料布包装，装饰砌块在堆放、运输及砌筑时应有防雨措施。

9.4 装运时要靠紧挤实。用吊车托架运输时，应捆扎牢固，避免碰撞擦伤装饰面。装卸时，严禁碰撞、扔摔；应轻码轻放，禁止翻斗车倾卸。

附 录 A
（规范性附录）
抗折强度试验方法

A.1 设备

A.1.1 试验机：可采用抗折试验机、万能试验机或带有抗折试验架的压力试验机。试验机的示值相对误差应不大于1%，其量程选择应能使试件的预期破坏荷载落在满量程的20%～80%。

A.1.2 支座及加压棒：支座的两个支承棒和加压棒的直径为35 mm～40 mm，材料为钢质，长度210 mm。

A.1.3 钢直尺：分度值1 mm。

A.1.4 游标卡尺：(0～125)mm；精度0.02 mm。

A.1.5 切割机、磨光机、水平尺。

A.2 试件

试件数量为5块。

A.3 试验步骤

A.3.1 对凹凸不平的饰面，须在高度方向加荷的中间处切磨出一条宽度大于40 mm的平面，要求切磨出的平面与背面平行。切磨后的厚度为试件厚度。装饰面为平面时不作处理。

A.3.2 将试件放置在试验机的支承座上。支承点距端部的距离为30 mm。以每秒300 N的速度加荷至试件折断(见图A.1)，记录破坏荷载。

单位为毫米

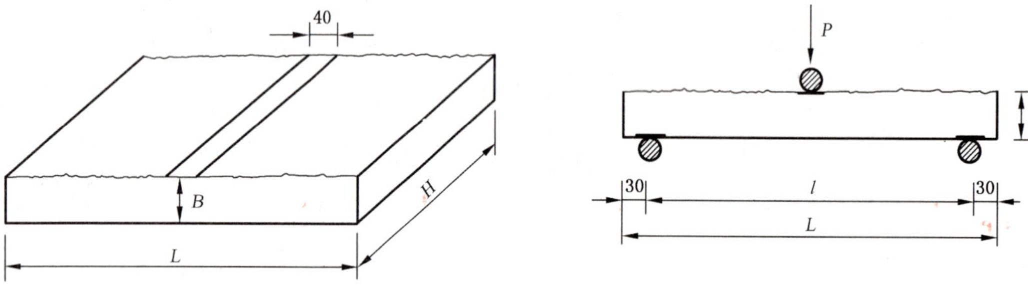

图 A.1

A.4 结果计算

抗折强度按式(A.1)计算，精确至0.1 MPa。

$$R_{折} = \frac{3Pl}{2HB^2} \qquad \cdots\cdots(A.1)$$

式中：

$R_{折}$——抗折强度，单位为兆帕(MPa)；

P——破坏荷载，单位为牛(N)；

l——两支承点间的距离，单位为毫米(mm)；$l=L-30$(L为试件长度)；

H——试件高度，单位为毫米(mm)；

B——试件宽度，单位为毫米(mm)。

试验结果以5个试件抗折强度的算术平均值和单块最小值表示。

附　录　B
（规范性附录）
抗渗性试验方法

B.1　设备

B.1.1　抗渗装置见图 B.1。

B.1.2　混凝土取样器，钻头内径 100 mm。

B.1.3　水池或水箱。

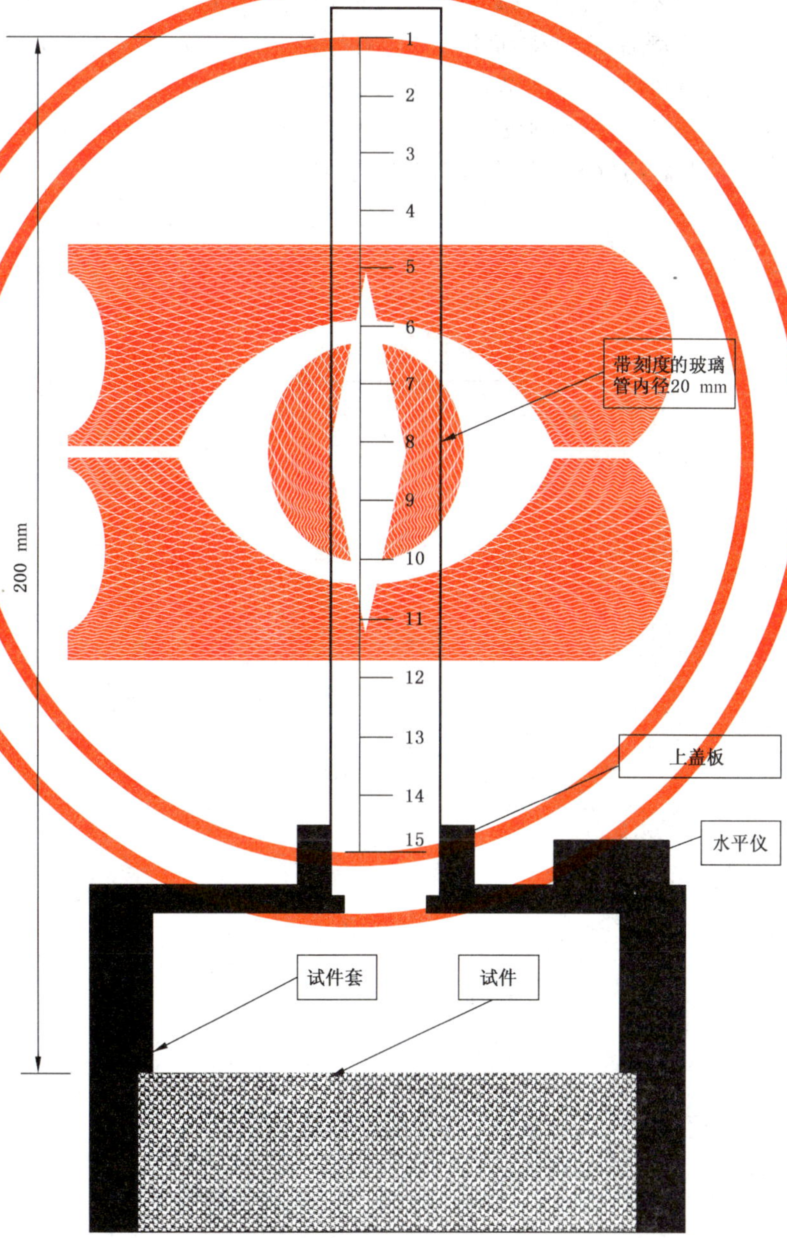

图 B.1

B.2 试件

3 个直径为 100 mm 的圆柱体试件。

B.3 试验

B.3.1 试件加工

a) 在 3 个不同装饰砌块的装饰面上，采用直径为 100 mm 的金刚石钻头直接取样。

b) 将试件浸入(20±5)℃的水中，水面应高出试件 20 mm 以上。2 h 后将试件从水中取出，放在钢丝网架上滴水 1 min，再用拧干的湿布拭去表面的水。

B.3.2 试验步骤

a) 试验应在标准试验环境下进行，即空气温度(20±2)℃，相对湿度(50±10)%。

b) 将试件表面清理干净后，在其侧面涂一层密封材料(如黄油)，随即旋入或在其他加压装置上将试件压入试件套中，再与抗渗装置连接起来，使周边不漏水。

c) 在 30 s 内往玻璃筒内加水，使水面高出试件上表面 200 mm。

d) 自加水时算起 2 h 后测量玻璃筒内水面下降的高度。

B.4 结果评定

按 3 个试件上玻璃筒内水面下降的最大高度来评定。

ICS 91.100.10
Q 62
备案号：30079—2011

JC

中华人民共和国建材行业标准

JC/T 698—2010
代替 JC/T 698—1998

石 膏 砌 块

Gypsum blocks

2010-11-22 发布　　2011-03-01 实施

中华人民共和国工业和信息化部　发布

前　言

本标准按照 GB/T 1.1—2009 给出的规则起草。

本标准是对 JC/T 698—1998《石膏砌块》进行的修订。

本标准与 JC/T 698—1998 相比，主要修改如下：

——增加了规范性引用文件（见第 2 章）；

——增加了术语和定义（见第 3 章）；

——修改了产品的分类、规格和标记（见 4.1、4.2、4.3，1998 年版的 3.1、3.2、3.3）；

——增加了原材料一章（见第 5 章）；

——删除了原标准中单块砌块质量要求（1998 年版的 4.3）；

——修改了尺寸偏差、表观密度、断裂荷载要求（见 6.2、6.3，1998 年版的 4.2、4.3、4.5）；

——增加了最小壁厚要求及试验方法（见 6.2、7.3）；

——修改了断裂荷载试验方法（见 7.6，1998 年版的 5.3.6）；

——修改了抽样批量规定和判定规则（见第 8 章，1998 年版的第 6 章）。

本标准对应于欧洲标准 EN 12859：2001《石膏砌块——定义、要求和试验方法》，本标准与 EN 12859：2001 的一致性程度为非等效。

本标准由中国建筑材料联合会提出。

本标准由全国轻质与装饰装修建筑材料标准化技术委员会（SAC/TC 195）归口。

本标准负责起草单位：中国新型建筑材料工业杭州设计研究院。

本标准参加起草单位：北京国华杰地动力技术服务有限公司、北京市翔牌墙体材料有限公司、济南金绿苑新型建材有限公司、平邑恒泰新型建材有限公司、北京力博特尔科技有限公司、山东丞华建材科技有限公司、长沙归一建材科技有限公司、武汉广厦龙源墙体材料有限公司、杭州振兴建材厂。

本标准主要起草人：陈旭晔、翟跃忠、徐柱琦、李林晴、胡长春、顾琼。

本标准于 1998 年首次发布。

石 膏 砌 块

1 范围

本标准规定了石膏砌块的术语和定义、分类和标记、原材料、要求、试验方法、检验规则以及标志、运输、贮存等内容。

本标准适用于建筑物中非承重内隔墙用的石膏砌块。

2 规范性引用文件

下列文件对于本文件的应用是必不可少的。凡是注日期的引用文件，仅注日期的版本适用于本文件。凡是不注日期的引用文件，其最新版本(包括所有的修改单)适用于本文件。

GB/T 1250 极限数值的表示方法和判定方法

GB 6566 建筑材料放射性核素限量

3 术语和定义

下列术语和定义适用于本文件。

3.1

石膏砌块 gypsum block

以建筑石膏为主要原料，经加水搅拌、浇注成型和干燥制成的建筑石膏制品，其外形为长方体，纵横边缘分别设有榫头和榫槽。生产中允许加入纤维增强材料或其他集料，也可加入发泡剂、憎水剂。

3.2

表面 face

隔墙上的石膏砌块可见部分。

3.3

长度 length

石膏砌块表面平行于端部的长边尺寸。

3.4

高度 height

石膏砌块表面平行于边部的短边尺寸。

3.5

厚度 thickness

石膏砌块两表面之间的垂直距离。

4 分类和标记

4.1 分类

4.1.1 按石膏砌块的结构分类

4.1.1.1 空心石膏砌块

带有水平或垂直方向预制孔洞的砌块，代号 K。

4.1.1.2 实心石膏砌块

无预制孔洞的砌块，代号 S。

4.1.2 按石膏砌块的防潮性能分类

4.1.2.1 普通石膏砌块

在成型过程中未做防潮处理的砌块,代号 P。

4.1.2.2 防潮石膏砌块

在成型过程中经防潮处理,具有防潮性能的砌块,代号 F。

4.2 规格

石膏砌块规格见表 1。若有其他规格,可由供需双方商定。

表 1 规格尺寸

单位为毫米

项目	公称尺寸
长度	600、666
高度	500
厚度	80、100、120、150

4.3 标记

4.3.1 标记方法

产品标记顺序为:产品名称、类别代号、长度、高度、厚度、本标准编号。

4.3.2 标记示例

示例:

长×高×厚=666 mm×500 mm×100 mm 的空心防潮石膏砌块,标记为:

石膏砌块 KF 666×500×100 JC/T 698—2010

5 原材料

原材料的放射性核素限量应符合 GB 6566 的要求。

6 要求

6.1 外观质量

外表面不应有影响使用的缺陷,具体应符合表 2 的规定。

表 2 外观质量

项目	指标
缺角	同一砌块不应多于 1 处,缺角尺寸应小于 30 mm×30 mm
板面裂缝、裂纹	不应有贯穿裂缝;长度小于 30 mm,宽度小于 1 mm 的非贯穿裂纹不应多于 1 条
气孔	直径 5 mm~10 mm 不应多于 2 处;大于 10 mm 不应有
油污	不应有

6.2 尺寸和尺寸偏差

尺寸和尺寸偏差应符合表 3 的规定。

表 3 尺寸和尺寸偏差

单位为毫米

序号	项目	要求
1	长度偏差	±3
2	高度偏差	±2
3	厚度偏差	±1.0
4	孔与孔之间和孔与板面之间的最小壁厚	≥15.0
5	平整度	≤1.0

6.3 物理力学性能

石膏砌块的物理力学性能应符合表4的规定。

表4 物理力学性能

项目		要求
表观密度/(kg/m³)	实心石膏砌块	≤1 100
	空心石膏砌块	≤800
断裂荷载/N		≥2 000
软化系数		≥0.6

7 试验方法

7.1 外观质量

在光照明亮的条件下,距试件0.5 m进行目测检查,并用分度值为1 mm的钢直尺测量板面裂纹、气孔、缺角尺寸,记录表面质量缺陷情况。

7.2 尺寸偏差

7.2.1 长度偏差

在距试件两端20 mm二处和长度方向轴线处用分度值为1 mm的钢卷尺进行长度测量,测点位置见图1。以三个测量值的平均值作为该试件的长度(L),精确至1 mm。取长度(L)与公称值的差值作为该试件的长度偏差。

单位为毫米

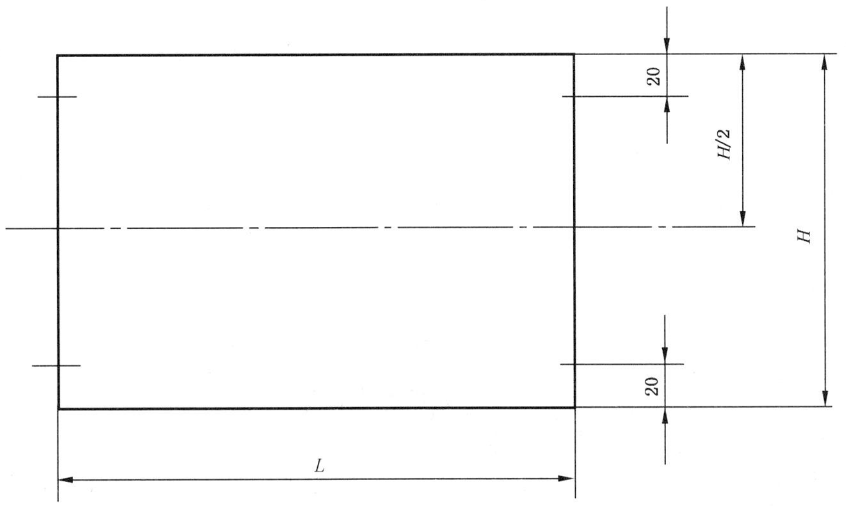

图1 长度测点位置

7.2.2 高度偏差

在距试件两边20 mm二处和高度方向轴线处用分度值为1 mm的钢卷尺进行高度测量,测点位置见图2。以三个测量值的平均值作为该试件的高度(H),精确至1 mm。取高度(H)与公称值的差值作为该试件的高度偏差。

7.2.3 厚度偏差

用游标卡尺在每一试件每条棱边中点离边缘20 mm处测量,测点位置见图3。以四个测量值的平均值作为该试件的厚度(T),精确至0.1 mm。取厚度(T)与公称值的差值作为该试件的厚度偏差。

单位为毫米

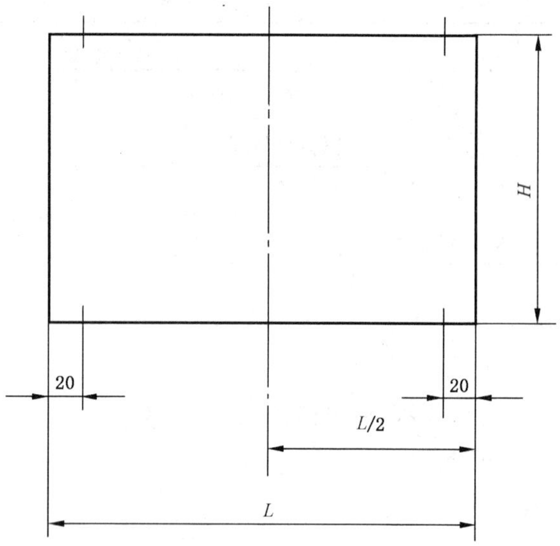

图 2　高度测点位置

单位为毫米

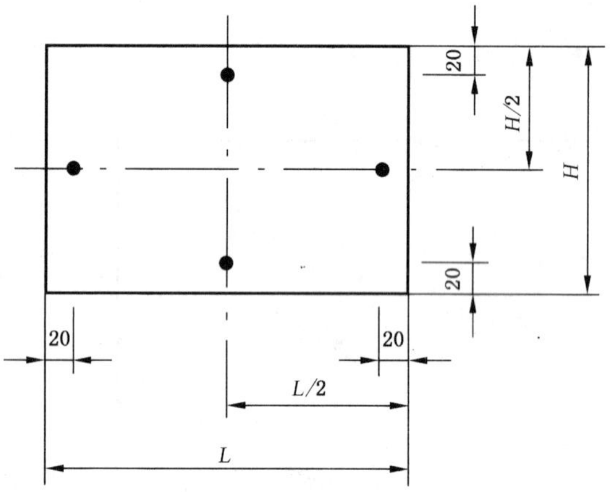

图 3　厚度测点位置

7.3　孔与孔之间和孔与板面之间的最小壁厚

用游标卡尺测量试件孔洞两端所有孔洞和孔洞之间的厚度以及孔洞与试件两表面的最薄处厚度，分别取最小值作为相应的最小壁厚，精确至 0.1 mm。

7.4　平整度

把钢板尺立在试件表面两对角线上，用塞尺测量试件表面与钢板尺之间的最大间隙，将其作为该试件的平整度，精确至 0.1 mm。

7.5　表观密度

用精度为 0.05 kg 的秤称量自然状态下砌块的质量 G，然后用 7.2.1、7.2.2、7.2.3 所述方法测得试件的长度(L)、高度(H)和厚度(T)，则表观密度(P)按式(1)计算，精确至 1 kg/m³。

$$P = \frac{G \times 10^9}{L \times H \times T} \qquad \cdots\cdots (1)$$

式中：

P——试件表观密度，单位为千克每立方米（kg/m^3）；

G——试件质量，单位为千克（kg）；

L——试件长度，单位为毫米（mm）；

H——试件高度，单位为毫米（mm）；

T——试件厚度，单位为毫米（mm）。

7.6 断裂荷载

将试件放置于温度为（40±2）℃的烘箱或温度为（25±3）℃、相对湿度为（50±5）%的室内至恒重（间隔 24 h 称量，两次称量质量差小于 0.2%即为恒重）。将干燥后的试件平放在抗折机的圆形平行支杆上，支距为 500 mm，在跨距中央平行于支杆方向施加荷载，加荷速度为 20 N/s，直至试件断裂。结果取三个试件断裂荷载的算术平均值（R_1），精确至 1 N。

仲裁试验条件为（40±2）℃干燥至恒重。

7.7 软化系数

将三块防潮石膏砌块试件，在（20±3）℃的水中浸泡 24 h，用湿毛巾擦干试件表面，按 7.6 方法测定断裂荷载，结果取三个试件断裂荷载的算术平均值（R_2），精确至 1 N。用式（2）计算软化系数：

$$f=\frac{R_2}{R_1} \qquad (2)$$

式中：

f——软化系数；

R_1——试件烘干至恒重的断裂荷载，单位为牛顿（N）；

R_2——试件饱水后的断裂荷载，单位为牛顿（N）。

8 检验规则

8.1 检验项目

8.1.1 出厂检验

产品出厂应进行出厂检验，检验项目包括：外观质量、尺寸偏差、孔与孔之间和孔与板面之间的最小壁厚、平整度、表观密度。

8.1.2 型式检验

产品的型式检验包括第 6 章要求的全部项目。

有下列情况之一时，应进行型式检验：

a） 正常生产满一年时；

b） 停产半年以上恢复生产时；

c） 当原材料、产品设计、生产工艺有重大改变时；

d） 新产品试制、定型、鉴定时。

8.2 抽样与组批规则

8.2.1 以同一品种、规格、配方、工艺生产的 2 000 块产品为一批，不足 2 000 块时也按一批计。

8.2.2 普通石膏砌块从每一批中随机抽取三块作为一组试样，防潮石膏砌块抽取六块为一组试样。

8.3 判定规则

8.3.1 单项检验结果的判定按 GB/T 1250 中修约值比较法进行。

8.3.2 对于石膏砌块的外观质量、尺寸偏差、孔与孔之间和孔与板面之间的最小壁厚、平整度、表观密度指标，其中有一项不合格，即为不合格试件，不合格试件多于一块时，判该批产品为不合格。若仅有一块试件不合格，则从同一批产品中再抽取同等数量的试件对不合格项目进行复检，若仍有一块试件不合格，则判该批产品为不合格。

8.3.3 对于断裂荷载、软化系数，都应符合规定。若某项不合格，则判该批产品为不合格。

9 标志、运输、贮存

9.1 标志

出厂产品应附有质量合格证，注明产品标记、制造厂名、地址、商标、制造日期或批号。

9.2 运输

9.2.1 产品在装卸时应轻搬轻放，不应碰撞，防止损伤。

9.2.2 产品在运输中应相互贴紧，并采取防雨措施。

9.3 贮存

堆放场地应平整、干燥。露天堆放时，产品应遮盖，防止雨淋、曝晒。

ICS 91.100.30
Q 14
备案号：24232—2008

JC

中华人民共和国建材行业标准

JC 860—2008
代替 JC 860—2000

混凝土小型空心砌块和混凝土砖砌筑砂浆

Masonry mortar for small hollow concrete block & concrete brick

2008-06-16 发布　　　　2008-12-01 实施

中华人民共和国国家发展和改革委员会　发布

混凝土小型空心砌块和混凝土砖砌筑砂浆

1 范围

本标准规定了混凝土小型空心砌块和混凝土砖砌筑砂浆（以下简称砂浆）的术语和定义、分类与标记、原材料、要求、试验方法、检验规则及干混砂浆的包装、标志、运输与贮存。

本标准适用于混凝土小型空心砌块、混凝土多孔（空心）砖和混凝土实心砖的砌筑砂浆和干混砂浆。砌筑砂浆可以是本色的或彩色的。

2 规范性引用文件

下列文件中的条款通过本标准的引用而成为本标准的条款。凡是注日期的引用文件，其随后所有的修改单（不包括勘误的内容）或修订版均不适用于本标准，然而，鼓励根据本标准达成协议的各方研究是否可使用这些文件的最新版本。凡是不注日期的引用文件，其最新版本适用于本标准。

GB 175 通用硅酸盐水泥

GB/T 1596 用于水泥和混凝土中的粉煤灰

GB/T 2015 白色硅酸盐水泥

GB 6566 建筑材料放射性核素限量

GB 8076 混凝土外加剂

GB 9774 水泥包装袋

GB/T 18046 用于水泥和混凝土中的粒化高炉矿渣粉

GB 50119 混凝土外加剂应用技术规程

GB 50203 砌体工程施工质量及验收规范

GBJ 129 砌体基本力学性能试验方法标准

JC 474 砂浆、混凝土防水剂

JC/T 539 混凝土和砂浆用颜料及其试验方法

JG/T 164 建筑砂浆增塑剂

JG/T 230 商品砂浆

JGJ 52 普通混凝土用砂质量标准及检验方法

JGJ 63 混凝土用水标准

JGJ 70 建筑砂浆基本性能试验方法

3 术语和定义

JGJ 70 确立的术语和定义适用于本标准。

3.1

砌筑砂浆 masonry mortar

由水泥、砂、保水增稠材料、外加剂、水以及根据需要掺入的掺合料等组分，按一定比例，采用机械拌合制成，专门用于砌筑混凝土小型空心砌块和混凝土砖的砂浆。

3.2

干混砂浆 dry-mixed mortar

经干燥筛分处理的砂与水泥、保水增稠材料以及根据需要掺入的外加剂、掺合料等组分按一定比例在专业工厂混合而成的混合物，专门用于砌筑混凝土小型空心砌块和混凝土砖的砂浆。

4 分类与标记

4.1 分类

4.1.1 砂浆按抗压强度分为：Mb 5、Mb 7.5、Mb 10、Mb 15、Mb 20 和 Mb 25 六个等级。

4.1.2 砂浆按抗渗性分为普通型(P)和防水型(F)。

4.2 标记

产品按下列顺序进行标记：产品名称、颜色、强度等级、抗渗性、标准编号。

示例：

强度等级为 Mb 10、防水型红色砌筑砂浆的标记：

砌筑砂浆　红色 Mb 10 F JC 860—2008

5 原材料

5.1 水泥

应符合 GB 175、GB/T 2015 的规定。

5.2 砂

应符合 JGJ 52 的规定，宜采用中砂，且不得含有粒径大于 5 mm 的颗粒。

5.3 掺合料

粉煤灰应符合 GB/T 1596 的规定，粒化高炉矿渣粉应符合 GB/T 18046 的规定。当采用其他品种掺合料时，在使用前需进行试验验证，能满足砂浆和砌体性能时方可使用。

5.4 外加剂

应符合 GB 8076、JC 474 和 GB 50119 的规定。

5.5 保水增稠材料

采用保水增稠材料时，应在使用前进行试验验证。砂浆增塑剂应符合 JG/T 164 的规定。

5.6 颜料

应符合 JC/T 539 的规定。

5.7 水

应符合 JGJ 63 的规定。

6 要求

6.1 颜色

彩色砂浆的颜色应与样品一致。

6.2 物理力学性能

物理力学性能应符合表 1 的规定。

表 1　物理力学性能

项　　　目	指　　　标					
强度等级	Mb 5	Mb 7.5	Mb 10	Mb 15	Mb 20	Mb 25
抗压强度/MPa	≥5.0	≥7.5	≥10.0	≥15.0	≥20.0	≥25.0
稠度/mm	50～80					
保水性/%	≥88					
密度/(kg/m^3)	≥1 800					
凝结时间/h	4～8					
砌块砌体抗剪强度/MPa	≥0.16	≥0.19	≥0.22	≥0.22	≥0.22	≥0.22

6.3　**抗冻性**

抗冻性应符合表2的规定。

表2　抗冻性

单位为百分比

使用条件	抗冻指标	质量损失率	强度损失率
夏热冬暖地区	F_{15}	≤5	≤25
夏热冬冷地区	F_{25}		
寒冷地区	F_{35}		
严寒地区	F_{50}		

6.4　**抗渗压力**

防水型砌筑砂浆的抗渗压力应不小于0.60 MPa。

6.5　**放射性**

应符合GB 6566的规定。

7　试验方法

7.1　颜色

7.1.1　对于砌筑砂浆，直接取样，在80 ℃下烘干，目测。

7.1.2　对于干混砂浆，取样(300±5)g，按厂家产品说明书中规定的比例加水混合均匀后，在80 ℃下烘干，目测。

7.2　抗压强度、稠度、密度、凝结时间、抗冻性试验应按JGJ 70进行。在制作抗压强度试块时，应将无底试模放在预先铺有吸水性较好的纸的混凝土小型空心砌块或混凝土砖上(砌块和砖的吸水率小于7%)。

7.3　保水性

按JG/T 230的规定进行。

7.4　抗渗性

按JC 474的规定进行。

7.5　砌块砌体抗剪强度

按GBJ 129的规定进行。

7.6　放射性

按GB 6566的规定进行。

8　检验规则

8.1　**砌筑砂浆**

8.1.1　**实验室检验**

砂浆配合比确定后，在使用前应进行实验室检验，检验项目包括颜色、抗压强度、密度、稠度、保水性、凝结时间、抗渗性、砌块砌体抗剪强度、抗冻性，各项指标符合技术要求后方可正式使用。

8.1.2　**施工现场检验**

8.1.2.1　**取样与组批**

取样应在施工现场进行，每50 m^3 砂浆为1批。

8.1.2.2　**检验项目与判定**

检验项目为抗压强度，试验结果满足GB 50203的规定时判定为合格。

8.2 干混砂浆

8.2.1 检验分类

干混砂浆的检验分出厂检验和型式检验。

8.2.1.1 出厂检验

出厂检验项目：颜色、抗压强度、密度、稠度、保水性。

8.2.1.2 型式检验

检验项目：第6章要求中的全部项目。有下列情况之一者，必须进行型式检验：

a) 新产品的试制定型鉴定；

b) 正常生产后，原材料、配比及生产工艺改变时；

c) 正常生产时，每半年至少进行一次(砌块砌体抗剪强度、放射性一年进行一次)；

d) 产品停产三个月以上恢复生产时；

e) 出厂检验结果与上次型式检验有较大差异时；

f) 国家质量监督机构提出进行型式检验要求时。

8.2.2 组批规则

按同强度等级、同颜色、同批号取样。每一批号为一取样单位：年产量在100 000 t以上，每800 t为一批号；年产量40 000 t～100 000 t，600 t为一批号；年产量在40 000 t以下，400 t或4 d产量为一批号。

8.2.3 抽样规则

在每批产品中随机抽样，从20个以上不同部位取等量样品，总质量不少于15 kg。

8.2.4 判定规则

8.2.4.1 若所有试验结果均符合本标准第6章要求，则判该批产品合格。

8.2.4.2 产品放射性超过GB 6566规定时，应停止生产与销售。

9 干混砂浆的包装、标志、运输与贮存

9.1 包装

产品可袋装或散装。袋装用包装袋应符合GB 9774的规定。每袋净重(50±1)kg，随机抽取20袋，总重量不得少于1 000 kg。其他包装形式可由供需双方协商确定。

9.2 标志

包装袋上应清楚注明：产品名称、标记、商标、净质量、生产日期、生产单位及地址。

9.3 运输及贮存

9.3.1 干混砂浆在运输及贮存过程中不得受潮和混入杂物。不同品种、不同强度等级的干混砂浆应分别贮运，不得混杂。袋装砂浆码放高度不超过8袋。

9.3.2 散装干混砂浆可采用罐装车运送，并提交与袋装标志相同内容的卡片。贮存罐应密封、防水、防潮，并备有除尘装置。更换砂浆品种时，贮存罐应清空并清理干净。

9.3.3 袋装干混砂浆贮存期为3个月。散装于混砂浆应在专用封闭式筒仓内贮存，贮存期为3个月。

ICS
Q
备案号：24233—2008

JC

中华人民共和国建材行业标准

JC 861—2008
代替 JC 861—2000

混凝土砌块(砖)砌体用灌孔混凝土

Grout for concrete unit masonry

2008-06-16 发布　　2008-12-01 实施

中华人民共和国国家发展和改革委员会　发布

前　言

本标准的6.3、6.4为强制性条款，其余条款为推荐性条款。

本标准参照美国ASTM C476—02《砌体用灌孔混凝土》、ASTM C1019—05《灌孔混凝土取样与试验方法》。

本标准是对JC 861—2000《混凝土小型空心砌块灌孔混凝土》进行的修订。

本标准与JC 861—2000相比的主要差异如下：

——标准名称变更为《混凝土砌块(砖)砌体用灌孔混凝土》；

——重新定义了标准的适用范围；

——对引用标准、原材料等作了相应修改；

——将灌孔混凝土分为细骨料灌孔混凝土和粗骨料灌孔混凝土两种；

——取消均匀性和抗冻性要求，增加泌水率、膨胀率指标及检测方法(附录A)；

——删除"灌孔混凝土的制备"章节；

——删除了原标准中的"附录A(混凝土小型空心砌块灌孔混凝土参考配合比)"；

——增加资料性附录B的取样方法以及抗压强度测试过程。

本标准的附录A是规范性附录，附录B是资料性附录。

本标准自实施之日起，代替JC 861—2000。

本标准由中国建筑材料联合会提出。

本标准由全国水泥制品标准化技术委员会归口。

本标准负责起草单位：中国建筑材料科学研究总院、中国建筑砌块协会。

本标准参加起草单位：上海市建筑科学研究院(集团)有限公司、中国建筑东北设计研究院、江苏省建筑科学研究院、天津豹鸣股份有限公司、南京瑞迪高新技术公司、昆山通海建材科技有限公司。

本标准主要起草人：赵顺增、杜建东、刘立、苑振芳、刘国亮、赵立群、刘加平、刘福全、祝烨然、姚峰元。

本标准委托中国建筑材料科学研究总院负责解释。

本标准所代替标准的历次版本的发布情况为：

——JC 861—2000。

引　言

混凝土砌块(砖)砌体用灌孔混凝土是混凝土小型空心砌块(砖)砌体灌注芯柱、孔洞和构造柱的专用混凝土,是保证混凝土砌块(砖)砌体整体工作性能、抗震性能、承受局部荷载、施工所必需的重要配套材料。灌孔混凝土的工作性能与其硬化后的实际性能(强度、收缩膨胀性),对砌体的力学性能特别是建筑抗震性能尤其重要。

灌孔混凝土的现场留样与抗压强度试验方法,目前我国有关规范、标准规定不一致,国外相应标准差异也较大。主要体现在:试件尺寸不同,留样时所用模具材质或底模材质不同。GB 50081《普通混凝土力学性能试验方法》标准中规定标准值采用150 mm×150 mm×150 mm立方体试件,当采用100 mm×100 mm×100 mm立方体试件时,按0.95系数折算。美国ASTM C 1019—05《灌孔混凝土取样和试验的标准方法》中则规定:采用与施工现场所用块材完全相同的混凝土砌块或砖做留样时的侧模,试件尺寸并不是立方体,而是一个正方形截面的棱柱体,高是截面边长的2倍。

由于混凝土砌块(或混凝土砖)吸水率大的特性,而且不同原材料、不同批次、不同气候环境下块材的吸水率相差较大,国内外大量的试验结果证明:混凝土砌块(砖)吸水率对灌孔混凝土的实际抗压强度、收缩膨胀性能影响很大。采用与施工现场砌筑所用块材完全相同砌块(或砖),做检测灌孔混凝土强度值的试件侧模,即ASTM C 1019《灌孔混凝土取样和试验的标准方法》中所规定的方法,更能真实反映施工现场灌入砌体混凝土的强度值。但是,验证试验表明:由于受试件尺寸精度和砌块(砖)吸水率的影响,结果的离散性较大。ASTM C 1019标准的正文中也明确指出:该方法的测试偏差要大于采用不吸水材料作留样模型侧板的方法。

基于上述原因,考虑到目前我国施工现场质量管理人员对相关规范、标准的熟悉程度,本次修订仍规定采用GB 50081作为灌孔混凝土强度的检测方法。同时为了能真实地反映、掌握灌孔混凝土在砌体中的真实强度情况,则参照ASTM C 1019—05《灌孔混凝土取样和试验的标准方法》,增加了一种用现场混凝土砌块(砖)砌筑试模进行抗压强度试件的取样方法,作为"附录B(资料性附录)"。

"资料性附录B"是根据汉语习惯、中国标准文字格式的习惯,参考ASTM C 1019—05《灌孔混凝土的取样方法和标准试验方法》内容,以及本次修订过程中的验证试验情况,首次起草完成。

混凝土砌块(砖)砌体用灌孔混凝土

1 范围

本标准规定了混凝土砌块(砖)砌体用灌孔混凝土(以下简称灌孔混凝土)的术语和定义、分类与标记、原材料、要求、试验方法、检验规则。

本标准适用于工业与民用建筑、水工等构筑物的混凝土小型空心砌块(砖)砌体的芯柱或其他需要填实部位孔洞的现浇混凝土。

混凝土小型空心砌块和混凝土砖砌体的构造柱用现浇混凝土也可参照本标准执行。

2 规范性引用文件

下列文件中的条款通过本标准的引用而成为本标准的条款。凡是注日期的引用文件,其随后所有的修改单(不包括勘误的内容)或修订版均不适用于本标准,然而,鼓励根据本标准达成协议的各方研究是否可使用这些文件的最新版本。凡是不注日期的引用文件,其最新版本适用于本标准。

GB 175 通用硅酸盐水泥

GB/T 1596 用于水泥和混凝土中的粉煤灰

GB 8076 混凝土外加剂

GB/T 18046 用于水泥和混凝土中的粒化高炉矿渣粉

GB/T 50080 普通混凝土拌合物性能试验方法标准

GB/T 50081 普通混凝土力学性能试验方法标准

GB 50164 混凝土质量控制标准

JC 476 混凝土膨胀剂

JGJ 52 普通混凝土用砂、石质量及检验方法

JGJ 55 普通混凝土配合比设计规程

JGJ 63 混凝土用水标准

3 术语和定义

混凝土砌块(砖)砌体用灌孔混凝土 grout for concrete unit masonry

由胶凝材料、骨料、水以及根据需要掺入的掺合料和外加剂等组分,按一定比例,采用机械拌合制成,用于灌注混凝土块材砌体芯柱或其他需要填实部位孔洞,具有微膨胀性的混凝土。

4 分类与标记

4.1 分类

灌孔混凝土分为细骨料灌孔混凝土(F)和粗骨料灌孔混凝土(B)两种。

细骨料灌孔混凝土仅采用细骨料配制,最大骨料粒径应满足≤5 mm;粗骨料灌孔混凝土采用粗骨料和细骨料配制,最大骨料粒径应满足≤20 mm。

注:在选择灌孔混凝土类型时,必须参考相关建筑设计施工规范(规程)的条款和灌孔混凝土实际可灌注空间的尺寸大小。

4.2 标记

产品标记顺序为:产品名称、强度等级、骨料类型、标准编号。

示例：
强度等级为 Cb 30、粗骨料灌孔混凝土的标记：
灌孔混凝土 Cb 30 B JC 861—2008

5 原材料

5.1 胶凝材料

水泥应符合 GB 175 的规定。允许掺加符合 GB/T 1596 规定的粉煤灰和 GB/T 18046 规定的粒化高炉矿渣粉。其他品种掺合料在使用前需进行试验验证，满足混凝土性能和砌体性能要求时方可使用。

5.2 砂

应符合 JGJ 52 的规定。

5.3 粗骨料

应符合 JGJ 52 的规定。

5.4 外加剂

混凝土膨胀剂应符合 JC 476 的规定，化学外加剂应符合 GB 8076 的规定。

5.5 水

应符合 JGJ 63 的规定。

6 要求

6.1 坍落度

灌孔混凝土的坍落度不宜小于 180 mm。

6.2 泌水率

泌水率不宜大于 3.0%。

6.3 抗压强度

强度等级划分为 Cb 20、Cb 25、Cb 30、Cb 35、Cb 40，相应于 C 20、C 25、C 30、C 35、C 40 混凝土的抗压强度指标。

6.4 膨胀率

3 d 龄期的混凝土膨胀率不应小于 0.025%，且不应大于 0.500%。

7 试验方法

灌孔混凝土的配合比设计和确定，可按照 JGJ 55 的有关规定进行。

7.1 坍落度

坍落度试验应按 GB/T 50080 的有关规定进行。

7.2 泌水率

泌水率试验应按 GB/T 50080 的有关规定进行。

7.3 抗压强度

抗压强度试验应按 GB/T 50081 的有关规定进行。

7.4 膨胀率

按本标准“附录 A”进行。

8 制造和运输

灌孔混凝土的制造和运输参照 GB 50164 的有关规定进行。

9 检验规则

9.1 试验室验证检验

灌孔混凝土的配合比使用前，应先进行试验室检验，检验项目包括坍落度、泌水率、抗压强度、膨胀率。检测指标符合设计要求方能推荐给施工现场或商品混凝土搅拌站。

注 2：设计有其他耐久性要求时，应同时进行相应的耐久性检验，符合要求后方可使用。

9.2 施工现场检验

9.2.1 取样

取样应在灌注灌孔混凝土的现场进行，每灌注一层楼高度或每灌注 25 m^3 灌孔混凝土为一批次，进行坍落度检测，并制作试件进行抗压强度性能检测；每灌注 100 m^3 灌孔混凝土为一批次，制作试件进行膨胀率检测。

9.2.2 现场检验项目与判定

9.2.2.1 现场检验灌孔混凝土的坍落度应符合 6.1 要求。若测出坍落度值小于 6.1 的规定值时，应停止灌注，查找原因，并重新配制搅拌，直至检测坍落度符合要求方可灌注。

9.2.2.2 现场制作检验灌孔混凝土的抗压强度试件，其 28 d 抗压强度结果符合 6.3 规定为合格。

9.2.2.3 现场制作检验灌孔混凝土的膨胀率试件，其 3 d 膨胀率结果符合 6.4 规定为合格。

9.3 当灌孔混凝土所用原材料中任何一种的品种、规格、供应商有改变时，需重新在试验室进行配合比验证试验，并应按本标准 6 要求重新检验。

附 录 A
（规范性附录）
灌孔混凝土膨胀率的测定方法

A.1 适用范围

本试验方法适用于灌孔混凝土的膨胀率的测定。

A.2 测试仪器及工具

A.2.1 千分表：量程 10 mm，分辨率为 0.001 mm；
A.2.2 支架：钢制表架；
A.2.3 玻璃板：长 140 mm×宽 80 mm×厚 5 mm；
A.2.4 试模：100 mm×100 mm×100 mm 立方体试模，拼装缝应填入密封材料，不得漏水；
A.2.5 铲勺：宽 60 mm，长 160 mm；
A.2.6 捣板：可用钢锯条替代；
A.2.7 钢垫板：长 250 mm×宽 250 mm×厚 15 mm 普通钢板；
A.2.8 压块：钢制，中间有直径不小于 8 mm 的孔，重(145±5)g。

A.3 仪器安装

仪器安装见图 A.1。

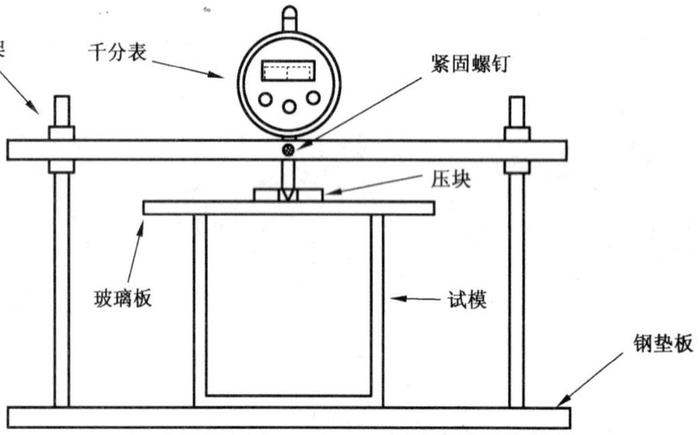

图 A.1 混凝土膨胀率试验装置示意图

A.3.1 钢垫板：水平放置在工作台上，水平度不应超过 0.02；
A.3.2 试模：放置在钢垫板上，不可摇动；
A.3.3 玻璃板：平放在试模中间位置。其左右两边与试模内侧边留出 10 mm 空隙；
A.3.4 千分表：安装千分表时，要下压表头，使表针指到量程的 1/2 处左右。

A.4 操作步骤

A.4.1 将搅拌好的灌孔混凝土分次装入试模，当灌到 50 mm 左右高度时，用捣板在试模的每一侧插捣 6 次，中间部位也插捣 6 次。灌到 90 mm 高度时，和前面相同再做插捣，尽量排出气体。最后一次灌满试模，将玻璃板压盖在试模之上，使混凝土从玻璃板的两侧有少量溢出，在此过程中尽量将玻璃板下的空气排出。
A.4.2 玻璃板两侧溢出的灌孔混凝土表面，轻轻抹成斜坡，斜坡的高边与玻璃板齐平。斜坡的低边与试模内侧顶面齐平。抹斜坡的时间不应超过 30 s。成型、养护和检测的环境温度均为(20±3)℃。

A.4.3 做完斜坡,将压块置于玻璃板的中央部位,把千分表测量头穿过压块的中孔,垂放在玻璃板上。

A.4.4 从加水搅拌开始计时,2 h时记录千分表读数 L_0,为初始读数,测定初始读数后 30 s 内,在玻璃板两侧灌孔混凝土表面盖上两层湿棉布。

A.4.5 从测定初始读数起,混凝土应保湿养护,在规定试验时间±1 h 内测定试件高度读数 L_t。

A.4.6 从测量初始读数开始,测量装置和试件应保持静止,并不受振动。

A.5 膨胀率计算:

$$\varepsilon_t=\frac{L_t-L_0}{L}\times 100 \qquad \cdots\cdots(A.1)$$

式中:

ε_t——膨胀率用百分比表示(%);

L_0——试件高度的初始读数,单位为毫米(mm);

L_t——试件龄期为 td 的高度读数,单位为毫米(mm);

L——试件基准高度 100,单位为毫米(mm)。

每组试件为 3 个,取相近的 2 个试件测定值的平均值作为膨胀率的测定结果,计算值精确至 0.001%。

附　录　B
（资料性附录）
灌孔混凝土强度试件在实验室或施工现场的制作方法

B.1　本方法适用于砌体施工前在实验室通过对比试验选择灌孔混凝土的配合比，或在施工现场取样以检验灌孔混凝土的质量。

当从墙体上用钻孔取样的方法检测灌孔混凝土强度时，结果值与本方法所测值没有相关性和对比性。

B.2　试验设备

B.2.1　直尺——长度不小于150 mm，厚度不小于1.6 mm的钢质直尺。

B.2.2　捣棒——截面直径为16 mm的底端为球面状的钢质捣棒，长度不小于300 mm。

B.2.3　垫块和隔板[1]——不吸水的、刚性的正方形（图B.1、图B.2所示试件制作模型）或长方形块状物（图B.3所示试件制作模型），具有一定硬度与刚度。

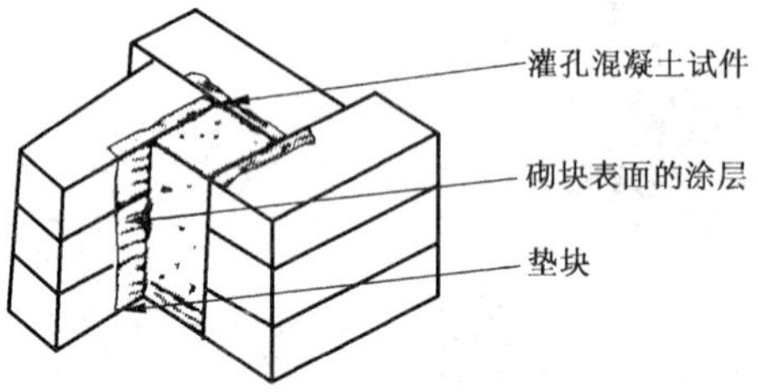

注：为了能看到试件，图中没有显示最前面的混凝土砖。

图B.1　灌孔混凝土试件制作模型

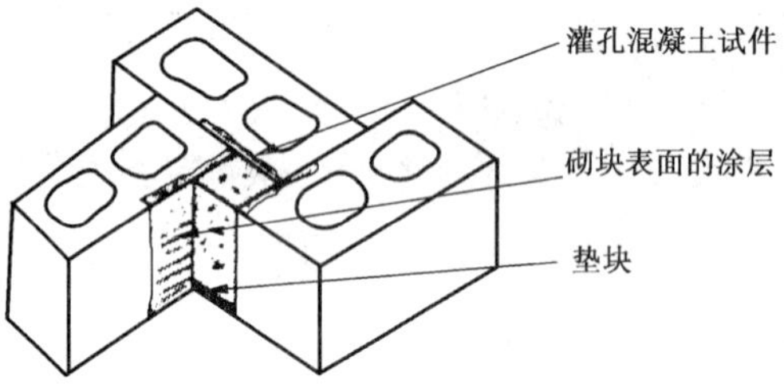

注：为了能看到试件，图中没有显示最前面的混凝土砌块。

图B.2　灌孔混凝土试件制作模型

[1] 可以是塑料、木质的或其他材料。含有糖分的木质块状物可引起水泥缓凝，为了防止发生这种现象，采用新的木质块状物时应先在石灰水中浸泡24 h，使用之前再在外面涂一层清漆或蜡，或者不透水的隔离膜。

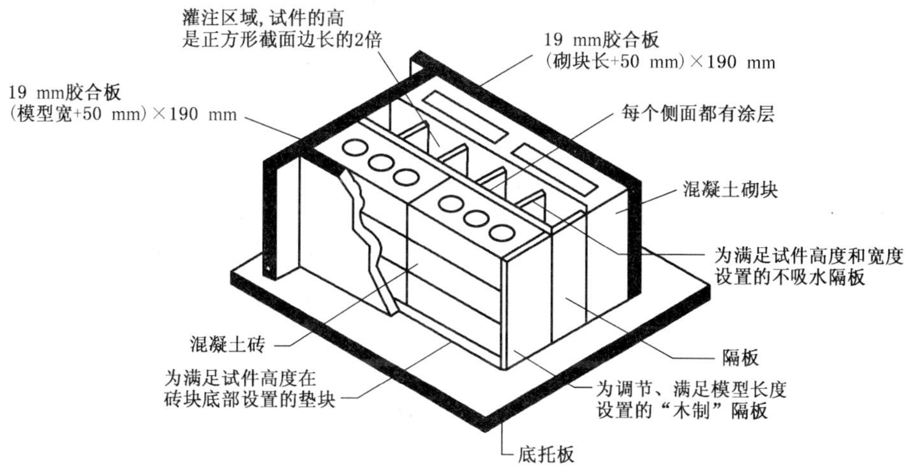

图 B.3　用混凝土砖或砌块做侧模的灌孔混凝土试件制作模型

B.2.4　底托板——19 mm 厚胶合板，用于托载混凝土砌块(砖)和灌孔混凝土砂浆试件。应先在石灰水中浸泡 24h，使用之前外面涂一层清漆或蜡，或不透水的隔离膜。也可使用刚度和胶合板相同、不具有吸水性能的材料。

B.2.5　温度计——“高—低值”温度计。

B.3　制作试件

B.3.1　灌孔混凝土试件的截面应呈正方形，其边长不小于 76 mm；试件的高应是正方形截面边长的两倍。尺寸偏差应小于正方形截面边长的 5%。同一条件下，应有 3 个试件供试验用。

B.3.2　制作试件模型时的底托板应呈水平状，建好模型后应静停 48 h 再使用。应尽量模仿实际施工现场条件制作模型。如果灌孔混凝土需要注入两种不同材质性能(批次)或规格尺寸的混凝土砌块中时，则需砌筑两个不同(侧模砌块)的模型。

B.3.3　制模场地的湿度应与实际施工现场的湿度相同，用做侧模的砌块(砖)必须是同批次、性能完全相同的，砌块(砖)表面应未做过试验。按“B.2.3”要求，切割大小、厚度适中的垫块若干块，放置在灌孔混凝土试件的底部。试件的偏差应小于试件正方形截面边长的 5%(见图 B.1～图 B.3)。

B.3.4　在与灌孔混凝土接触的砌块(砖)表面涂一层薄薄的、具有透水性的隔离膜，以防止混凝土和砌块粘结在一起。

B.3.5　试件模型应避免在灌孔或养护时发生位移，必要时需要采取加固措施。

B.3.6　将灌孔混凝土分两层注入模型内，尽量使每层的高度相同，每层用捣棒捣 15 次；捣棒完全插入底层的灌孔混凝土中进行捣固，使混凝土稍稍溢出模型即可。

B.3.7　用直尺找平试件表面，使其与模型的上表面齐平，下陷和上凸不得大于 3.0 mm。顶部立即用吸潮材料(如布或纸巾)盖住，然后再在上面盖一层不吸水材料或惰性材料，使试件表面保持潮湿，然后静停试件。

B.3.8　模型灌注混凝土30 min 后，应揭去上表面覆盖的材料，在试件表面加入适量灌孔混凝土，填补由于之前水分损失造成的凹坑，但不要捣振。用直尺再次找平试件表面，使其与模型的上表面齐平。顶部立即用吸潮材料(如布或纸巾)盖住，然后在上面盖一层不吸水材料或惰性材料，使试件表面保持潮湿，静停试件直至移走模型。

B.3.9　在刚成型的试件表面放一支温度计，记录试件在送入标准养护室前的最高和最低温度。冬季施工现场，应对灌孔后试件采用防冻措施。

B.3.10　在施工现场取样时，采集两个以上试件之间的时间间隔不得超过 15 min。在将灌孔混凝土取样运往试件建模地点时，要避免日晒、风吹、污染物浸入，防止灌孔混凝土所含水分的快速蒸发，并在灌入模型前再次用铲子进行搅拌，以保证灌孔混凝土的均匀性。

B.3.11 若用做过坍落度试验的灌孔混凝土进行试件的灌注，则需再次对混凝土进行搅拌，并在15 min内完成灌注。

B.4 试件的脱模和养护

B.4.1 试件制作后 24 h～48 h 之内，进行脱模。

B.4.2 脱模 30 min 后，将试件放置在设有保护装置的容器中，保持试件的湿度。

B.4.3 脱模后的 8 h 之内，将现场制作的模型运往实验室。

B.4.4 脱模后的 8 h 之内，将试件置于相对湿度大于 90％的环境中养护，直至进行试验。

B.4.5 进行抗压强度试验前，先用高强石膏粉浆体将试件顶面找平。找平过程中可用水平仪、直角靠尺。

B.4.6 从试件高度的 1/2 处测量并记录每个侧面的宽度和高度；从宽度的 1/2 处测量并记录每个侧面的垂直度。

B.5 计算

B.5.1 通过测量各侧面 1/2 高处的宽度，计算出相对面的平均宽度，可以计算出横截面面积的平均值。

B.5.2 最大荷载除以横截面面积平均值，得到每个试件的抗压强度值，结果近似到 50 kPa。每组 3 个试件，取其平均值。

B.6 试验报告

试验报告内容应包括：

——混凝土的配合比设计；

——混凝土的坍落度测试值；

——制作试件模型的时间、使用的砌块(砖)类型、模型结构(图示说明)；

——试件的养护记录；

——每个试件尺寸、不垂直度的百分比，承受的最大荷载和抗压强度；一组试件的平均抗压强度。

对于试验失败的试件，应描述失败的过程。

ICS 91.100.30
Q 14
备案号：24234—2008

JC

中华人民共和国建材行业标准

JC/T 862—2008
代替 JC 862—2000

粉煤灰混凝土小型空心砌块

Small hollow block of fly ash concrete

2008-06-16 发布　　　　2008-12-01 实施

中华人民共和国国家发展和改革委员会　发布

前　言

本标准是对JC 862—2000《粉煤灰小型空心砌块》进行的修订。

本标准与JC 862—2000相比，主要变化如下：

——将标准名称更改为《粉煤灰混凝土小型空心砌块》；

——增减了引用标准；

——取消了产品按尺寸偏差、外观质量和碳化系数分级，增加了按密度分级；

——删除了MU 2.5强度等级，增加了MU 20强度等级；

——增加了密度等级和相对含水率指标；

——调整了尺寸偏差、外观质量、碳化系数指标，提高了干燥收缩率和软化系数指标及抗冻性要求。

本标准自实施之日起代替JC 862—2000。

本标准由中国建筑材料联合会提出。

本标准由全国水泥制品标准化技术委员会归口。

本标准负责起草单位：中国建筑材料科学研究总院、福州锦龙新型建筑材料有限公司、中国建筑砌块协会。

本标准参加起草单位：福建海源自动化机械设备有限公司、福建泉州鸿昌机械制造有限公司、泉州市鸿益机械制造有限公司、扬州利众建业机械有限公司、四川绵竹太极机械有限公司、包头新创瑞图环保建材有限公司、江苏省恒达建材机械有限公司、大连亨通建材有限公司。

本标准主要起草人：王武祥、杜建东、陈传章、曾树培、傅志昌、李仰水、郭文智、于银龙、张吉富、陈生明、沈在浩、曹蓓月。

本标准委托中国建筑材料科学研究总院负责解释。

本标准所代替标准的历次版本发布情况为：

——JC 862—2000。

粉煤灰混凝土小型空心砌块

1 范围

本标准规定了粉煤灰混凝土小型空心砌块(以下简称砌块)的术语和定义、分类与标记、原材料、要求、试验方法、检验规则及产品合格证、贮存和运输。

本标准适用于工业与民用建筑工程用的粉煤灰混凝土小型空心砌块。

2 规范性引用文件

下列文件中的条款通过本标准的引用而成为本标准的条款。凡是注日期的引用文件,其随后所有的修改单(不包括勘误的内容)或修订版均不适用于本标准,然而,鼓励根据本标准达成协议的各方研究是否可使用这些文件的最新版本。凡是不注日期的引用文件,其最新版本适用于本标准。

GB 175 通用硅酸盐水泥

GB/T 1596 用于水泥和混凝土中的粉煤灰

GB/T 4111 混凝土小型空心砌块试验方法

GB 6566 建筑材料放射性核素限量

GB 8076 混凝土外加剂

GB/T 14684 建筑用砂

GB/T 14685 建筑用卵石、碎石

GB/T 17431 轻集料及其试验方法

GB/T 18968 墙体材料术语

JGJ 63 混凝土用水标准

YBJ 20584 混凝土用高炉重矿渣碎石技术条件

3 术语和定义

GB/T 18968 确立的以及下列术语和定义适用于本标准。

粉煤灰混凝土小型空心砌块 small hollow block of fly ash concrete

以粉煤灰、水泥、集料、水为主要组分(也可加入外加剂等)制成的混凝土小型空心砌块,以下简称砌块,代号为 FHB。

4 产品分类

4.1 分类

按砌块孔的排数分为:单排孔(1)、双排孔(2)和多排孔(D)三类。

4.2 规格

主规格尺寸为 390 mm×190 mm×190 mm,其他规格尺寸可由供需双方商定。

4.3 等级

4.3.1 按砌块密度等级分为:600、700、800、900、1 000、1 200 和 1 400 七个等级。

4.3.2 按砌块抗压强度分为:MU 3.5、MU 5、MU 7.5、MU 10、MU 15 和 MU 20 六个等级。

4.4 标记

产品按下列顺序进行标记:代号(FHB)、分类、规格尺寸、密度等级、强度等级、标准编号。

示例：

规格尺寸为 390 mm×190 mm×190 mm、密度等级为 800 级、强度等级为 MU 5 的双排孔砌块的标记：

FHB2 390×190×190　800　MU 5　JC/T 862—2008。

5　原材料

5.1　水泥

应符合 GB 175 的规定。水泥用量应不低于原材料干重量的 10%。

5.2　粉煤灰

应符合 GB/T 1596 和 GB 6566 的规定，对含水率不作规定，但应满足生产工艺要求。粉煤灰用量应不低于原材料干重量的 20%，也不高于原材料干重量的 50%。

5.3　集料

各种集料的最大粒径不宜大于 10 mm。

5.3.1　砂：应符合 GB/T 14684 的规定。

5.3.2　卵石和碎石：应符合 GB/T 14685 的规定。

5.3.3　轻集料：应符合 GB/T 17431 的规定。

5.3.4　重矿渣集料：应符合 YBJ 20584 的规定。

5.3.5　炉底渣、灰渣混排时，0.16 mm 筛筛余部分的烧失量应不大于 15%。

5.3.6　石屑：小于 0.16 mm 的细石粉含量应不大于 20%。

5.4　外加剂

应符合 GB 8076 的规定。

5.5　水

应符合 JGJ 63 的规定。

6　要求

6.1　尺寸偏差和外观质量

尺寸允许偏差和外观质量应符合表 1 的规定。

表 1　尺寸允许偏差和外观质量

项目		指标
尺寸允许偏差/mm	长度	±2
	宽度	±2
	高度	±2
最小外壁厚/mm，不小于	用于承重墙体	30
	用于非承重墙体	20
肋厚/mm，不小于	用于承重墙体	25
	用于非承重墙体	15
缺棱掉角	个数，不多于/个	2
	3 个方向投影的最小值，不大于/mm	20
裂缝延伸投影的累计尺寸/mm，不大于		20
弯曲/mm，不大于		2

6.2　密度等级

密度等级应符合表 2 的规定。

表 2 密度等级 单位为千克每立方米

密度等级	砌块块体密度的范围
600	≤600
700	610～700
800	710～800
900	810～900
1 000	910～1 000
1 200	1 010～1 200
1 400	1 210～1 400

6.3 强度等级

强度等级应符合表 3 的规定。

表 3 强度等级 单位为兆帕

强度等级	砌块抗压强度	
	平均值不小于	单块最小值不小于
MU 3.5	3.5	2.8
MU 5	5.0	4.0
MU 7.5	7.5	6.0
MU 10	10.0	8.0
MU 15	15.0	12.0
MU 20	20.0	16.0

6.4 干燥收缩率

干燥收缩率应不大于 0.060%。

6.5 相对含水率

相对含水率应符合表 4 的规定。

表 4 相对含水率 单位为百分比

使用地区	潮湿	中等	干燥
相对含水率不大于	40	35	30

注 1：相对含水率即砌块含水率与吸水率之比：

$$W=100\times w_1/w_2$$

式中：W——砌块的相对含水率，单位为百分比(%)；

w_1——砌块的含水率，单位为百分比(%)；

w_2——砌块的吸水率，单位为百分比(%)。

注 2：使用地区的湿度条件：

潮湿——系指年平均相对湿度大于 75%的地区；

中等——系指年平均相对湿度 50%～75%的地区；

干燥——系指年平均相对湿度小于 50%的地区。

6.6 抗冻性

抗冻性应符合表 5 的规定。

表5 抗冻性

单位为百分比

使用条件	抗冻指标	质量损失率	强度损失率
夏热冬暖地区	F_{15}	≤5	≤25
夏热冬冷地区	F_{25}		
寒冷地区	F_{35}		
严寒地区	F_{50}		

6.7 碳化系数和软化系数

碳化系数应不小于0.80;软化系数应不小于0.80。

6.8 放射性

放射性应符合GB 6566的规定。

7 试验方法

砌块各项性能指标试验按GB/T 4111有关规定进行。放射性试验按GB 6566进行。

8 检验规则

8.1 检验分类

砌块的检验分出厂检验和型式检验。

8.1.1 出厂检验

出厂检验项目:尺寸偏差、外观质量、密度等级、强度等级、相对含水率。

8.1.2 型式检验

检验项目:第6章要求中的全部项目。有下列情况之一者,必须进行型式检验:

a) 新产品的试制定型鉴定;

b) 正常生产后,原材料、配比及生产工艺改变时;

c) 正常生产时,每半年至少进行一次(碳化系数、抗冻性和放射性检验每年一次);

d) 产品停产三个月以上恢复生产时;

e) 出厂检验结果与上次型式检验有较大差异时;

f) 国家质量监督机构提出进行型式检验要求时。

8.2 组批规则

以用同一种粉煤灰、同一种集料与水泥、同一生产工艺制成的相同密度等级、相同强度等级的10 000块砌块为1批,每月生产的砌块数不足10 000块者亦以1批计。

8.3 抽样规则

8.3.1 出厂检验时,每批随机抽取32块进行尺寸偏差和外观质量检验;再从尺寸偏差和外观质量检验合格的砌块中,随机抽取8块,5块进行强度等级检验,3块进行密度等级和相对含水率检验。

8.3.2 型式检验时,每批随机抽取64块,其中32块进行尺寸偏差、外观质量检验;从尺寸偏差和外观质量检验合格的砌块中抽取如下数量进行其他项目检验:

a) 强度等级:5块;

b) 密度等级和相对含水率:3块;

c) 干燥收缩率:3块;

d) 抗冻性:10块;

e) 软化系数:10块;

f) 碳化系数:12块;

g) 放射性:按GB 6566要求。

8.4 判定规则

8.4.1 若受检的32块砌块中,尺寸偏差和外观质量的不合格数不超过7块,则判该批砌块尺寸偏差和外观质量合格。否则为不合格。

8.4.2 当所有项目的检验结果均符合本标准第6章各项要求时,则判该批产品合格。

8.4.3 产品的放射性超过GB 6566规定时,应停止生产与销售。

9 产品合格证、贮存和运输

9.1 砌块应在厂内养护28天龄期后方可出厂,并应提供产品质量合格证书,其内容包括:

a) 厂名与商标;

b) 合格证编号、生产和出厂日期;

c) 产品标记;

d) 性能检验结果;

e) 批量编号与砌块数量(块);

f) 检验部门与检验人员签字盖章。

9.2 砌块应按规格、密度等级、强度等级分别贮存。

9.3 砌块宜采用塑料布包装,砌块贮存、运输及砌筑时应有防雨措施。

9.4 砌块装卸时,严禁碰撞、扔摔,应轻码轻放,不许翻斗车倾卸。

引领砖瓦
机械
工业新方向
金牛砖机
GOBULL MACHINERY
自动化生产基地

嘉泰西瓦　构筑生活爱巢

嘉泰陶瓷（广州）有限公司
佛山嘉鼎盛琉璃瓦有限公司

嘉泰企业

嘉泰陶瓷（广州）有限公司创建于1994年，是一家由新加坡嘉丰集团（KIG）投资，专业生产用于高级别墅、公寓及其它豪华建筑体屋面瓦的大型外资企业。2003年成立佛山嘉鼎盛琉璃瓦有限公司，企业拥有广州增城、佛山三水两个占地面积达500余亩的大型现代化生产基地。公司引进了德国HÄNDLE公司与日本TAKASAGO公司优化组合的三条烧结瓦生产线，形成日产烧结瓦7万片，全年总量2,200万片的生产规模，是烧结瓦行业生产能力强、设备自动化程度高，产品质量好，销售市场份额大的知名企业。发展至今，嘉泰企业一直立足于品质、品种、品牌及人无我有、人有我新、人新我优的产品方针，秉着建设一流队伍、培养一流作风、实现一流管理、掌握一流技术、生产一流产品、创造一流效益的经营目标，成功地将嘉泰西瓦打造成中国砖瓦名牌产品。

企业荣誉

2003年获得国家建设部住宅产业化促进中心审核、颁发的“国家康居示范工程选用部品与产品”的资格证书。

2011年 嘉泰公司被中国国家标准化管理委员会批准为“全国墙体屋面、道路建筑材料标准化技术委员会委员单位”（SAC/TC285 编号：2850019966）。

2008年正式实施的烧结瓦国家标准（CB/T21149-2007），嘉泰陶瓷（广州）有限公司是该国家标准的主要起草人。

2009年嘉泰公司被中国砖瓦工业协会评选为“企业信用评价AAA级信用证书”。

2010年获得中国砖瓦工业协会审核、颁发的“中国砖瓦名牌产品证书”。

2011年 嘉泰公司在中国砖瓦协会第六届全国代表大会上，被选为第六届理事会副会长单位。

中国砖瓦名牌产品证书

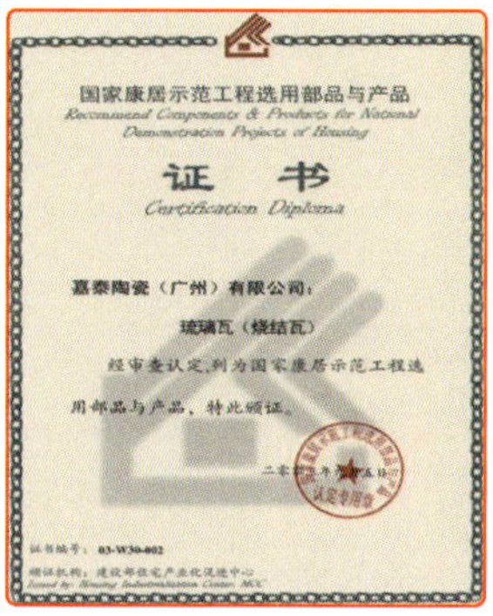

国家康居示范工程选用产品

联系方式

嘉泰陶瓷（广州）有限公司
地址:广东省广州市增城永和凤凰开发区
电话：020-82794188/82794198
邮箱：info@jiataiweb.com

佛山嘉鼎盛琉璃瓦有限公司
地址：佛山市三水区芦苞镇科技工业园
电话：0757-87231318 /87231918
网址：http://www.jiataiweb.com